Physical Properties of Polymers

高分子物理学

原著第三版

詹姆斯·马克（James Mark）
倪嘉陵（Kia Ngai）
威廉·格拉斯利（William Graessley）
（美）　里奥·曼德尔肯（Leo Mandelkern）　　　著
爱德华·萨穆尔斯基（Edward Samulski）
杰克·凯尼格（Jack Koenig）
乔治·威格纳尔（George Wignall）

解孝林　廖永贵　周兴平　等译
吴大诚　李瑞霞　校

化学工业出版社
·北京·

内 容 简 介

本书英文版原名为"Physical Properties of Polymers",内容分为两部分:"高分子的物理状态"和"表征技术",此授权的中译本书名订为"高分子物理学"。

第一部分完整介绍了高分子的各类相态,包括橡胶弹性态、玻璃态黏弹和流动态、结晶态、液晶态,对于结构和性质加以精确阐述;第二部分对表征技术加以介绍,仅有两章,分别是最广泛应用的波谱技术表征,以及较新的小角中子散射表征。本书的特点是着重于高分子凝聚态的相结构和性质之间的关系,这是高分子物理学最核心的内容,因此将中译本书名订为"高分子物理学"。

本书由詹姆斯·马克等七位著名的高分子科学家撰写。所有章节都包含一般的介绍性材料和综合全面的文献引用,旨在方便该领域的初学者理解具体内容,并了解整个高分子科学。

本书可作为高年级本科生和研究生所需的高分子物理学课程的基本教材、补充教材或自学读物;也可供教师和相关工程技术人员参考。

北京市版权局著作权合同登记号:01-2022-2226

图书在版编目(CIP)数据

高分子物理学/(美)詹姆斯·马克(James Mark)等著;解孝林等译.—北京:化学工业出版社,2022.8(2024.5重印)
书名原文:Physical Properties of Polymers
ISBN 978-7-122-41264-5

Ⅰ.①高⋯ Ⅱ.①詹⋯ ②解⋯ Ⅲ.①高聚物物理学
Ⅳ.①O631.2

中国版本图书馆 CIP 数据核字(2022)第 066958 号

责任编辑:傅四周 郎红旗   文字编辑:邢苗苗 刘 璐
责任校对:王 静   装帧设计:王晓宇

出版发行:化学工业出版社(北京市东城区青年湖南街 13 号 邮政编码 100011)
印 装:三河市航远印刷有限公司
787mm×1092mm 1/16 印张 22¾ 字数 530 千字 2024 年 5 月北京第 1 版第 2 次印刷

购书咨询:010-64518888   售后服务:010-64518899
网 址:http://www.cip.com.cn
凡购买本书,如有缺损质量问题,本社销售中心负责调换。

定 价:79.00 元   版权所有 违者必究

保罗·约翰·弗洛里（1910—1985 年）❶

　　作者们谨以此书纪念保罗·约翰·弗洛里，他对于高分子科学基本原理的直觉理解，可以预测并整合作者们阐述的各种研究成果。对于我们这些有幸结识他的人而言，保罗是一位启迪灵感的良师益友，在此领域中，他的影响力依然长存永驻。

---

❶ 这段献辞上面的弗洛里标准照是译校者追加的，此签名照是弗洛里教授 1979 年赠送给校者之一的。——译校者注

作者简介

詹姆斯·马克（James E. Mark）　出生于美国宾夕法尼亚州的威尔克斯-巴里。1957年在威尔克斯学院获得化学学士学位，1962年在宾夕法尼亚大学获得物理化学博士学位。在斯坦福大学保罗·约翰·弗洛里教授课题组作博士后研究，随后在布鲁克林理工学院担任化学助理教授，1972年加盟密歇根大学并任教授。1977年担任辛辛那提大学化学教授，兼任物理化学部主席和高分子研究中心主任。1987年，被任命为第一任杰出研究教授，并一直担任这个职位。马克博士是高分子化学的资深教授，是一些短期课程的组织者和参与者，并发表了大约600篇研究论文，合著、合编了18本著作。1990年，他创办了《计算和理论高分子科学》（*Computational and Theoretical Polymer Science*）杂志，并担任创刊主编。此外，他还担任过《高分子》（*Polymer*）杂志的主编，并在多家期刊编委会任职。他是纽约科学院院士、美国物理学会（APS）会士和美国科学促进会（AAAS）会士。获得的奖项包括：辛辛那提大学授予的院长杰出奖、Rieveschl研究奖和Jaffe化学教师卓越奖，美国化学会（ACS）橡胶部授予的Whitby奖和Charles Goodyear奖章、ACS应用高分子科学奖，ACS化学部授予的Paul J. Flory高分子教育奖。他被选为ACS高分子材料科学与工程学部首届会士小组成员，并获得了Turner Alfrey访问教授奖和ACS克利夫兰分部Edward W. Morley奖。

倪嘉陵（Kia L. Ngai）　华盛顿特区海军研究实验室电子科学与技术部高级科学家和顾问。1962年获得香港大学理学学士学位，1964年获得美国南加州大学数学硕士学位，1969年获得芝加哥大学物理学博士学位。在1969年至1971年期间，他在麻省理工学院工作，任林肯实验室研究人员。1971年加入海军研究实验室半导体分部。目前从事复杂体系弛豫和扩散的物理及应用研究，研究领域包括高分子物理、高分子黏弹性、玻璃化转变和离子动力学。他与许多科学家合作，发表了300多篇论著，包括综述和书籍章节。2001年，美国海军研究实验室图书馆员进行的一项调查显示，他的论文被引用次数超过10700次。1990年、1994年、1997年和2001年，他组织了一系列关于复杂体系弛豫问题的重要国际学术会议。在过去的七年里，他担任了《胶体与高分子科学》（*Colloid & Polymer Science*）杂志的副主编。他于1977年获得海军高级文职服务奖，1984年获得NRL Sigma Xi纯粹科学奖。1986年，任德国明斯特大学访问教授，1994年任德国康斯坦茨大学访问教授，1995年任德国美因茨马普高分子研究所访问教授，1998年任日本东京工业大学访问教授，2001年任日本大阪大学访问教授。

威廉·格拉斯利（William W. Graessley）　出生于美国密歇根，在密歇根大学获得化学和化学工程学士学位，在该校继续研究生工作，并于1960年获得博士学位。在空气减压公司工作四年后，加入了美国西北大学化学工程和材料科学系。1982 年，重返工业界，担任埃克森公司实验室高级科学顾问。1987 年，加盟普林斯顿大学担任化学工程教授。在高分子辐射交联、聚合反应工程、高分子分子流变学、橡胶网络弹性和高分子共混物的热力学方面发表了大量论文。1979 年至 1980 年期间为剑桥大学高级访问学者。现居密歇根，是普林斯顿大学名誉教授和西北大学兼职教授。取得的荣誉包括美国国家科学基金会（NSF）博士生奖学金（Pre-doctoral Fellowship）、流变学协会宾汉奖章、阿克伦大学 Whitby 奖、美国物理学会（APS）高分子物理奖、美国国家工程院院士。

里奥·曼德尔肯（Leo Mandelkern） 于 1942 年在康奈尔大学获得学士学位。在军队服役后，他回到康奈尔大学，于 1949 年获得博士学位，并从事博士后直到 1952 年，然后加入国家标准局。1962 年至今，他一直是佛罗里达州立大学化学和生物物理学教授。1984 年，大学授予他最高荣誉——Robert O. Lawton 杰出教授奖。此外，1958 年，获联邦服务十大杰出青年 Arthur S. Fleming 奖；1975 年，获 ACS 高分子化学奖；1989 年，获 ACS 应用高分子科学奖；1984 年，获 ACS 的佛罗里达奖；1988 年和 1993 年，分别获 ACS 橡胶部 George Stafford Whitby 奖和 Charles Goodyear 奖章；1984 年，获北美热分析学会 Mettler 奖。1993 年，日本高分子科学学会授予他"高分子科学进步杰出贡献奖"。1995 年，他获得了 ACS 高分子材料、科学和工程部高分子科学和工程合作研究奖。他还是 ACS 高分子化学部 Paul J. Flory 高分子化学教育奖（1999 年）和 Herman F. Mark 高分子化学奖（2000 年）的获得者。

爱德华·萨穆尔斯基（Edward T. Samulski） 于 1965 年毕业于克莱姆森大学纺织化学专业，1969 年在普林斯顿大学师从托博尔斯基教授获得物理化学博士学位。在荷兰格罗宁根大学和美国得克萨斯大学奥斯汀分校从事两年的 NIH（美国国家卫生研究院）博士后后，加盟康涅狄格大学。他目前是北卡罗来纳大学教堂山分校 Cary C. Boshamer 化学教授，曾在巴黎大学、魏茨曼科学研究所和加州圣何塞 IBM 研究实验室担任访问教授。他曾经是剑桥大学卡文迪什实验室科学工程研究委员会高级访问学者、新西兰梅西大学物理系 Guggenheim 研究员。他是《液晶》（*Liquid Crystals*）杂志的创刊主编、美国物理学会（APS）会士和美国科学促进会（AAAS）会士。研究兴趣是取向软物质。他的电子邮箱是 et@unc.edu。

杰克·凯尼格（Jack L. Koenig） 生于 1933 年 2 月 12 日，是世界上被引用最多的高分子光谱学家之一。他撰写了 7 本光谱学专著，包括 ACS 高分子光谱学专著，这是 ACS 出版同类书籍中最受欢迎的一本。凯尼格博士在红外和拉曼光谱、固体核磁共振、红外和核磁共振成像等领域发表了 650 多篇论文，因此他是高分子光谱专家中的卓越学者，他撰写的一章是本书的重要部分。

乔治·威格纳尔（George D. Wignall） 于 1966 年在英国谢菲尔德大学获得物理学博士学位，并在英国哈韦尔原子能研究机构和美国加州理工学院做博士后研究期间，专攻中子和 X 射线散射技术。在 1969~1979 年期间，他在英国帝国化学工业公司工作，发起了高分子小角中子散射（SANS）研究，并使用氘标记技术提供了凝聚态高分子链结构的第一个直接信息。1979 年，他加入美国橡树岭国家实验室（ORNL），帮助建造了一个 30m 的 SANS 设施，这是美国科学界最早使用的此类仪器之一。他与许多访问科学家合作研究高分子结构、热力学和相行为，发表了 200 多篇论文，其中包括为《材料科学与技术百科全书》和《高分子科学与工程》（*Polymer Science and Engineering*）杂志撰写的关于高分子中子散射的综述。他的研究获得了多项荣誉，包括 Lockheed-Martin-Marietta 奖，表彰其于 1987 年关于高分子共混物中同位素驱动相分离研究以及 1996 年关于高分子结构 SANS 研究的持续成就和开创性工作。1999 年，因开发超小角散射仪获得了 Arnold Beckman 奖，并被授予 Paul W. Schmidt 纪念奖章，以表彰其在 SANS 领域做出的重大贡献。他是 ORNL 凝聚态科学部高级研究科学家、美国物理学会（APS）会士。目前正在负责设计、建造两个新用户专用的、最先进的 SANS 设施，这些设施将与 ORNL 高通量同位素反应堆建设在一起。

译者简介

解孝林，1965 年 9 月出生于湖北省监利市。1987 年 7 月毕业于武汉化工学院（现武汉工程大学）化工系，获工学学士学位；1987 年 9 月～1990 年 7 月在成都科技大学（现四川大学）高分子材料系攻读硕士学位；1993 年 2 月～1996 年 3 月在四川联合大学（现四川大学）化学纤维专业攻读博士学位；1996 年 3 月～1997 年 12 月在浙江大学从事博士后研究，出站后到华中科技大学工作，现为化学与化工学院教授，博士生导师，科技部重点领域创新团队负责人、中组部国家"万人计划"科技领军人才。兼任国务院学位委员会学科评议组（化学）成员、教育部科技委化学化工学部委员和化工类专业教学指导委员会委员。

主要从事全息高分子材料、高分子复合材料、高分子材料绿色加工与资源利用的研究。主持并承担了国家杰出青年科学基金、国家自然科学基金重点项目、重大国际合作项目等科研项目，发表学术论文 300 余篇，获授权发明专利 100 余项。相关成果获 2010 年国家自然科学二等奖、2020 年中国石油和化学工业联合会技术发明一等奖，在武汉华工图像技术开发有限公司、湖北国创高新材料股份有限公司、湖北鼎龙化学股份有限公司等企业得到转化、应用。

校者序

本书英文原名为 *Physical Properties of Polymers*，由 James E. Mark 等 7 位著名高分子科学家合著，是英国剑桥大学出版社 2003 年出版的第三版。北京的世界图书出版公司 2004 年被授权合法在中国大陆独家重印发行，中译书名为《聚合物的物理性能》。与第二版相比，这个新的版本增加两位作者，撰写了新增的两章，其余许多章节原作者也做了重大修改和补充，可以认为是一本新书，其讲述是在入门课程与最新研究成果的水平上进行的。英文原书作为相关专业研究生、本科生和讲习班学生的高分子物理学教科书或参考书，在欧美受到广泛好评，因此多次再版。

这个中译本是北京的化学工业出版社向剑桥大学出版社购得版权后被允许翻译出版发行的，我们重新改订书译名为《高分子物理学》，主要考虑到内容属于相关专业主干课程"高分子物理学"的核心，目的是使这个版本在中国可以像在美国和欧洲一样更好地推广发行。众所周知，高分子物理学是研究高分子多尺度结构与各种性质之间关系的科学，涉及微观和宏观不同层面的理论和实验的诸多问题，已经发表上百本著作和无以计数的论文，如何向初学者介绍这个体系，已经有许多不同的尝试，各有优劣。

本书的特点是以高分子的物理状态（即相态）为中心，对于结构-性质关系加以阐述，与众多教材的侧重点有所不同，从教学法的角度是值得探索的一种尝试，译校者希望更多的教员在讲授高分子物理学中采用这个体系。化学系的学生都知道，在传统的化学学科中，最难学习的是物理化学。怎么向初学者介绍庞大的物理化学体系？P. Atkins 教授把几十万字的教材（*Physical Chemistry*，第 1-8 版，Oxford，Oxford University Press，1978—2005 年）压缩为两三万字的通识读本（*Very Short Introduction：Physical Chemistry*，Oxford，Oxford University Press，2015 年），就是采用这种相态为中心的叙述体系，它十分便于理解，并且容易与微观结构、热力学和统计力学理论以及表征方法联系在一起。从这种类比中推测，采用 Mark 等著的这本书的教学系统，肯定是富有成效的。

如作者简介中所述，本书作者都是经验丰富的资深科学家，他们中间许多人在高分子物理学的某一领域内处于权威的地位，如 Mark 对橡胶弹性、Mandelkern 对高分子结晶、Graessley 对高分子链的缠结和动力学以及 Koenig 对高分子波谱的研究等，都十分精深，他们另有多部专著被公认为高分子这一领域的经典著作，他们把厚重的专著浓缩为本书的某一章，使读者能尽快了解这些领域的状况。此外，Mandelkern 和 Mark 分别是 Flory 教授在康奈尔大学和斯坦福大学的博士后，都是美国化学会 Flory 高分子教育奖的得主，这些经历可以保证他们编写教材的认真和严谨。

由于篇幅所限，原书对于高分子的表征也没有完全展开，仅有两章。一章是高分子的波谱研究方法，从分子结构和凝聚态结构的表征来看，这显然是最常用的方法，值得深入学习；另外一章是小角中子散射，是本书第三版中补充进来的。这种方法是属于大科学的装置和技术对于高分子的探索，是较新的领域，而且在我国目前刚刚起步，因此对其集中加以介绍，是十分及时的。这种技术对于验证 Flory 对于本体高分子构象的理论猜想，是决定性的实验，也是他生前最关心的结果之一。正如 Wignall 博士在第 7 章中所言，小角中子散射实验完全证实了 Flory 教授 1949 年的天才预见，即在熔体和无定形本体中，柔性高分子线团具有无扰尺寸。

在翻译过程中，专业名词主要依据《英汉高分子科学与工程词汇》《英汉化学化工词汇》和《英汉物理学词汇》，凡这三本词汇上没有或有异议的名词，第一次出现时将标记出英文，请读者自鉴。本书里有一个英文名词 configuration，出现频率很高，译为中文时容易产生混淆。在化学中一看这个名词，就译为"构型"，指的是立体化学的排列；而在物理学中，这是一个统计物理学常见的名词，译为"位形"或"组态"。显然，这是一词多义的一个实例。其实，在西方高分子科学的学生中，conformation 和 configuration 这两个名词也经常让人困惑，例如 Flory 的诺贝尔奖演讲题名为"高分子链的空间构型"（*Spatial Configuration of Macromolecular Chains*），而 Volkenstein 的名著为《高分子链的构型统计学》（*Configurational Statistics of Polymeric Chains*），因此许多初学者极其困惑，为此 Flory 在《链状分子的统计力学》一书中，曾经给予正面回答，该书第一章中，他加了一个长的脚注：

"术语构象的意思是形状和物件的对称排列。另一个术语——构型——或许是二者中更一般的，以表示所讨论物体部件的排列，而不论其形状和对称性。我们对于后一术语的惯用法时常会违反有机化学家的习惯，他们认为术语构型就一种更特定的目标已经有优先权，即指分子中原子或基团对光学不对称结构单元的立体化学排列。将此术语专用于这一特定的目标之前，它已经在科学语言中被广泛使用。在力学中，尤其在统计力学领域，它的使用是公认的；我们对这一术语的惯用法主要以此领域为先例。例如，我们可以把链的一种构型想象为构型超空间中的一个点，开始在此空间中正则分布体系（分子）的整个系综上平均以求出平均性质。

使用'立体化学'之类的适当附加词头，容易避免与旋光性有关的一类不对称中心定义构型带来的混乱"。

Flory 教授在这段表述中的意见，已经是国际高分子理论科学家的共识，所以从 20 世纪中叶起沿用至今，本书的作者们也是这样界定的。但是，考虑到我国高分子科学的学生和研究者大多数只具有化学背景，所以他们见到 configuration 这个词的第一反应就是原作者用错了名词，应改为 conformation，这是此词在他们心目中对于有机化学优先所致。当然，上段引用的 Flory 所写脚注已经完整回答了这一个问题，而且中国化学会名词委员会已经把 configuration 译为构型，我们在本书中仍照此翻译，只是请读者要记住 Flory 的注解，否则将错误理解高分子理论科学文献。当然，还可能有另一种思考，即承认中文译名"构型"对于有机化学的优先权，也不管统计力学中译为"位形"或"组态"，在高分子的统计力学中将 configuration 改译为"构形"，此译名源于《英汉物理学词汇》中对于 configurational statistics 的译名"构形统计学"，这样的译名"构形"就与"构型"

的立体化学含义彼此"河水不犯井水"了！当然，这需要名词委员会的认同。

在译文中还有两点需要着重指出：

1. 按照国际纯粹和应用化学会的规定，英文中的两个名词 polymer 和 macromolecule 是完全同义的，可以互用，这已经成为惯例。因此，在同一本书中、甚至同一章中，二者经常同时出现，作者并无特别含义；中文译名中，出现更复杂的情况，由于历史因素，20 世纪 50 年代的译名高聚物（high polymer）和高分子量化合物（high molecular weight compound，substance of high molecular weight）已经很少使用，现代主要使用与 polymer 对应的译名高分子和聚合物，而与 macromolecule 对应的译名是大分子，按照中国化学会名词委员会的规定，它们也应当是完全同等的，在这个译本中，大多数情况下对 polymer 采用"高分子"的译名。

2. 对于英语名词 relaxation，我国物理学界一直译为弛豫；然而，在 20 世纪 60 年代初期，邀请苏联高分子科学家系统讲述高分子物理学的讲座中，将 stress relaxation 译为应力松弛，很受化学家欢迎，目前仍然在许多教科书和论文中采用；但是，除力学外，电、磁、热学、化学等现象中都有 relaxation，所以按照名词委员会的建议，还是统一译为弛豫为好，特此说明。

1979～1981 年笔者赴美国斯坦福大学追随 Flory 教授进行研究时，他对其学生的工作回忆最多的就是与 Mark 博士和 Mandelkern 博士的合作。后来在 1985 年 Flory 先生 75 岁生日庆典上，决定出版三卷 Flory 论文选集，也是由二位博士作主要编辑的，可见他对二位博士的信任。今天，Mark 和 Mandelkern 教授都已经作古，但是他们对高分子科学所作的贡献仍然是我们的宝贵资源，谨以这个中译本纪念他们；同时，也对仍然健在的作者们深表谢意，感谢他们与 Mark 一道撰写了这本优秀的高分子物理学教材。

吴大诚
2021 年 10 月于四川大学

原版序言

本书的前两个版本，作为高分子入门课程的单独教材、补充教材或自学读物，均受好评。因此，决定推出扩展的第三版。和前面版本一样，所有章节都包含一般的介绍性材料和综合完整的文献引用，旨在使该领域的初学者理解具体内容，并了解整个高分子科学。所有各章内容已全面更新和扩展。作者与第二版大致相同，但新加入了撰写"玻璃转变和玻璃态"的倪嘉陵教授，以及撰写"高分子的小角中子散射表征"的乔治·威格纳尔博士❶。为便于教学，本课程内容分为两部分：高分子的物理状态和一些表征技术。

这个增订的新版本，对于研究生或高年级本科生为期一个学期的高分子物理学基本课程，可以提供内容丰富的核心材料。各章的排列顺序有利于课堂教学，每一章也都是相互独立的，可以作为各章讨论内容的介绍性资料。

---

❶ 后一句是译校者加的，因为本书第二版为 5 位作者，而这个第三版增至 7 位，除倪教授还应指出有威格纳尔博士。——译校者注

目　录

第一部分
高分子的物理状态

第 1 章　橡胶弹性态

James E. Mark

辛辛那提大学化学系和高分子研究中心，美国俄亥俄州辛辛那提 45221-0172

1.1　引言

1.1.1　基本概念

　　类橡胶材料的弹性与众不同，因此有必要先对橡胶弹性进行定义，然后再讨论什么类型的材料具备该特性。因此这种类型的弹性操作上可以定义为非常大的形变性，而且几乎可完全回复。为了使材料具有这种弹性，分子层面上必须满足三个要求：①材料必须由高分子链组成；②高分子链必须具有高度的柔性和迁移性；③高分子链必须连接在网络结构中[1-5]。

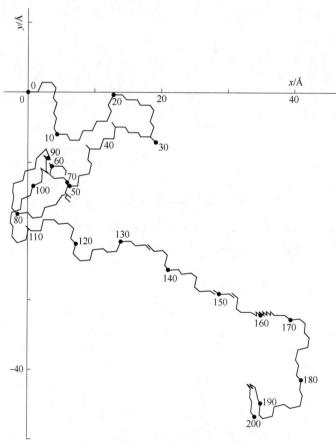

图 1.1　主链含 200 个化学键的 n 烷在二维平面上的投影[3]，其中末端距矢量从原点出发，终点为第 200 个碳原子（1Å＝10^{-10} m）

第一个要求基于如下事实：在施加外应力的条件下，橡胶或弹性体材料中的分子必须可显著改变其空间排列和伸展，且只有长链分子才具有不同伸展程度所需的大量空间排列可能性。这种多样性排列如图 1.1 所示[3]，该图为无定形聚乙烯短链在空间随机排列的二维投影，其空间构型❶是通过计算机模拟生成的。为了尽可能与真实情况一致，将分子链中所有键长和键角设定与正烷烃分子一样，且采取反式结构。考虑到最终的状态是旋转键与键之间相互依赖，也就是说，一个旋转键的状态依赖于相邻键的状态[6-8]。这种典型构型一个重要特征在于链的某些部分具有高的空间伸展性，这是由于反式构型基本上呈平面锯齿形并具有高度伸展性；另一方面，尽管存在这种反式倾向，但链中的大部分都排列紧凑。因此用末端距衡量的整根链的伸展非常小。对于这样的短链，只需通过主链上化学键的简单内旋转，而不必改变键角和增加键长，伸展也可增大约四倍。

　　橡胶弹性的第二个要求是允许不同的空间排列，即这些排列的变化不受诸如链的固有刚性、大量的链结晶行为或玻璃态高黏度特性等约束[1,2,9]。

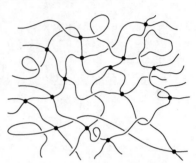

　　橡胶弹性的最后一个要求是弹性可恢复性。它通过将大约一百个链段连接或"交联"在一起，以防止被拉伸高分子链彼此不可逆地滑动。因此网络结构如图 1.2 所示[9]，其中交联可以是化学键交联或者物理聚集，前者如硫黄硫化天然橡胶那样，后者包括部分结晶高分子中的小微晶或多相嵌段共聚物中的玻璃态相区[3]。有关链交联的更多信息，将在 1.1.6 节详细讨论。

图 1.2　弹性体网络示意图，
黑点表示交联点[3]

1.1.2　弹性回复力的起源

　　对于形变的弹性体网络，要阐明它所显示弹性力 f 的分子起源，可以通过热弹性实验，该实验测试恒定长度 L 下力的温度依赖性，或恒定力下长度的温度依赖性[1,3]。首先假想一个金属薄条，被质量为 W 的重物拉伸到不足以产生永久形变的位置，如图 1.3 所示[3]。恒定拉力下升高温度，金属条的长度将会增大，这被认为是"正常的"行为。然而，对拉伸的弹性体的情况，所观察到的却正好相反：竟是收缩！出于比较的目的，在恒定压力下升温，观察气体的结果也列于图 1.3。正如理想气体定律所描述的那样，升高其温度显然会导致其体积 V 的增加。

　　对上述观察结果的解释如图 1.4 所示[3]。金属原子之间的间距 d 的改变，引起能量增加 ΔE，这是拉伸金属的主要效应；在移除外力后，拉伸的金属条回缩到原始长度，同时体系的能量降低。类似地，在恒力作用下加热金属条，也导致膨胀；原子间距在不对称势能曲线中能量极小值附近振荡增大，引起了这种膨胀。然而，对于弹性体，形变的主要因素是网络中高分子链的拉伸，这大大降低了体系的熵[1-3]。因此回弹力主要来源于熵增原理，即系统具有将熵自动增加到无形变时极大值的趋势。随着温度的升高，高分子链的混乱程度增加，也就增加了这种随机状态的趋势，最终导致恒定力下长度的减小或恒定长

度下力的增大。该现象与压缩气体的行为非常相似，其中形变的程度用体积的倒数 $1/V$ 表示。气体的压力也在很大程度上是由熵变决定的，形变程度也就是 $1/V$ 的增大，对应于熵的减小。加热气体会导致驱动力增大，直至达到极大熵状态，也就是无限体积或零形变。因此，温度的升高导致了恒定力下体积增大或恒容下压力提高。

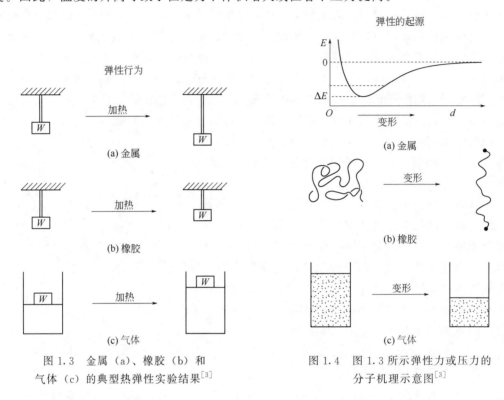

图 1.3 金属（a）、橡胶（b）和 气体（c）的典型热弹性实验结果[3]

图 1.4 图 1.3 所示弹性力或压力的 分子机理示意图[3]

对于形变功 $\mathrm{d}w$ 的表达式而言，弹性体作为一种凝聚相，却与气体类比，真令人感到惊奇。对于气体，$\mathrm{d}w$ 等于 $-p\,\mathrm{d}V$；而对于弹性体，该压力-体积项通常可忽略不计，如网络伸长几乎在恒容下完成[1,3]，相应的功这一项变为 $+f\,\mathrm{d}L$，其中符号的差异是因为正值的功 $\mathrm{d}w$ 对应的不是气体体积的减小，而是弹性体长度的增加。气体的绝热压缩（例如用柴油发动机）与弹性体的绝热拉伸一样，均使体系温度升高。与此类似，绝热收缩导致弹性体温度的降低，就像气体膨胀会冷却一样。这里有一个基本观点，弹性体的回弹力和气体的压力都主要是熵驱动的，因此这些原本不同系统的热力学和分子机理的描述却相互密切关联。

1.1.3 大事记

1805 年，Gough 首次进行了上述最简单的热弹性实验[1,2,9,10]。Gough 是一位牧师，曾从事过植物学研究，但自从失明之后，他不得不通过他的触觉去做实验。这也是为什么他在快速拉伸橡胶带时用嘴唇感触其升温的原因。在这方面，最为重要的是 Goodyear 和 Hayward 在 1839 年发现硫化或交联，可使天然橡胶变成网状结构，也使此类研究的样品更为可靠。具体而言，1859 年 Joule 利用这种交联样品进行了更多的定量实验。事实上，熵的概念引入热力学没几年，就进行了这项实验！与这些分子理论发展有关的另一个重要实验事实是，只要不引起结晶，橡胶材料的形变基本上是在恒容下发生的[1]。从这个意义上说，弹性体和气体的形变是完全不同的。

橡胶弹性源于熵的分子解释，还是 Staudinger 在 20 世纪 20 年代提出高分子概念之后才得到证明的。Staudinger 指出高分子是通过共价键连接起来的分子，而不是胶体化学家所认为的某些非共价复合物[1]。1932 年，Kuhn 发现橡胶伸展前后体积不变，熵的变化包括网络链的取向或空间构型的变化，其大致思想如图 1.5 所示[9]，其中箭头表示网络链的末端距向量。基于该思想，Kuhn、Guth 和 Mark 在 20 世纪 30 年代后期，率先提出了定量理论，即网络链在外应力作用下通过主链共价键的内旋转改变其结构[1,2]。

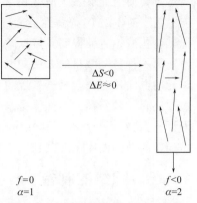

$\Delta S < 0$
$\Delta E \approx 0$

$f = 0$ $f < 0$
$\alpha = 1$ $\alpha = 2$

图 1.5 在网络拉伸状态下，末端距矢量长度和取向度变化示意图[9]，值得注意的是，在垂直于拉伸方向，即水平方向，矢量基本上是压缩的

更为严谨的理论始于 1941 年 James 和 Guth 的"虚拟网络"理论、Wall 的"仿射模型"理论，1942 年 Flory 和 1943 年 Rehner 对后者进行了完善。

这些理论以及它们的一些最新修正将在下文阐述。

1.1.4 基本假设

在橡胶弹性分子理论的几项发展研究中，已经采用的重要假设如下[9]。

第一个假设是：虽然在弹性体材料中肯定存在分子间相互作用，但它们与链构型无关，因此也与形变无关。事实上，此假设就是橡胶弹性完全来源于分子内相互作用。

第二个假设指出，网络的自由能分为两部分：类液体部分和弹性部分，且前者与形变无关，因此弹性有别于一般固体和液体的其他特性，须进行独立处理。

在一些理论中，进一步假设形变是仿射的，即网络链形变与宏观形变是简单的线性关系。绝大多数理论都采用高斯分布；然而，对于网络链非常短或接近其可扩展极限的情况，已经发展为非高斯理论[2]。

1.1.5 类橡胶材料

由于类橡胶弹性需要高度的柔性和迁移性，因此弹性体通常不含诸如环状结构和庞大的侧基等基团[2,9]，这些材料表现出低玻璃化温度 T_g，也证明了这些特征。在第 2 章中，倪嘉陵教授将讨论有利于低 T_g 值的高分子链结构特征。如果这些高分子有熔点的话，也倾向于熔点较低，但有些弹性体在经受足够大的形变时也会结晶。典型的弹性体包括：可发生应变诱导结晶的天然橡胶和丁基橡胶；以及通常不结晶的聚二甲基硅氧烷（PDMS）、聚丙烯酸乙酯、苯乙烯-丁二烯共聚物和乙烯-丙烯共聚物。在第 4 章中，L. Mandelkern 教授将讨论高分子的结晶行为。

有些聚合物在通常条件下不是弹性体，但升高温度或添加稀释剂（"增塑剂"）也可以使之表现出弹性。如聚乙烯因高结晶度就属于这一类高分子；聚苯乙烯、聚氯乙烯和生物高分子弹性蛋白也属于这种类型，但它们具有较高的玻璃化温度[9]。

最后一类聚合物为本征型非弹性体，其实例有：聚硫，其链太不稳定；聚对亚苯，其链刚性太大；热固性树脂，其链太短[9]。

设计链刚性可控的网络是目前研究的热点。对 PDMS 等弹性体而言，主要目的是提高熔点，使之能够发生应变诱导结晶。微晶的增强作用，赋予了天然橡胶优异的力学性能。为了对 PDMS 等弹性链进行增强，一种方法是在主链上引入间苯或对苯基团，以降低其熔化熵，进而提高其熔点[9,11]。

另一种备受瞩目的方法是氟硅氧烷弹性体的制备方法。这种将氟原子引入硅氧烷重复单元的方法，可改善聚硅氧烷的耐溶剂性、热稳定性和表面活性[12-14]。

还有一种新颖的弹性体是氢化丁腈橡胶，它具有良好的耐油性和较宽的使用温度范围[15]。此外，与热塑性弹性体相对应的是压塑性弹性体，这种弹性体通过增加压力而不是通常的升高温度来使其软化[16]。

1.1.6　网络的制备

共聚合是引入橡胶弹性所需交联点的最简单方法之一，其中的一种共聚单体的官能度 ϕ 等于或大于 3[9,17]。然而，该方法主要用于制备严重交联的材料，得到相对较硬的热固性材料，而不是弹性体[18]。

通过链段在填料颗粒表面的物理聚集、形成微晶、侧链离子与金属离子缩合、侧链配体与金属离子螯合，以及三嵌段共聚物中玻璃态或结晶末端嵌段的微相分离等方法，可以得到足够稳定的网络结构[9]。这些材料的主要优点是，交联只是暂时的，意味着它们可重复加工。当然，这种交联的暂时性也是一个缺点，因为只有当交联聚集体不被高温、稀释剂或增塑剂等破坏时，这些材料才呈现出橡胶特性。

1.1.7　凝胶化

橡胶弹性所必需的网络结构已被一些研究小组广泛研究[19-21]。一种方法是将含功能性端基的前驱体链与多官能试剂的末端随机连接，然后分析溶胶部分的含量与类型，并研究凝胶的分子结构和力学性能。其中研究最多的体系是以羟基或乙烯基为端基的 PDMS 链[20]，以及相应的多官能交联剂，如含烷氧基 OR 的有机硅酯或含 H 的硅烷[22]。

关于凝胶化研究，可用蒙特卡罗法来模拟这些反应，研究 PDMS 中乙烯基-硅烷末端连接情况[23,24]。模拟结果表明，凝胶点处的反应程度与实验结果高度一致，但高估了最大反应程度。这种差异实际上可能是由于在高黏性、链缠结的介质中难以反应完全。

1.1.8　网络结构

在进一步评价实验结果前，稍微离开正题，来建立测量交联密度最广泛使用的三种方法之间的关系，是非常必要的。第一种是网络链的数量或物质的量 ν，从一个交联点到另一个交联点之间的链称为网络链。若用 V 表示未溶胀的网络体积，则网络链密度为 ν/V[1]。第二种是交联点密度 μ/V。显然，交联点数 μ 和网络链数 ν 之间的关系取决于交联网络的官能度。在这方面，两种网络类型最为重要：一种是四官能度网络（$\phi=4$），它几乎总是与来自不同链的两个链段相连接；另一种是三官能度网络，如羟基封端链与三异氰酸酯末端交联形成聚氨酯网络。μ 和 ν 之间的关系如图 1.6 所示[25]，其中包括两种简单完美的网络结构，一种为四官能度网络，另一种为三官能度网络。其简单之处在于它们

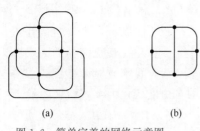

图 1.6 简单完美的网络示意图：
（a）四官能度交联点和（b）三官能度交联点，两者均用黑点表示[25]

具有足够小的 μ 和 ν 值，便于计数；其完美之处在于体系不含任何悬挂末端或对弹性无贡献的环链，即两端连接到同一交联点的链。可以看出，四官能度网络的 $\mu/\nu=4/8$ 或 $1/2$，而三官能度网络则为 $4/6$ 或 $2/3$。

通常，对于官能度为 ϕ 的网络，交联连接点的数目 $\phi\mu$ 等于链端数的 2ν 倍，因此得到简单的关系 $\mu=(2/\phi)\nu$[1]。另一个与交联密度成反比的物理量是交联点之间的分子量 M_c，即密度（ρ，单位为 $\mathrm{g\cdot cm^{-3}}$）除以链的物质的量（ν/V，单位为 $\mathrm{mol\cdot cm^{-3}}$）：$M_c=\rho/(\nu/V)$[1]。在最近的一些理论中，引入了环度 ξ 这个相关物理量，该物理量表示将网络减少到完全没有闭环而必须被切割的链的数目，即 $\xi=(1-2/\phi)\nu$[9]。

1.2 理论

1.2.1 唯象学

橡胶弹性的唯象学方法是基于连续介质力学和对称性分析，而不是分子概念[2,17,26,27]。它试图用最少的参数拟合应力-应变数据，然后用来预测同一材料的其它力学性质。最著名的是 Mooney-Rivlin 方程，该方程表明弹性体的模量随伸长率的倒数发生线性变化[2]。

1.2.2 仿射模型

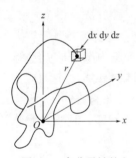

图 1.7 高分子链的空间构型以及用于描述末端距 r 分布函数的一些物理量[1]

与其它橡胶弹性分子理论一样，该理论基于链分布函数，给出末端距 r 出现的概率。这种分布函数的特征如图 1.7 所示[1]。如果一条高分子链的一端位于坐标系的原点，那么另一端在坐标点（x，y，z）附近无穷小体积（$dV=dxdydz$）内的概率是多少？

最简单的橡胶弹性分子理论是基于网络链，即从一个交联点到另一个交联点的链序列的末端距符合高斯分布函数[1-3]：

$$w(r)=\left(\frac{3}{2\pi\langle r^2\rangle_0}\right)^{3/2}\exp\left(-\frac{3r^2}{2\langle r^2\rangle_0}\right) \tag{1.1}$$

式中，$\langle r^2\rangle_0$ 表示不受排除体积效应干扰的自由链尺寸[1]。排除体积效应源于组成高分子链的原子空间体积排列，这与气体类似。然而，由于它们同时受分子内和分子间相互作用力的影响，情况更为复杂。如果存在体积效应，则增加了高分子链的尺寸，相当于增加了气体的压力。含 $\langle r^2\rangle_0$ 项的高斯分布函数适用于拉伸和未拉伸状态的网络链。这种链的亥姆霍兹自由能可用简单的玻尔兹曼关系来描述：

$$F(T)=-kT\ln w(r)=C(T)+\frac{3kT}{2\langle r^2\rangle_0}r^2 \tag{1.2}$$

式中，$C(T)$ 在给定热力学温度 T 下是常数。将无规未形变状态的网络链从

$r(x,y,z)$ 拉伸到形变位置 $r(\alpha_x x, \alpha_y y, \alpha_z z)$，其中 α 是分子形变率，则单个网络链的自由能变化简化为：

$$\Delta F = \frac{3kT}{2\langle r^2 \rangle_0} \left[(\alpha_x^2 x^2 + \alpha_y^2 y^2 + \alpha_z^2 z^2) - (x^2 + y^2 + z^2) \right] \tag{1.3}$$

由于弹性响应基本上是分子内的[1-3]，因此 ν 网络链的自由能变化为上述结果的 ν 倍：

$$\Delta F = \frac{3\nu kT}{2\langle r^2 \rangle_0} \left[(\alpha_x^2 - 1)\langle x^2 \rangle + (\alpha_y^2 - 1)\langle y^2 \rangle + (\alpha_z^2 - 1)\langle z^2 \rangle \right] \tag{1.4}$$

式中，x^2、y^2 和 z^2 两边的尖括号表示它们在 ν 链上的平均值。在该模型中，假设交联或交联点的应变诱导位移在宏观应变中是线性仿射的，则形变率可直接从应变状态和初始未应变状态的样品尺寸得到：

$$\alpha_x = L_x / L_{xi} \qquad \alpha_y = L_y / L_{yi} \qquad \alpha_z = L_z / L_{zi} \tag{1.5}$$

未形变状态的交联链尺寸由勾股定理给出：

$$\langle r^2 \rangle_i = \langle x^2 \rangle + \langle y^2 \rangle + \langle z^2 \rangle \tag{1.6}$$

此外，未形变状态的各向同性要求 x^2、y^2 和 z^2 的平均值相同，即：

$$\langle x^2 \rangle = \langle y^2 \rangle = \langle z^2 \rangle \tag{1.7}$$

因此，链尺寸由式（1.8）给出：

$$\langle r^2 \rangle_i = 3\langle x^2 \rangle = 3\langle y^2 \rangle = 3\langle z^2 \rangle \tag{1.8}$$

则弹性形变自由能为：

$$\Delta F = \frac{\nu kT}{2} \frac{\langle r^2 \rangle_i}{\langle r^2 \rangle_0} (\alpha_x^2 + \alpha_y^2 + \alpha_z^2 - 3) \tag{1.9}$$

在最简单的理论中[1-3]，假设 $\langle r^2 \rangle_i$ 与 $\langle r^2 \rangle_0$ 相同，即交联未显著改变其尺寸，与无扰链的尺寸一致，式（1.9）近似为：

$$\Delta F \cong \frac{\nu kT}{2} (\alpha_x^2 + \alpha_y^2 + \alpha_z^2 - 3) \tag{1.10}$$

式（1.9）和式（1.10）是类橡胶弹性分子理论的基础，可用于推导任意形变的弹性状态方程[1-3]，即与网络链的应力、应变、温度和数量或密度之间的关系式。它们的应用能最好地说明伸长的情况，而伸长率则是绝大多数实验研究中形变的衡量标准[1-3]。发生这种形变时，其体积基本是恒定的，因此在纵向拉伸比 $\alpha_x = \alpha > 1$ 的情况下，网络的垂直尺寸被压缩，即：

$$\alpha_y = \alpha_z = \alpha^{-1/2} < 1 \tag{1.11}$$

因此，拉伸状态下等式的第一部分为：

$$\Delta F = \frac{\nu kT}{2} (\alpha^2 + 2\alpha^{-1} - 3) = f\,dL \tag{1.12}$$

由于亥姆霍兹自由能是"功函数"，形变功用 $f\,dL$ 表示，其中 $L = \alpha L_i$。正如式（1.12）所示，弹力通过对式（1.12）进行微分得到，即：

$$f = (\partial \Delta F / \partial L)_{T,V} = \frac{\nu kT}{L_i} (\alpha - \alpha^{-2}) \tag{1.13}$$

标称应力 $f^* \equiv f/A^*$，其中 A^* 是未形变时的横截面积，可以写成：

$$f^* \equiv f/A^* = (\nu kT/V)(\alpha - \alpha^{-2}) \tag{1.14}$$

式中，ν/V 是网络链的密度，即单位体积网络链的数量，等于 L_iA^*。式（1.14）给出的弹性状态方程与式（1.15）所示理想气体状态方程惊人相似：

$$p = NkT(1/V) \tag{1.15}$$

式（1.15）中，仅仅是用应力和网络链密度分别取代了压力和气体分子数量 N。类似地，由于假设应力完全是熵属性的，因此预测在恒定 α 和恒定 V 的情况下，f^* 与 T 成正比，就像理想气体的压力在恒定 $1/V$ 下所预测的一样。应变函数 $(\alpha - \alpha^{-2})$ 比 $1/V$ 稍微复杂一些，因为弹性网络的近不可压缩性将由 $(-\alpha^{-2})$ 项给出的压缩效应与简单伸长率为 α 的压缩效应叠加在一起，其近似水平末端向量如图 1.5 所示。

此外，在弹性研究中，经常使用"约化应力"或"约化模量"这一概念，可用式（1.14）的第一部分来定义：

$$[f^*] \equiv f^* \upsilon_2^{1/3}/(\alpha - \alpha^{-2}) = \nu kT/V \tag{1.16}$$

该定义包含一个适用于由低分子量稀释剂溶胀网络的因子，这通常是为了接近弹性平衡。考虑到膨胀的网络具有较少的链通过单位横截面积，且链由于稀释剂的存在而被拉伸，因此该因子等于网络中高分子体积分数的立方根[1]。

1.2.3 虚幻网络模型

在该模型中，链被视为横截面积为零，且像"幽灵"似地可以彼此相互穿插[2,9,28,29]。交联点在空间中经历相当大的涨落，在形变状态下，这些涨落以不对称形式出现，从而使应变低于施加的宏观应变，所观察到的形变为十分明显的非仿射形变。由于网络链感受到的应变有这种降低，与式（1.16）的数值相比，所预测的模量将按照 $A_\phi <$ 1 倍而减小：

$$[f^*] = A_\phi \nu kT/V \tag{1.17}$$

在"虚幻"网络所表现出的非仿射形变中，A_ϕ 由式（1.18）表示：

$$A_\phi = 1 - 2/\phi \tag{1.18}$$

对于三官能度网络，$\phi = 3$，则 A_ϕ 为 $1/3$；对于四官能度网络，则 A_ϕ 为 $1/2$；在非常高交联官能度的体系中，该值接近 1（例如微晶作为物理交联点，就可能发生这种情况）[9]。

橡胶弹性理论的一些重要进展，是更好考虑了链缠结的各种方法[22,30]。在"约束"理论中，重点是在网络结构中引入了约束的方式，这将在下一节讨论。

1.2.4 约束结模型

实验结果表明，网络对形变的响应通常介于仿射网络和虚幻网络之间[31-34]。在低形变时，链缠结抑制约束结的涨落，其形变相对接近仿射极限。图 1.8 为基于"约束结"理论的预测结果[32-34]。在仿射形变和虚幻网络的非仿射形变这两种极端条件下，约化应力均与 α 无关。由于约束结的涨落，在官能度为 ϕ 的网络中，约化应力的值应在虚幻网络模型的基础上除以 $(1-2/\phi)$，如图 1.8 中 $\phi = 4$ 的情况所示。实验观察到的约化应力随 α 的增大而减小，特别在 α 较大时与理论曲线吻合得很好。增加伸长率将使部分链解开缠结，并使其涨落幅度增加，特别在形变方向上尤为明显。这使得高分子链的形变小于宏观上施加的形变，导致形变更加非仿射。因此模量一直降低，直到在非常高的伸长率下达到类似虚幻网络的行为。可用约束参数 κ 来描述涨落受约束的程度，该参数在仿射极限和虚拟极限中分别接近无限大和零。该理论的一个巨大成功之处在于，它解释了之前令人费解的现象[32-34]，即在较低和中等伸长率下，几乎总是观察到模量随着伸长率的增加而降低，这可用 Mooney-Rivlin 方程来描述[2]。在非常高的形变情况下，所观察到的模量增加必须单独处理，这将在 1.6 节中阐述。

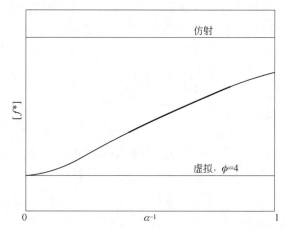

图 1.8　约化应力与伸长率倒数 α^{-1} 的理论预测定性示意图[32-34]

1.2.5　约束链模型

上述约束结模型的修正是基于对约束问题的重新审视，以及对实际约束结涨落相关中子散射实验结果的评估[35,36]。研究表明，该理论对涨落的抑制被高估了，这可能是因为链间相互作用的整体效应被武断地算成交联点的作用。因此，将约束分散到网络链的轮廓上，对上述理论进行了修订，使其更符合实际[37]，这也提升了理论与实验之间的一致性。

1.2.6　扩散约束理论

为了更贴近事实，该理论将约束作用不断分散在整个网络链上。将其应用于伸长率的应力-应变等温曲线时[38]，仅需一个约束参数。在比较理论和实验结果时，该理论比之前模型更合理。另一方面，应变双折射值也远大于约束结理论和约束链理论中的值[39]。

图 1.9（a）～（c）描述了将约束引入弹性体网络的可能性，此外还包括一种补充的可能性，如图 1.9（d），它是根据补充的实验信息假定得出的，例如尤其是对于官能团数较高的交联点，结点涨落幅度等补充的散射实验结果。

1.2.7　其他模型

最重要的替代方法之一是"滑动连接"模型，它将网络链缠结[40,41]的影响直接纳入弹性自由能中[42]。其它还有诸如"管道"模型[43]和范德瓦尔斯模型[44]。

1.2.8　网络链的旋转异构态表示法

该方法[45-48]是基于网络链的旋转异构态关系[6-8]，考虑不同化学组成的弹性体之间的结构差异。在该模型中，考虑了将一种类型的弹性链与另一种弹性链区分开的结构特

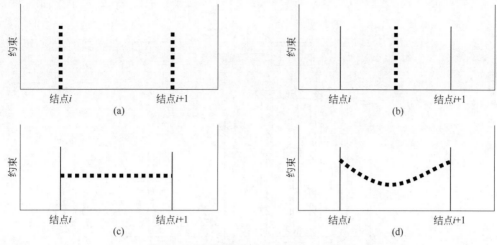

图 1.9　缠结受限位置的集中选择示意图

征，正如图 1.1 所示的构筑空间构型所做的那样。其中，所需的键长、键角、旋转状态的位置及能量是从小分子实验数据中获得的，然后用于蒙特卡罗法并生成大量空间构型，这些构型代表了在一定链长和温度下的特定链结构。计算出这些构型的末端距 r，并将其放入不同 r 范围的盒子中。采用条的高度来表示给定范围内链的数量，将这些数量对 r 作条形图。该条形图的平滑曲线即可表示 r 的分布，并用于代替近似的高斯分布。这种分布对于非高斯链特别有用，如短链或因拉伸而接近其可伸展极限的高分子链。类似于从理想气体理论到非理想的范德瓦尔斯理论，橡胶弹性的研究也经历了由通常不含结构信息的橡胶弹性分子理论，到区分高分子结构特征理论的跨越[17]。这两种情况的优点是更真实地描述了系统状态，但由于需要加上特定信息也就失去了其普适性。这方面对液晶高分子理论来说却显得尤为重要[49,50]。

　　由这些不同方法得到的一些弹性状态方程，将在后面章节中进一步讨论。

1.3　一些实验细节

1.3.1　力学性能

　　弹性体力学性能的绝大多数研究涉及拉伸，因为这种类型的形变极其简单[9]。测量类橡胶材料特定伸长率下所需力的典型装置的确非常简单，其示意可见图 1.10[3]。弹性样条安装在两个夹具之间，固定下夹具，上夹具连接可移动的测力计。记录器用于监测测力计输出值随时间的变化，以便获得力的平衡值，便于与理论值进行比较。通常地，测试是在氮气等惰性气氛下进行的，特别在高温下更是如此，这样可以保护样品、防止其降解。样品池和周围的恒温槽都是玻璃的，这样方便使用测高仪或移动显微镜进行跟踪，通过测量样品中间标记的两条线之间的距离变化获得应变值。

　　其他类型的形变，如双轴拉伸或压缩、剪切和扭曲，所得的某些典型研究结果，将于后文 1.7 节进行介绍。

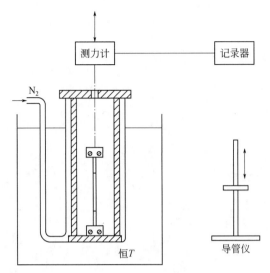

图 1.10　弹性体伸长的应力-应变测试装置示意图[3]

1.3.2　溶胀

这种非力学性质也常用于表征弹性体材料[1,2,9,17]。这是一种不寻常的形变，因为体积变化并非微不足道，而是至关重要的。它是弹性体（网络）吸收溶剂直至达到平衡溶胀度的三维膨胀，一方面溶剂与网络链的混合减少了自由能，另一方面链的拉伸伴随着自由能的增加，两者相互抵消时体系达到平衡。在这类实验中，通常将弹性体（网络）置于过量的溶剂中，使其充分吸收溶剂直至链的扩张拉伸阻止进一步的吸收。只要高分子-溶剂的相互作用参数 χ_1 是已知的，由溶胀平衡程度便可得到网络的交联度。相反，如果独立实验中交联度是已知的，则可以确定相互作用参数。当然，平衡溶胀度及其对各种参数和条件的依赖性还需要其它补充试验来确定。

由 Flory 和 Rehner 的经典溶胀理论可得出如下关系[1]：

$$\nu/V = -\left[\ln(1-\upsilon_{2m})+\upsilon_{2m}+\chi_1\upsilon_{2m}^2\right]/\left[A_\phi' V_1 \upsilon_{2S}^{2/3}(\upsilon_{2m}^{1/3}-\omega\upsilon_{2m})\right] \tag{1.19}$$

式中，ν/V 是交联密度；υ_{2m} 是溶胀平衡时高分子体积分数；χ_1 是前面已经提到的自由能相互作用参数[1]；A_ϕ' 为结构因子，在仿射极限中等于 1；V_1 为溶剂摩尔体积；υ_{2S} 为交联过程中高分子的体积分数；ω 为熵的体积因子，等于 $2/\phi$。

在由弗洛里（Flory）修正的理论中[51]，溶胀形变的非仿射程度取决于嵌于网络结构中交联点的松散程度，反过来又取决于网络的结构和平衡溶胀度。基于该理论，给出如式（1.20）所示关系：

$$\nu/V = -\left[\ln(1-\upsilon_{2m})+\upsilon_{2m}+\chi_1\upsilon_{2m}^2\right]/\left[F_\phi V_1 \upsilon_{2S}^{2/3}\upsilon_{2m}^{1/3}\right] \tag{1.20}$$

式中，F_ϕ 因子表征溶胀期间形变接近仿射极限的程度。其表达式如下：

$$F_\phi = (1-2/\phi)\left[1+(\mu/\xi)K\right] \tag{1.21}$$

式中，ξ 为前面提到的网络环度；$K=f(\upsilon_{2m},\kappa,p)$[51]，$\kappa$ 是与交联链约束相关的参数，p 是与交联链涨落对应变依赖的相关参数[51]。该理论相对较难应用，因为它包含了简单理论中没有的一些参数。即使在一些相对常见和重要的弹性体中，它们的价值也不一定能够体现出来。

1.3.3 光学和光谱特性

与光学性质相关的一个例子是形变高分子网络的双折射性质[17]。这种应变诱导的双折射可用于表征链段取向以及高斯和非高斯弹性，并为深入理解有关应变诱导结晶所需网络链取向提出新见解[2,9,52,53]。其他光学和光谱技术，如荧光偏振、氘代核磁共振和偏振红外光谱[9,17,54]，特别是在链段取向研究方面，也发挥了非常重要的作用。Koenig 教授将在第 6 章中详细介绍光谱学在高分子表征中的应用。

同样重要的还有原子力显微镜、布里渊散射[55,56] 和脉冲传播测量[55,57]，其中脉冲传播测量是通过网络对脉冲的延迟来获得网络结构的相关信息。

1.3.4 散射技术

这类技术在弹性体研究中最有用的是小角中子散射，可以研究非氘代弹性体中的氘代链[58-60]。其中的一个应用是确定未形变状态下链构型的随机程度，这关系到弹性理论的基本假设。更重要的是确定链尺寸形变方式与样品宏观尺寸变化的关系，即形变的仿射程度。这种弹性体微观和宏观水平之间的关系是橡胶弹性的核心问题之一。Wignall 教授将在第 7 章中详细讨论中子散射测量在高分子表征中的应用。

一些小角 X 射线散射技术也已应用于弹性体的表征，如弹性体中填料的表征和陶瓷基体中掺杂弹性体，这两种情况都是为了改善体系的力学性能[9,61]。

1.3.5 脉冲传播测量和布里渊散射

脉冲传播测量是一种表征网络结构的无创无损新技术[57,62]，其目标是快速测定网络结构中交联点之间和缠结点之间的距离。另一个例子是布里渊散射方法[63]，这对于观察高频弹性体的玻璃态特性非常有用[64]。

1.4 理论与实验的比较

1.4.1 应力对形变的依赖性

用于评价理论的绝大多数实验都与伸长率有关。这里将主要强调这些实验结果，而关于其他形变的结果将在 1.7 节中讨论。

图 1.11 为交联天然橡胶样条的典型应力-应变等温曲线[1-3]，力的单位是牛顿，该曲线通常是可逆的。在该图中，由于曲线下的积分面积与形变功（$w = \int f \mathrm{d}L$）成正比，因而备受关注，至断裂点的此值为材料韧性的量度。

图 1.11 中所示的应力-应变等温曲线的初始部分符合预期，即 f^* 与 α 接近线性关系，这是因为 α 足够大时，式（1.14）中的 α^{-2} 项可忽略不计。天然橡胶在高形变条件下 f^* 的大幅增加，即后面 1.6 节所述的非高斯效应大部分（可能不是全部）是由应变诱

导结晶所致。高分子的熔点与熔化熵成反比,当非晶网络链因施加形变而保持伸展时,熔融熵显著减小,熔点增加。从这种意义上来讲,拉伸"诱导"了一些网络链的结晶,如图1.12所示[65]。去除力之后,升高的熔点通常降回到原来的值。定性地说,该效应类似于晶态小分子物质的熔点随压力增加而提高的现象。无论如何,由此形成的微晶促进了物理交联,增大了网络的模量。1.6节将进一步讨论高伸长率下可结晶和不可结晶网络的性质。

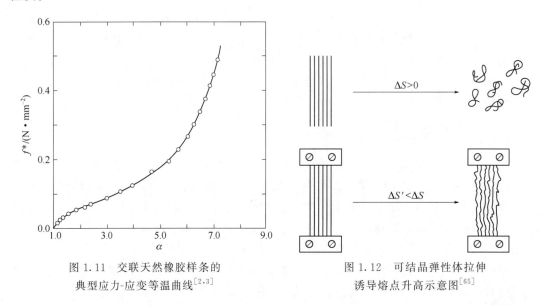

图1.11 交联天然橡胶样条的
典型应力-应变等温曲线[2,3]

图1.12 可结晶弹性体拉伸
诱导熔点升高示意图[65]

由模量与相对伸长率的曲线图可以看出,在中等形变区域中该曲线与理论仍然表现出一定的偏差[2,66]。尽管式(1.16)预测的模量与伸长率无关,但正如之前已经提到的那样,它通常随着 α 的增加而显著降低。图1.13为溶胀和未溶胀的天然橡胶网络的结果[66]。在这种半经验关系中,$[f^*] = 2C_1 + 2C_2\alpha^{-1}$,线性图的截距和斜率分别称为Mooney-Rivlin常数 $2C_1$ 和 $2C_2$。值得注意的是,斜率 $2C_2$,即与预测差异的测量值,随着网络溶胀程度增加而减小到几乎可以忽略不计的值。如上所述,更精细的橡胶弹性分子理论[31-34]认为,随着伸长率朝着虚幻结构的极限靠近,非仿射性形变逐渐增加,斜率变小,如图1.8所示。

在这些理论中,交联点附近的缠结程度至关重要,因为它决定了交联点嵌入网络结构的坚固程度。这种分子链交联点缠结的类型如图1.14所示[67]。对于一个典型的交联度,在一个给定的交联点附近有50~100个交联点,而通过网络链直接与这个交联点相连的交联点却少得多,因此这种交联点的构型区域通常重叠得很严重。重叠程度是嵌入交联点坚固程度的度量,因此也是接近理想化仿射形变程度的物理量。正如之前所提到的那样,拉伸网络链可减少这种缠结程度,增加交联点涨落幅度,导致交联点涨落的不对称。因此,模量降低,接近虚幻网络所预测的值,此时不存在缠结,且交联点的涨落也不受阻碍。这一概念也解释了图1.13中所示的高溶胀度下模量基本为恒定值的现象。而大量的稀释剂"弛豫"了交联网络,即使在低形变时也是非仿射的,因此随着伸长率的增加,模量变化相对较小。

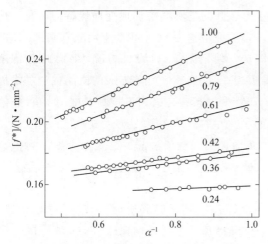

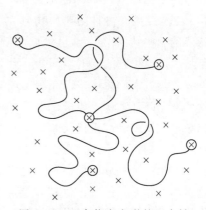

图 1.13　Mooney-Rivlin 半经验方程 $[f^*] = 2C_1 + 2C_2\alpha^{-1}$ 中模量与伸长率倒数 α^{-1} 的关系[2,66]，其中弹性体为非溶胀或由癸烷溶胀的天然橡胶[66]，每根等温线旁标注了网络中高分子的体积分数（V_2）

图 1.14　四官能度交联的四个链的典型构型，高分子网络是在未稀释状态下制备的[67]

1.4.2　应力对温度的依赖性

正如式（1.14）所预测的那样，在一定 α（和 V）下，纯熵弹性假设中应力与热力学温度应成正比。因此，偏离该直线的程度可以用来衡量弹性体与热力学理想状态的偏离程度[9,68-74]。事实上，按照弹性体理想状态的定义，能量对弹力 f 的贡献 f_e 为零，这个量的定义为：

$$f_e \equiv (\partial E/\partial L)_{V,T} \tag{1.22}$$

这个定义与理想气体中的 $(\partial E/\partial V)_T$ 为零的要求非常相似。

因此可以通过测量力-温度的关系，即"热弹性"，来获得力的分数 f_e/f 实验值，该值本质上起源于能量。在恒容下进行此类实验是最直接的，可用纯粹的热力学关系解释：

$$f_e/f = -T\,[\partial\ln(f/T)/\partial T]_{V,L} \tag{1.23}$$

然而，由于在这些实验中很难保持恒定的体积，因此它们通常在恒压下进行。然后使用下列方程来解释：

$$f_e/f = -T\,[\partial\ln(f/T)/\partial T]_{p,L} - \beta T/(\alpha^3 - 1) \tag{1.24}$$

式中，β 是网络的热膨胀系数。利用高斯弹性状态方程，将数据校正为恒定体积，即可得到上述关系[68,69,71,72]。

因为不同的分子构型通常对应着不同的分子内能量[6]，当分子链由一种空间构型变成另一种空间构型时，这些分子的内能量也随之发生变化[68,69,71,72]。所以，它们显然与链无扰尺寸的温度系数有关。将式（1.9）中的 $\langle r^2 \rangle_0$ 因子换成 $\langle r^2 \rangle_i$，就得到如下定量关系：

$$f_e/f = T\,\mathrm{dln}\langle r^2 \rangle_0/\mathrm{d}T \tag{1.25}$$

值得注意的是，由于这种非理想性起源于分子内相互作用，因此，通过稀释网络链使之溶胀，或通过增加网络链的长度降低交联度，都不能完全消除这种作用。在这方面，弹性体与气体有很大的不同，因为气体可以通过将压力降低到足够低来实现理想状态。

对于弹性力，能量的贡献大，且为负值，为了证实这一点，可以应用式（1.24），对非晶态聚乙烯热弹性的典型数据[69,72]加以解释。使用图1.15给出的信息，可以理解聚乙烯的这些结果[69]。该链最低能量的优选构象为全反式，因为旋转±120°后的左右式构象将引起亚甲基之间的空间排斥作用[6]。由于这种构象具有最高的空间伸长率，因此拉伸聚乙烯链需要将一些以高熵无规线团形式存在的左右式构象转变为反式状态[6,69,71,72]。这些变化降低了构象能量，也是f_e/f实验值负向偏离理想值的起源。该物理图同时也解释了随着温度升高无扰尺寸减小的现象，即额外的热能增加了高能量左右式构象的数目，且分子排列也比反式状态更紧凑。

在聚二甲基硅氧烷中观察到相反的行为，如图1.16所示，其全反式也是优选的构象。这是因为相对长的Si—O键和异常大的Si—O—Si键角，全反式构象通常会减小空间排斥作用，且反式构象中侧甲基之间具有较强的吸引力[6,71,72]。然而，由于Si—O—Si和O—Si—O的键角不相等，这种构象的空间伸展率非常低，近似于形成一个闭合的多边形。因此，拉伸聚二甲基硅氧烷链需要增加左右式构象的数目。因为这些左右式构象具有较高的能量，所以这些网络与理想状态的偏差是正的[6,71,72]。

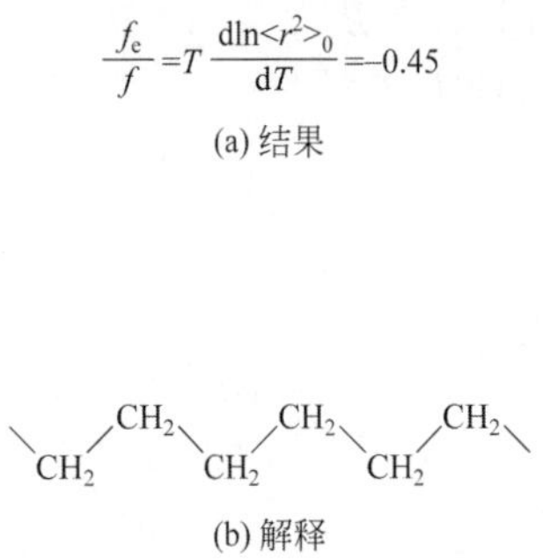

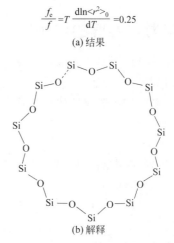

$$\frac{f_e}{f} = T\frac{\mathrm{dln}<r^2>_0}{\mathrm{d}T} = 0.25$$

(a) 结果

$$\frac{f_e}{f} = T\frac{\mathrm{dln}<r^2>_0}{\mathrm{d}T} = -0.45$$

(a) 结果

(b) 解释

图1.15　非晶态聚乙烯网络
热弹性结果及链优选全反式
构象解释[3,6]

(b) 解释

图1.16　聚二甲基硅氧烷网络热弹性结果
及其优选全反式构象解释[3,6]。为清晰起
见，与硅原子连接的两个甲基已被删除

热弹性结果也用于检验分子理论中的一些假设。结果表明，f_e/f值基本上与网络的溶胀程度无关[72]，支持了1.1.4节中提出的假设，即分子间相互作用对弹性力没有显著贡献。结果表明：热弹性实验所获得无扰尺寸的温度系数，与稀溶液单根链的黏度-温度测量值非常吻合，进一步证实了上述假设的正确性[72]。

此外，由于分子间相互作用并不影响弹性力，与形变程度无关，因此它与链的空间构型也无关。这反过来表明，空间构型必须独立于分子间相互作用，即无定形链必须是随机无序的构型，其尺寸应该是无扰状态的值[1]。这一结论已得到充分的验证，尤其是被大量的未稀释无定形高分子的中子散射研究证实[72]。

1.4.3 应力对网络结构的依赖性

关于应力与结构定量关系的研究还相对较少，主要是因为一般情况下弹性网络的制备是不可控的[1-3,9]。所以在空间上紧密相连的链段，无论它们沿主链轨迹的位置如何，都相互连接，从而形成一个高度随机的网络结构，其交联点的数量和位置基本上都是未知的，其结构如图 1.2 所示。然而，目前已有新的合成技术用于制备已知结构"模型"的高分子网络[25,75-82]。图 1.17 为其中的一个反应，将 PDMS 链通过其端羟基与末端交联剂原硅酸四乙酯连在一起。表征未交联链的分子量 M_n 和分子量分布，然后通过特定的反应得到弹性体，使网络链具有上述特征，特别是交联点之间的分子量 M_c 等于 M_n，以及交联点的官能度与末端交联剂的官能度相一致。

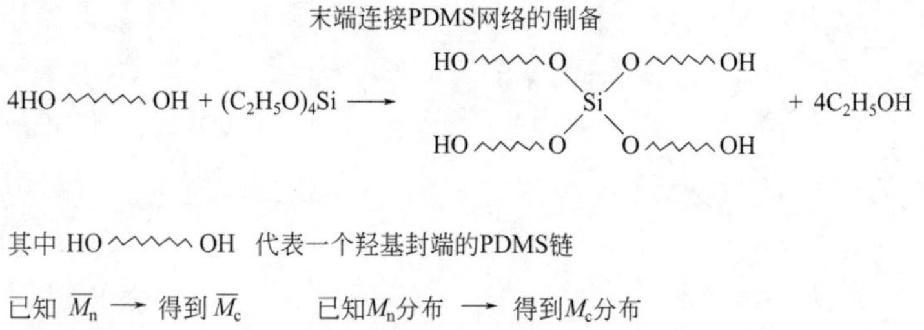

末端连接PDMS网络的制备

$$4HO \wedge\wedge\wedge OH + (C_2H_5O)_4Si \longrightarrow + 4C_2H_5OH$$

其中 HO $\wedge\wedge\wedge\wedge$ OH 代表一个羟基封端的PDMS链

已知 $\overline{M}_n \longrightarrow$ 得到 $\overline{M}_c$　　　已知 M_n 分布 $\longrightarrow$ 得到 M_c 分布

图 1.17　通过缩合反应，利用羟基末端连接制备已知结构弹性体网络的典型合成路线[75]

用这种方法制备的三官能度的和四官能度的 PDMS 网络，已用于验证橡胶弹性分子理论，特别是网络形变的非仿射性随着伸长率的增加而增加的关系。研究发现，$2C_2/(2C_1)$ 的比值随着交联点从三官能度增加到四官能度而减小[77]，因为连接四个链的交联比仅连接三个链的交联受限更严重。所以，在高形变时增强的涨落引起模量减小相对较少，且导致形变的非仿射特性更加明显。随着网络链分子量的降低，$2C_2/(2C_1)$ 也随之减小，这是由于在网络链较短时，构型间的互穿较少。这也降低了交联点嵌入的稳定性，因此，即使在相对小的形变下，形变也已呈高度非仿射性。

为了深入研究交联点官能度的影响，需使用如图 1.18 所示的更为通用的化学反应。具体来说，通过多官能硅烷，将乙烯基封端的 PDMS 链的末端连接起来[78]。该反应可用于制备官能度为 3 至 11 的 PDMS 模型网络，但对官能度为 37 的尝试并不成功。随着官能度的增加，交联点限制增加，正如式（1.17）、式（1.18）中所预测的那样，模量 $2C_1$ 也增加。类似地，由于上述原因，$2C_2$ 及其与 $2C_1$ 的比值均随之减小。

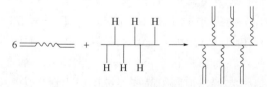

图 1.18　乙烯基封端的 PDMS 链与多功能硅烷的典型反应

这种模型网络还可对已知交联度的网络模量进行分子预测。有些实验结果表明模型网络的弹性模量与理论值相符[75,77,78]。另一些实验结果却明显大于理论预测值[79,81]，模量的增高归因于图 1.2 右下角所示的"永久性的"链缠结的贡献。关于这一点，目前还存在分歧，问题尚未彻底解决。由于模量与结构的关系具有非常重要的意义，因此至今仍有这一领域的大量研究[22]。

上述特殊的化学反应，同样可用于制备不规则网络，它含有已知数量和长度的悬挂链如图 1.19 所示[83]。如果存在的链端多于末端连接分子上的活性基团，则会产生悬挂链末端，其数量直接由化学计量不平衡的程度决定。然而，它们的长度必然与弹性有效链的长度相同，如图 1.19（a）所示。这种约束可以通过单独制备所需长度的单官能度末端链，如图 1.19（b）所示将它们连接以消除，相关研究结果将在下文进行讨论。

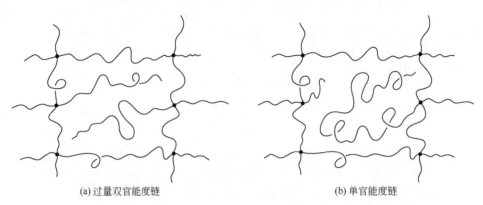

(a) 过量双官能度链　　　　　　　　　　　　(b) 单官能度链

图 1.19　制备已知数目与长度悬挂链的网络的两种端基连接技术[83]

1.5　某些特种网络

1.5.1　在溶液中或处于应变状态下制备的网络

有两种技术可以用来制备更简单的拓扑网络结构，如图 1.20[84,85]。基本原理是，交联前通过拉伸或溶解将分子链分开，交联后除去拉伸力或溶剂，并研究未溶胀网络的拉伸应力-应变性能。采用 γ 射线辐照技术[85,86]，对其溶液辐照交联制得 PDMS 网络，研究结果表明，随着交联过程中高分子体积分数的降低，弹性平衡所需的时间更短，应力的弛豫程度不断降低。而且，在更高的稀释程度下，Mooney-Rivlin 方程中的 $2C_2$ 常数也减小。这种网络的"超延展性"[87,88] 和伸长时的结晶性[89,90]，都是非常有意义的。

这些观察结果在图 1.21 中作了定性解释。假若在溶液中进行交联形成网络后，再除去溶剂，分子链将会以这样一种方式塌缩：构型区域的重叠将会减少。主要原因为链缠结点的减少，溶液交联的样品具有更简单的拓扑结构，相应的弹性行为也更简单。事实上，高分子链在干燥过程中的超常压缩，是导致其异常高伸展性的根源。

与上述相反的做法是，在未稀释状态下形成交联网络，然后在溶胀状态下测试应力-应变等温曲线。稀释剂的引入可以抑制结晶或促进反应达到弹性平衡。然而，有一种复杂情况，可能发生在高溶胀度的极性高分子网络中[86,91]。实验结果表明，在相同溶胀度下，不同的溶剂会对弹性力产生明显不同的影响。这显然受无扰尺寸"特定溶剂效应"的影响，该效应可由式（1.9）来描述。虽然在研究未交联高分子的溶液性质时，也经常观察到该现象，但其影响因素尚不清楚。部分原因应归因于溶剂介电常数对链各部分之间库仑

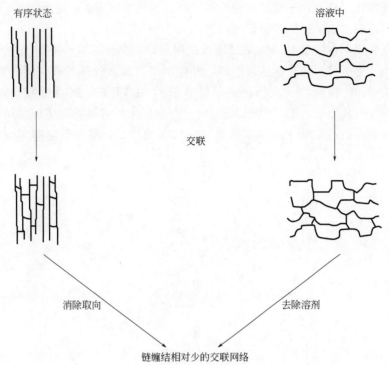

有序状态   溶液中

交联

消除取向   去除溶剂

链缠结相对少的交联网络

图 1.20 可用于制备更简单拓扑结构网络的两种技术[84,85]

图 1.21 在溶液制备的干网络结构中，由四官能度交联点散发出的四条链的典型构型

相互作用的影响，但也可能是由于溶剂-高分子-链段的相互作用改变了主链的构象选择[91]。

1.5.2 特种稀释剂

将部分末端为惰性基团的高分子链构建成网络的时候，这些未连接的惰性链可以通过网络发生"蛇行"运动[92]。通过这种类型的网络，可确定从弹性体中萃取未连接链的效率，将随自由链长度和网络交联程度而变化[9,93]。正如预期的那样，该效率随着稀释剂分子量的增大和交联度的提高而降低。此外还发现，对于相同的稀释剂，与网络交联后再吸收的稀释剂相比，已存在于交联过程的稀释剂更难被萃取出来。这种比较，可为复杂网络结构中链的排列和输运提供有价值的信息。

也有研究发现，在线形 PDMS 链端连接成网络时，如果存在一些较大的 PDMS 环形链，那么一些线形链可以穿过这些环形链，并被网络链永久性地捕获，形成如图 1.22 所示的环形结构 B，C 和 D[94]。对于主链键小于 30 个的环形链，捕获量为 0%；而对于主链键大于 300 个的环形链，捕获量则高达 100%[95]。这些结果可以用环形链的有效"空穴"尺寸来解释，通过蒙特卡罗模拟估算"空穴"的尺寸，发现理论和实验之间符合得很好[94]。

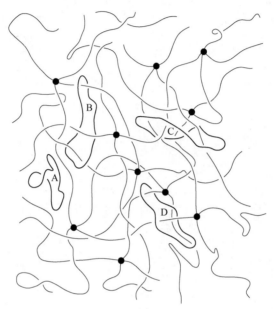

图 1.22　末端连接法制备网络过程中，环形分子受困其中示意图[94]

也可利用该技术来形成一个没有任何交联的网络。将具有大量环形链和双官能团的线形链混合，然后将双官能团连接起来，则可产生足够多的相互穿插结构，最后形成如图 1.23 所示的"铁环盔甲"或"奥林匹克"网络[96]。这种材料可能具有奇特的应力-应变等温曲线[97]。

1.5.3　双峰分布网络

上述的末端连接方法，也可用于制备链长特殊分布的网络[98-102]。对于具有双峰分布的网络，其极限性质非常重要，将在下一节讨论。

1.6　大形变网络

1.6.1　非高斯效应

正如图 1.11 所示[1-3]，对于某些（未填充的）网络，在高伸长率下，表现出很大而且相当陡的模量增加。按照图 1.24，用天然橡胶对这种行为进一步示例，说明这种增加

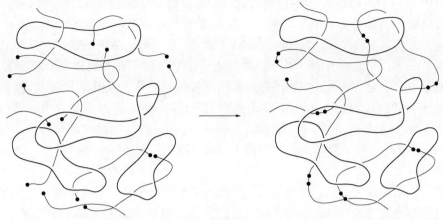

图 1.23　由全部相互穿插的环状物制备的"铁环盔甲"或"奥林匹克"网络[96]

是非常重要的，因为它对应于弹性体的增韧现象[103,104]。然而，其分子起源一直有相当大的争议[2,9,103,105-111]。人们普遍认为这是由于网络链的"有限伸展性"，即高斯分布函数的弱点造成的。这种潜在的弱点在式（1.1）的指数中表现得特别明显，除非分子链的末端距 r 是无穷大，否则该函数不会使其构型的概率为零。通常仅在可能经历应变诱导结晶的网络中，才观察到模量的显著增加，于是一些研究者开始怀疑这种有限伸展性的解释。这种结晶本身可以解释模量增加的原因，主要是因为由此形成的微晶可视为网络结构中额外的交联点。

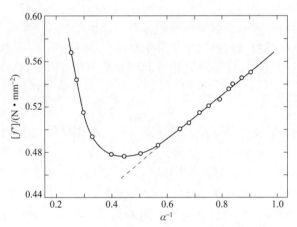

图 1.24　25℃下无填充网络的应力-应变等温线[104]，
高伸长率部分表现出不寻常的模量增高[103]

试图通过使用不可结晶的网络来解释这一问题并不令人信服，因为这样的网络无法区分两种解释所需的大形变[104]。然而，使用末端连接的、不可结晶的 PDMS 模型网络却解决了该问题[75,109,112-114]。这种网络具有很高的可伸展性，这可能是因为其悬挂链不规则性分布的可能性很低。当采用非常短、几百 g·mol^{-1} 的链，与相对较长、约 18000 g·mol^{-1} 的链混合制备时，所得网络具有特别高的伸展性，这点将在后面进一步讨论。显然，非常短的链因为其有限伸展性所以是很重要的，而长链则能有效阻止断裂。

在双模态 PDMS 网络的应力-应变测试中，也表现出模量的上升，但与结晶高分子网络（如天然橡胶和顺式-1,4-聚丁二烯）比较，模量的上升要缓和得多，并且模量的上升与温度无关，与有限链伸展性所预测的一致[86,109]。对于可结晶的网络，上升趋势随着温度的升高而减小，并最终消失[112,114]。类似地，在 PDMS 网络中，溶胀对模量的上升的影响相对较小，甚至可以通过溶剂的膨胀作用使模量的上升更加明显[86,109]。相反，对于可结晶高分子网络，在充分溶胀后模量的上升消失，这是因为失去了晶体的增强效应[113,114]。

有关溶胀网络应变诱导结晶，还有两个值得讨论的问题：第一个问题是，低分子量稀释剂的存在，促进了应变诱导结晶行为的开始，这一点在等温线偏离线性关系上已得到证明。因此，从某种意义上说，动力学效应与热力学效应是相反的，其中热力学效应主要是稀释剂可降低高分子的熔点。第二个问题是，模量在增加前经常可观察到先减小的现象。这可能是由于微晶是沿着拉伸方向排列的，且微晶内部的链序列呈高度伸展的规则构象。因此，网络链的有序排列减少了非晶态区域的形变，同时应力也随之降低[67,114]。

总而言之，对于可结晶高分子，如天然橡胶和顺-1,4-聚丁二烯，所观察到的模量异常上升，如果不是全部，很大程度上也是由于应变诱导的结晶所导致的。在不可结晶的 PDMS 模型网络中，模量的上升则显然是有限链伸展所致，对于可靠评估各种非高斯橡胶弹性理论，该结果是非常有用的。

当前，采用模拟来表征共聚物弹性体中的结晶行为备受关注。特别是，Windle 和同事[115]已经开发了一些模型，能够模拟由两个共聚单体组成的共聚物链的有序性，其中至少有一个共聚单体是可结晶的。通常，先将分子链进行相互平行的二维排列，然后搜索相邻链的相似序列进行匹配，估算结晶度的范围。以任意方式堆叠的链可用来模拟淬火样品。另一方面，退火样品可通过纵向滑动链来模拟，以寻找最大可能的匹配度。链的纵向运动彼此不匹配，近似地模拟了退火过程中共聚物链序列的横向搜索[116,117]。

1.6.2 极限性质

本节继续讨论高伸长率下的未填充弹性体，但重点是极限性质，即极限强度和最大伸长率。

关于应变诱导结晶对极限性质的影响，在顺式-1,4-聚丁二烯网络中得到了一些结果[112]。正如已经提到的那样，温度越高，结晶度越低，相应地，极限性质越差。溶胀与提高温度效果相似，因为稀释剂也抑制了网络的结晶。然而，对于像 PDMS 这样的非结晶性网络，这两种变化都不是非常重要[118]。

在这种未填充不结晶的弹性体的情况下，通过对类似于前一节所述的网络模型进行研究，在很大程度上阐明了网络断裂的机理。如通过测试由末端连接短链和相对长链的混合物形成的双模态网络的模量，如图 1.25 所示，可以检验"最弱链接"理论[75]。该理论认为断裂是从最短链开始的，因为最短链的可伸展性非常有限。研究发现，增加极短链的数量并不会显著降低其极限性质。其原因如图 1.26 所示，在如此高的伸长率下，网络断裂是由形变极度非仿射特性决定的[109]。网络只是简单地重新分配高分子链之间不断增加的应变，直到不能再重新分配。通常只有在这一点上，断链才开始，从而导致弹性体的断裂。最弱链理论隐含地假设了仿射形变，并预测模量增加处的伸长率应与网络中短链的数量无关。这一假设与相关的实验结果相矛盾，这些实验结果揭示了完全不同的行为[109]。实验结果表明：短链的数量越少，重新分配就越容易，模量上升所需的伸长率就越大。

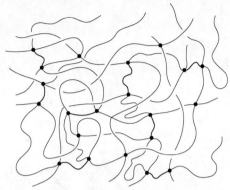

图 1.25　由不同链长组成的"异质"网络示意图，分别用粗线和细线表示短链和长链[75]

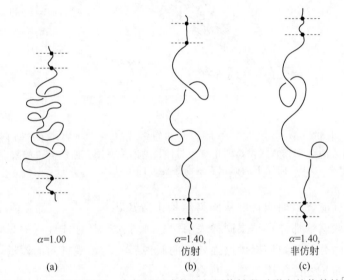

图 1.26　由两根短链和一个长链组成的理想网络链段对形变的依赖性[109]

如果在双模态网络中加入大量的短链，那么结果将是令人兴奋的，因为它实际上改善了极限性质。如图 1.27 所示，基于 PDMS 网络的数据绘制了应力-应变等温曲线，曲线下的面积对应于破坏该网络所需的能量[119]。如果网络全是短链，则网络是脆的，这意味着最大可伸展性非常小。如果网络完全是长链，那么最终的强度是非常低的。在这两种情况下，材料都不是韧性弹性体。从图 1.27 中可以看出，双模态网络是一种已得到了很大改进的弹性体，因为它不仅有很高的极限强度，而且最大伸长率也没有降低。

在双模态 PDMS 网络中，为了确定这种增强效应是否是由应变诱导结晶等分子间效应引起的，进行了一系列的实验。第一个实验结果表明，温度对等温曲线的形状几乎没有影响[100]，这强烈反驳了下列一种观点：认为存在某种结晶化或其他类型分子间有序化。应力-温度和双折射-温度的测试结果也是如此[100]。在最后的实验中，通过两步制备技术

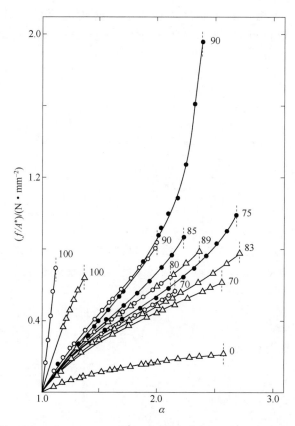

图 1.27　长链（$M_c = 18500\mathrm{g} \cdot \mathrm{mol}^{-1}$）和短链 $[M_c = 1100$（△），660（○），220（●）$]$ 组成的双峰 PDMS 网络的正应力与伸长率的关系图。曲线旁边的数字为短链的摩尔分数（%）；曲线下的面积表示断裂能，即弹性体韧性的一个度量

先将短链进行预反应，以期能将之从网络结构中分离出来[86,98]，就像由不完全溶解的过氧化物制备的交联网络那样。结果同样表明，这种方法对弹性体性质的影响也很小，再次反驳了任何类型的分子间结构提供增强效应的假说。显然，观察到的模量增加是由于短链的有限伸展性，而长链的作用是延缓断裂。

　　双模态 PDMS 网络的特殊性质的分子起源，至少在某种程度上已经阐述清楚，现在可以将这些材料用于各种各样的应用。首先，根据构成网络结构的 PDMS 链的构型特征，来解释有限链伸展性[6-8]。

　　有限链伸展性的第一个重要特征值，是模量开始明显增加时的伸长率 α_u。尽管在上升点附近的形变是非仿射的，但至少可以根据网络链的尺寸对这种结果提供半定量的解释[6,109]。在上升开始时，网络链的末端向量沿拉伸方向的平均伸长率 r 只是简单的无扰尺寸 $\langle r^2 \rangle_0^{1/2}$ 与 α_u 的乘积[109]。同样，最大伸长率 r_m 是主链键数 n 和系数 1.34Å 的乘积，根据 PDMS 链的几何分析结果，该系数是 PDMS 螺旋链在最大伸展方式时主链键的轴向分量[86,109]。因此，α_u 处的 r/r_m 比值代表了形变的最大伸长率。结果表明，模量的上升通常开始于最大链伸长率的 60%～70%[109]。这大约是先前估计值的两倍[2]，之前的问题主要是未考虑应变诱导结晶对应力-应变等温曲线的影响。将上升初期的 r/r_m 值，与 Flory 和 Chang[101,120] 的 PDMS 链长分布函数的理论结果进行比较，同样可以得到一些有意义的结论。通过比较 r/r_m 的计算值与蒙特卡罗的模拟结果，可以看出高斯分布函数高估了扩展构型的概率。如理论结果表明[86,120]，n 为 53 个骨骼键的 PDMS 链网络，应在 r/r_m 值略小于 0.80 时呈现上升趋势。而实验值为 0.77[109]，与理论值吻合得非常好。

第二个重要特征值，是断裂发生时的伸长率 α_r。相应的 r/r_m 值表明，断裂通常发生在最大链伸长率的 $80\%\sim90\%$[109]。这些关于链尺寸的定量结果非常重要，但不需要直接应用于其他网络中，因为其他网络链可能表现为完全不同的构型特征，链长分布也可能与目前网络的不寻常的双峰分布有很大不同。

基于旋转异构态（RIS）网络链模型的蒙特卡罗模拟，对于解释模量上升非常有用。图 1.28 显示了具有 20 个主链键的非晶态聚乙烯和 PDMS 网络链的一些典型计算结果[45]。在该 n 值下，高斯分布函数难以描述 RIS 分布，特别是在更大 r 的重要区域，随着 n 值的减少变得更糟。图 1.29 为由不同长度链组成的 PDMS 网络的 Mooney-Rivlin 等温线[45]，正如预期的那样，由较长链组成的网络，如 $n=250$，符合高斯结果 $[f^*]/(vkT)=1$；在较小的 n 处，$[f^*]$ 的上升与实验结果非常接近。同样如预期的那样，网络链越短，出现上升的伸长率越小。

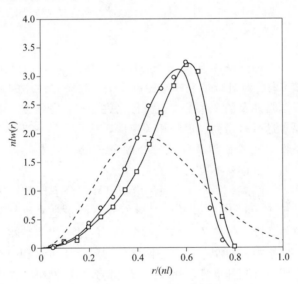

图 1.28　聚乙烯（○）和含 $n=20$ 主链键的 PDMS（□）的旋转异构（RIS）径向分布函数在 413K 下的对比图，以及 PDMS 分布的高斯近似（---）[45]。RIS 曲线为 80000 根链非连续蒙特卡罗数据的三次样条插值拟合线，每根曲线下面的面积都进行归一化，l 为主链键长

也可以使用解析表达式来解释这些等温曲线中的模量上升，包括 Fixman-Alben 修正[121]，该修正是结合了约束结理论和约束参数 κ[122] 的高斯分布函数。

应该指出，对理论模型进行改进要满足三个要求：一是短链和长链的分子量比值 M_S/M_L 非常小，即它们的分子量相差很大；二是短链尽可能短。如分子量为 200 和 20000 的双模态网络与 2000 和 200000 的双模态网络相比，表现出更明显的双峰性；三是短链的浓度应该很大，一般在 95%（摩尔分数）左右。

当网络可以进行应变诱导结晶时，这种双模态还有另一个优点，即为网络提供额外的增韧效果，图 1.30 所示的聚氧化乙烯网络说明了这一点[123]。在一定程度上，温度的降低增加了双峰网络极限强度，超过了相应单峰网络的值[123]。这表明双模态有利于应变诱导结晶。

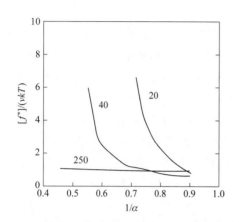

图 1.29　含 $n = 20$、40 和 250 主链键的 PDMS 网络的模量[45]。$[f^*]$ 值由高斯预测模量（νkT）归一化，ν 为网络链数目，kT 为常用符号

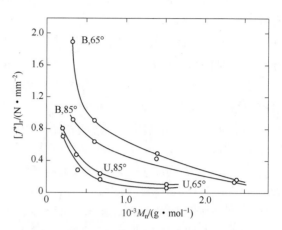

图 1.30　可结晶聚氧化乙烯网络的极限强度与交联点间分子量 $M_n = M_c$ 的关系图，U 和 B 分别代表单峰网络和双峰网络[123]

由于具有双模态分布的弹性体所表现出的性能改善[22]，人们试图制备、表征"三模态"网络[124]。尽管人们已经进行了一些实验以评估三模态弹性体的力学性能，但研究工作尚不系统。主要问题是涉及的变量太多，具体来说是三个分子量和两个独立的组成变量如摩尔分数，这就要求进行一系列详尽的相关实验，这几乎是不可能完成的。由于这个原因，唯一进行的力学性能实验都涉及任意选择的分子量和组成[125-127]，所以，其性能仅比双模态网络材料有些许改进就不足为奇了。

然而，最近一些计算结果表明[128]，通过模拟可确定分子量和组分，从而最大限度地提高力学性能。这种模拟也已拓展至寻找三模态网络的最佳特性，特别是①弹性模量，②最大伸展性，③拉伸强度，④链段取向。迄今为止的结果表明，将少量非常长的链引入长链和短链的双模态网络中，所制备三模态网络的极限性质可得到显著改善[124]。在实际应用中，上述结果表明，有限伸展性的短链可以键接到长链网络，以提高其韧性；也有可能达到相反的效果。因此，将少量相对较长的弹性链键接到短链 PDMS 网络中，可以大大提高其抗冲击性，如图 1.31 所示[129]。

双模态对其它形变类型的影响将在 1.7 节进一步探讨。

1.6.3　悬挂链弹性体

由于悬挂链构成网络结构中的缺陷，人们预计它们的存在将对弹性体的最终性质 $(f/A^*)_r$ 和 α_r 产生不利影响。采用多种技术构建了四官能度交联的 PDMS 网络，其系列结果证实了这一点[130]。通过选择性连接链端官能团或侧链官能团制备的网络，得到了网络的最大极限强度 $(f/A^*)_r$ 值。因为在这种网络中，悬挂端的发生率相对较低，所以

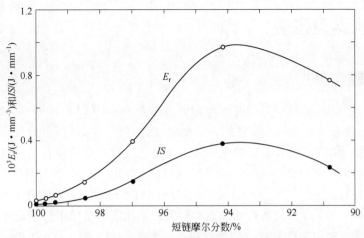

图 1.31　双峰 PDMS 网络在室温附近的断裂能和落镖法冲击强度与组成关系图[129]

结果正如预期的那样。如前所述，当这种模型网络由相对长的链和非常短的链共同构筑时，效果尤其明显。一般地，通过紫外光、高能电子和 γ 射线辐射进行交联的网络性能最差[130]。通过过氧化物交联制备的网络性能则介于上述两个极端之间，最终性质取决于过氧化物产生的自由基的活性是否足够引起链的断裂。最大延展性 α_r 的结果也类似[130]。这些结论至少是半定量的，因此也很重要。但不足之处在于一般无法获得这些网络中悬挂链数量的信息。

　　通过研究由乙烯基封端的 PDMS 链制备的一系列模型网络，获得了更确定的结果[130]。实验中，使用不同量的四官能端基交联剂，均小于其对应的活性氢原子和乙烯端基的化学计量值。然后，将这些已知悬挂链数量的网络的最终特性和之前以相同方式制备的网络进行比较，因为后者的悬挂链可忽略不计[130]。网络的极限强度与高形变模量 $2C_1$ 的关系如图 1.32 所示[130]。正如预期的那样，含有悬挂端的网络具有较低的 $(f/A^*)_r$ 值，最大的差异出现在高比例的悬挂链处，即小的高形变模量 $2C_1$ 处。因此，这些结果证实了之前用不同交联方法得到的结论，最大可伸展性的依赖性与图 1.32 类似。

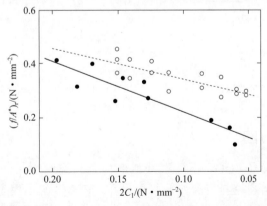

图 1.32　四官能度交联 PDMS 网络的极限强度与高形变模量的关系图：悬挂链可忽略不计的体系（○）；通过末端交联剂化学计量不足来引入悬挂链的体系（●）[130]。后者中，悬挂末端数目的增加对应着 $2C_1$ 的减小

1.7 其他类型形变

1.7.1 双轴拉伸

还有许多其他重要的形变，包括压缩、双轴拉伸、剪切和扭曲等。压缩状态方程（$\alpha < 1$）与伸长状态方程（$\alpha > 1$）相同，其他形变的方程，都可以由式（1.10）通过调整适当的形变率推导出来[1,2]。遗憾的是，研究上述形变比简单的伸长要困难得多，因此研究甚少。双轴拉伸的测试样品一般是薄片，测试时在薄片平面内施加两个相互垂直的、可独立控制的力进行拉伸。在等双轴情况下，形变相当于压缩。简单的分子理论对这类实验结果进行了解释[131]，并使用约束结理论对较低伸展范围的结果进行了改进[9]。

双轴拉伸研究也可以通过弹性体薄片的膨胀来进行[2]。图 1.33 为 PDMS 的单模态和双模态网络的等双轴结果[132,133]。正如预期的那样，模量的上升出现在高双轴拉伸处。然而，令人感兴趣的是，上升前达到一个明显的极大值，要用分子理论对双模态弹性网络涉及的现象加以普适解释，是极具挑战性的一项工作。

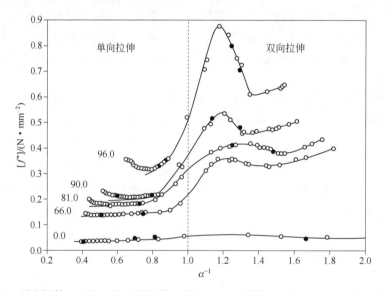

图 1.33　单向拉伸（左边）和双向拉伸（右边）下，单峰和双峰 PDMS 网络的代表性应力-应变等温线[132]。每根曲线旁边的数字为网络中短链的摩尔分数（%）。（○）表示不断增加形变的实验数据；（●）表示不按顺序获得的数据，以测试可逆性

1.7.2 剪切和扭曲

橡胶弹性的简单分子理论，不能很好地解释天然橡胶网络在剪切形变中的实验结果[134]。然而，约束结理论与实验结果非常吻合。PDMS 的单模态网络和双模态网络的剪切测试同样有所报道[135]，在单轴拉伸和双轴拉伸中其弹性模量上升的结果非常相似。

对弹性体扭曲的研究几乎没有。然而，关于应力-应变行为和网络热弹性行为却有一

些报道[2]。在1.11节中，将叙述更多的结果，特别是针对双模态网络及其含填料的复合双模态网络。

1.7.3 撕裂形变

使用标准的"裤腿"方法，对双模态PDMS弹性体进行了撕裂试验[136-138]。研究发现，使用双峰分布可显著提高撕裂能，同时探讨了短链和长链组成变化的效应，以及分子量之比变化的效应。

撕裂能的增加似乎并不依赖于撕裂速率[136]，这是一项重要的研究结果，表明黏弹性效应在解释撕裂能的增加方面似乎并不重要。随后的一系列剪切试验，确定了撕裂性能对双模态网络的成分以及制备双模态网络所用链的长度的依赖性[137]。随着短链分子量的降低，网络强度增加。当短链变得太短而根本没有弹性时，网络强度则会降低。

1.7.4 循环形变

关于双模态PDMS的流变黏弹性的研究，已有报道[139]。此外，还对PDMS网络在循环压缩形变中的永久形变进行了测量[140]。双模态弹性体的永久形变或"蠕变"较小，这与聚氨酯弹性体之前的一些结果是一致的[141]。特别是，单模态网络和双模态网络的循环伸长率测试表明，双模态网络在发生疲劳失效之前经历了更多的循环。在10%形变率且形变模量相同的情况下，双模态网络的疲劳失效循环次数大约比单模态网络高一个数量级[22]！

1.7.5 溶胀

大多数关于溶胀平衡网络的研究，可得到交联密度或相关物理量的值，这些值与力学性质测量中得到的值非常吻合[1,2]。

1.8 凝胶塌缩

最后一个相关现象是凝胶塌缩（collapse）[142-144]，涉及溶胀弹性体（俗称"凝胶"）的突然去溶胀（deswelling），这种变化是由某种变量的微小变化引起的，如：①温度；②组成；③pH值；④离子强度；⑤电场作用；⑥光照。

图1.34（a）给出了一个示例，此处的V_2是凝胶中高分子的体积分数，且在温度降低时凝胶发生不连续收缩，即V_2增加。由于网络中仍含有大量的稀释剂，去溶胀也就是"脱水收缩"发生得并不完全，但所排出的稀释剂量足以使凝胶的尺寸发生很大的变化。此外，该过程是可逆的；因为，当相关的变量重新回复至原有量值时，去溶胀的凝胶可以重新溶胀。

由于去溶胀需要小分子向外扩散，如果凝胶的尺寸较大，这种去溶胀则需要相当长的时间来进行。当然，对于薄膜或纤维而言，这一过程要快得多，因为当样品的某一维或多维的尺度非常小时，比表面积要大得多。当然，使用泡沫类产品也可以增加表面积。这种变化过程相对快速的特点，促使人们将其应用于与机械运动相关的器件中，如制动器、开

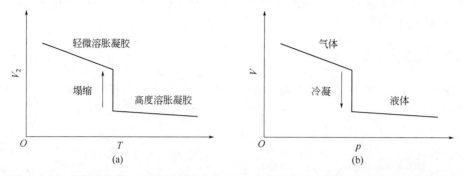

图 1.34 （a）为凝胶塌缩，当温度降到临界值时，凝胶中高分子体积分数突然增加的示意图[4]。这种收缩和重新溶胀可应用于各种设备中机械运动的控制。（b）为气体压力增加到临界值导致气体冷凝成液态的 p-V 等温线

关、药物递送系统和人造肌肉。

气体冷凝的情况，如图 1.34 （b）的 p-V 等温线所示，可与凝胶塌缩类比，但又有差异。对气体冷凝而言，压力的增加导致气体体积发生非连续减小，直至液体的体积。同样，在气体冷凝为更稠密的液相时，尺寸发生了很大变化，但气液相的各向同性特性，使其在力学应用方面受到更多限制。

1.9 储能和滞后

单摆实验用于阐明最简单的储能概念，如图 1.35 所示。点 a 对应于存储的最大势能点，b 是势能转换为动能的点，c 是动能转换回势能的点。在这种情况下，储存的能量损耗来源于空气阻力和枢轴处的摩擦。

橡胶球从表面反弹，是一种类比的情况，如图 1.36 所示[145]。同样，点 a 对应于存储的最大能量点。在点 b 处，势能转换为动能。在点 c 处撞击时，动能又被转换成弹性形变能。在点 d 处，弹性能被释

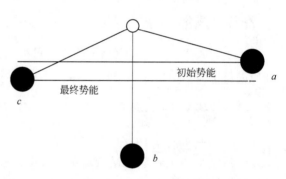

图 1.35 单摆的势能变化，当单摆从右边的初始位置摆动到左边较低的位置时，对应着势能的降低[4]

放并转换成动能。在点 e 处，动能又转换成势能。回复的高度与原始高度的比值是能量储存效率的度量。在这种情况下，除了空气阻力的微小影响外，由于高分子链将其卷曲构型从无规变为压缩，然后又变为无规，因此这些黏度效应也会导致储存能量的损失。

这些能量损失或"滞后"效应与小分子体系具有相似之处，例如磁化-退磁圈[146,147]。这些能量损失或"滞后"效应在弹性体中特别重要，因为它们对应于能量的损耗和过热——"热量积聚"，伴随着热降解的增加。如图 1.37 所示，滞后量也可以通过应力-应变等温曲线来测量。

图 1.37 上曲线下方的面积对应于形变中消耗的能量，下曲线下方的面积对应于回缩

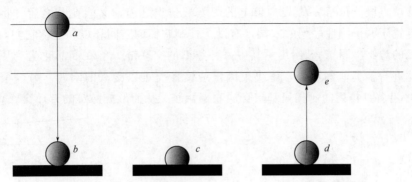

图 1.36　当橡胶球从左边的初始位置下降时，其势能的变化为：
通过撞击点将动能转换成弹性储存能量，反弹到与势能相对低一点的高度[4]

的能量。因此，这两条曲线之间的面积差表示损耗的能量。如下文所述，这点对于生物弹性体而言非常重要。普通的气体卡诺循环可分为：①在高温 T_1 下进行等温膨胀；②将温度降低到低温 T_2 下的绝热膨胀；③在 T_2 下进行等温压缩；④绝热压缩使温度回升到 T_1。其效率 ε 为 $1-T_2/T_1$，且与工作介质种类无关。这种普适性可用弹性体进一步证实，只要用回缩代替膨胀、用拉伸代替压缩即可[148-150]。

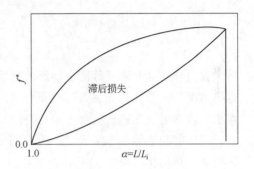

图 1.37　恒温下弹性体的应力-应变循环，说明了滞后现象的发生[4]

　　将热能或化学能转化为机械能，已引起了人们的极大关注[151,152]。而使用弹性体作为工作材料有许多优点[74,153-157]，包括：①小的绝热 ΔT，有利于得到小的差值 T_1-T_2；②较宽的使用温度范围，因此不需要冷凝或汽化转变；③引入取向纤维有利于收缩转变；④不需要密封气体或液体；⑤失速和启动转矩很高；⑥结构简单，所需材料少。

1.10　生物弹性体

　　人们对蛋白质生物弹性体表现出相当大的兴趣，尤其是对哺乳动物中的弹性蛋白，对其性质的研究有助于深入理解交联和弹性的普适行为。例如，弹性蛋白呈现了与几种橡胶分子相似的特性[9,158-161]。首先，由于化学结构不规则，以及通常选择键接小的侧基，弹性蛋白具有高度的链柔性。由于分子间强相互作用通常不利于获得良好的弹性，因此可供选择的侧链也几乎总是局限于非极性基团。最后，在干燥状态下，弹性蛋白的玻璃化温度约为 200℃，这意味着弹性蛋白仅在该温度以上才具有弹性。然而，大自然对于"增塑剂"的使用也是游刃有余。如在体内使用的弹性蛋白，总有足够的水溶液将之溶胀，使其玻璃化温度低于实际的体温。

　　这些生物弹性体中的交联总是受到自然的精心控制，使用的技术与通常用于商品硫化弹性体的技术完全不同[9,162]。由于交联仅在赖氨酰氧化酶——铜激活酶作用下通过赖氨酸来构建，因此交联的数量和间距由核糖体控制的 α-氨基酸序列确定[22]。特别有趣的是，赖氨酸位点既能位于 α-螺旋构象上的丙氨酸位点之前，又能在其之后。将这些潜在的交联位点置于两个刚性序列的末端，有助于控制它们的空间环境，包括它们与其他蛋白质重复单元的缠结。图 1.38 给出了其中一种类型的交联链[9]。在商品化生产中，已经对全氟弹性体进行了类似的反应，解决了因反应惰性而难以交联的问题。另一个例子如图 1.39 所示，沿着链排列的侧挂氰基聚合成三聚氰胺，从而形成稳定的芳环交联点[9]。

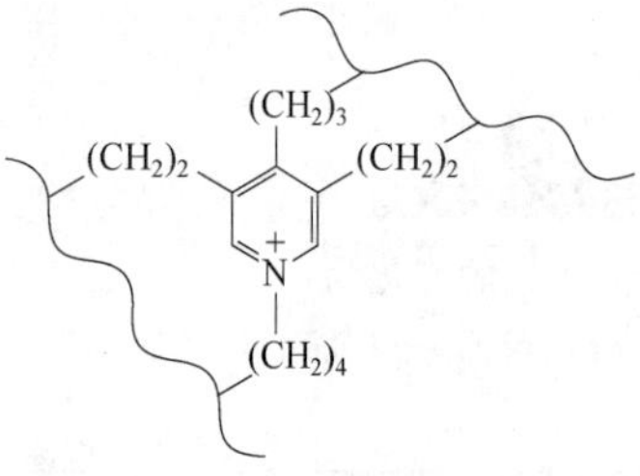

图 1.38　弹性蛋白中出现的
一种交联示意图[9]

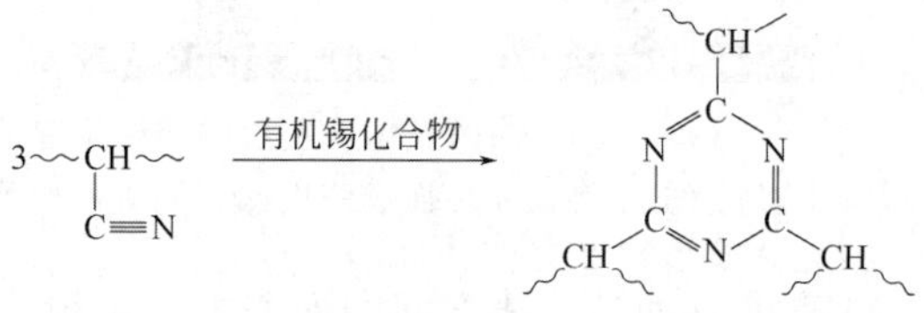

图 1.39　一些全氟弹性体中出现的
一种交联示意图[9]

在主导蚱蜢和跳蚤等昆虫跳跃的生物弹性体中，将滞后变得极小化显得特别重要。在这类情况下，弹性体被称为弹性蛋白[163]，通过压缩这种材料的栓塞来储存能量[22]。在昆虫要跳跃时（如逃离捕食者），这种能量就会被释放出来，且可存储能量的比例越大越好。释放时间显然也非常重要，约为 1ms。生物弹性体发育迟缓的昆虫，则可能在自然选择过程中被淘汰。

在诸如蜻蜓等飞蝇中，弹性蛋白也很重要，翅膀下面的栓塞可以通过压缩和膨胀来平滑拍动。较大的迟滞效应显然很糟糕，不仅效率低下，而且还会导致蜻蜓身体过热。弹性蛋白是一种不寻常的材料，因为它在储存弹性能方面具有相对高的效率，即黏度效应造成的能量损失非常小。Graessley 教授将在第 3 章详细讨论这种黏弹性。显然，从分子层面阐释弹性蛋白这些引人注目的性质，其基础重要性和实用性都是不言而喻的。

利用末端连接效应调控交联生物弹性体的性质，便是一个"仿生"或"仿生设计"的例子。其它已提到的相关例子包括：①使用无规共聚物序列来抑制结晶；②引入小的侧基来增强柔顺性和流动性；③设计非极性侧基来减小分子间相互作用；④使用增塑剂来克服脆性[22]。但是，类似"生物灵感"带来的误区也要引起关注。如通过设计带有扑翼的飞机来模仿鸟类飞行的早期尝试，都是灾难性的！螺旋桨或喷气式飞机的成功，则可能完全没有受到类比生物系统的启发。借助圆周运动和流体射流来发生移动，在生物学中相对罕见；并且这些移动主要适用于水性流体中，而不是空气中。对于使用流体射流作为推进手段，也可以提出类似的论点。

1.11　填充网络

1.11.1　原位生成填料

弹性体，特别是那些不能进行应变诱导结晶的弹性体，在使用过程中，通常需要将其与增强填料进行复合[9]。两个最重要的例子是：在天然橡胶和合成弹性体中添加炭黑[164,165]，以及向聚硅氧烷橡胶中添加二氧化硅[166,167]。优点包括改善耐磨性、撕裂强度以及拉伸强度，缺点包括滞后及由此产生的热量损耗、压缩永久形变的增加。

人们对增强机理知之甚少。但是，在某种程度上已经阐明，宁可将增强填料原位生成再沉积到网状结构中，也不要在交联前将严重团聚的填料混合到高分子中。如将有机硅酸盐水解为二氧化硅，将钛酸盐水解为二氧化钛，将铝酸盐水解为氧化铝等[9,168,169]。一个典型且重要的反应是，在酸或碱催化下，将原硅酸四乙酯水解成二氧化硅：

$$Si(OC_2H_5)_4 + 2H_2O \longrightarrow SiO_2 + 4C_2H_5OH \tag{1.26}$$

陶瓷学家常用这种新颖的溶胶-凝胶路线来制备高性能陶瓷[170,171]。其优势在于低的加工温度、高的产品纯度、纳米级超细结构控制、易形成陶瓷合金等。在应用于弹性体增强时，其优点包括：避免了将团聚的填料混合到高黏度高分子中的困难、耗时、耗能的过程，以及易于获得极好的分散状态。

制备增强弹性体的最简单方法是，将有机金属材料吸附到交联网络中，溶胀后再置于含有催化剂的水中，通常是挥发性的氨或乙胺等碱催化剂。在室温下快速水解形成二氧化硅等颗粒，一小时内可生成 50%（质量分数）的填料[9,22,168,169]。

对于采用这种方法制备的填充约 30%（质量分数）二氧化硅的 PDMS 弹性体，其透射电子显微照片示于图 1.40[172]。可以看出：所形成的颗粒近似为球形，在 PDMS 中分散良好、几乎不团聚，表明该反应可能涉及简单的均相成核。这与如下事实相一致：颗粒彼此独立生长，并被交联高分子分离，除非达到非常高的浓度，否则也不会团聚。颗粒的尺寸分布也很窄，几乎所有颗粒的直径都在 200～300Å❶ 范围内。

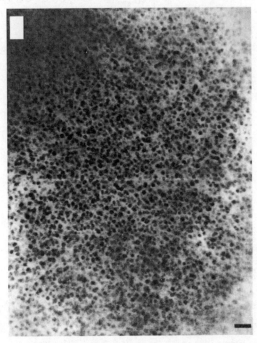

图 1.40　含原位生成二氧化硅的 PDMS 弹性体的 TEM 照片[172]

---

❶　$1\text{Å} = 10^{-10}\,\text{m}$。——出版者注

图 1.41 说明了这种原位生成颗粒的增强能力[173]。模量 $[f^*]$ 提高了一个数量级以上，应力-应变等温曲线表现出高伸长率时模量的上升，这是增强作用的标志。对于填充的弹性体，其应力-应变等温曲线的不可逆性通常较严重，这是由于分子链在填料颗粒表面上不可回复的滑动导致的。

如果增加硅酸盐的含量，有机硅酸盐-高分子体系水解后可形成双连续相，即二氧化硅和高分子相形成互穿结构[61]。进一步提升硅酸盐的含量，生成的二氧化硅变成连续相，高分子分散其中[174-188]。最终得到高分子改性陶瓷，其商品名多种多样，如"ORMOCER"[174-176] "CERAMER"[177-179] 或 "POLYCERAM"[183-185]。显然，确定高分子相（通常为弹性体）如何对陶瓷（分散于高分子相）进行改性，是相当重要的。

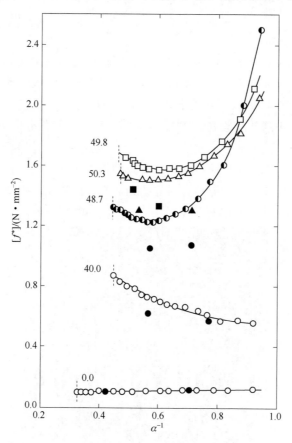

图 1.41　原位生成二氧化硅填充的 PDMS 弹性体的 Mooney-Rivlin 等温线，每条曲线都标记有填料含量[173]。实心点是为了确定弹性不可逆性的数量而获得的无序结果，这种情况在增强填料中很常见。垂直线表示破裂点的位置

图 1.42 为 PDMS-SiO$_2$ 有机-无机杂化复合材料的一些实验结果[186]。可以看出，改变有机-无机的比例可以大大改善材料的硬度，其中有机-无机的比例可以通过有机 R 基团（此处为 CH$_3$ 侧基）与 Si 原子的摩尔比测量。较低的 R/Si 值制备的陶瓷脆性大，而较高的 R/Si 值则可得到增强的弹性体。非常有趣的是，调控 R/Si 约 1 可制备一种杂化材料，既可以将其视为脆性降低的陶瓷，也可看作为硬度增加的弹性体。

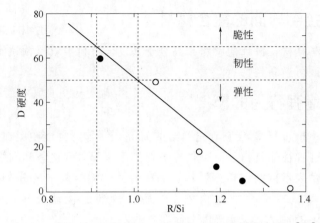

图 1.42　PDMS 复合材料的 D 硬度与 R/Si 之比的关系图[186]。
空心圆圈和实心圆圈分别对应于双模态和单模态 PDMS 网络

1.11.2　椭球形填料

通过多种方法，可使增强填料最初的球形发生形变。如增强颗粒为 PS（聚苯乙烯）等玻璃态高分子，那么它们的形状会在其玻璃化温度以上变成椭球形。单轴形变会变成针状的长椭球，而双轴形变则变成圆盘状的扁椭球[189,190]。增强弹性体惯用粗略为球状的颗粒填料，而在热塑性及热固性塑料中，通常使用长的纤维；所以，这些长椭球状的颗粒，从概念上可以想象为上述两种填料之间的桥梁。类似地，圆盘状扁椭球颗粒可以类比于广泛研究的用于增强各种材料的黏土类层状材料[191-194]。对于这些非球形填料，它们的取向非常重要。十分有趣的一个研究领域是这些非球形颗粒的各向异性增强行为。为了深入理解此类复合材料的力学性能，可以通过模拟来阐明，如下文所述[11,195]。

1.11.3　黏土状填料

与炭黑和二氧化硅等固体颗粒的增强行为相比，剥离的黏土、云母和石墨等层状颗粒的用量可以大大降低，对高分子的增强也非常有效[196-200]。其它性能也随之大幅度改善，如提高抗溶剂能力、降低渗透性和可燃性。

1.11.4　笼状聚倍半硅氧烷（POSS）颗粒

这些填料呈笼状结构，被称为最小的氧化硅颗粒。每个笼子通常含有 0 至 8 个有机官能团。完全没有官能团的颗粒可通过常规混合或共混工艺混合到高分子中，而具有一个官能团的颗粒可以作为侧链连接到高分子上，具有两个官能团的颗粒可以通过共聚连接到高分子主链中，而具有两个以上官能团的可用于形成交联网络[201-205]。纳米管在这方面也备受关注[206-208]。

1.11.5　多孔填料

诸如沸石的一些填料，具有充足的小孔以容纳单体，然后再进行聚合。此时高分子链穿过空腔，使得增强相和弹性体连续相之间具有非常紧密的相互作用[207]。由于受到空腔壁的约束，这些受限材料通常没有玻璃化温度[11]。

1.11.6 具有控制界面的复合材料

通过合适的化学结构，设计能够跨越高分子基复合材料中填料颗粒的分子链，并具有稳定、不可逆断裂或可逆断裂特点[209-211]。

1.11.7 填料增强行为的模拟

蒙特卡罗计算模拟也可应用于填充网络的研究[212-215]，且能更好地从分子层面阐释分散填料是如何增强弹性体材料的，可估算填料排斥体积对网络链和网络弹性的影响。第一步，用蒙特卡罗法表示链的旋转异构状态，获得链末端距矢量的分布函数[45]。在模拟过程中，禁阻任何与填料重叠的链构象，然后将得到的扰动分布用于"三链弹性模型"[2]，获得所需的拉伸应力-应变等温曲线。

其中一个例子是，将填充的 PDMS 网络看作交联高分子链和球形填料颗粒的复合材料，球形填料以规则阵列的形式排列在立方晶格上[216]。发现填料增加了分子链的非高斯性质，体系模量也如预期的那样增加。值得注意的是，实际上已制备出具有这种规整结构的复合材料[217]，也报道了它们的一些力学性质[218]。随后的研究是，将增强颗粒随机分布在 PDMS 连续相中[215]。填料的一个作用是增加高分子链的末端距。这些有关链长分布的结果，与随后的硅酸盐填充 PDMS 的中子散射实验结果相符[219]。在所对应的应力-应变等温线上，从拉伸方向上看，随着填料含量增大和伸长率增加，表现出应力和模量的大幅增加，这与实验比较至少是定性一致。

对于非球形填充颗粒，可以模拟不同类型颗粒取向的各向异性增强行为[215-220]，还可以研究不同类型、不同程度的团聚。

1.12 加工方面的新进展

该领域的重要研究课题是：采用混沌混合（chaotic mixing）来改善混配效果[221]，以及在成型过程中流动诱导结晶的建模。

1.13 社会效益方面

这方面包括在环境友好的溶剂中合成弹性体，以及对生物合成技术的充分理解和利用[222]。另一个环保目标是可回收性[223,224]。目前新闻中的其他话题是改进轮胎的安全性，重点是更可靠地与轮胎线结合，以及赋予反恐防护服更好的阻隔性能。教育层面则包括课程开发、弹性体实验和演示的移动实验室[11]。

1.14 当前的问题和新方向

下面列出了一些有关橡胶弹性领域亟须进一步研究的课题：

① 理解 T_g 和 T_m 对高分子结构的依赖性；

②"高性能"弹性体的制备与表征；

③ 新交联技术的开发；

④ 理解网络拓扑结构；

⑤ 唯象学理论的普及；

⑥ 除伸长和溶胀以外的其他形变试验结果；

⑦ 链段取向的表征；

⑧ 深入理解临界现象和凝胶塌缩；

⑨ 更多分子层面的核磁共振光谱和各种散射表征技术；

⑩ 生物弹性体可能的特殊性质；

⑪ 理解网络中填料颗粒的增强效果；

⑫ 定量解释弹性体在共混物和复合材料中的增韧效果，特别是高分子改性陶瓷。

现在确实需要的是更高性能的弹性体，特别是极低温下的可靠性和极高温下的稳定性。一些磷腈类高分子[225-227]，如 $[—P(OR)(OR')=N—]$ 即属于这一类。尽管主链上含有一些双键，但这些高分子却具有相当低的玻璃化温度。因此，还有一些与这些特殊的半无机高分子的弹性体行为相关的问题需要解决。此外，具有液晶行为的弹性体也备受关注[22]，Samulski 教授将在第 5 章详细讨论。

目前正在开发的一种交联技术是制备三嵌段共聚物，如苯乙烯-丁二烯-苯乙烯三元共聚高分子等。如图 1.43 所示，该体系经历了相分离过程，使得相对硬的聚苯乙烯微区充当瞬时的物理交联点作用[228]。所得弹性体是热塑性的，可以通过简单加热至聚苯乙烯的玻璃化温度以上进行再加工。也就是说，它是可再加工的弹性体。目前需要开发比 Kraton® 苯乙烯-丁二烯-苯乙烯三嵌段共聚高分子更便宜的热塑性弹性体。主要的候选物是聚丙烯立构共聚物以及乙烯和 1-己烯等共聚单体的共聚物[229-231]。

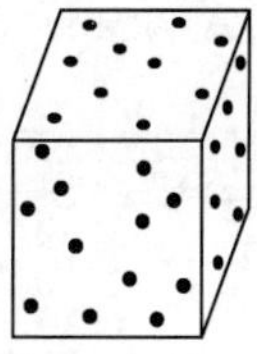

图 1.43 多相热塑性弹性体示意图

如前所述，通过研究自然界在制备生物弹性体中使用的交联技术，可能会学到更多新颖的方法。

一个特别具有挑战性的问题是，发展能更定量描述填料影响的分子理论[232-234]，特别是针对天然橡胶中的炭黑和硅橡胶中的二氧化硅。这种填料通常为弹性体提供了极大的增强作用，但对于它们是如何做到这一点的，仍然知之甚少。有一个相关问题更为复杂：涉及几乎相同量的两个组分，其中一种是有机组分，另一种是无机组分，当原位生成一种或两种成分时，可形成的结构和形态却几乎是无限多种的[22]。这些变量是如何影响弹性行为等物理性质的，这显然仍是一个具有挑战性且非常重要的问题。

一个重要的发展趋势是研究单链高分子，特别是它们的应力-应变等温曲线[235,236]。尽管这些研究与弹性体网络链之间相互作用的许多未解之谜无关，但它们本身肯定有重大意义。

1.15　数值问题

1.15.1　一些典型的拉伸或压缩数据

假设一个网络为四官能度交联（$\phi=4$，$A_\phi=1/2$），密度为 $0.900\mathrm{g\cdot cm^{-3}}$，在

298.2K 下，$[f^*](\alpha=\infty)=0.100\mathrm{N}\cdot\mathrm{mm}^{-2}[10^5\mathrm{N}\cdot\mathrm{m}^{-2}(\mathrm{Pa})=10^{-1}\mathrm{MN}\cdot\mathrm{m}^{-2}(\mathrm{MPa})=1.02\mathrm{kg}\cdot\mathrm{cm}^{-2}]$，计算网络链密度、交联点密度和交联点之间的平均分子量[9]。

1.15.2　一些典型的溶胀数据

这类典型的网络可能已在未稀释状态下四官能度交联（$v_{2S}=1.00$），在摩尔体积 $V_1=80\mathrm{cm}^3\cdot\mathrm{mol}^{-1}(8.00\times10^4\mathrm{mm}^3\cdot\mathrm{mol}^{-1})$ 的溶剂中，其平衡溶胀度 $v_{\mathrm{m}}=0.100$，相互作用参数 $\chi_1=0.30$，计算网络链密度[9]。

1.16　数值问题的解答

1.16.1　伸长或压缩

将上述已知数据代入式（1.17）中，k 以 $1.381\times10^{-20}(\mathrm{N}\cdot\mathrm{mm})\cdot(\mathrm{K}\cdot\text{链})^{-1}$ 的单位与 $[f^*](\alpha=\infty)$（$\mathrm{N}\cdot\mathrm{mm}^{-2}$）一致，则：

$\nu/V=4.86\times10^{16}$ 条·mm^3。

将 Avogadro 常数 $N_{\mathrm{avo}}=6.02\times10^{23}\mathrm{mol}^{-1}$ 代入，则：

$\nu/V=8.06\times10^{-8}\mathrm{mol}\cdot\mathrm{mm}^{-3}$。

基于 $\mu=(2/\phi)\nu$，交联点密度为该值的一半（$2/\phi$），即：

$\nu/V=4.03\times10^{-8}\mathrm{mol}\cdot\mathrm{mm}^{-3}$。

由于高分子密度 $\rho=0.900\mathrm{g}\cdot\mathrm{cm}^{-3}(9.00\times10^{-4}\mathrm{g}\cdot\mathrm{mm}^{-3})$，由关系式 $M_{\mathrm{c}}=\rho/(\nu/V)$ 得：

$M_{\mathrm{c}}=1.12\times10^4\mathrm{g}\cdot\mathrm{mol}^{-1}$。

1.16.2　溶胀

由溶胀的标准关系式（1.19），若 $A'_\phi=1$，则：

$\nu/V=7.13\times10^{-8}\mathrm{mol}\cdot\mathrm{mm}^{-3}$。

由改进的式（1.20），合理估计 $\kappa=20$ 和 $p=2$，可得 $K=0.42$[51]，因此：

$\nu/V=8.95\times10^{-8}\mathrm{mol}\cdot\mathrm{mm}^{-3}$。

可以看出，该结果与使用简单关系式（1.19）计算出的值差别不大。

致谢

感谢美国国家科学基金会材料研究部高分子计划项目 DMR-0075198 和 DMR-0314760，以及道康宁公司提供的经费资助。

（童勋　廖永贵　解孝林　译）

参考文献

[1] P. J. Flory, *Principles of Polymer Chemistry* (Cornell University Press, Ithaca,

New York, 1953).

[2] L. R. G. Treloar, *The Physics of Rubber Elasticity*, 3rd edition(Clarendon Press, Oxford, 1975).

[3] J. E. Mark, *J. Chem. Educ.*, **58**(1981), 898.

[4] J. E. Mark, *J. Chem. Educ.*, **79**(2002), 1437.

[5] J. E. Mark, *J. Phys. Chem. B*, **107**(2003), 903.

[6] P. J. Flory, *Statistical Mechanics of Chain Molecules*(Interscience, New York, 1969; reissued by Hanser Publishers, Munich, 1989).

[7] W. L. Mattice and U. W. Suter, *Conformational Theory of Large Molecules. The Rotational Isomeric State Model in Macromolecular Systems*(Wiley, New York, 1994).

[8] M. Rehahn, W. L. Mattice, and U. W. Suter, *Adv. Polym. Sci.*, **131/132**(1997), 1.

[9] J. E. Mark and B. Erman, *Rubberlike Elasticity. A Molecular Primer*(Wiley-Interscience, New York, 1988).

[10] P. Mason, *Cauchu*, *The Weeping Wood*(Australian Broadcasting Commission, Sydney, 1979).

[11] J. E. Mark, *Macromol. Symp.*, **201**(2003), 77.

[12] W. J. Bobear, in *Rubber Technology*, edited by M. Morton(Van Nostrand Reinhold, New York, 1973), p. 368.

[13] H. Kobayashi and M. J. Owen, *Macromolecules*, **23**(1990), 4929.

[14] D. V. Patwardhan, H. Zimmer, and J. E. Mark, *J. Inorg. Organomet. Polym.*, **7**(1998), 93.

[15] C. Wrana, K. Reinartz, and H. R. Winkelbach, *Macromol. Mater. Eng.*, **286**(2001), 657.

[16] M. H. Acar, J. A. Gonzales, and A. M. Mayes, *Preprints*, *American Chemical Society Division of Polymer Chemistry, Inc.*, **43**(2)(2002), 55.

[17] B. Erman and J. E. Mark, *Ann. Rev. Phys. Chem.*, **40**(1989), 351.

[18] S. S. Labana and R. A. Dickie(eds.), *Characterization of Highly Cross-Linked Polymers*(American Chemical Society, Washington, 1984).

[19] K. Dusek, *Adv. Polym. Sci.*, **78**(1986), 1.

[20] B. E. Eichinger and O. Akgiray, in *Computer Simulation of Polymers*, edited by E. A. Colbourne(Longman, White Plains, New York, 1994), p. 263.

[21] R. F. T. Stepto, D. J. R. Taylor, T. Partchuk, and M. Gottlieb, in *Silicones and Silicone-Modified Materials*, edited by S. J. Clarson, J. J. Fitzgerald, M. J. Owen, and S. D. Smith(American Chemical Society, Washington, 2000), p. 194.

[22] B. Erman and J. E. Mark, *Structures and Properties of Rubberlike Networks*(Oxford University Press, New York, 1997).

[23] J. L. Braun, J. E. Mark, and B. E. Eichinger, *Macromolecules*, **35**(2002), 5273.

[24] J. E. Mark, *Makromol. Symp.*, **171**(2001), 1.

[25] J. E. Mark, *Rubber Chem. Technol.*, **55**(1982), 762.

[26] R. W. Ogden, *Rubber Chem. Technol.*, **59**(1986), 361.

[27] R. W. Ogden, *Polymer*, **28**(1987), 379.

[28] H. M. James and E. Guth, *J. Chem. Phys.*, **15**(1947), 669.

[29] H. M. James and E. Guth, *J. Chem. Phys.*, **21**(1953), 1039.

[30] M. Rubinstein and S. Panyukov, *Macromolecules*, **35**(2002), 6670.

[31] G. Ronca and G. Allegra, *J. Chem. Phys.*, **63**(1975), 4990.

[32] P. J. Flory, *Proc. R. Soc. London*, *A*, **351**(1976), 351.

[33] P. J. Flory, *Polymer*, **20**(1979), 1317.

[34] P. J. Flory and B. Erman, *Macromolecules*, **15**(1982), 800.

[35] R. Oeser, B. Ewen, D. Richter, and B. Farago, *Phys. Rev. Lett.*, **60** (1988), 1041.

[36] B. Ewen and D. Richter, in *Elastomeric Polymer Networks*, edited by J. E. Mark and B. Erman(Prentice Hall, Englewood Cliffs, NJ, 1992), p. 220.

[37] B. Erman and L. Monnerie, *Macromolecules*, **22**(1989), 3342.

[38] A. Kloczkowski, J. E. Mark, and B. Erman, *Macromolecules*, **28**(1995), 5089.

[39] A. Kloczkowski, J. E. Mark, and B. Erman, *Comput. Polym. Sci.*, **5** (1995), 37.

[40] T. A. Vilgis, *Prog. Coll. Polym. Sci.*, **75**(1987), 4.

[41] T. A. Vilgis, *Prog. Coll. Polym. Sci.*, **75**(1987), 243.

[42] R. C. Ball, M. Doi, and S. F. Edwards, *Polymer*, **22**(1981), 1010.

[43] R. J. Gaylord, *Polym. Bull.*, **8**(1982), 325.

[44] H. -G. Kilian, H. F. Enderle, and K. Unseld, *Coll. Polym. Sci.*, **264**(1986), 866.

[45] J. E. Mark and J. G. Curro, *J. Chem. Phys.*, **79**(1983), 5705.

[46] J. E. Mark and J. G. Curro, *J. Chem. Phys.*, **80**(1984), 4521.

[47] J. E. Mark and J. G. Curro, *J. Chem. Phys.*, **80**(1984), 5262.

[48] J. E. Mark and J. G. Curro, *J. Polym. Sci.*; *Polym. Phys. Ed.*, **23** (1985), 2629.

[49] H. Finkelmann, in *Liquid Crystallinity in Polymers*, edited by A. Ciferri(VCH Publishers, New York, 1991), p. 315.

[50] R. Zentel and M. Brehmer, *CHEMTECH*, **25**(5)(1995), 41.

[51] P. J. Flory, *Macromolecules*, **12**(1979), 119.

[52] L. Bokobza, F. Clément, L. Monnerie, and P. Lapersonne, in *The Wiley Polymer Networks Group Review Series*, Vol. 1(John Wiley & Sons Ltd, New York, 1998), p. 321.

[53] L. Bokobza and N. Nugay, *J. Appl. Polym. Sci.*, **81**(2001), 215.

[54] I. Noda, A. E. Dowrey, and C. Marcott, in *Fourier Transform Infrared Characterization of Polymers*, edited by H. Ishida(Plenum Press, New York, 1987), p. 33.

[55] M. Sinha, Ph. D. Thesis in Physics, The University of Cincinnati, Cincinnati (2000).

[56] M. Sinha, J. E. Mark, H. E. Jackson, and D. Walton, *J. Chem. Phys.*, **117** (2002), 2968.

[57] M. Sinha, B. Erman, J. E. Mark, T. H. Ridgway, and H. E. Jackson, *Macromolecules* **36**(2003), 6127.

[58] J. S. Higgins and H. Benoit, *Neutron Scattering from Polymers*(Clarendon Press, Oxford, 1994).

[59] G. D. Wignall, in *Physical Properties of Polymers Handbook*, edited by J. E. Mark(Springer-Verlag, New York, Inc., New York, 1996), p. 299.

[60] R. -J. Roe, *Methods of X-Ray and Neutron Scattering in Polymer Science*(Oxford University Press, Oxford, 2000).

[61] D. W. Schaefer, J. E. Mark, D. W. McCarthy, L. Jian, C. -C. Sun, and B. Farago, in *Polymer-Based Molecular Composites*, edited by D. W. Schaefer and J. E. Mark(Materials Research Society, Pittsburgh, 1990), p. 57.

[62] A. N. Gent and P. Marteny, *J. Appl. Phys.*, **53**(1982), 6069.

[63] G. D. Patterson, *J. Polym. Sci. :Polym. Phys. Ed.*, **35**(1977), 455.

[64] M. Sinha, J. E. Mark, H. E. Jackson, and D. J. Walton, unpublished results.

[65] J. E. Mark and G. Odian, *Polymer Chemistry Course Manual*(American Chemical Society, Washington, 1984).

[66] J. E. Mark, *Rubber Chem. Technol.*, **48**(1975), 495.

[67] J. E. Mark, *Acc. Chem. Res.*, **12**(1979), 49.

[68] P. J. Flory, A. Ciferri, and C. A. J. Hoeve, *J. Polym. Sci.*, **45**(1960), 235.

[69] A. Ciferri, C. A. J. Hoeve, and P. J. Flory, *J. Am. Chem. Soc.*, **83** (1961), 1015.

[70] D. Goritz and F. H. Muller, *Kolloid Z. Z. Polym.*, **251**(1973), 679.

[71] J. E. Mark, *Rubber Chem. Technol.*, **46**(1973), 593.

[72] J. E. Mark, *Macromol. Rev.*, **11**(1976), 135.

[73] Y. K. Godovsky, *Adv. Polym. Sci.*, **76**(1986), 31.

[74] R. J. Farris and R. E. Lyon, *Polymer*, **28**(1987), 1127.

[75] J. E. Mark, *Makromol. Chem.*, *Suppl.*, **2**(1979), 87.

[76] P. Rempp and J. E. Herz, *Angew. Makromol. Chem.*, **76/77**(1979), 373.

[77] J. E. Mark, R. R. Rahalkar, and J. L. Sullivan, *J. Chem. Phys.*, **70** (1979), 1794.

[78] M. A. Llorente and J. E. Mark, *Macromolecules*, **13**(1980), 681.

[79] M. Gottlieb, C. W. Macosko, G. S. Benjamin, K. O. Meyers, and E. W. Merrill, *Macromolecules*, **14**(1981), 1039.

[80] R. Stadler, M. M. Jacobi, and W. Gronski, *Makromol. Chem.*, *Rapid Commun.*, **4**(1983), 129.

[81] D. R. Miller and C. W. Macosko, *J. Polym. Sci. : Polym. Phys. Ed.*, **25** (1987), 2441.

[82] J. A. Kornfield, H. W. Spiess, H. Nefzger, H. Hayen, and C. D. Eisenbach, *Macromolecules*, **24**(1991), 4787.

[83] J. E. Mark, in *Silicon-Based Polymer Science. A Comprehensive Resource*, edited by J. M. Zeigler and F. W. G. Fearon(American Chemical Society, Washington, 1990), p. 47.

[84] N. R. Langley, R. A. Dickie, C. Wong, J. D. Ferry, R. Chasset, and P. Thirion, *J. Polym. Sci. Pt A-2*, **6**(1968), 1371.

[85] R. M. Johnson and J. E. Mark, *Macromolecules*, **5**(1972), 41.

[86] J. E. Mark, A. Eisenberg, W. W. Graessley, L. Mandelkern, and J. L. Koenig, *Physical Properties of Polymers*, 1st edition (American Chemical Society, Washington, 1984).

[87] S. Kohjiya, K. Urayama, and Y. Ikeda, *Kautschuk Gummi Kunststoffe*, **50** (1997), 868.

[88] K. Urayama and S. Kohjiya, *Eur. Phys. J. B*, **2**(1997), 75.

[89] J. Premachandra and J. E. Mark, *J. Macromol. Sci., Pure Appl. Chem.*, **39** (2002), 287.

[90] J. Premachandra, C. Kumudinie, and J. E. Mark, *J. Macromol. Sci., Pure Appl. Chem.*, **39**(2002), 301.

[91] C. U. Yu and J. E. Mark, *Macromolecules*, **7**(1974), 229.

[92] P. G. de Gennes, *Scaling Concepts in Polymer Physics*(Cornell University Press, Ithaca, New York, 1979).

[93] J. E. Mark and Z. -M. Zhang, *J. Polym. Sci. : Polym. Phys. Ed.*, **21** (1983), 1971.

[94] L. C. DeBolt and J. E. Mark, *Macromolecules*, **20**(1987), 2369.

[95] S. J. Clarson, J. E. Mark, and J. A. Semlyen, *Polym. Commun.*, **27** (1986), 244.

[96] L. Garrido, J. E. Mark, S. J. Clarson, and J. A. Semlyen, *Polym. Commun.*, **26** (1985), 53.

[97] W. W. Graessley and D. S. Pearson, *J. Chem. Phys.*, **66**(1977), 3363.

[98] J. E. Mark and A. L. Andrady, *Rubber Chem. Technol.*, **54**(1981), 366.

[99] M. A. Llorente, A. L. Andrady, and J. E. Mark, *Coll. Polym. Sci.*, **259**(1981), 1056.

[100] Z. -M. Zhang and J. E. Mark, *J. Polym. Sci. : Polym. Phys. Ed.*, **20**(1982), 473.

[101] J. E. Mark in *Elastomers and Rubber Elasticity*, edited by J. E. Mark and J. Lal (American Chemical Society, Washington, 1982), p. 349.

[102] J. E. Mark, *Macromol. Symp.*, **191**(2003), 121.

[103] L. Mullins, *J. Appl. Polym. Sci.*, **2**(1959), 257.

[104] J. E. Mark, M. Kato, and J. H. Ko, *J. Polym. Sci.*, *Part C*, **54**(1976), 217.

[105] K. J. Smith, Jr, A. Greene, and A. Ciferri, *Kolloid Z. Z. Polym.*, **194**(1964), 49.

[106] M. C. Morris, *J. Appl. Polym. Sci.*, **8**(1964), 545.

[107] L. R. G. Treloar, *Rep. Prog. Phys.*, **36**(1973), 755.

[108] B. L. Chan, D. J. Elliott, M. Holley, and J. F. Smith, *J. Polym. Sci.*, *Pt C*, **48**(1974), 61.

[109] A. L. Andrady, M. A. Llorente, and J. E. Mark, *J. Chem. Phys.*, **72**(1980), 2282.

[110] W. O. S. Doherty, K. L. Lee, and L. R. G. Treloar, *Br. Polym. J.*, **15**(1980), 19.

[111] J. Furukawa, Y. Onouchi, S. Inagaki, and H. Okamoto, *Polym. Bull.*, **6**(1981), 381.

[112] T. -K. Su and J. E. Mark, *Macromolecules*, **10**(1977), 120.

[113] D. S. Chiu, T. -K. Su, and J. E. Mark, *Macromolecules*, **10**(1977), 1110.

[114] J. E. Mark, *Polym. Eng. Sci.*, **19**(1979), 409.

[115] S. Hanna and A. H. Windle, *Polymer*, **29**(1988), 207.

[116] T. M. Madkour and J. E. Mark, *Polymer*, **39**(1998), 6085.

[117] J. E. Mark, *Makromol. Symp.*, **171**(2001), 1.

[118] D. S. Chiu and J. E. Mark, *Coll. Polym. Sci.*, **225**(1977), 644.

[119] M. A. Llorente, A. L. Andrady, and J. E. Mark, *J. Polym. Sci. :Polym. Phys. Ed.*, **19**(1981), 621.

[120] P. J. Flory and W. C. Chang, *Macromolecules*, **9**(1976), 33.

[121] M. Fixman and R. Alben, *J. Chem. Phys.*, **58**(1973), 1553.

[122] B. Erman and J. E. Mark, *J. Chem. Phys.*, **89**(1988), 3314.

[123] C. -C. Sun and J. E. Mark, *J. Polym. Sci. :Polym. Phys. Ed.*, **25**(1987), 2073.

[124] B. Erman and J. E. Mark, *Macromolecules*, **31**(1998), 3099.

[125] T. Madkour and J. E. Mark, *Polym. Bull.*, **31**(1993), 615.

[126] T. Madkour and J. E. Mark, *J. Macromol. Sci.*, *Macromol. Rep.*, **A31**(1994), 153.

[127] G. T. Burns, unpublished results, Dow Corning Corporation(1995).

[128] G. Sakrak, I. Bahar, and B. Erman, *Macromol. Theory Simul.*, **3**(1994), 151.

[129] M. -Y. Tang, A. Letton, and J. E. Mark, *Coll. Polym. Sci.*, **262**(1984), 990.

[130] A. L. Andrady, M. A. Llorente, M. A. Sharaf, R. R. Rahalkar, J. E. Mark, J. L. Sullivan, C. U. Yu, and J. R. Falender, *J. Appl. Polym. Sci.*, **26**(1981), 1829.

[131] Y. Obata, S. Kawabata, and H. Kawai, *J. Polym. Sci. :pt A-2* **8**(1970), 903.

[132] P. Xu and J. E. Mark, *J. Polym. Sci.*,*Polym. Phys. Ed.*, **29**(1991), 355.

[133] P. Xu and J. E. Mark, *Polymer*, **33**(1992), 1843.

[134] R. S. Rivlin and D. W. Saunders, *Phil. Trans. R. Soc. London*, A, **243**(1951), 251.

[135] S. Wang and J. E. Mark, *J. Polym. Sci.*,*Polym. Phys. Ed.*, **30**(1992), 801.

[136] L. C. Yanyo and F. N. Kelley, *Rubber Chem. Technol.*, **60**(1987), 78.

[137] T. L. Smith, B. Haidar, and J. L. Hedrick, *Rubber Chem. Technol.*, **63**(1990), 256.

[138] G. B. Shah, *Macromol. Chem. Phys.*, **197**(1996), 2201.

[139] A. L. Andrady, M. A. Llorente, and J. E. Mark, *Polym. Bull.*, **26**(1991), 357.

[140] J. Wen, J. E. Mark, and J. J. Fitzgerald, *J. Macromol. Sci.*, *Macromol. Rep.*, **A31**(1994), 429.

[141] Y. Kaneko, Y. Watanabe, T. Okamoto, Y. Iseda, and T. Matsunaga, *J. Appl. Polym. Sci.*, **25**(1980), 2467.

[142] T. Tanaka, in *Polyelectrolyte Gels*, edited by R. S. Harland and R. K. Prud'homme(American Chemical Society, Washington, 1992), p. 1.

[143] Y. Li and T. Tanaka, *Annu. Rev. Mater. Sci.*, **22**(1992), 243.

[144] V. Y. Grinberg, A. S. Dubovik, D. V. Kuznetsov, N. V. Grinberg, A. Y. Grosberg, and T. Tanaka, *Macromolecules*, **33**(2000), 8685.

[145] G. B. Kauffman, S. W. Mason, and R. B. Seymour, *J. Chem. Educ.*, **67**(1990), 198.

[146] W. J. Moore, *Basic Physical Chemistry*(Prentice Hall, Englewood Cliffs, NJ, 1983).

[147] P. W. Atkins, *Physical Chemistry*, 4th edition(Oxford University Press, Oxford, 1990).

[148] F. T. Wall, *Chemical Thermodynamics*, 3rd edition(Freeman, San Francisco, 1974).

[149] H. B. Callen, *Thermodynamics and an Introduction to Thermostatistics*(Wiley, New York, 2000).

[150] N. W. Tschoegl, *Fundamentals of Equilibrium and Steady-State Thermodynamics*(Elsevier, Amsterdam, 2000).

[151] L. Mandelkern, *Crystallization of Polymers*(McGraw-Hill, New York, 1964).

[152] L. Mandelkern, *An Introduction to Macromolecules*, 2nd edition(Springer-Verlag, New York, 1983).

[153] C. L. Strong, *Sci. Am.*, **224**(4)(1971), 118.

[154] R. J. Farris, *Polym. Eng. Sci.*, **17**(1977), 737.

[155] L. Mandelkern, *J. Chem. Educ.*, **55**(1978), 177.

[156] R. J. Farris and R. E. Lyon, *J. Mater. Soc.*, **8**(1984), 239.

[157] R. J. Farris, R. E. Lyon, D. X. Wang, and W. J. MacKnight, *J. Appl. Polym. Sci.*, **29**(1984), 2857.

[158] R. Ross and P. Bornstein, *Sci. Am.*, **224**(1971), 44.

[159] C. A. J. Hoeve and P. J. Flory, *Biopolymers*, **13**(1974), 677.

[160] L. B. Sandberg, W. R. Gray, and C. Franzblau (eds.), *Elastin and Elastic Tissue* (Plenum, New York, 1977).

[161] A. L. Andrady and J. E. Mark, *Biopolymers*, **19**(1980), 849.

[162] J. M. Gosline, in *The Mechanical Properties of Biological Materials*, edited by J. F. V. Vincent and J. D. Currey (Cambridge University Press, Cambridge, 1980), p. 331.

[163] M. Jensen and T. Weis-Fogh, *Phil. Trans. R. Soc. London*, B, **245** (1962), 137.

[164] B. B. Boonstra, *Polymer*, **20**(1979), 691.

[165] Z. Rigbi, *Adv. Polym. Sci.*, **36**(1980), 21.

[166] E. L. Warrick, O. R. Pierce, K. E. Polmanteer, and J. C. Saam, *Rubber Chem. Technol.*, **52**(1979), 437.

[167] S. Wolff and J. -B. Donnet, *Rubber Chem. Technol.*, **63**(1990), 32.

[168] J. E. Mark, *CHEMTECH*, **19**(1989), 230.

[169] J. E. Mark and D. W. Schaefer, in *Polymer-Based Molecular Composites*, edited by D. W. Schaefer and J. E. Mark (Materials Research Society, Pittsburgh, 1990), p. 51.

[170] B. K. Coltrain, C. Sanchez, D. W. Schaefer, and G. L. Wilkes (eds.), *Better Ceramics Through Chemistry VII: Organic/Inorganic Hybrid Materials* (Materials Research Society, Pittsburgh, 1996).

[171] C. J. Brinker, E. P. Giannelis, R. M. Laine, and C. Sanchez (eds.), *Better Ceramics Through Chemistry VIII: Hybrid Materials* (Materials Research Society, Warrendale, PA, 1998).

[172] J. E. Mark, Y. -P. Ning, C. -Y. Jiang, M. -Y. Tang, and W. C. Roth, *Polymer*, **26**(1985), 2069.

[173] J. E. Mark and Y. -P. Ning, *Polym. Bull.*, **12**(1984), 413.

[174] H. Schmidt, in *Inorganic and Organometallic Polymers. Macromolecules Containing Silicon, Phosphorous, and Other Inorganic Elements*, edited by M. Zeldin, K. J. Wynne, and H. R. Allcock (American Chemical Society, Washington, 1988), p. 333.

[175] H. Schmidt and H. Wolter, *J. Non-Cryst. Solids*, **121**(1990), 428.

[176] R. Nass, E. Arpac, W. Glaubitt, and H. Schmidt, *J. Non-Cryst. Solids*, **121** (1990), 370.

[177] B. Wang and G. L. Wilkes, *J. Polym. Sci.: Polym. Chem. Ed.*, **29**(1991), 905.

[178] G. L. Wilkes, H. -H. Huang, and R. H. Glaser, in *Silicon-Based Polymer*

Science, edited by J. M. Zeigler and F. W. G. Fearon(American Chemical Society, Washington, 1990), p. 207.

[179] A. B. Brennan, B. Wang, D. E. Rodrigues, and G. L. Wilkes, *J. Inorg. Organomet. Polym.*, **1**(1991), 167.

[180] C. A. Sobon, H. K. Bowen, A. Broad, and P. D. Calvert, *J. Mater. Sci. Lett.*, **6**(1987), 901.

[181] P. Calvert and S. Mann, *J. Mater. Sci.*, **23**(1988), 3801.

[182] A. Azoz, P. D. Calvert, M. Kadim, A. J. McCaffery, and K. R. Seddon, *Nature*, **344**(1990), 49.

[183] W. F. Doyle and D. R. Uhlmann, in *Ultrastructure Processing of Advanced Ceramics*, edited by J. D. Mackenzie and D. R. Ulrich(Wiley-Interscience, New York, 1988), p. 795.

[184] W. F. Doyle, B. D. Fabes, J. C. Root, K. D. Simmons, Y. M. Chiang, and D. R. Uhlmann, in *Ultrastructure Processing of Advanced Ceramics*, edited by J. D. Mackenzie and D. R. Ulrich(Wiley-Interscience, New York, 1988), p. 953.

[185] J. M. Boulton, H. H. Fox, G. F. Neilson, and D. R. Uhlmann, in *Better Ceramics Through Chemistry IV*, edited by B. J. J. Zelinski, C. J. Brinker, D. E. Clark, and D. R. Ulrich (Materials Research Society, Pittsburgh, 1990), p. 773.

[186] J. E. Mark and C. -C. Sun, *Polym. Bull.*, **18**(1987), 259.

[187] Y. P. Ning, M. X. Zhao, and J. E. Mark, in *Frontiers of Polymer Research*, edited by P. N. Prasad and J. K. Nigam(Plenum, New York, 1991), p. 479.

[188] Y. P. Ning, M. X. Zhao, and J. E. Mark, in *Chemical Processing of Advanced Materials*, edited by L. L. Hench and J. K. West(Wiley, New York, 1992), p. 745.

[189] S. Wang and J. E. Mark, *Macromolecules*, **23**(1990), 4288.

[190] S. Wang, P. Xu, and J. E. Mark, *Macromolecules*, **24**(1991), 6037.

[191] A. Okada, M. Kawasumi, A. Usuki, Y. Kojima, T. Kurauchi, and O. Kamigaito, in *Polymer-Based Molecular Composites*, edited by D. W. Schaefer and J. E. Mark(Materials Research Society, Pittsburgh, 1990), p. 45.

[192] T. J. Pinnavaia, T. Lan, Z. Wang, H. Shi, and P. D. Kaviratna, in *Nanotechnology. Molecularly Designed Materials*, edited by G. -M. Chow and K. E. Gonsalves(American Chemical Society, Washington, 1996), p. 250.

[193] E. P. Giannelis, in *Biomimetic Materials Chemistry*, edited by S. Mann(VCH Publishers, New York, 1996), p. 337.

[194] R. A. Vaia and E. P. Giannelis, *Polymer*, **42**(2001), 1281.

[195] M. A. Sharaf, A. Kloczkowski, and J. E. Mark, *Polymer*, **43**(2002), 643.

[196] E. P. Giannelis, R. Krishnamoorti, and E. Manias, *Adv. Polym. Sci.*, **138**(1999), 107.

[197] R. A. Vaia and E. P. Giannelis, *Mater. Res. Soc. Bull.*, **26**(2001), 394.

[198] T. J. Pinnavaia and G. Beall(eds.), *Polymer-Clay Nanocomposites*(Wiley, New York, 2001).

[199] V. T. Vu, J. E. Mark, L. H. Pham, and M. Engelhardt, *J. Appl. Polym. Sci.*, **82**(2001), 1391.

[200] W. Zhou, J. E. Mark, M. R. Unroe, and F. E. Arnold, *J. Macromol. Sci. Pure Appl. Chem.*, **A38**(2001), 1.

[201] J. D. Lichtenhan, J. Schwab, and W. A. Reinerth Sr, *Chem. Innov.*, **31**(2001), 3.

[202] R. M. Laine, J. Choi, and I. Lee, *Adv. Mater.*, **13**(2001), 800.

[203] D. A. Loy, C. R. Baugher, D. A. Schnieder, A. Sanchez, and F. Gonzalez, *Polym. Preprints*, **42**(1)(2001), 180.

[204] K. J. Shea and D. A. Loy, *Mater. Res. Soc. Bull.*, **26**(2001), 368.

[205] T. S. Haddad, A. Lee, and S. H. Phillips, *Polym. Preprints*, **42**(2001), 88.

[206] H. Nakamura and Y. Matsui, *J. Am. Chem. Soc.*, **117**(1995), 2651.

[207] H. L. Frisch and J. E. Mark, *Chem. Mater.*, **8**(1996), 1735.

[208] S. J. Tans, M. H. Devoret, H. Dai, A. Thess, R. E. Smalley, L. J. Geerligs, and C. Dekker, *Nature*, **386**(1997), 474.

[209] B. T. N. Vu, J. E. Mark, and D. W. Schaefer, *Preprints, American Chemical Society Division of Polymeric Materials: Science and Engineering*, **83**(2000), 411.

[210] B. T. N. Vu, M. S. degree in Chemistry, The University of Cincinnati (Cincinnati, 2001).

[211] D. W. Schaefer, B. T. N. Vu, and J. E. Mark, *Rubber Chem. Technol.*, **75**(2002), 795.

[212] J. E. Mark, *J. Comput. -Aided Mater. Design*, **3**(1996), 311.

[213] Q. W. Yuan, A. Kloczkowski, J. E. Mark, and M. A. Sharaf, *J. Polym. Sci. :Polym. Phys. Ed.*, **34**(1996), 1647.

[214] J. E. Mark, in *2001 International Conference on Computational Nanoscience*, edited by M. Laudon and B. Romanowicz(Computational Publications, Boston, Hilton Head Island, South Carolina, 2001), p. 53.

[215] J. E. Mark, *Molec. Cryst. Liq. Cryst.*, **374**(2001), 29.

[216] M. A. Sharaf, A. Kloczkowski, and J. E. Mark, *Comput. Polym. Sci.*, **4**(1994), 29.

[217] H. B. Sunkara, J. M. Jethmalani, and W. T. Ford, in *Hybrid Organic-Inorganic Composites*, edited by J. E. Mark, C. Y. -C. Lee, and P. A. Bianconi (American Chemical Society, Washington, 1995), p. 181.

[218] Z. Pu, J. E. Mark, J. M. Jethmalani, and W. T. Ford, *Chem. Mater.*, **9**(1997), 2442.

[219] A. I. Nakatani, W. Chen, R. G. Schmidt, G. V. Gordon, and C. C. Han,

Polymer, **42**(2001), 3713.

[220] M. A. Sharaf, A. Kloczkowski, and J. E. Mark, *Comput. Theor. Polym. Sci.*, **11**(2001), 251.

[221] J. M. Ottino, F. J. Muzzio, M. Tjahjadi, J. Franjione, S. C. Jana, and H. A. Kusch, *Science*, **257**(1992), 754.

[222] T. Koyama and A. Steinbuchel(eds.), *Biopolymers*, *Volume 2：Polyisoprenoids* (Wiley-VCH, New York, 2001).

[223] A. I. Isayev, S. H. Kim, and V. Y. Levin, *Rubber Chem. Technol.*, **70**(1997), 194.

[224] S. E. Shim and A. I. Isayev, *Rubber Chem. Technol.*, **74**(2001), 303.

[225] J. E. Mark and C. U. Yu, *J. Polym. Sci.：Polym. Phys. Ed.*, **15**(1977), 371.

[226] A. L. Andrady and J. E. Mark, *Eur. Polym. J.*, **17**(1981), 323.

[227] J. E. Mark, H. R. Allcock, and R. West, *Inorganic Polymers*(Prentice Hall, Englewood Cliffs, New Jersey, 1992).

[228] S. L. Aggarwal, *Polymer*, **17**(1976), 938.

[229] H. H. Brintzinger, D. Fischer, R. Mulhaupt, B. Reiger, and R. M. Waymouth, *Angew. Chem. Ed. Engl.*, **34**(1995), 1143.

[230] S. Mansel, E. Perez, R. Benavente, J. M. Perena, A. Bello, W. Roll, R. Kirsten, S. Beck, and H. -H. Brintzinger, *Macromol. Chem. Phys.*, **200**(1999), 1292.

[231] S. Lieber and H. -H. Brintzinger, *Macromolecules*, **33**(2000), 9192.

[232] G. Heinrich and T. A. Vilgis, *Macromolecules*, **26**(1993), 1109.

[233] T. A. Witten, M. Rubinstein, and R. H. Colby, *J. Physique II*, **3**(1993), 367.

[234] M. Kluppel, R. H. Schuster, and G. Heinrich, *Rubber Chem. Technol.*, **70**(1997), 243.

[235] A. Janshoff, M. Neitzert, Y. Oberdorfer, and H. Fuchs, *Angew. Chem. Int. Ed.*, **39**(2000), 3213.

[236] T. Hugel and M. Seitz, *Makromol. Rapid Commun.*, **22**(2001), 989.

进一步阅读文献

P. J. Flory, *Principles of Polymer Chemistry*(Cornell University Press, Ithaca, New York, 1953).

F. T. Wall, *Chemical Thermodynamics*, 3rd edition(Freeman, San Francisco, 1974).

L. R. G. Treloar, *The Physics of Rubber Elasticity*, 3rd edition(Clarendon Press, Oxford, 1975).

J. A. Brydson, *Rubber Chemistry*(Applied Science Publishers, London, 1978).

L. K. Nash, *J. Chem. Educ.*, **56**(1979), 363.

J. E. Mark, *J. Chem. Educ.*, **58**(1981), 898.

B. E. Eichinger, *Ann. Rev. Phys. Chem.*, **34**(1983), 359.

S. S. Labana and R. A. Dickie (eds.), *Characterization of Highly Cross-Linked Polymers*(American Chemical Society, Washington, 1984).

J. Lal and J. E. Mark(eds.), *Advances in Elastomers and Rubber Elasticity*(Plenum Press, New York, 1986).

M. Morton(ed.), *Rubber Technology*, 3rd ed. (Van Nostrand Reinhold, New York, 1987).

S. F. Edwards and T. A. Vilgis, *Rep. Prog. Phys.*, **51**(1988), 243.

J. E. Mark and B. Erman, *Rubberlike Elasticity. A Molecular Primer* (Wiley-Interscience, New York, 1988).

G. Heinrich, E. Straube, and G. Helmis, *Adv. Polym. Sci.*, **85**(1988), 33.

B. Erman and J. E. Mark, *Ann. Rev. Phys. Chem.*, **40**(1989), 351.

A. Baumgartner and C. E. Picot (eds.), *Molecular Basis of Polymer Networks* (Springer, Berlin, 1989).

W. Burchard and S. B. Ross-Murphy(eds.), *Physical Networks. Polymers and Gels* (Elsevier, London, 1990).

J. E. Mark and B. Erman (eds.), *Elastomeric Polymer Networks* (Prentice Hall, Englewood Cliffs, New Jersey, 1992).

J. E. Mark, *Comput. Polym. Sci.*, **2**(1992), 135.

A. N. Gent (ed.), *Engineering with Rubber. How to Design Rubber Components* (Hanser Publishers, New York, 1992).

S. M. Aharoni(ed.), *Synthesis, Characterization, and Theory of Polymeric Networks and Gels*(Plenum Press, New York, 1992).

J. E. Mark, A. Eisenberg, W. W. Graessley, L. Mandelkern, E. T. Samulski, J. L. Koenig, and G. D. Wignall, *Physical Properties of Polymers*, 2nd edition(American Chemical Society, Washington, 1993).

R. H. Boyd and P. J. Phillips, *The Science of Polymer Molecules*(Cambridge University Press, Cambridge, 1993).

J. E. Mark, B. Erman, and F. R. Eirich(eds.), *Science and Technology of Rubber*, 2nd edition(Academic, New York, 1994).

J. E. Mark(ed.), *Physical Properties of Polymers Handbook* (Springer-Verlag, New York, 1996).

B. Erman and J. E. Mark, *Structures and Properties of Rubberlike Networks*(Oxford University Press, New York, 1997).

J. E. Mark and B. Erman, in *Polymer Networks*, edited by R. F. T. Stepto(Blackie Academic, Glasgow, 1998).

J. E. Mark (ed.), *Polymer Data Handbook* (Oxford University Press, New York, 1999).

J. E. Mark, in *Molecular Catenanes, Rotaxanes and Knots*, edited by J. -P. Sauvage and

C. Dietrich-Buchecker(Wiley-VCH，Weinheim，1999)，p. 223.

J. E. Mark，*Rubber Chem. Technol.*，**72**(1999)，465.

J. E. Mark，in *Silicones and Silicone-Modified Materials*，edited by S. J. Clarson，J. J. Fitzgerald，M. J. Owen，and S. D. Smith (American Chemical Society，Washington，2000)，p. 1.

H. B. Callen，*Thermodynamics and an Introduction to Thermostatistics* (Wiley，New York，2000).

J. E. Mark，in *Applied Polymer Science - 21st Century*，edited by C. D. Craver and C. E. Carraher Jr(American Chemical Society，Washington，2000)，p. 209.

J. E. Mark and B. Erman，in *Performance of Plastics*，edited by W. Brostow(Hanser，Cincinnati，2001)，p. 401.

J. P. Queslel and J. E. Mark，in *Encyclopedia of Polymer Science and Technology* (Wiley-Interscience，New York，2001)，p. 365.

J. E. Mark，*Makromol. Symp.*，**171**(2001)，1.

J. P. Queslel and J. E. Mark，in *Encyclopedia of Physical Science and Technology*，3rd edition，edited by R. A. Meyers(Academic Press，New York，2002)，p. 813.

J. E. Mark，*J. Chem. Educ.*，**79**(2002)，1437.

J. E. Mark，*J. Phys. Chem. B*，**107**(2003)，903.

J. E. Mark，*Macromol. Symp.*，**191**(2003)，121.

J. E. Mark，*Macromol. Symp.*，**201**(2003)，77.

第 2 章　玻璃化转变和玻璃态

Kia L. Ngai

美国海军研究实验室，美国华盛顿特区 20375-5320

2.1　引言

在常规实验条件下，若导致结构重排的分子运动特征时间长于实验时间尺度，则非晶高分子在冷却时发生玻璃化转变。因此，趋于平衡的结构弛豫行为在低于某一温度 T_g 时被冻结，此时高分子处于玻璃态。分子链中少数几个连续重复单元的运动即可导致结构弛豫，称为局部链段运动。但是，由于高分子长程范围内的黏弹性，分子运动可能涉及更多重复单元，特征时间比上述局部链段运动时间更长，故局部链段运动是发生高分子黏弹性行为的必要条件，即只有温度高于玻璃化温度 T_g，才能观察到明显的黏弹性。因此，在任意温度和压力下，玻璃化转变可能是决定非晶高分子黏弹性及其应用的最主要因素。若高分子的 T_g 远高于使用温度，则该高分子为硬质玻璃，可作为工程塑料使用。若 T_g 足够低，则高分子为高弹态，可应用于橡胶工业。许多高分子没有结晶态，这是因为结晶要求分子形成长程有序的组装体结构，而高分子主链骨架存在立体化学变化，缺乏这种长程规整性。换言之，不规整的分子链无法结晶，冷却时变为玻璃态。另一方面，一些高分子，如聚碳酸酯，虽有立构规整的主链，但由于成核速率极慢，也不能结晶。部分结晶高分子的无序区域也出现玻璃化转变现象。

除 T_g 之外，温度高于 T_g 时的局部链段运动特征时间的温度依赖性，对研究更大尺度范围的黏弹性机理也很重要（见 W. W. Graessley 撰写的第 3 章）。玻璃化转变在确定各种黏弹性机理方面的基本作用已得到普遍认可。除此之外，大多数高分子黏弹性论著的作者认为[1-4]，虽然玻璃化转变和局部链段运动的动力学很有趣，但没必要去深入研究。有时候他们还想理性阐明玻璃化转变的物理学本质和结构（局部链段）弛豫时间的温度依赖性[1,3,4]，他们通常作出的基本假设是：与整个温度范围内的局部链段运动这一机理对比，再考虑黏弹性其他所有机理，其特征时间的温度依赖性是相同的。从这一观点出发，不需要进一步讨论局部链段运动。在一本关于黏弹性的论著中[5]，甚至完全未提及玻璃化转变。另一方面，大部分关于高分子玻璃化转变的综述仅聚焦于转变本身，而未与更长时间范围的黏弹性关联起来[6-9]。这些论文既未反对也未赞同下述观点，即更大尺度范围内的黏弹性机理中，任意温度下局部链段弛豫时间的温度依赖性保持不变。这种普遍的观点正确吗？如果正确，那么本章中关于高分子玻璃化转变和玻璃态的内容应该以相同的方式进行撰写，除了确定 T_g 的具体值之外，该转变和状态本身只应看作特别有趣的内容，但并不影响更长尺度范围内涉及分子运动的黏弹性机理。然而，这种观点并不正确。任意温度下，高分子从玻璃态到最终黏流态的黏弹性响应需跨越较大时间或频率范围，难以通过有限时间/频率范围的实验技术进行表征。事实上，在系列温度下，是以相同的方法进行测试，再通过所有黏弹性机理来理解黏弹性响应的。在某参考温度下，沿着时间/频率轴水平移动等温响应曲线，将其进行叠加形成主曲线，可获得该温度下完整黏弹性响应的数据。有时需要将数据作较小的垂直移动。叠加成功的数据通常可作为所有黏弹性机理由相同的摩擦系数所决定的证明。不仅如此，各种温度下的曲线移动可显示所有黏弹性机理摩擦系数的温度依赖性[1,2]。这一被高度关注的时-温叠加过程有效展现了完整的高分子等温黏弹分散性行为，以及较宽温度范围内导出的普适性温度依赖关系。若确实如此，则可以理解为什么大部分科学家和工程师的主要研究兴趣在于大尺寸范围内分子运动导致的黏弹性响应，并认为玻璃化转变现象是一个次要的问题，因为对于玻璃化转变，只需要知道 T_g 的值即可。虽然通过不同实验技术可直接测量相同温度范围内不同的黏弹性机理，但所得数据表明时-温叠加是失效的。不同黏弹性机理的移动因子对温度的依赖性不同，导致这些热流变简洁性失效。随着温度的降低，它们的差异性增大，在接近 T_g 时尤为明显，从而使高分子量高分子和低分子量高分子出现反常的黏弹性[10,11]。所有这些与传统观点的偏差都很难理解，这也就解释了为什么大部分关于高分子黏弹性的教科书和专著中没有预先讨论甚至不会提及这些偏差。本章着重解决热流变简洁性失效和反常黏弹性的问题。将这些问题放在玻璃化转变的章节中进行讨论，是因为它们均由局部链段弛豫引起。只有少数论著提及高分子玻璃化转变对其黏弹性的影响[1,12]。

尽管本章聚焦于合成高分子材料，但是很多其他类型的材料也存在玻璃化转变行为，包括：①天然高分子，如含硒的天然高分子；②多孔网络材料，如 SiO_2、GeO_2、B_2O_3 和 P_2O_5 多孔网络，以及采用碱金属氧化物或碱土金属氧化物改性的多孔网络；③硫族化合物，如 As_2S_3，以及含 S、Se、Te、As 和 Ge 的多组分体系；④氢键类材料，如乙醇、甘油、山梨醇和麦芽糖醇的一级醇，以及二级醇；⑤盐类，如 $0.4Ca(NO_3)_2 \cdot 0.6KNO_3$、$ZnCl_2$ 和 BeF_2；⑥无定形金属材料，如 $Pd_{80}Si_{20}$ 和 $Fe_{40}Ni_{40}P_{14}B_6$；⑦含碳或改性碳环的小分子或低分子量的有机材料，如 1,2-二苯基苯，以及不含碳环的材料，如 3-溴戊烷。毫无疑问，对于这些不同化学结构的玻璃形成体，其 T_g 在很大温度范围变化，处于玻璃态时的一些性质（如模量）也有很大不同。但是，正如即将要讨论的，合成高分子材料与其他材料的玻璃化转变现象非常相似，说明所有材料很大程度上均呈现玻璃化转变这一物理属性。在研究其他类型材料的玻璃化转变过程中，得到了一系列实验数据、现象、概念性的理解、模型和理论，那些希望进一步理解高分子玻璃化转变行为的读者都不应忽视它们。本章利用这些知识来提升对高分子玻璃化转变的理解。另一方面，高分子玻璃化转变行为的独特性在于大尺度的黏弹性机理呈现的其他性质，可用于验证是否与已有玻璃化转变理论一致。

近年来，一些新的技术也用来研究高分子和小分子材料的玻璃化转变行为，包括中子散射[13]、核磁共振[14]、动态光散射[15]、蒙特卡罗和分子动力学模拟等计算机方法[16-22]。传统力学和介电测试仅限于低频范围内的结构弛豫研究，而上述这些技术拓宽了频率范围，即从低频到分子振动频率。另外，这些新技术的优势超出了光谱的范围。中子散射和计算机模拟可用于研究高分子大尺度范围的动力学过程，即从重复单元到整条分子链。中子散射测试中，将重复单元中的一些氢原子进行氘代，可研究特殊位点的动力学。近二十年来，核磁共振中各种新技术可用于探讨分子运动动力学，这不仅拓宽了波谱范围，而且通过氢原子的氘代可获取特殊位点的信息。由实验数据得到的微观信息丰富了对玻璃化转变过程中分子动力学的认识，这将在本章进行讨论。

本章将对高分子的玻璃化转变和玻璃态作简单介绍，告诉读者哪些问题比较好理解以及那些还未解决的挑战性难题。尽管对玻璃化转变的研究已有很长的历史，但这仍然是一个充满活力的基础研究领域。为了保证本章篇幅在一个合理的范围，不得不忽略一些话题，文献中许多相关研究工作也未能引用。在此，对那些研究者深表歉意。

2.2 玻璃化转变现象

2.2.1 结构弛豫与玻璃化温度

平衡液相不仅由温度 T、压力 P 等决定，也由其平均"结构"决定。通过各种散射技术（见 G. D. Wignall 撰写的第 7 章）和光谱方法（见 J. L. Koenig 撰写的第 6 章），可准确描绘包括高分子在内的液体平均结构。与平衡液体的平均局部结构相关的是实验测得的焓 H、体积 V 和折射率等性质。虽然平衡液体的平均结构不随时间变化，但分子是在不停运动的，局部结构不断地进行重新排列。这种连续的结构重排对力学和电学小的扰动产生线性响应；同时，随之产生的涨落引起光和中子的散射以及核磁共振中的自旋弛豫。这些实验方法提供了有关分子运动的信息。平衡液体在给定 T 和 P 下的分子运动难以描述，归因于分子的聚集和相互作用。

平均局部结构是维持平衡必不可少的条件，改变 T 或 P，结构弛豫会影响平均局部结构的变化。结构弛豫速率随温度的降低或压力的增加而降低。在足够低的温度或足够高的压力下，这种速率变得很小，以至在实验的时间尺度上结构弛豫无法达到平衡。在该温度及以下，一般称为玻璃化温度 T_g，局部结构弛豫冻结，此时材料具有无定形固体的力学和热力学性质，称为玻璃态。

2.2.2 T_g 与冷却速率 q 的关系

实验中随着温度的改变，平衡液体到玻璃态的结构转变表现为 H 和 V 的变化。如在一定的冷却速率下，较低温度时液体的 H 和 V 逐渐大于它们的平衡值。H、V 等在冷却过程中偏离平衡液体的值，标志着玻璃化转变的开始。低于某温度，在实验时间尺度内结构弛豫被完全冻结，进而达到玻璃化状态。图 2.1 是 Greiner 和 Schwarzl 通过膨胀计在不同冷却速率下测得的高分子量聚苯乙烯（PS）延伸通过 T_g 的比体积（v）-温度曲线[23]。对任一冷却速率，玻璃态用玻璃线表示，即在较低温度下 v 与 T 的线性关系。过渡区明显取决于冷却速率 q，此速率的变化范围高达 3.5 个数量级。将玻璃线向高温外推，与平衡线相交的交点，就为玻璃化温度，其随冷却速率 q 而变化：在最高值 $q = 2.0℃ \cdot min^{-1}$ 时为 96℃；在最低值 $q = 7 \times 10^{-4}℃ \cdot min^{-1}$ 时为 86℃。

图 2.2 为完全固化环氧树脂的比体积-温度冷却曲线，该曲线明确标明了获得 T_g 的过程[24]。此环氧树脂是一种分子网络，无法流动，为黏弹性固体；与图 2.1 中的 PS 正好形成对比，即 PS 为黏弹性液体。但图 2.2 所示的 T_g 对 q 的速率依赖性却与 PS 和其他高分子的速率依赖性相似。

根据图 2.1 中曲线可计算出热膨胀系数 $\alpha = v^{-1}(\partial v / \partial T)_P$，如图 2.3 所示。随着 q 值的降低，玻璃态的 α 稍有降低；极限平衡线和玻璃线之间跨越的温度范围定义为过渡区，随 q 降低而显著缩小。这种观察结果与已报道的几种无机玻璃的结果一致[25]。

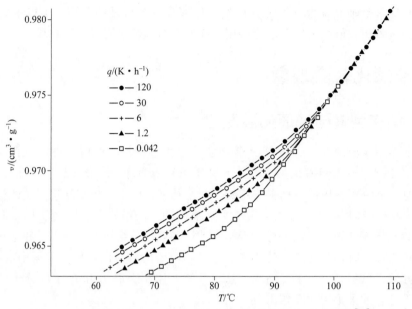

图 2.1　在不同冷却速率下 PS 延伸通过 T_g 的比体积-温度曲线[23]

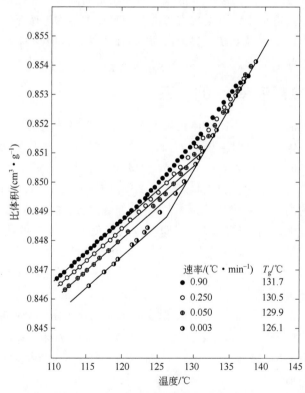

图 2.2　在四种不同冷却速率下完全固化环氧树脂 EPON1001F/DDS 的
比体积-温度冷却曲线。绘出了由平衡线和玻璃线交点所确定的 T_g

从平衡态出发，通过任一 q 的冷却过程，按照上述方法对 T_g 进行定义并确定其值，仅是下面描述的其他几种替代方法中的一种。对于研究黏弹性液体并对玻璃态不感兴趣的人而言，用这种方法获得标准冷却速率下的 T_g 值是考虑黏弹性温度依赖性的最合适参数。T_g 的测定不限于比容-温度冷却的方法，也可由焓-温度（H-T）冷却曲线得到。图 2.4（a）显示了这一点，即以速率 q_A 进行快速冷却和以 q_B 慢速冷却[26]。从液体开始冷却，H-T 曲线的斜率在达到玻璃线之前的过渡区呈单调下降。两条虚线是玻璃线对高温的外推，它们与平衡线的交点即为 T_g。如图 2.4 所示，在冷却速率 q_A 下测定的 T_g 由 T_f' 表示。根据 Tool 的定义，后者也是玻璃态的虚拟温度（fictive temperature）[27]。因此，沿着图 2.4 中的玻璃线，虚拟温度保持为 T_f；沿着平衡线，虚拟温度与该温度相同。

比热容 C_p 的定义 $C_p = (\partial v / \partial T)_P$ 与 H 有关，可通过差示扫描量热法（DSC）或差热分析法（DTA）定量测量。冷却过程中 C_p 随温度的变化见图 2.4（b）箭头向下指向的 S 形曲线，类似于图 2.3 中的 α。接下来讨论 H 和 C_p 冷却后再加热的温度依赖性。

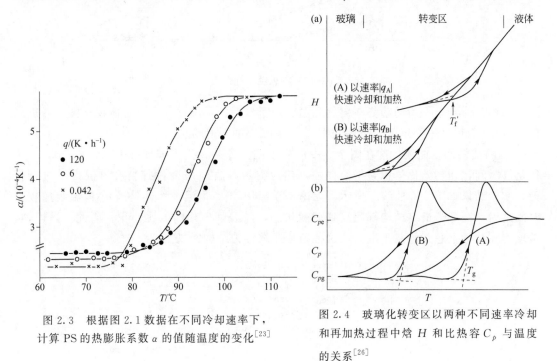

图 2.3　根据图 2.1 数据在不同冷却速率下，计算 PS 的热膨胀系数 α 的值随温度的变化[23]

图 2.4　玻璃化转变区以两种不同速率冷却和再加热过程中焓 H 和比热容 C_p 与温度的关系[26]

2.2.3　趋向平衡的结构弛豫（结构回复）

图 2.4 同样表示出先冷却后再加热的过程，在阐述这一过程如 H 和 C_p 对温度的依赖性之前，了解玻璃态固有的亚稳态或非平衡性质，以及趋于平衡的结构弛豫非常重要。对于聚醋酸乙烯酯（PVAc），将温度从高于 T_g 的 $T_0 = 40℃$ 快速冷却（淬火或突降）到低于 T_g 的不同温度 T，其玻璃化结构随时间演化的过程如图 2.5 所示。根据 Kovacs 的经典实验数据[28]，玻璃态结构向平衡的演化（结构回复）根据比体积与平衡值的归一化偏离值 $\delta = (v - v_\infty)/v_\infty$ 进行监测，其中 v_∞ 是在温度 T 下经长时间达到平衡的比体积。

由图 2.5 可知，随着 T 的降低，达到平衡所需的时间迅速增加。如果测量 H 而不是 v，得到的结果类似。淬火后，H 随时间单调下降，并趋于平衡焓 H_e。

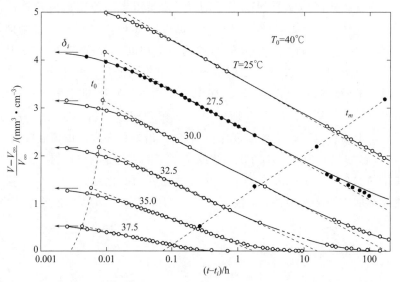

图 2.5　PVAc 玻璃从 $T_0 = 40℃$ 淬火至不同温度后的等温收缩曲线[28]

结构弛豫趋于平衡的趋势在突然升温（凸跃）后的恒温过程中也有体现。图 2.6 表示由 Kovacs 测得的另一组 PVAc 的数据[28]。图 2.6 曲线①是从平衡液体由 $T_0 = 40℃$ 淬火至 35℃ 的结构回复曲线，这在图 2.5 中已有说明。此外，先将玻璃态 PVAc 在 30℃ 下平衡足够时间，使初始比体积为平衡体积，然后突然升温至 35℃ 并保持在该温度下进行弛豫，实验结果如图 2.6 曲线②所示。无论是在经历淬火-恒温弛豫还是凸跃-恒温弛豫较长时间之后，高分子最终结构都回复到平衡状态，并表现出相同的比体积。因此，一般地，玻璃态在结构上总是趋向于平衡，这种趋势通常称为结构回复。

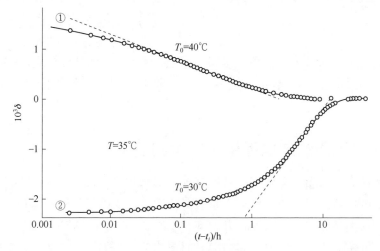

图 2.6　PVAc 由初始温度 $T_0 = 30℃$ 和 40℃ 向最终温度 $T = 35℃$ 的收缩和膨胀等温曲线，表明了收缩和膨胀平衡方法的不对称性[28]

2.2.4　结构回复的不对称性（非线性）

然而，从图 2.6 中发现，尽管两种试样都在相同温度 35℃下进行弛豫，但随着淬火时间的延长，两者的结构回复过程明显不同。此外，两者的时间发展是不对称的，淬火的回复速度较快。此时，尽管比体积偏离平衡的幅度不相同，但温度的变化幅度在淬火和凸跃中是相同的。若将淬火和凸跃实验设置在相同温度下，使比体积偏离平衡的程度相同，虽然温度跳变的程度不同，但结果仍与图 2.6 相同。值得注意的是，淬火的结构回复速度还是比凸跃快。这也可从无机玻璃前驱体的实验数据中找到[29]。

这种回复的不对称性表明，结构弛豫时间不仅取决于温度，还取决于瞬时结构。特别是当平衡从高温开始的时候，材料的初始结构虽然随着平衡偏离程度的减小而减小，但与平衡结构相比仍具有更好的分子流动性。另一方面，当平衡的方向自下而上时，则相反。在文献中，等温结构弛豫的这一特征有时称为非线性，因为结构弛豫不能用线性微分方程来描述：

$$\mathrm{d}(v - v_\infty)/\mathrm{d}t = -(v - v_\infty)/\tau \tag{2.1}$$

式中，$1/\tau$ 为速率，与弛豫结构本身无关[30-32]。

2.2.5　结构弛豫的非指数特性

对于平衡液体中分子运动所引起的弛豫和涨落的等温时间依赖性，通常不能用简单的线性指数函数 $\exp(-t/\tau)$ 来描述（其中 τ 是弛豫时间）。这个事实对于高分子则更是众所周知，通过测定平衡液体受外界刺激后对时间或频率的依赖性可得到验证，包括力学[6]、介电[7,33]、光散射[15,34] 测试以及核磁共振波谱[14]。相关函数或弛豫函数通常比指数函数衰减得慢，将该特征称为非指数衰减或"非指数性"。由于同一分子运动对结构回复起重要作用，可以预测结构弛豫函数在非平衡条件下的时间依赖性也是非指数的。Kovacs 报道的涉及更复杂热历史的结构弛豫实验表明，远离平衡状态的结构弛豫函数也是非指数的。如图 2.7 所示，首先将 PVAc 从 $T_0 = 40℃$ 淬火至 10℃，然后在该温度下保持 160h 以实现部分结构回复，从 10℃ 到 30℃ 沿玻璃（热膨胀）线外推的体积与 30℃ 平衡时的体积相同。另一个试样从 10℃ 凸跃至 30℃，体积通过凸跃后时间 $t - t_i$ 的函数来衡量。根据热历史和实验条件，当凸跃到 30℃ 时，样品体积应与平衡体积 $v_\infty(30℃)$ 基本相同。因此，如果结构弛豫以简单的速率方程式（2.1）来衡量，则玻璃态已接近平衡，即预淬火后体积不应出现明显变化。换言之，凸跃后偏离平衡的 $\delta = [v - v_\infty(30℃)]/v_\infty(30℃)$ 应接近零，且应一直保持为零。但是，由图 2.7 中 δ 与 $t - t_i$ 的关系曲线可知，δ 在回归前出现了一个极大值。这些结果表明，结构弛豫函数并不遵循式（2.1）的 $\exp(-t/\tau)$，且显然是非指数的。有趣的是，δ 达到极大值后随时间的减少遵循如图 2.5 所示从 40℃ 到 30℃ 的淬火趋势，就像玻璃对它是从 40℃ 的平衡状态开始有"记忆"一样。

2.2.6　滞后效应

接下来将详细讨论冷却和再加热过程的结构弛豫行为。为了阐明最简单的冷却后立刻以相同速率再加热的弛豫行为，采用 Moynihan 等提出的方法来进行处理[26]。当冷却速率和加热速率均为 q 时，整个过程可近似由一系列小幅温度阶跃 ΔT、每个温度阶梯的持

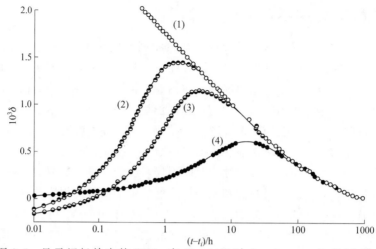

图 2.7 显示记忆效应的 PVAc 在 $T = 30℃$ 时 $\delta = [v - v_\infty(30℃)]/v_\infty$ (30℃) 的变化。 (1) 从 40℃ 淬火至 30℃； (2) 从 40℃ 淬火至 10℃，160h 后凸跃至 30℃； (3) 从 40℃ 淬火至 15℃，140h 后凸跃至 30℃； (4) 从 40℃ 淬火至 25℃，90h 后凸跃至 30℃。注意：初始偏离平衡几乎为零[8]

续时间 $\Delta t = \Delta T/q$ 组成。图 2.8（a）显示了由玻璃形成体逐步冷却时 H 的变化，随后在相同的温度范围内再逐步加热。虚线表示 T 和平衡焓 H_e，实线则为实验测得的 H。起初，在 t_0 时刻和温度 T_0 下，材料处于平衡液相状态。温度第一次小幅下降后，在 $T_0 - \Delta T$ 温度下的结构弛豫时间应比达到平衡所需的时间 Δt 短得多，即假定 $t = t_0 + \Delta t$ 时 $H = H_e$。然而，第二次小幅降温后，温度降至 $T_0 - 2\Delta T$，此时结构弛豫时间应该比在此温度下的停留时间要长，材料的弛豫行为仍然无法达到完全平衡。因此，如图 2.8（a）所示，$t = t_0 + 2\Delta t$ 时，H 大于 H_e。第三次小幅降温到 $T_0 - 3\Delta T$，时间间隔 Δt 离平衡所需时间更短，所以在 $t = t_0 + 3\Delta t$ 时 $H - H_e$ 值进一步拉大。随着第四、第五次的小幅降温，温度则变得更低。结构弛豫时间过长，以至于在时间间隔 $t_0 + 3\Delta t < t < t_0 + 5\Delta t$ 内几乎不发生结构弛豫，$H - H_e$ 的差值在第五次小幅降温后增加到极大值。尽管结构弛豫在最后两个小幅降温过程中基本不发生，但与振动自由度有关的 H 仍 "快速" 变化。如图 2.8（a）所示，这些较小的 "快速" 下降在第四次和第五次小幅降温后发生，源于类玻璃态 H 的改变。第六次温度阶跃是加热过程中第一次小幅升温，此后，弛豫时间仍然太长而不足以在时间间隔 Δt 内实现结构弛豫。因此，H 仅有一个类玻璃态的快增加。在第二次小幅升温后，立即出现一个类玻璃态的快速增加，且由于温度足够高，材料表现出部分弛豫。接着回过头来讨论 2.2.3 节中非平衡态趋于平衡的结构弛豫行为，这将导致一个有趣的效应。但是，由于此时 H 高于平衡值 H_e，如图 2.8（a）所示，这种趋势使部分弛豫减慢。换言之，尽管材料被加热，H 的变化却是一个减小的趋势。接下来的第三次及之后的小幅升温步骤，H 又重新低于平衡值 H_e，故总趋势使 H 增大。第四个小幅升温之前，H 仍低于 H_e，但在第四次升温之后，它最终在 Δt 内达到了平衡值 H_e，材料在最高温度下已回复到平衡液态。将图 2.8（a）中每个初始和末端时间/温度处的 H 与温度的关系绘制成曲线，得到图 2.8（b）。由该例子可知，H-T 冷却曲线不同于 H-T 加热曲

线。因此，当液体冷却形成玻璃态并经过转变区再加热，使它回复到液态时发生滞后现象。必须指出的是，对于图 2.8（a）和（b）中的情况，滞后现象不是由结构弛豫的非线性（2.2.4节）或非指数性（2.2.5节）所导致的。当然，非线性和非指数性可测定比图 2.8（a）中热历史更为复杂的滞后值。

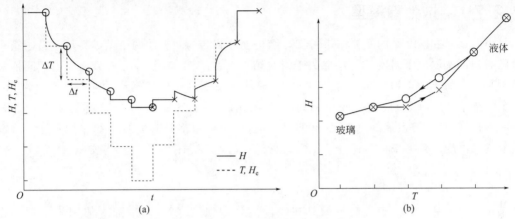

图 2.8　（a）温度 T、平衡焓 H_e 和实验焓 H 随时间的变化，（b）H 与 T 在玻璃化转变区逐步冷却和再加热过程中的变化示意图[26]

　　基于上述滞后的起源，可理解材料在降温再升温通过转变区时 H 随温度的变化规律，温度变化速率与图 2.4（a）所示的 q_A 和 q_B 两种速率相同。由于滞后效应，比热容 $C_p = (\partial v/\partial T)_p$ 与 T 的升温曲线和冷却曲线的 S 形曲线不重合。相反，它迅速增加并超过图 2.4（a）玻璃化转变区上端终点附近的一个极大值。如图 2.4（b）所示，$C_p\text{-}T$ 加热曲线快速增加的起点的外推值即为 T_g 值。该加热曲线上其他的特征点，包括快速上升的中点和极大值，也常用来当作 T_g 值。由于 DSC 的输出量与 C_p 成正比，因此常采用这些不同的方法由再加热实验得到 T_g。然而，这些值可能与由冷却过程确定的 T_g（图 2.4 中的 T_f'）不同（图 2.1、图 2.2 和图 2.4）。特别应指出，图 2.4 表明由 C_p 极大值得出的 T_g 显著偏高。因为该 T_g 值是从结构弛豫动力学出发得到的一种人为假象，该假象是由偏离平衡和再加热过程中温度改变相互影响引起的，所以不应被采纳。

　　当冷却速率 q_c 和加热速率 q_h 的大小不同时，H 和比体积 v 也会发生滞后。若样品快速冷却再缓慢加热，且后者速率远慢于前者速率，仍可用图 2.8（a）来解释 H 随时间的变化。如果第一次凸跃延迟到较长的时间，且每次凸跃后的恒温保持时间 $\Delta t = \Delta T/q_h$ 比图 2.8（a）中所示长得多，只要满足条件 $q_h \ll |q_c|$，这种修正即可实现。由于在第一次凸跃之前和两次连续凸跃之间的时间较长，前述向下弛豫变得更加显著，并比图 2.8（a）所示发生得更早。由 H 与 T 的关系图可知，再加热时 H 低于通过冷却获得的玻璃线，滞后开始的温度低于图 2.8（b）中 $q_h = |q_c|$ 所对应的温度。当样品极慢冷却再快加热时，则观察到不同的效应。如图 2.4（a）所示，缓慢冷却导致较低的玻璃化温度和较低的焓。这些因素使结构弛豫时间大大延长。对于快速再加热至与图 2.8（b）中相同的最终温度，总持续时间也大大缩短。快速加热到任何温度时，结构弛豫程度在相同温度下明显小于图 2.8（a）所示的程度，因此，在相同温度下 H 的增加小于图 2.8（b）所示的程

度。在 H 达到平衡焓 H_e 之前，必须在快速再加热时达到比图 2.8（b）所示更高的温度。因此，H 最终上升到 H_e 的速度比图 2.8（b）和图 2.4（a）所示的速度 $|q_B|$ 要快。一种复杂的情况是，样品重新加热之前，从平衡液体冷却后，玻璃很长时间内呈现等温平衡（或退火），则升温曲线和滞后取决于退火时间。

2.2.7 结构弛豫模型

由图 2.6 和图 2.7 的实验结果可知，结构弛豫和结构回复的两个基本特征是：①结构弛豫时间不仅取决于温度 T，还取决于瞬时结构（非线性）；②结构弛豫过程的时间依赖性不是一个简单的指数函数（非指数性）。显然，一个可行的模型必须包含这两个特征。一个是基于 Tool[27] 和 Narayanaswamy[30] 架构的 Moynihan 模型[31]，称为 TNM 模型；另一个是 Kovacs 等发展的 KAHR 模型[32]。这两个模型都具有非线性和非指数性，且本质上是等价的。接下来仅描述 TNM 模型及其变化。KAHR 模型可参考文献[8]。

2.2.7.1 虚拟温度 T_f

在 TNM 模型中，非线性特征是在线性微分方程式（2.1）中加入体积修正和由式（2.2）中加入熵的修正来体现：

$$d(H - H_e)/dt = -(H - H_e)/\tau \tag{2.2}$$

τ 不仅与 T 有关，还依赖于 v 和 H。实际上，该模型是基于虚拟温度 T_f 的演变推导出来的，并不是基于 v 和 H 的演算。T_f 可定义为结构弛豫过程中对 v 或 H 的瞬时贡献，用温度的单位表示。如当平衡液体由温度 T_0 淬火至 T_1 时，焓 $H(t)$ 从初始值 H_0 转变为温度 T_1 时的平衡焓 H_{e1}。相应地，$T_f(T)$ 从 T_0 到 T_1 与 $H(t)$ 的变化一致，结构弛豫随时间变化的归一化弛豫函数 $\phi(t) \equiv [H(t) - H_e]/(H_0 - H_{e1})$ 则被 $[T_f(T) - T_1]/(T_0 - T_1)$ 所取代。

值得注意的是，平衡液体的 T_f 等于 T，且只要样品处于平衡状态，在冷却或加热过程中均保持不变。此时 $dT_f/dT = 1$、$dH/dT = C_{pe}$、$dv/dT = v\alpha_{pe}$，其中 C_{pe} 和 α_{pe} 是平衡液体的比热容和热膨胀系数。对于在冷却或加热过程中结构始终为冻结状态的玻璃，T_f 不变，$dT_f/dT = 0$，而 $dH/dT = C_{pg}$，$dv/dT = v\alpha_{pg}$，其中 C_{pg} 和 α_{pg} 是玻璃的比热容和热膨胀系数。与 TNM 模型类似，可用 T_f 替代来建立结构弛豫模型。然而，用 T_f 和 dT_f/dT 表示的结果转换为 v 或 H 及其温度导数时，必须考虑到它们之间的差异。如先将样品通过玻璃化转变区冷却至玻璃态，然后用该模型计算加热过程中的 T_f 和 dT_f/dT，则比热容 C_p 须由下式求得：

$$C_p = C_{pg} + (C_{pe} - C_{pg})dT_f/dT \tag{2.3}$$

虽然虚拟温度 T_f 方便于模型计算和概念理解，但必须强调的是它并非一个基本的物理量。即使是冻结态玻璃，它也不一定能完全阐明其结构。对于在相同冷却速率下形成的玻璃，根据 H 和 v 计算的 T_f 值之间的差异可看出这一缺陷。

2.2.7.2 Tool-Narayanaswamy-Moynihan 模型

若将线性方程（2.1）和方程（2.2）中的 τ 换成 Tool-Narayanaswamy（TN）方程中的 τ，可在 Tool-Narayanaswamy-Moynihan（TNM）模型中体现非线性特征，并得到：

$$\tau = \tau_0 \exp\left[\frac{x \Delta h}{RT} + \frac{(1-x)\Delta h}{RT_f}\right] \tag{2.4}$$

式中，x（$0 \leqslant x \leqslant 1$）为非线性参数；$\tau_0$ 为指前因子；Δh 为活化焓；R 为理想气体常数，除 R 外其他参数均可拟合。另一种引入非线性的方法[35] 是对平衡液体 Adam-Gibbs 方程[36] 的弛豫时间进行修正，$\tau = \tau_0 \exp[C/TS_c(T)]$，其中 C 是常数，$S_c(T)$ 是构型熵，修正的方程是用 $S_c(T_f)$ 代替 $S_c(T)$：

$$\tau = \exp\left[\frac{C}{TS_c(T_f)}\right] \tag{2.5}$$

正如即将讨论的那样，假设 $S_c(T)$ 的温度依赖关系之一为：$S_c(T) = \Delta C_p \ln(T/T_K)$，其中 $\Delta C_p = C_{pe} - C_{pg}$，$T_K$ 是 Kauzmann 温度（定义见后文）[37]。因此，将下列非线性关系代入式（2.5）得：

$$S_c(T_f) = \Delta C_p \ln(T_f/T_K) \tag{2.6}$$

尽管式（2.4）和式（2.5）所表示的非线性不同，但对于适当偏离平衡和在较小温度范围内，计算结果相似[35]。最近已有将两者结合起来的研究发表[38]。

结构弛豫过程的非指数特性是将弛豫时间分布代替式（2.4）中的单一弛豫时间，并将弛豫函数进行归一化：

$$\phi(t) = \sum_i g_i \exp\left(-\int_0^t \frac{\mathrm{d}t'}{\tau_i}\right) \tag{2.7}$$

式中，g_i 是对不同弛豫时间 τ_i 贡献的加权、且与温度无关的系数。每个 τ_i 与式（2.4）中 τ 对 T 和 T_f 的依赖关系相同：

$$\tau_i = \tau_{i0} \exp\left[\frac{x \Delta h}{RT} + \frac{(1-x)\Delta h}{RT_f}\right] \tag{2.8}$$

τ_i 的分布源自指前因子 τ_{i0} 的分布。所假定的 g_i 与温度无关的特性可能导致适度偏离平衡，但不能保证有大的偏离。式（2.7）中需要对时间积分，这是由于 τ_i 随时间的变化归因于式（2.8）中的 T_f 值。

实际上，不采用式（2.7）来解释非指数性，而是采用 Kohlrausch-Williams-Watts（KWW）或广延指数（streched-exponential）弛豫函数：

$$\phi(t) = \exp\left[-\left(\int_0^t \frac{\mathrm{d}t'}{\tau}\right)^\beta\right] \tag{2.9}$$

式中，τ 由式（2.4）或式（2.5）给出；β 是一个与温度无关的分数指数（$0 < \beta < 1$）。式（2.9）比式（2.7）更有优势，它将可调参数的个数从多个 g_i 减少到单个参数 β。此外，KWW 函数能很好地拟合平衡液体中弛豫时间的依赖关系[33,34]。

对于经历了简单或任意复杂热历史的结构弛豫都可采用 TNM 模型，根据式（2.9）给出的弛豫函数或式（2.4）、式（2.5）给出的 τ 来计算。任何热历史都可描述为在时刻 t_j（$j = 1, 2, \cdots, m$）的一系列温度变化 ΔT_j。时刻 t（$> t_j$）时任一温度阶跃 T_j 的响应由 $T_j[1-\phi(t, t_j)]$ 给出，其中：

$$\phi(t, t_j) = \exp\left\{-\left[\int_0^{t-t_j} \frac{\mathrm{d}(t' - t_j)}{\tau}\right]^\beta\right\} \tag{2.10}$$

根据玻尔兹曼叠加原理，总响应为这些响应的总和。如果样品最初在 t_1 之前为处于温度

T_0 的平衡态，则时刻 t（$>t_m$）时的虚拟温度 $T_f(t)$ 为：

$$T_f(t) = T_0 + \sum_{j=1}^{m} \Delta T_j \left[1 - \phi(t, t_j)\right] \qquad (2.11)$$

热处理过程中，t 时刻 $\left[t_i < t < t_{i+1}，其中 1 < i，且 (i+1) \leqslant m\right]$ 的 $T_f(t)$ 为：

$$T_f(t) = T_0 + \sum_{j=1}^{i} \Delta T_j \left[1 - \phi(t, t_j)\right] \qquad (2.12)$$

由 $T_f(t)$ 可算出比热容 C_p。如果热历史是以某一速率从平衡液体的温度 T_0 冷却到远低于玻璃化转变区，然后以相同或不同的速率再加热到 T_0，则可由式（2.3）算出 C_p。将 T_f 的时间依赖性转化为温度依赖性，参数 x、τ_0、Δh 和 β 先不固定，由实验数据的拟合来确定。图 2.9 为将 PVAc 熔体比热容 C_{pl} 和玻璃比热容 C_{pg} 之差归一化处理的实验数据 $C_p(T)$，即 $C_p^N = [C_p(T) - C_{pl}(T)] / [C_{pl}(T) - C_{pg}(T)]$。通过对液态和玻璃态数据进行线性外推，得到 C_{pl} 和 C_{pg} 的温度依赖关系。样品由远高于 T_g 的温度以 5K·min^{-1}、10K·min^{-1}、20K·min^{-1} 和 40 K·min^{-1} 几种冷却速率冷却至远低于 T_g，然后立即以 10K·min^{-1} 或 20K·min^{-1} 的速率再加热，图 2.9 是再加热期间采集的数据。对于任何冷却和加热速率，T_g 均可定义为 $C_p^N = 0.5$ 所对应的温度，当 $\ln[\tau_0(s)] = -275.4$、$\Delta h = 8.8 \times 10^4 R$、$x = 0.28$ 和 $\beta = 0.53$ 时，实验数据得到最佳拟合[39]。

2.2.7.3　结构回复模型的几点说明

毋庸置疑，根据结构弛豫的非线性和非指数性两个重要特征，TNM 模型和 KAHR 模型可定性解释结构弛豫行为，即使在复杂的热历史中也是如此。从定量上讲，通过调整拟合参数，实验数据与理论也能达到很好的一致性，但由于使用了大量的可调参数，这种一致性并不令人意外。然而，采用 TNM 或 KAHR 模型计算的结果与实验数据不完全一致，这是由于式（2.4）相当随意，而且考虑到非线性特征时式（2.6）并不准确。因此，对数据进行良好或"最佳"地定量拟合并不意味着所使用的参数是切合实际的，尤其是当允许多个参数同时变化的情况更是如此。其中一个例子是，虽然 TNM 模型适合于 PS 的体积和焓的回复数据[40]，但拟合数据所用的 β 值明显大于它在 T_g 附近平衡时的光散射测量值[34]。TNM 模型中的一些参数可由实验数据来确定，如活化焓 h 和 KWW 指数 β 可分别用 T_g 附近平衡液体的实验值来代替，指前因子 τ_0 改变了时间或温度尺度，但不改变所计算 C_p 的形式。如此一来，从本质上说 x 成了唯一需要拟合的参数。虽然此时拟合可能不是最好的，但至少所用的 h 和 β 与平衡值是一致的。

对于高分子[41]、无机和有机小分子[42] 等玻璃形成体，分子微观动力学实验技术的最新进展揭示平衡态也呈非指数性特征。虽然弛豫行为是不同时间的指数叠加过程，即弛豫是不均匀的，但在与平均弛豫时间相同的尺度上，其不均匀分布的涨落是不同的。换句话说，不均匀分布不是静态的，而是动态的。如式（2.9）的 KWW 函数中的 τ，分子以或快或慢的速率弛豫，在平均弛豫时间的尺度上作用互换。这种动态不均匀特性是协同多分子动力学的结果，后续章节中将进一步阐述。式（2.8）的标准 TNM 模型中，使用指前因子 τ_{i0} 分布来说明结构弛豫的非指数性，这与分子动力学不均匀性几乎没有关系。最近，这被局部"结构"或虚拟温度 T_{si} 分布取代，同时式（2.8）被式（2.13）代替[43]：

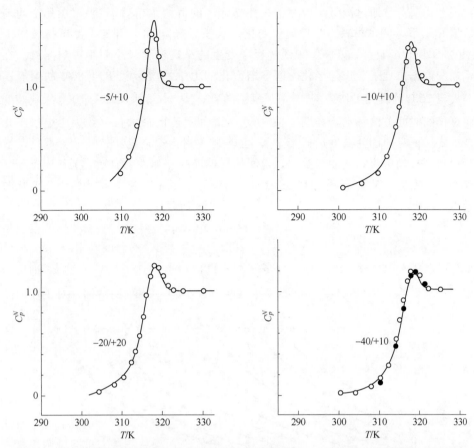

图 2.9　以液体比热容与玻璃比热容之差归一化处理的 PVAc 的实验比热容数据（圆圈），
以及用 TNM 模型对不同冷却和加热速率进行拟合得到的曲线[39]

$$\tau_i = \tau_{i0} \exp\left[\frac{x\,\Delta h}{RT} + \frac{(1-x)\,\Delta h}{RT_{si}}\right] \tag{2.13}$$

T_{si} 反映了自由体积或构型熵的局部涨落，其平均值 $\langle T_{si}\rangle$ 给出了任意时刻的虚拟温度 T_f。该修改允许涨落的变化 $\langle\Delta^2 T_s\rangle = \langle T_{si}^2\rangle - \langle T_{si}\rangle^2$ 对任意热历史进行计算。采用该方法来测量折射率时，T_{si} 为局部折射率的"结构"温度，$\langle\Delta^2 T_s\rangle$ 对应于折射率涨落的方差，与光散射强度成正比。若将三氧化二硼先冷却再在稍低于 T_g 的温度下等温退火，最后采用光散射技术跟踪其再升温过程，结果表明这种改进的 TNM 模型能成功解释光散射强度随温度的变化关系[43]。虽然假定的局部结构温度的静态分布与平衡液体中的非均匀动力学不一致，但这一结果仍然值得关注。

2.2.8　玻璃的物理老化

由前述讨论可知，玻璃态不是平衡态，即使在等温条件下，玻璃态的结构也会向平衡态演化。同时，它的性能也将随时间的延长而改变。之前还讲到，当液体经冷却或淬火形成玻璃之后，玻璃在等温退火很长一段时间的过程中，它的焓和体积也随着改变。Struik 深入研究了玻璃的力学性质及等温结构随（老化）时间 t_e 的变化，所观察到的效应被称为"物理老化"[44]。通过测量小应力下线性黏弹区的剪切柔量（蠕变），在几个均匀间隔的对数值 $\lg t_e$ 下，测试材料力学性质的变化。从任意选定的 t_e 开始，测试持续时间必须比 t_e 短（即小于 $0.1t_e$），以确保测试过程中发生的结构变化较小而不影响测试。在此条件下，蠕变数据再现了玻璃随老化时间逐渐变化的力学性质。以 $T_g = 80℃$ 的聚氯乙烯从 90℃淬火至20℃的研究工作为例[44]，观察到随着 t_e 从 0.03 天增加到 1000 天，蠕变曲线持续向更长的时间方向移动，如图 2.10 所示。时间尺度的最大位移约为 10^5 倍。此结果的一个重要特征是，即使温度远低于 T_g，也能观察到物理老化。另一个特点是，沿时间的对数轴水平移动可将蠕变曲线叠加，说明尽管玻璃的黏弹性响应随着老化而推延，但时间依赖性是不变的。从 t_e 的叠加蠕变曲线所需的位移 $\lg[a(t_e)]$，得到每十年老化时间的位移量为：

$$\mu = \frac{\mathrm{dlg}[a(t_e)]}{\mathrm{dlg}t_e} \tag{2.14}$$

Struik 发现，对于包括高分子在内的许多体系 μ 近似等于 1。

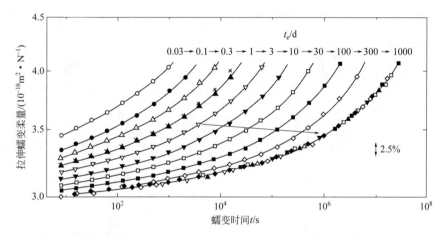

图 2.10　聚氯乙烯从 90℃淬火至 20℃，且在（20 ± 0.1）℃老化一段时间（在曲线上方以 d 为单位表示），之后进行蠕变测试得到小应变拉伸蠕变柔量与蠕变时间的关系。通过将箭头所示的单个蠕变数据移至最长老化时间（1000d）响应，得到最右边的约化曲线[44]

2.3　玻璃化转变模型

正如 2.2 节所述，玻璃形成体冷却到一定程度时，分子移动得很慢，以至于在实验时间尺度内结构无法达到平衡状态，此时即可观察到玻璃化转变的发生。因此，玻璃化转变理论至少必须解决在温度高于 T_g 时平衡液体的分子运动迁移问题。目前的理论也应说明在平衡液体中分子运动的其他特征。关于导致玻璃化转变的分子运动，有两种相互竞争的著名理论：自由体积理论[1,8,45] 以及 Gibbs 和 DiMarzio 热力学理论[46,47]，后一种理论的基础是计算高分子的构型熵。最近，还引入了其他复杂的统计力学方法[48]。目前正在发展的理论是由 Goldstein[49] 提出的构型空间中基于能量曲面（energy landscape）的模型。然而，还无法从理论上完整理解玻璃化转变行为。本章仅限于介绍标准的自由体积理论和构型熵理论。后续章节将指出，这些标准理论和其他当前统计力学方法似乎缺少一个基本的物理要素。研究结果表明，加入所缺少要素可更全面解释玻璃形成体分子动力学，以及高分子的一些反常黏弹性。

2.3.1 自由体积理论

在解释低分子量液体黏度 η 的非阿伦尼乌斯温度依赖关系时，Doolittle[45] 提出了自由体积 v_f 概念，并指出在任何温度下摩尔体积迁移率主要受自由体积控制。自由体积定义为总比体积 v 与被占体积 v_0（occupied volume）之差。Doolittle 方程为：

$$\ln\eta = \ln A + B(v - v_f)/v_f \qquad (2.15)$$

式中，A 和 B 是常数。该方程很好地描述了黏度的温度依赖性。自由体积的物理基础可用 Cohen 和 Turnbull[50] 理论来理解。根据他们的观点，只有当一个空穴的体积大于某个临界值、可供一个分子移动入内时，才能发生分子运动。分子整体运动或协同运动导致自由体积的涨落或再分配，由此产生空穴。冷却过程中，当分子迁移率足够低，以至于材料不能达到平衡而自由体积下降至某个值时，玻璃化转变区域开始发生。

2.3.1.1 WLF 方程

高分子的黏弹性响应包括从玻璃态到最终的流动态，发生在一个非常宽广的时间/频率范围，对这整个范围进行等温测量不可能只用某种单一的力学测定技术，一种技术通常仅包含有限的时间/频率范围[1-4,6]。任意温度下，只能监测到整个响应的一部分，其他部分可通过多个温度下重复测量来单独观察。要想知道高分子在某温度下的整体黏弹性响应行为，就必须构造一个复合（主）曲线。在选择其中一个测量温度作为基准温度 T_0 后，将下一个较高温度下的数据沿时间/频率的对数轴平移，使其与 T_0 处的数据叠加，从而得到复合曲线，并在下一个较高温度下重复该过程。在低于 T_0 的温度下采集的数据也采用类似步骤。某些情况下，垂直位移 b_T 也应用于测试力学性质、柔量或模量[1,51]。这个过程称为时-温叠加（或约化）。通常在移动后，不同温度下的黏弹性数据彼此重叠形成可用的主曲线，特别适用于相对较窄的时间/频率窗口的仪器测量的情况。一般来说，高分子液体遵循时-温叠加或热流变原理。通过主曲线可判定所有黏弹性机理的弛豫（或推迟）时间在不同时间尺度范围是否有相同的温度依赖性，并由用于构造主曲线的移动因子 a_T 给出。主曲线的例子见 W. W. Graessley 撰写的那一章。

Williams、Landel 和 Ferry[52] 发现很多高分子的 $\lg a_T$ 经验值的温度依赖性可用式（2.16）很好地进行描述：

$$\lg a_T = -C_1(T - T_0)/(C_2 + T - T_0) \qquad (2.16)$$

式中，C_1 和 C_2 是常数。C_1 和 C_2 最初被认为是普适常数，但考虑更多种高分子时，结果却并非如此。从历史上看，高分子黏弹性研究中，分子运动是构建 WLF 方程的重要影响因素，因为它提供了理论依据。Ferry[1] 指出，基于无缠结高分子的 Rouse 模型，可由 $a_T = (\eta_0 T_0 \rho_0)/(\eta T \rho)$ 给出黏度移动因子，其中 η 和 ρ 为温度 T 处的黏度和密度，η_0 和 ρ_0 为参考温度 T_0 处相应的量。根据 Doolittle 方程 [式（2.15）]，该移动因子的计算公式为：

$$\lg a_T = \lg(\eta/\eta_0) + \lg\left(\frac{T_0\rho_0}{T\rho}\right) = \frac{B}{2.303}\left(\frac{1}{f} - \frac{1}{f_0}\right) + \lg\left(\frac{T_0\rho_0}{T\rho}\right) \tag{2.17}$$

式中，$f \equiv \upsilon_f/\upsilon$ 是在任意温度 T 时的自由体积分数，f_0 是 T_0 时的对应值。忽略 $\lg[T_0\rho_0/(T\rho)]$ 项并假定 f 随温度线性增加，则：

$$f = f_0 + \alpha_f(T - T_0) \tag{2.18}$$

将其代入式（2.17）中：

$$\lg a_T = -\frac{B}{2303 f_0}(T - T_0)/(f_0/\alpha_f + T - T_0) \tag{2.19}$$

这与 WLF 方程的形式一致。只要假定所有黏弹性机理的弛豫（或推迟）时间，包括决定黏度的最终弛豫时间，具有相同的温度依赖性，利用黏度移动因子即可推导出 WLF 方程[式（2.17）]。由等温数据的时-温叠加主曲线求温度 T_0 下的黏弹性响应或谱图时，上述假设的有效性是必要条件。正是这种巧妙的假设使数据的时-温约化变得合理，并使 Williams、Landel 和 Ferry 完成了上述经验公式。

然而，通过对 PS[53]、PVAc[54] 和无规聚丙烯[55] 在不同温度下蠕变柔量 $J(t)$ 更精确地测量表明，测得的数据无法进行时-温叠加。对于接近单分散、分子量为 46900 的 PS，其蠕变柔量为 $J_p(t) \equiv J(t)[T\rho/(T_0\rho_0)]$，如图 2.11 所示。由式（2.17）可知，移动因子 $a_T = \eta_0 T_0\rho_0/(\eta T\rho)$，$T_0 = 100℃$ 时，在 x 轴的变量可写为 $\eta_p(100℃)/\eta_p(T)$，并由实际测量的黏度值计算。这些移动因子在玻璃区和流动区内可叠加得很好，但在软化耗散区，即玻璃-橡胶过渡区，却不能将较短时间范围内的数据进行叠加。由最终流动机理得到的黏度移动因子，并不适合黏弹性力学中的玻璃-橡胶过渡区。基于 Doolittle 的自由体积方程[式（2.15）]，由黏度测量导出的整个黏弹性函数的温度移动因子是有缺陷的，这为公认的 WLF 方程[式（2.19）]提供了理论依据。因此，用 WLF 方程表示高分子液体所有黏弹性机理的弛豫（或推迟）时间的温度依赖性，也是一种谬论。实际上，Plazek 等进一步证明，在整个黏弹性范围的数据中，对于分子量很高的非晶高分子，它

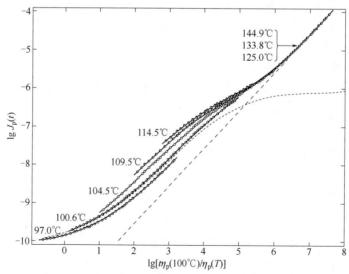

图 2.11　分子量为 46900 的 PS 在不同温度下的蠕变-柔量测试结果，降至 100℃后的位移因子根据稳态黏度计算。下标 p 表示乘以 $T\rho/T_0\rho_0$[53]

们的移动因子不能用单一的 WLF 方程[56] 来描述。为此，将在 2.6 节中通过软化耗散性定义三种明显不同的黏弹性机理，并详细讨论热流变[10,11] 的分类，阐明它们的移动因子和黏度的温度依赖性都是不同的。

2.3.1.2　空穴体积的测量

通过正电子湮没寿命谱（PALS）可测定自由体积或空穴体积。在有机玻璃中，包括非晶高分子，正电子的邻正电子（o-Ps）结合态在电子云密度较低的非均质区具有很强的局域化倾向。真空条件下，o-Ps 准粒子具有明确的寿命 τ_3，即 142ns。这种寿命通过"剥离"机理在凝聚态物质中缩短，其中 o-Ps 与周围结合的电子湮没较早。o-Ps"剥离"湮灭的量子力学概率取决于介质的电子云密度或异质性大小。一般将异质性假定为球形孔[57,58]，导致 τ_3 与孔的平均半径 R_h 相关，即 $\tau_3 = [1 - R_h/R_0 + (2\pi)^{-1}\sin(R_h/R_0)]/2$，其中，$R_0 = (R_h + \Delta R)$，$\Delta R$ 为 o-Ps 进入空穴周围电子云的穿透深度，为约等于 1.66Å 的常数。一般假定 PALS 的相对强度 I_3 与孔的数量密度成正比，则自由体积分数可由 $f(T) = K_h V_h(T) I_3(T)$ 得出，其中 $V_h = 4\pi R_h^3/3$ 为平均自由体积的大小，K_h 是由多种方法测得的比例常数[59-61]。PALS 可用来研究不同条件下高分子的微结构，如监测物理老化对微结构的影响[62,63]。PALS 的另一个应用是测量低于 T_g 到远高于 T_g 宽温度范围的空穴体积[60,64,65]。将空穴体积对温度的依赖性与介电弛豫[64]、光散射[66] 和中子散射[66,67] 等多种光谱技术测得的玻璃形成体的动力学特性相比较，发现这些材料在 T_g 附近以及在平衡液态下的动力学性质变化与空穴体积参数 τ_3 与 I_3 的热变化具有很好的相关性，表示为 $f(T) = K_h V_h(T) I_3(T)$。图 2.12 描述了聚甲基丙烯酸甲酯（PMMA）的这一相关性，其中由 PALS 导出的自由体积分数与准弹性中子散射和准弹性光散射（QELS）测得的快速弛豫强度具有相似的温度依赖性。这种相关性很有趣，因为快速弛豫是在 10^{-12} s 的时间范围测得，而自由体积概念适用于较大的时间范围。后续还将讨论该问题以及 2.5.3 节中的类似问题。

学者们还提出了几种有其他用途的自由体积模型[8]。这些模型均阐明了玻璃化温度与分子量、交联密度、力学变形、增塑剂含量、与另一种高分子共混等因素的关系，但模型对高分子的适用性仅限于玻璃化转变行为和热力学（压力-体积-温度关系），而不能解决高分子在较大时间尺度上运动的黏弹性响应与温度的关系。若主要关注的是高分子的黏弹性，则这些模型无法提供重要的信息。由于本章的主要目标之一是将玻璃化转变和黏弹性结合起来，因此不再讨论这些自由体积模型。这些模型描述的玻璃化转变现象的优点和缺点的内容可参阅文献[8]。

2.3.2　玻璃化转变的热力学理论

通过实验观察到玻璃化转变是一种动力学现象，玻璃化温度 T_g 由动力学决定。然而，无法排除降低分子运动速率的热力学转变的存在。如果存在，热力学转变将在低于 T_g 的温度下发生，前提是在动力学上是可行的。相信这种情况的动力来源于 Kauzmann 对某些小分子玻璃形成体的平衡液体的熵在较低温度下进行外推[37]，以及所得外推熵在温度不远低于 T_g 时将变得小于结晶固体的熵。当然，液体的熵不可能小于晶体的熵，这

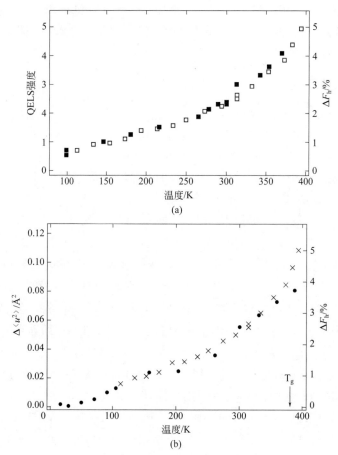

图 2.12 （a）是 QELS 强度（■）和动态空穴体积分数 ΔF_h（□）与温度关系的比较。（b）是准弹性中子散射均方位移 $\Delta \langle u^2 \rangle$（●）与动态空穴体积分数 ΔF_h（×）的比较[66]

种悖论在下文称为 Kauzmann 悖论。尽管 Kauzmann 本人并不认为存在热力学玻璃化转变，但他的悖论已成为构建玻璃化转变热力学理论的一种推动力。Gibbs-DiMarzio 理论[46,47] 从高分子体系的弗洛里-哈金斯[68] 格子模型出发，并在一定的假设条件下计算配分函数。一个重要的物理量是构型熵 S_c，它由晶格上允许分子的排列数量决定。当高分子在恒压下冷却时，由于随着体积的减少和低能态分子链的增加，空穴数量跟着减少，导致排列数量的减少。结果，S_c 随冷却而降低，在 T_2 时发生二级热力学转变，其中 S_c 首先变为零。

与 Gibbs-DiMarzio 的热力学玻璃化转变理论一样，Adam 和 Gibbs[36] 建立了结构弛豫的构型熵 S_c 决定结构弛豫速率的模型。Kauzmann 注意到，Adam 和 Gibbs 提出分子单元的能垒重排必须是协同的，这涉及许多分子单元 z^*，且 z^* 随着温度的降低而增加。在 Adam 和 Gibbs 的理论中，有几点假设，第一点是协同区的过渡态涉及 z^* 个分子，同时超越单个势能垒 $\Delta \mu$，从而阻碍了它们的协同重排，该能垒是与温度无关的一个常数。弛豫相关函数为 $\phi(t) = \exp[-t/\tau(T)]$，其中 $\tau(T) = \tau_\infty \exp[z^* \Delta \mu / (RT)]$，$\tau_\infty$ 为无限温度下的弛豫时间。z^* 的温度依赖性由摩尔构型熵 $S_c(T)$：$z^*(T) = N_A S_c^* / S_c(T)$ 决定，其中 S_c^* 是最小数目的重排分子单元的熵；N_A 是阿伏伽德罗常量。将这些方程组合可得到：

$$\tau(T) = \tau_\infty \exp\left(\frac{\Delta\mu S_c^*}{kTS_c}\right) = \tau_\infty \exp\left[\frac{C}{TS_c(T)}\right] \tag{2.20}$$

$S_c(T)$ 由下式计算得到：

$$S_c(T) = \int_{T_2}^{T} \frac{\Delta C_P(T)}{T} dT \tag{2.21}$$

式中，$\Delta C_p(T)$ 为构型比热容，即实验测得的液体与晶体的比热容之差。根据小分子和高分子玻璃形成体的量热数据计算 $S_c(T)$ 的例子见参考文献[69-75]。在 $S_c(T)$ 确定的情况下，通过以 $\lg\eta(T)$ 与 $(TS_c)^{-1}$ [69] 或对数 $\lg\tau(T)$ 与 $(TS_c)^{-1}$ [71,76,77] 作图来检验式（2.20）。式（2.20）在较低温度下呈线性关系，但有机玻璃形成体总是在某特征温度 T_B 以上发生偏离。某些高分子的 $S_c(T)$ 值因材料未能表现出明确的结晶而受到限制，从而不能直接验证该式。

若 $\Delta C_p(T)$ 与温度无关，式（2.21）中的平衡构型熵 $S_c(T)$ 可由 $\Delta C_p(T)\ln(T/T_2)$ 得出。这个表达式源于式（2.6），且与式（2.5）一起将非线性引入到结构回复中。若 $\Delta C_p(T)$ 的温度依赖性接近呈双曲线关系，即 $\Delta C_p(T) = A/T$，此为一些玻璃形成体[75] 的情况，然后将 $\Delta S(T) = A(T - T_2)/(TT_2)$ 代入式（2.20）中，可得：

$$\tau(T) = \tau_\infty \exp[BT_2/(T - T_2)] \tag{2.22}$$

它是 Vogel-Fulcher-Tammann-Hesse（VFTH）经验方程[78-80] 的特殊形式：

$$\tau(T) = \tau_\infty \exp[A/(T - T_0)] \tag{2.23}$$

式中，T_0 是低于 T_g 的温度；A 与式（2.22）中的 B 类似，为常数。对于高分子而言，$\Delta C_p(T)$ 的温度依赖性并非呈双曲线趋势，而是与式（2.22）近似。容易证明 VFTH 方程和 WLF 方程（2.16）在本质上具有相同的温度依赖性。

Gibbs-DiMarzio 理论预测了 T_g 时比热容的变化，以及 T_g 与分子量、交联密度、力学变形、增塑剂含量、与其他高分子共混等多种变量的依赖关系。这些预测结果很好地解释了后续的数据，并与自由体积模型的解释一致。

2.4 T_g 的影响因素

高分子的玻璃化温度取决于不同的控制参数，如分子量、稀释剂浓度、交联密度、立构规整度、结晶度、压力和力学变形等。以下各小节分析了这些参数的变化对玻璃化温度 T_g 的影响。对于玻璃化转变的更基本理解还需要确定结构弛豫时分子运动的其他性质（如时间/频率依赖性），而不仅仅是 T_g。各种控制参数对这些性质的影响也是令人感兴趣的，这将在 2.5 节讨论。

2.4.1 分子量

线形高分子的玻璃化温度与高分子的分子量密切相关。线形高分子链有两个链端，在任何温度下，每个链端显然比内部重复单元的迁移率更高，这是因为链端仅一侧与其他重复单元结合，而内部重复单元的两侧均有结合。当分子量降低时，链端的浓度增加，重复单元的平均迁移率增加，导致 T_g 下降。实验数据显示，随着链端浓度增加，T_g 的下降可很好地用 Fox-Flory 方程[81,82] 来描述，即 $T_g(M) = T_g(\infty) - K/M$，其中 $T_g(\infty)$ 是分子量无穷大时的玻璃化温度，K 为常数。一般说来，$T_g(M)$ 在分子量大于缠结所需的临界分子量时变为常数（见 W. W. Graessley 撰写的第 3 章）。因此，Fox-Flory 方程超过某个分子量 M 时不再有效，另外，当 M 低于某个值时方程式也变得无效。

就自由体积的概念而言，链端由于更大的迁移率必然有更大的自由体积。若 θ 为每个链端的过剩自由体积，N_A 为阿伏伽德罗常量，密度为 ρ，则每条链的过剩自由体积为 2θ，摩尔分子链的过剩自由体积为 $2\theta N_A$，单位质量分子链的过剩自由体积为 $2\theta N_A/M$，单位体积分子链的过剩自由体积为 $(2\theta N_A/M)/\rho$。对于分子量无穷大的高分子，f_g 是在玻璃化温度 $T_g(\infty)$ 下的自由体积分数，分子量为 M 的线形高分子的过剩自由体积分数意味着它在 $T_g(\infty)$ 时仍为液体。它必须冷却到更低的温度 $T_g(M)$ 下，过剩自由体积才会消失，并发生玻璃化转变。该温度可通过自由体积分数［式（2.18）］假定的温度依赖关系来推导，即 $2\theta N_A/M = \alpha_f [T_g(\infty) - T_g(M)]$。该式子重排后为：

$$T_g(M) = T_g(\infty) - 2N_A\rho\theta/(\alpha_f M) = T_g(\infty) - K/M \qquad (2.24)$$

式（2.24）即为 Fox-Flory 方程式。

由 Gibbs-DiMarzio 理论[8] 也可得到线形高分子的 T_g 对分子量的依赖关系。由于推导过程复杂，此处不再赘述。结果表明，随着 M 的减小，T_g 减小，且仅需一个参数即可使 T_g 与某些数据吻合得很好。关于分子量对 T_g 的影响，有一个有趣预测，即含端基的线形链与端基闭合成环的链之间存在一定差异[83,84]。小环的 T_g 随分子量减小而增大。关于 T_g 对环状高分子分子量的依赖关系的实验数据有限。如预期所示，聚二甲基硅氧烷（PDMS）环[85] 的 T_g 随分子量增大呈现增大的趋势。图 2.13 是以重复单元数的对数与 WLF 方程的参考温度 T_s 绘制得到的，$\lg[\tau(T)/\tau(T_s)] = -C_1(T - T_s)/(C_2 + T - T_s)$，已用来计算线形和环状 PDMS 的介电弛豫时间 τ 的温度依赖性[86]。选择参考温度为 $\tau(T_s) = 1s$，用 Fox-Flory 方程［式（2.24）］的 M^{-1} 依赖关系描述线形 PDMS 的 T_s。另一方面，环状 PDMS 的 T_s 在平均重复单元数低于 14 时增加，在约 7.5 时达极大值。对于环状聚（甲基苯基硅氧烷）[87]，也观察到了类似的 T_g 热行为。对于环状 PS，以 $10K \cdot min^{-1}$ 的速率冷却，$M_n = 4.36kg \cdot mol^{-1}$ 的玻璃化温度为 $373.7K$[88]，明显低于预测值 $411K$[84]。所有迹象表明，理论上过高估计了环状高分子 T_g 的增大情况。虽然没有自由体积模型可以解释低分子量环状高分子状高分子 T_g 增大的现象，但不能排除如下简单的解释，即随着环尺寸变小，环变得越来越紧，自由体积随之减小。PALS 测量环的自由体积可能有助于研究该现象。

T_g 或有效结构弛豫时间 τ 随分子量的变化，并不是唯一值得关注的信息。弛豫谱能更深入地揭示局部链段运动的动力学，这是玻璃化转变的原因。因此，研究弛豫谱是否随分子量变化也是非常重要的。该工作是用光子相关光谱法测量低分子量线形 PS（$M_n = 1.1kg \cdot mol^{-1}$，$M_w/M_n = 1.03$，$T_g = 40℃$）在不同温度下的弛豫谱来完成的[89]。再与之前蠕变柔性的测试结果相结合[90]，发现低分子量 PS 的弛豫谱具有很强的温度依赖性，

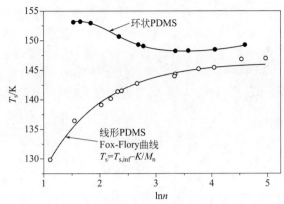

图 2.13　WLF 方程的参考温度 T_s 与 PDMS 重复单元数对数的关系，可用于拟合线形和环状 PDMS 的介电弛豫时间 τ 的温度依赖性[86]

即随温度的升高而变窄。这种行为在高分子量 PS（$T_g = 100℃$）中未发现，这是由迁移率更大的链端和内部难以迁移的重复单元共混所致。这两种组分浓度的涨落，与二元混合物和相容性高分子混合物的浓度涨落相似（见 2.4.3 节），导致具有温度依赖性的弛豫谱扩大。

2.4.2　稀释剂

通常具有更低 T_g 的稀释剂或溶剂可降低高分子的 T_g[91]。如图 2.14 所示，PS 在不同溶剂中的 T_g 随溶剂的质量分数增加而单调递减。另一方面，高分子溶于更高 T_g 的溶剂时，其溶液通常比纯高分子的 T_g 更高[92]。T_g 随着稀释剂含量变化而改变的现象，可用自由体积和 Gibbs-DiMarzio 理论来加以解释。自由体积方法基于式（2.18），其中自由体积分数为 $f_i = f_g + \alpha_{fi}(T - T_{gi})$，对于两个组分，i = p 或 d，分别代表高分子和稀释剂。假设这两种情况的 f_g 都是相同的，且混合后由体积分数 ϕ_i 来衡量的自由体积分数是两组分 f_i 的总和，T_g 可通过 Kelly-Bueche 方程式计算[93]，即 $T_g = [\phi_p \alpha_{fp} T_{gp} + (1 - \phi_p) \alpha_{fd} T_{gd}] / [\phi_p \alpha_{fp} + (1 - \phi_p) \alpha_{fd}]$。

当调整实验数据中的一些参数时，上式和 Gibbs-DiMarzio 熵理论[8] 的方程对这些数据拟合得都很好。它们给出了混合物单一的 T_g。然而，对于溶解在间三甲苯基磷酸酯（TCP）中的 PS，DTA 测试结果[94] 表明较低浓度的高分子溶液存在两个 T_g（图 2.15）。高的 T_g 反映了高分子在溶剂涨落中的局部链段运动，而低的 T_g 则反映了高分子作用下溶剂分子的运动。因此，这两种组分的弛豫特性存在本征差异，采用自由体积和熵的理论进行处理时忽略了这一点。为了保证其完整性，应不止涉及两个 T_g，还应包括两组分的动力学特性，如力学损耗或介电损耗（即频率或时间依赖性）。另外，必须考虑两组分浓度涨落产生的影响（见下文 2.4.3 节）。

对于其他高分子溶液而言，诸多技术手段已证实高分子可改变溶剂的动力学性质，且明显不同于混合物中高分子的动力学性质[95-99]。此外，还有这样的溶液，溶剂的迁移率由于高分子的存在而增加，未经稀释的纯溶剂的 T_g 高于溶液中溶剂的 T_g[98,100]。自由体积和熵理论无法解释这些效应，必须引入分子间耦合的概念[98,100]。值得指出的是，高分子溶液中观察到的某些效应也见于相容性二元高分子共混体系[101]，这将在下一节讨论。

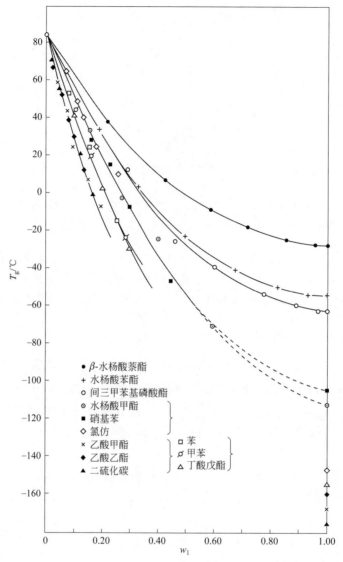

图 2.14　PS 在 12 种溶剂中的 T_g 随浓度的变化。w_1 为溶剂的质量分数[91]

2.4.3　共混

　　基于自由体积概念得到的相容性高分子共混体系的 T_g 方程，与上述高分子-稀释剂体系的 Kelly-Bueche 方程类似。同样地，这种描述用单一的 T_g 过于简化了共混物中各组分的动力学，并忽略了一些重要的因素。阐明共混物弛豫行为的一个重要因素是浓度或组成的变化[102]。一些模型已专门用来阐明组成涨落和局部组成对玻璃化温度和动力学的影响[103,104]。但是，这些模型未考虑另一个物理因素，即各组分的局部链段迁移率之间的本质差异。第一个直接证据源于 PIP-PVE 共混体系的固态[13]C NMR 谱，表明相容性高分子共混体系的两个组分具有不同的局部链段动力学[105]。固态[13]C MAS NMR 技术可通过同位素的化学位移来区分共混物的组分。之后，二维 NMR 结果证实了这两个组分有明显

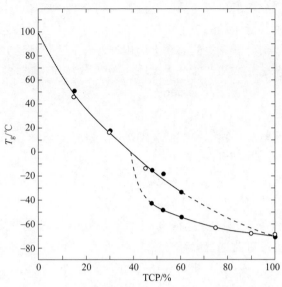

图 2.15　PS 溶解于间三甲苯基磷酸酯（TCP）中 T_g 与溶剂质量分数的关系[94]

不同的迁移率[106]。通过力学-介电光谱联用法来测定该共混体系中两组分不同的局部链段动力学[107]，其定量结果[108] 与氘代 NMR 测试结果[109] 一致。在高于两组分 T_g 的温度下，通过中子散射[110,111] 对该共混体系进行测试，也发现了各组分局部链段迁移率的差异。在如此高温的条件下，仅基于浓度涨落的模型[103,104] 无法预测迁移率之间的差异，因此也就难以解释共混动力学。

实际上，高分子共混物动力学的一种早期的模型[112,113] 已经正确包括了两个因素：①各组分本征迁移率；②浓度涨落引起的局部组成的非均匀性。此外，该模型还考虑了弛豫分子单元间耦合的影响。根据各组分的本征迁移率，局部链段弛豫动力学取决于它的组分，还依赖于其局部环境的复杂程度，这是因为分子间的耦合影响了分子单元在其环境中施加的束缚，而这种束缚反过来又影响分子间的耦合程度。因此，浓度涨落引起分子间耦合参数的分布。在另一个模型的框架下，基于链连接会造成局部浓度发生偏差的概念，提出了一种计算共混体系中两种高分子的有效 T_g 的方法[114]。由于不同的局部浓度，该模型与两组分的迁移率一致，但迄今为止还未能对其动力学进行预测。

高分子共混体系中的组分动力学与上节讨论的高分子-稀释剂共混物中的组分动力学类似，如均会出现两个不同的 T_g（图 2.15）。因此，高分子共混体系的组分动力学理论只有在它也适用于高分子-稀释剂共混体系、且可解释其中的异常组分动力学时才是可靠的[98-101]。如果它可推广到高分子-稀释剂共混体系，也应能解释高分子中的探针分子动力学[115-117]，即在稀释剂浓度极低的极限条件下的情况。这个极限很有趣，因为每个探针分子都处于相同的环境，从而排除了浓度的涨落。然而，完全解释探针动力学中的某些现象仍颇具挑战[98-100]。事实上，有实验证据表明，该探针的弛豫动力学依赖于局部环境施加约束的程度，可由 τ_c/τ_α 的比值测得，其中 τ_c 为探针的转动弛豫时间，τ_α 为主体高分子的局部链段弛豫时间[100]。另外，高分子中的不同探针具有不同的迁移率和动力学，类似于共混体系中两组分不同的本征迁移率。简单体系的研究结果表明，在高分子共混体系的研究中，需将各组分任何位置的局部链段弛豫耦合到局部环境中。

因此，如果高分子共混体系的理论仅仅为了解释共混体系局部链段的动力学，而对于研究与均聚物局部链段动力学有关的问题无实用价值，那么该理论并不理想。关于均聚物的一些挑战性问题将在 2.5 节和 2.6 节中讨论。

2.4.4　交联

在高分子中引入交联点将强烈影响局部链段的弛豫，并且通过网络交联产生的限制会影响 T_g。这些限制降低了构型自由度或自由体积，从而提升了 T_g。该效应随单位质量的交联点数 ρ 的增加而增加[82]。但是，在交联过程中，需加入一种特殊的交联剂，这改变了高分子的化学结构，从而影响高分子的 T_g。T_g 随交联的增加而升高，可以认为是比体积的减小，即自由体积的减小，这是因为范德华相互作用被更短的共价键所取代[82]。Gibbs-DiMarzio 理论也可对此进行解释[118]。

交联不仅使 T_g 升高，还会引起局部链段动力学的其他变化。如随着交联密度的增加，局部链段弛豫的分散性整体变宽[119]。动力学特征表明，分子间耦合作用随交联的增加而增强。

作为交联对局部链段弛豫的影响的补充，需要研究交联高分子中网络交联的动力学。特定的化学基团可在一个交联点处交联一定数量的高分子链。多重交联点的形成将高分子链变成网络结构。通过核磁共振（NMR）技术可对交联动力学进行实验研究[120,121]。减小交联点密度或加入稀释剂有望缓解交联点运动的受限行为。在交联动力学的 NMR 测试中的确观察到了这些分子间耦合的变化及其对交联弛豫时间和分散性的影响[120,121]。

2.4.5　结晶度

几乎所有结晶高分子都有一些不在晶格上的链段，通常这些非晶链段形成非晶相，可成为玻璃态。非晶相的 T_g 取决于结晶度的大小，它可随结晶度的增加而增大或减小，这与非晶态和晶态的相对密度有关。通常情况下，晶态的相对有序度越高，密度越大，非晶区的分子链被锚定在不动的晶粒上而受限[122]，这些受限降低了局部链段运动的能力，使 T_g 升高。在极少数情况下，晶态比非晶态材料的密度低[123]。此时非晶链段的受限较小，体系熵增加，导致 T_g 下降。

2.4.6　链刚性和内塑化

将对苯基这样较长的刚性单元引入分子链骨架中，或像 PS 一样引入较大的侧基，均可增加分子链的刚性，这大大增加了旋转势能的能垒，使 T_g 大幅提高。若将另一侧基交替地引入主链的碳原子上，分子链旋转的空间位阻则会增大，同时导致 T_g 提高。PMMA（T_g=115℃）和聚丙烯酸甲酯（PMA）（T_g=14℃），以及聚 α-甲基苯乙烯（PαMS）（T_g=168℃）和 PS（T_g=100℃）均说明了上述效应。另一方面，向主链中引入亚甲基（—CH$_2$—）或醚氧基可使 T_g 降低，这归因于分子链柔性的增加。

若引入柔性单元使侧链长度增加，通常可观察到 T_g 降低。通过引入柔性烷基侧链可获得一系列高分子，如丙烯酸酯、甲基丙烯酸酯、α-烯烃和对烷基苯乙烯等构成的高分子以及侧链液晶高分子。根据 Gibbs-DiMarzio 理论，这种"内塑化"引起的 T_g 下降可归因于柔性线形侧链所导致的自由体积分数或构型熵的增加。但有证据表明，柔性烷基侧链可减小分子链之间主链中重复单元的耦合或受限程度[124,125]，也会导致 T_g 的降低。

2.4.7 立构规整度

对于在每两个碳原子上仅有一个取代基的高分子（如 PMA 和 PS），大多数高分子中立构规整度的立体化学变化对 T_g 几乎没有影响。但是，这种变化对 PMMA、PαMS 等高分子的 T_g 却影响甚大[126]，这是由于 PMMA 和 PαMS 分子主链上每一个交替碳原子上双侧存在不对称基团，空间排斥作用阻碍分子内旋转。因此，间同立构型 PMMA（115℃）和全同立构型 PMMA（45℃）的 T_g 存在显著差异。同时，弛豫动力学也存在一个有趣的差异[6,127]。高度间同立构的 PMMA 样品在介电谱中存在明显的次级 β-弛豫损耗峰，可很好地与 α-弛豫峰区别，而在全同立构的样品中，β-弛豫损耗峰较弱，位于 α-弛豫峰附近。全同立构 PMMA 中不明显的 β-弛豫也表现为较小的玻璃态柔量或较高的玻璃态模量[128]。

2.4.8 压力

通过建立比体积与温度的函数关系，可测得不同恒定压力下的 T_g[129,130]。通常情况下，T_g 随压力以 20℃每 1000atm（1atm=101323Pa）的速率增加。还可采用测量恒温下的比体积来观察玻璃化转变与压力的关系。比体积与压力曲线的斜率给出了各种温度下的玻璃化转变压力。与温度阶跃类似，快速的压力变化将导致结构的弛豫和回复，可通过测定体积的时间依赖性变化来监测。Goldbach 和 Rehage 记录的响应行为与温度阶跃相似[131]。

对非晶材料施加压力增加了分子的拥挤程度。此时，根据自由体积模型，自由体积减小；根据熵理论，熵减小。因此，无论从何种角度考虑，高分子在静压下，T_g 有望增大。通过自由体积法，可以对这种影响进行定性预测[129]。

在 20 世纪 60 年代早期，通过介电测试研究了许多体系在温度高于 T_g 时压力对局部链段 α-弛豫和次级 β-弛豫的影响[7]。结果表明，压力对 α-弛豫的影响比对 β-弛豫的影响更大。但是，这些研究由于缺乏通用的实验装置而停滞不前，且多年来，在动力学研究中，压力成为"被遗忘"的变量。近年来，随着技术的进步，压力对动力学的影响研究又恢复了活力。在局部链段弛豫的研究中，除了温度之外，以压力为变量，可确定比体积是否决定弛豫时间。在等体积（恒体积）和等压（恒压）条件下，测定介电弛豫并将其作温度的函数，分析 PVAc 在平衡液态下的测试结果[132]。PVAc 在常压和三个恒定体积下介电弛豫时间的温度依赖性如图 2.16 所示。计算等温线与等压线相交处的斜率分别得到恒压和恒容时的活化能：$E_a=250kJ \cdot mol^{-1}$ 和 $437kJ \cdot mol^{-1}$（$\tau=1s$），$E_a=293kJ \cdot mol^{-1}$ 和 $490kJ \cdot mol^{-1}$（$\tau=10s$），$E_a=330kJ \cdot mol^{-1}$ 和 $553kJ \cdot mol^{-1}$（$\tau=100s$）。等体积和等压活化能的比值表示热能和体积相对贡献的一个量度；也就是说，如果分子运动完全是热活化的，则该比值为 1，如果它由密度严格控制，则该比值为零。对于 PVAc 而言，该比值约为 0.6，表明这两项均有显著的贡献。从许多小分子玻璃形成体的类似实验得出了同样的结论，如双酚 A 和 1,2-二苯基苯形成的二缩水甘油醚体系[133]。压力研究的结果支持以下假设：玻璃形成过程中的结构弛豫至少部分依赖于比体积，也可能还依赖于自由体积。

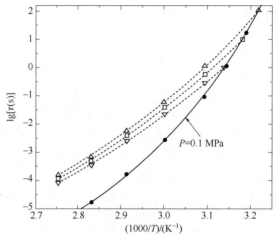

图 2.16　PVAc 在常压 (●) 及恒定体积为 0.847mL・g^{-1} (△)、0.849mL・g^{-1} (□) 和 0.852mL・g^{-1} (▽) 下介电弛豫时间与温度的关系。等压线与等体积线交汇处的斜率值为恒压或恒体积时相应的活化能：$E_a = 238$kJ・mol^{-1} 和 448kJ・mol^{-1} ($\tau = 2.5$s) 和 $E_a = 166$kJ・mol^{-1} 和 293kJ・mol^{-1} ($\tau = 0.003$s)。恒体积和恒压活化能的比值是衡量热活化能与比热容相对贡献的一个量度；也就是说，如果分子运动是热活化的，则这一比值为 1，如果严格由密度控制，则这一比值为零。对于 PVAc，比值约 0.6，表明这两方面的贡献都很重要[132]

2.4.9　高分子薄膜

高分子在基底上形成薄膜时出现了 T_g 降低的现象[134,135]。当除去基底形成自支撑 PS 薄膜时，由于薄膜厚度的减小，T_g 进一步降低，局部链段弛豫时间也随之缩短[136]。由于自支撑薄膜所测得的密度[136] 与本体相当，且没有界面相互作用，所以 T_g 大幅度下降的情况似乎很奇特 (图 2.17)。结果表明，自支撑薄膜中局部链段迁移率增加是局部链段运动的分子间偶联作用减少引起的[137,138]，这可能是由下述原因所致。第一，当薄膜的厚度 h 小于本体中高分子的末端距 (r) 时，经过诱导后，链的取向平行于薄膜表面，且平行于主链的链段运动所占用的体积更小；第二，自由表面的存在提高了附近重复单元的迁移率；第三，随着温度降低，局部链段运动的减慢是由越来越多分子的协同参与，即熵模型所阐述的协同长度增长[36] 引起的。因此，当 h 稍大于或小于协同长度时，薄膜中的迁移率提升。这些结论[138] 得到了最近的蒙特卡罗模拟结果的证实[139,140]。

将聚 (甲基苯基硅氧烷)(PMPS) 插入无机层状硅酸盐的平行层中[141]，得到了厚度为 1.5~2.0nm 的高分子超薄膜。该薄膜为高度有序的多层结构，层与层之间的距离为 1.5nm。分子链的根均方末端距大约 3nm，约为薄膜厚度的 2 倍，因此分子链存在明显的诱导取向，此厚度小于 PMPS 协同长度的任意估计值。这些极端条件表明，局部链段运动的分子间耦合大幅减少，薄膜状态的迁移率大幅增加，介电弛豫测试结果也证明了这一点[141]。

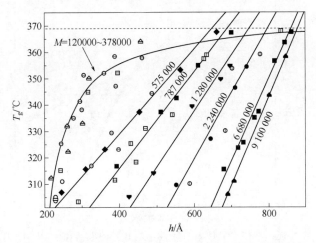

图 2.17 自支撑薄膜的 T_g 测量值。实心符号代表通过椭偏仪获得的数据，空心符号代表由布里渊光散射法获得的数据[136]

有趣的是，低分子量高分子薄膜的计算机模拟[139,140]表明，随着膜厚的减小，局部链段动力学加快，而大尺度范围的模式变化则要弱得多[139]。虽然在本体中 Rouse 模式的弛豫时间增加不明显，但该弛豫时间却随着膜厚减小而增加[140]。膜厚对 Rouse 弛豫时间和局部链段弛豫时间的相反影响是显著的。文献给出了基于局部链段弛豫中的分子间协同性和 Rouse 模式中缺乏这种协同性的解释[138]。

在基底上形成高分子薄膜的研究备受关注，这是因为它们与纳米技术相关，如电子器件制造中的光刻技术。所支撑的薄膜由于高分子可能与基底发生化学反应或键合作用而变得复杂。这些作用使薄膜中的分子链受限，这与结晶高分子中非晶区分子链被固定在微晶上一样，也导致 T_g 的升高。因此，结合上述降低 T_g 的方式，与基底相互作用的变化可导致 T_g 降低或升高[142]。高分子薄膜的这种情况与受限于纳米玻璃孔中的小分子玻璃形成体类似，其中，液体的动力学取决于与孔壁的相互作用[143]。

2.4.10 玻璃纳米孔的受限作用

当小分子液体在纳米级玻璃孔中受限时，量热测量结果表明 OPT 及其他玻璃形成体的 T_g 大幅下降[144]。随着孔尺寸的减小，这种影响变得更为明显。通过介电弛豫[145]和光散射测试[146]证实了这一有趣现象，表明将液体受限于小孔中可缩短恒温下的结构弛豫时间。需注意的是，经化学处理过的玻璃孔内壁，可消除液体分子与玻璃壁的化学键合作用。高分子受限于玻璃孔的工作刚起步。最近，Schönhals 及其合作者将 PDMS 受限于孔径分布较窄的多孔玻璃中，结果显示类似的效应[147]。为了消除高分子与受限玻璃内表面之间的相互作用，对孔的内表面进行了硅烷化处理。对于本体 PDMS 和受限于具有不同平均孔径的玻璃孔中的 PDMS，其介电损耗的最大频率 f_p 与 $1000/T$ 的关系如图 2.18 所示。恒温下 f_p 随孔径的减小而增大，其温度依赖性也变得更弱，且接近于高分子次级弛豫典型的活化焓的阿伦尼乌斯依赖性。

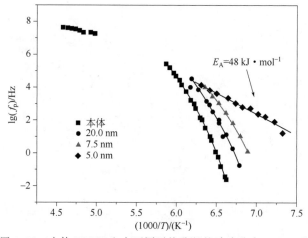

图 2.18　本体 PDMS 和在不同平均孔径的玻璃孔中 PDMS 的
介电损耗峰值频率 f_p 与 $1000/T$ 之间的关系[147]

2.5　高分子高于 T_g 的结构弛豫

为了维持平衡密度和平衡焓，必须有分子重排（结构弛豫）以改变液体结构，当这种重排变得非常缓慢，以至于不能跟上液体的冷却速度时，即发生液体-玻璃转变。因此，为了从分子水平上更深入理解玻璃化转变，研究平衡液体中分子运动的性质十分必要。分子运动可用液体对力学或电学扰动的线性响应来表征[1]。与分子运动有关的密度涨落可散射光或中子，且可从散射强度谱中得到响应函数[13]。NMR 也提供了许多特殊的方法[14]。这些波谱技术通过相关函数或散射函数给出了分子运动的时间或频率依赖关系。蠕变柔量、应力弛豫、介电弛豫和光散射等技术用来表征宏观量，而中子散射和各种核磁共振方法则可提供更多微观信息。利用几种不同光谱范围的技术，可从 10^{12} Hz（太赫兹）到 10^{-6} Hz 的大范围内检测分子运动。宽的波谱范围也可从低于 T_g 到高于 T_g 的宽温度范围监测特定的分子弛豫过程。

已有大量文献报道利用多种实验技术来研究各种玻璃形成体。20 世纪以来，大部分时间累积的海量数据将会使撰写综述成为一项艰巨的任务。幸运的是，包括高分子在内的玻璃形成体，其动态特性存在一种通用的模式，在此仅作简要叙述，读者可从其他参考文献获取更为详细的描述[148]。

2.5.1　一级弛豫

玻璃化转变研究的主要焦点是结构弛豫，弛豫可以平衡温度变化时密度和焓的变化。对非晶高分子而言，则为局部链段弛豫。与小分子玻璃形成体不同，高分子的剪切力学测试包括更大尺度范围的其他贡献，且无法将局部链段弛豫的贡献与柔量或模量数据区分开来。但是，还有一些其他技术主要用来研究局部链段弛豫，包括介电弛豫、核磁共振弛豫、准弹性光散射和中子散射。

非晶高分子的局部链段弛豫或 α-弛豫能很好地符合 KWW（广延指数）经验函数关系〔也见式（2.9）〕：

$$\phi(t) = \exp\left[-(\tau/\tau_\alpha)^{1-n_\alpha}\right] \tag{2.25}$$

Kohlrausch 在 1847 年首次报道了该方程式，并在 1854 年报道了其时间依赖现象[149]，另外，Williams 和 Watts[33] 在 1970 年报道了频率依赖性的介电弛豫现象。式（2.25）中的指数 $1-n_\alpha$ 是分数指数，一般记为 β。此处用式（2.25）中的形式去描述，以避免与次级弛豫中常用的 β 混淆。对于介电弛豫，$\phi(t)$ 应近似为归一化偶极矩的自相关函数，即 $\phi(t) = \langle M(0)M(t)\rangle/\langle M^2(0)\rangle$。复介电常数 $\varepsilon^*(\omega) = \varepsilon'(\omega) - i\varepsilon''(\omega)$ 由下式给出：

$$\frac{\varepsilon^*(\omega) - \varepsilon_\infty}{\varepsilon_0 - \varepsilon_\infty} = \int_0^\infty \exp(-i\omega t')\left[-\mathrm{d}\phi(t')/\mathrm{d}t'\right]\mathrm{d}t' \tag{2.26}$$

式中，ε_0 和 ε_∞ 分别为 $\varepsilon'(\omega)$ 低频和高频的极限值。许多研究者发现，KWW 函数可以很好拟合非晶高分子和小分子过冷液体的介电常数[7]。在高频时有一定的偏离，这可能是由次级弛豫所致。光子相关谱（PCS）利用密度涨落时的光散射，直接得到了时间域上的自相关函数[15,34]，密度涨落的主要来源是局部链段模式。大多数的本体高分子和小分子玻璃形成体的 PCS 研究结果表明，KWW 函数充分描述了密度涨落时间相关函数的实验现象。NMR-弛豫[14] 和中子散射[13] 数据用 KWW 函数拟合得很好。根据数据的拟合，在一定的温度范围内可测定式（2.25）中的 n_α 和局部链段弛豫时间 τ_α。

2.5.1.1 局部链段弛豫时间 τ_α

采用 VFTH 方程［式（2.23）］或等效采用 WLF 方程［式（2.16）］，在有限的温度范围内 $a_{T,\alpha} \equiv \tau_\alpha(T)/\tau_\alpha(T_g)$，通常都能够很好地描述 τ_α 的温度依赖性。通过时长超过 $100\mathrm{s}$[150] 的二维交换 NMR，以及 τ 在 $10^{-7} \sim 10^{-6}\mathrm{s}$ 的范围内的中子自旋-晶格-弛豫测试，得到了 PS 局部链段弛豫时间 τ_α 随温度变化的关系。用 WLF 方程 $\lg[\tau_\alpha(T)/\tau_\alpha(T_g)] = -C_1(T-T_g)/(C_2+T-T_g)$，可很好地拟合实际数据（此处未给出），其中 $T_g = 373\mathrm{K}$、$\tau_\alpha(T_g) = 100\mathrm{s}$、$C_1 = 16.35$、$C_2 = 53.5\mathrm{K}$。图 2.19 中的实线是用 WLF 方程拟合的 $\tau_\alpha(T)$，其范围与测出的 $\tau_\alpha(T)$ 范围相同，真实反映了局部链段的弛豫时间。在前面提到的另一高分子量 PS 玻璃-橡胶软化区内（图 2.11），根据可回复蠕变柔量 $J_r(t)$ 的时-温叠加曲线，比较了 $\tau_\alpha(T)$ 和移动因子 $a_{T,S}$ 的温度依赖性，并与图 2.11 中的黏度移动因子比较，即 $a_T = \eta_0 T_0 \rho_0/(\eta T\rho)$，为便于区分，现将其改写为 $a_{T,\eta}$。图 2.19 显示了用 WLF 方程拟合的 $a_{T,S}$ 和 $a_{T,\eta}$，且 $a_{T,\eta}$ 的范围与实际测试范围相对应。通过图 2.11 中时-温叠加的失效，已知 $a_{T,S}$ 和 $a_{T,\eta}$ 具有不同的温度依赖性。由图 2.19 可知，NMR 得到的 τ_α 或 $a_{T,\alpha}$ 在低于 384K 的温度范围内有相同的温度依赖性，且由于 NMR 仅能探测局部运动，后者在 $T < 384\mathrm{K}$ 时为局部链段运动的移动因子。在该较低温度范围，$a_{T,S}$ 主要通过测试 $J_r(t)$ 来确定，其中 $J_r(t)$ 小于 $10^{-7}\mathrm{Pa}^{-1}$[90]，可推断出局部链段运动对柔量的贡献不超过 $10^{-7}\mathrm{Pa}^{-1}$。后续将给出更准确的估算。

高于 384K，τ_α 比 $a_{T,S}$ 表现出更强的温度依赖性。在 $384 \sim 407\mathrm{K}$ 之间，通过移动 $J_r(t)$ 大于 $10^{-7}\mathrm{Pa}^{-1}$ 的可回复柔量曲线来确定 $a_{T,S}$，它是由 Rouse 模式和处于平台的一些较短时间范围的模式组成[151]。因此，NMR 数据进一步证明，局部链段弛豫时间比 Rouse 模式对温度的依赖性更强[10,11,152]。大约在 407K 以上，蠕变柔量数据完全来源于

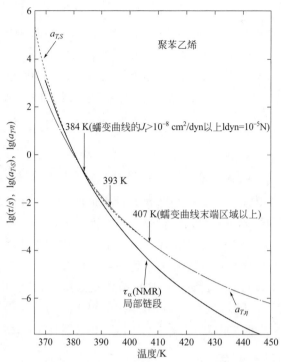

图 2.19　高分子量 PS 的局部链段弛豫相关时间 τ_α（NMR）与温度的关系，由超过 100s 的二维交换 NMR 上得到，并将其与移动因子 $a_{T,S}$ 相比较，它是由另一高分子量 PS（PS-A25）在玻璃-高弹态转变区的可回复蠕变柔量 $J_r(t)$ 曲线进行时-温叠加而产生的[90]。此处仅给出用 WLF 方程拟合的 τ_α（NMR）（实线）和 $a_{T,S}$（短虚线）的结果。图中也显示了黏度移动因子 $a_{T,\eta}$ 的结果（短虚-长虚线）。在整个温度范围，NMR 的 τ 显然比黏度有更强的温度依赖性。低于 384K 时，τ_α（NMR）与 $a_{T,S}$ 的温度依赖关系也比较一致，其中，随着温度逐渐降低到 T_g，$a_{T,S}$ 首先变成了亚 Rouse 模式的移动因子，然后变成了局部链段模式的移动因子

末端黏弹性机理，这与 $a_{T,\eta}$ 的温度依赖性完全相同。有趣的是，$a_{T,S}$ 外推到高温度区揭示了不同于（弱于）实际的黏度移动因子。更重要的是，图 2.19 所示的整个温度范围，NMR 局部链段弛豫时间 τ_α 及其移动因子 $a_{T,\alpha}$ 明显比黏度移动因子 $a_{T,\eta}$ 有更强的温度依赖性。用 PCS 代替 NMR 测量无规聚丙烯[152-154] 的 $\tau_\alpha(T)$ 得到了相同的结论，并将其移动因子 $a_{T,\alpha}$ 与基于剪切蠕变和应力弛豫测量得到的 $a_{T,S}$ 和 $a_{T,\eta}$ 进行比较[55]，结果如图 2.20 所示，这无需作进一步解释。当从上方接近 T_g 时，$a_{T,\alpha}$ 与 $a_{T,\eta}$ 之间的差异变得更大，但传统的玻璃化转变理论（2.3.1 节和 2.3.2 节）并未提供任何解释，说明这些理论可能忽略了一个重要的物理学问题。

　　由高分子量 PS 和氢化聚丁二烯的数据，最容易发现 $a_{T,\alpha}$ 与 $a_{T,\eta}$ 的温度依赖关系的差异性[155]。这些柔性高分子的 T_g 值较低，在流变测试温度下，它们的黏度对温度的依赖性遵循阿伦尼乌斯公式，而不是 WLF 方程。阿伦尼乌斯温度依赖性的基本特征是活化焓 $E_{A,\eta}$。PS 的 $E_{A,\eta} = 26.8\text{kJ} \cdot \text{mol}^{-1}$[156]。另一方面，在皮秒范围[157]，高温条件下 PS 的 ^{13}C NMR 测试结果表明，指数相关函数 $\exp(-t/\tau)$ 能很好描述局部链段弛豫，其中 τ 具有阿伦尼乌斯温度依赖性，且活化焓 $E_A = 16.7\text{kJ} \cdot \text{mol}^{-1}$，小于 $E_{A,\eta}$。这种局部链段

运动的活化焓与单根 PS 链构象转变推导出的活化焓 3.6kcal·mol^{-1}（1kcal＝4.184kJ）相似[155]，这与低分子量烷烃的内旋转能垒几乎一样[155]。E_A 与 $E_{A,\eta}$ 之间的关系已在文献[155] 中给出，在此不进行讨论，因为它超出了本章的范围。

  如图 2.19 所示，尽管 WLF 方程很好地描述了非晶高分子 τ 的温度依赖性，但对小分子有机玻璃形成体，情况却并非如此。从 10^{-11}s 或更短时间至 10^2s 或更长时间这一宽的范围，短 τ 时的温度依赖性为阿伦尼乌斯形式，但在较长时间，需使用 VFTH 方程式（2.22）和式（2.23），以完整描述其温度依赖性[158,159]。

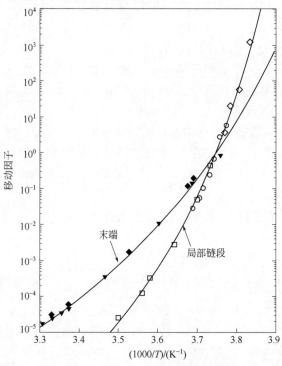

图 2.20 Plazek 和 Plazek 的研究工作中，无规聚丙烯的黏度（▼）、末端分散性（◆）和软化耗散性（◇）的移动因子与温度的依赖关系[55]。局部链段弛豫时间与温度的依赖关系由动态光散射（□）[152] 和动态力学弛豫（○）[153] 测得。两条实线通过 Vogel-Fulcher-Tammann-Hesse 方程分别对末端移动因子和局部链段弛豫拟合得到

2.5.1.2 局部链段弛豫的分散性

  KWW 函数 $\phi(t)$［式（2.25）］常改写为 $\phi(t)=\sum_i g_i \exp(-t/\tau_i)$，可将之解释为：局部链段运动的分散性来源于指数弛豫过程中以 g_i 加权的不同弛豫时间 τ_i 的加和。宏观力学和介电测试结果既不支持也不反对该解释。因此，对局部链段运动的这种简单解释已方便地用于使耗散合理化。然而，从微观角度去研究局部链段弛豫，这种解释是不正确的。PVAc 的多维 NMR 实验结果[41,160] 表明，结构弛豫是动态的、不均匀的。在 τ 量级的时间尺度上，分子单元运动不仅有快慢之分，而且相互之间还交替进行。局部链段运动的中子散射测量[13] 在研究 τ 对 q 的依赖关系方面有一定优势，即散射波矢的大小揭示了 τ 在 KWW 函数中对 $q^{-2/(1-n)}$ 的依赖性[161,162]。另一方面，指数弛豫函数 $\exp(-t/\tau_i)$

中的 τ_i 对 q^{-2} 具有依赖性[15]。如果 $\phi(t)$ 是 $\sum_i g_i \exp(-t/\tau_i)$ 的和，则平均的或最概然的弛豫时间 $\phi(t)$ 对 q^{-2} 都具有依赖性，但这与实验数据不相符。

KWW 指数 $1-n_\alpha \equiv \beta_\alpha$ 随温度的升高而增大，但增加量与玻璃形成体有关。因此，必须在玻璃化温度下对各种高分子的 β_α 进行比较。一般在玻璃化温度下，化学结构不同，非晶高分子的 $\beta_\alpha(T_g)$ 值也不同[163,164]。$\beta_\alpha(T_g)$ 值越小，分散宽度越大。自然会产生以下问题：①化学结构如何确定以 $\beta_\alpha(T_g)$ 为特征的局部链段弛豫宽度？②$\beta_\alpha(T_g)$ 与 τ_α 的温度依赖性（或其他依赖性）是否存在一定的相关性？③$\beta_\alpha(T_g)$ 与其他黏弹性质是否相关，如软化（玻璃—橡胶—转变）分散宽度，与时-温叠加的失效程度之间又是否存在相关性（如图 2.11）？玻璃化转变的自由体积理论和熵理论（2.3.1 节和 2.3.2 节）均不能解释局部链段弛豫的耗散性问题。这种耗散性是上述理论提出后衍生出来的，因此它们对回答这些问题无法提供任何帮助。传统玻璃化转变理论的缺陷还带来另一个问题。④β_α 是否是一个缺失的但重要的物理量，必须将之与体积和熵视为同等重要，才能得到满意的玻璃化转变理论？对上述几个问题可作一些定性回答。

① 由经验[165] 观察发现，当化学结构中的重复单元间的分子间耦合能力较大时，将表现出更宽的耗散性，即 $\beta_\alpha(T_g)$ 较小。若分子链刚性增加或柔性减弱，如将苯环引入主链中（如双酚 A 型聚碳酸酯），或在侧基上引入苯环等大体积刚性取代基（如 PS），分子间耦合作用则会加强。

② 在 $\lg\tau_\alpha$ 与 T_g/T 曲线上，τ 的温度依赖性呈现一种模式[163-165]，该模式可用单一参数来表征，即陡度指数 S 或：

$$m = d[\lg\tau_\alpha(T)]/d(T_g/T)|_{T=T_g} \tag{2.27}$$

n_α 或 $1-\beta_\alpha(T_g)$ 与陡度指数 m 之间存在一定关系[163-165]。由中子散射实验得出的 τ_α 对 q^{-2/β_α} 的反常依赖性是 τ_α 与 β_α 的另一种相关性[162]。

③ 在早期的黏弹性测试中，人们已认识到软化区的时间或频率依赖性与高分子的化学结构关系密切。Tobolsky[2] 和 Ferry[1] 早在 1956 年就发现聚异丁烯（PIB）和 PS 的软化耗散性是截然相反的，虽然 PIB 和 PS 的玻璃态柔量（模量）和平台柔量（模量）相似，但 PIB 与 PS 相比，其玻璃-橡胶转变的软化耗散性在时间或频率方面要高出几个数量级。Ferry 在 1991 年的综述[166] 中指出，这种差异的原因仍不清楚，PIB 和 PS 的其他黏弹性差异见综述[10,11]。对于单分散的缠结线形高分子，其最终耗散性和黏度对 $M^{3.4}$ 分子量的依赖性，均与重复单元的化学结构无关。但是，PIB 的最终耗散性（或黏度）与局部链段运动的温度依赖性差异明显小于 PS。介电弛豫和 PCS 测试（待讨论）表明 $\beta_\alpha(T_g)$ 与高分子种类有关[34,164,165,167,168]。如 PS 和 PIB 的 $\beta_\alpha(T_g)$ 分别为 0.36 和 0.55[34,167,168]。PIB 和 PS 的广延指数 $\beta_\alpha(T_g)$ 值的差异已证实是它们极其不同的黏弹性所导致[169,170]。

④ 与 T_g 本身类似，观察到 $\beta_\alpha(T_g)$ 随化学结构的变化而发生系统的变化（见 2.4.6 节），表明在建立局部链段弛豫的耗散性和 $\beta_\alpha(T_g)$ 的统一理论时，必须将分子间耦合考虑进去。$\beta_\alpha(T_g)$ 直接作用于局部链段弛豫的各种性质和其他黏弹性质，这表明分子间耦合起主要作用，否则无法解释其他具有挑战性的实验结果。适当考虑分子间耦合作用，可引入多分子动力学的影响，从而阐释体积、熵或其他"平均场"和热力学理论无能为力的问题。如何将分子间耦合准确地融入理论中，是基础前沿研究中一个颇具挑战性的问题。其

中之一为应用广泛的"耦合模型"[170-173]。该模型首先接受熵 S 和体积 V（或自由体积分数 f）在确定局部链段运动中的重要作用。因此，引入分子间耦合作用之前，局部链段弛豫时间 $\tau_{0\alpha}$ 已是 S 和 V（或 f）的函数，如果该过程涉及能垒上的热活化，则温度 T 也必然是影响因素之一。通过 S、V 或 f 与温度 T 和压力 P 的依赖关系，$\tau_{0\alpha}$ 则一定是 T 和 P 的函数。由于还未引入分子间耦合作用，因此，$\tau_{0\alpha}$ 为独立的、原始的、非耦合的弛豫时间。分子间耦合作用使实际的分子弛豫过程更为复杂。并非所有弛豫时间为 $\tau_{0\alpha}$ 的独立弛豫运动都是成功的，这是因为相互作用或相互约束的分子运动要求它们之间发生协同效应。以最简单的术语来粗略地描述协同性就是，一些分子不移动（或移动较慢），以便其他一些分子可以移动（或移动较快），且它们随时间而变换角色（即动态异质性弛豫，如上文 2.2.7.3 节所述）。总之，协同性的平均结果是独立弛豫速率 $1/\tau_{0\alpha}$ 降至 $1/\tau_{\alpha}$，分散宽度从 $\exp(-t/\tau_0)$ 增至 KWW 广延指数 $\exp[-(t/\tau_{\alpha})^{\beta_{\alpha}}]$［式（2.25）］。$\exp[-(t/\tau_{\alpha})^{\beta_{\alpha}}]$ 衰变的减慢仅在 t_c 时刻才开始，在此之前，随着 $\exp(-t/\tau_{0\alpha})$ 的衰变，独立弛豫仍保持不变。交叉时间 t_c 与分子间相互作用势能有关，而与温度无关[174]。对于某些高分子，中子散射实验测得的值为 $2\times10^{-12}\text{s}$[161,162]。在 t_c 附近，从 $\exp(-t/\tau_{0\alpha})$ 到 $\exp[-(t/\tau_{\alpha})^{\beta_{\alpha}}]$ 的交叉使 τ 与 τ_0 之间形成如下关键的联系：

$$\tau_{\alpha}=(t_c^{-n_{\alpha}}\tau_{0\alpha})^{1/\beta_{\alpha}} \tag{2.28}$$

式中，$n_{\alpha}\equiv1-\beta_{\alpha}$。自然可预测：分子间耦合作用越强，协同的局部链段弛豫时间 τ_{α} 比 $\tau_{0\alpha}$ 越长，分散性越宽，或 β_{α} 越小。这些预测在简化模型的结果中得到了证实[173]。考虑到 $\tau_{0\alpha}$ 对 S、V 和 T 的依赖性，同时考虑分子间耦合作用的变慢效应，则式（2.28）中的 τ_{α} 成为最终结果。分子间耦合在确定弛豫时间中起到了重要作用，τ_{α} 对 β_{α} 的显著影响正符合这一点。结果表明，不同化学结构的高分子的 τ_{α} 对可控参数表现出不同的依赖关系，这是因为式（2.28）中 β_{α} 随分子间耦合/受限作用增强而降低，这反过来又取决于重复单元的化学结构。此外，对于玻璃形成体，它还可以解释与 τ_{α} 相关的各种性质和 β_{α} 的关系。事实上，式（2.28）表明，若 $\tau_{0\alpha}$ 对任意变量 Θ 有依赖性，则 τ_{α} 对应的依赖关系为：

$$\tau_{\alpha}(\Theta)\propto[\tau_{0\alpha}(\Theta)]^{1/\beta_{\alpha}} \tag{2.29}$$

式（2.29）将 $\tau_{0\alpha}$ 对 Θ 的常规依赖性转化为 τ_{α} 对 Θ 的反常依赖性，并有可能使实验中 τ_{α} 的反常依赖性得到合理解释。如根据 $\tau_{0\alpha}$ 中 q^{-2} 对散射波矢量 q 的常规依赖性，由式（2.29）可知，$q^{-2/\beta_{\alpha}}$ 的反常依赖性[161,162,174] 也是合理的。

关于高分子的黏弹性，通常假定"单体"摩擦系数 $\zeta_0(T)$ 决定了所有黏弹性机理的温度依赖性，包括局部链段弛豫、Rouse 模式和末端模式[1-4]；另见 W. W. Graessley 撰写的第 3 章。$\zeta_0(T)$ 的温度依赖性常认为仅来自自由体积或熵（见 2.3.1 节和 2.3.2 节）。从耦合模式的角度来看，由于固有的分子间耦合作用，这对局部链段运动是不正确的。然而，对于未稀释的高分子[1]，改进的 Rouse 模式是正确的，因为根据定义，它们之间不存在分子间耦合作用。当然，$\zeta_0(T)$ 仅决定 $\tau_{0\alpha}$ 的温度依赖性，这是因为 $\tau_{0\alpha}$ 尚未考虑分子间耦合作用，但对 τ_{α} 却不能成立。由式（2.29），$[\zeta_0(T)]^{1/\beta_{\alpha}}$ 给出了 τ_{α} 的温度依赖性关系，这种依赖性比 Rouse 模式对 $\zeta_0(T)$ 的依赖性强得多。两者的差异概括如下[175]：

$$\tau_\alpha(T) \propto [\zeta_0(T)]^{1/\beta_\alpha} \qquad \tau_R \propto \zeta_0(T) \tag{2.30}$$

这种差异解释了软化耗散性的宽度与 β_α 及其他几种反常黏弹性质的关系[162,169,170,176]。

在此，耦合模型将不再作进一步讨论，因为本章仅对高分子玻璃化转变作概念性简介。该耦合模型应认为是将分子间耦合纳入到玻璃化转变的熵或体积理论的方法之一，具有解释更多数据的优点，特别是一些反常性质。在撰写本章时，作者还未见任何其他方法，所以认为尝试这个研究方向是有益的，应当受到鼓励。

2.5.2 次级弛豫

高分子中存在比局部链段弛豫过程更局域的分子运动，称为次级弛豫或 β-弛豫。它们的弛豫时间 τ_β 比局部链段弛豫时间 τ_α 更短，且在低于 T_g 的温度范围可通过力学或介电测量得到弛豫时间，不受一级弛豫或局部链段弛豫的干扰。当 $T < T_g$ 时，τ_β 的温度依赖性为阿伦尼乌斯形式。一些高分子具有多种次级弛豫，它可能是侧基的某种局部运动。如聚甲基丙烯酸环己酯（PCHMA）主链上连接的环己基的"椅型"和"船型"构象之间的翻转运动[177]，该次级弛豫的活化焓 $46.9 \mathrm{kJ \cdot mol^{-1}}$ 已确定为椅型-船型构象翻转的能垒。另一类次级弛豫源于主链的某些基团，如双酚 A 型聚碳酸酯系列中的两个苯环[178-180]。这些次级弛豫使玻璃态高分子更具韧性，这是一种理想的力学性质。关于高分子次级弛豫的文献很多，读者可参阅一些综述来获取相关信息[6,181,182]。

非晶高分子的一些次级弛豫对玻璃化转变动力学具有重要意义。这类 β-弛豫在高分子和小分子玻璃形成体中均有几个特征。在 T_g 以上，随着温度升高，β-弛豫谱逐渐与 α-弛豫谱合二为一。换言之，τ_α 不断接近 τ_β，并在一定温度下相等。一些高分子所有重复单元的原子均在主链上，如聚 1,4-丁二烯，虽然没有侧基，但它们具有很强的 β-弛豫，并倾向与 α-弛豫合二为一。PEMA 和其他聚甲基丙烯酸烷基酯中的 β-弛豫不仅涉及侧基，还包括主链的转动[183]。一些刚性的小分子玻璃形成体虽然没有分子内自由度，但仍出现一个倾向与 α-弛豫相结合的 β-弛豫。Johari 和 Goldstein 首次发现上述小分子玻璃形成体的性质[184-186]，说明 β-弛豫应归因于分子间弛豫。文献中将具有该性质的次级弛豫统称为 Johari-Goldstein（J-G）β-弛豫。J-G 弛豫的特点备受关注，这是因为它们的起源十分有趣，且可能有助于理解玻璃化转变的微观动力学。最近，根据经验发现[187]，T_g 时次级弛豫时间的对数 $\lg_{10}\tau_\beta(T_g)$ 与 KWW 函数［式（2.25）］中的指数 β 有关，该函数可表征 α-弛豫的耗散性。这种 α-弛豫和 β-弛豫性质的交叉关联特性，表明 J-G 弛豫可能在玻璃化转变动力学中起关键作用。其推论是，在 T_g[185] 和 T_g 以上[188]，τ_β 与 τ_0 的数量级没有太大的差别，其中 τ_0 根据式（2.27）由 τ_α 计算得到。另一个推论来自于 J-G 弛豫的介电强度与温度的关系，类似于焓和体积之间的关系[186]。

2.5.3 短时动力学

通过准弹性中子散射（QENS）和动态光散射技术来研究高分子和玻璃形成体的动力学行为[13,66,67,161,162,189-196]，得到了它们在 $10^{-13}\mathrm{s}$ 到 $10^{-9}\mathrm{s}$（或相应的高频率）短时间内的弛豫特性。介电弛豫技术测试中，使用商用仪器可将频率提高到 $10^9\mathrm{Hz}$ 的几倍，而使用专用仪器则可达到前所未有的高频范围，即 $10^9\mathrm{Hz} < \nu < 10^{14}\mathrm{Hz}$[197]。利用这些新技术，

可在所有温度下研究短时间范围的弛豫动力学。较高温度下，τ 变短，这些技术可用于研究高分子的局部链段弛豫时间动力学和小分子材料的结构弛豫动力学。其中，高温研究[161,162]（见 2.5.1.2 节）已有了一些结果，包括高分子从 $\exp(-t/\tau_0)$ 到 $\exp[-(t/\tau)^\beta]$ 在约 2ps 内的交叉行为以及 τ 对 $q^{-2/\beta}$ 的依赖性。

较低温度下[66,67,190-196]，这些技术可表征其他弛豫过程，它们均比一级弛豫和次级弛豫快。这些测试发现了一种或多种快的弛豫过程。根据非相干中子散射函数 $S(q,\omega,T)$，散射的弹性部分 $S_{el}(q,\omega,T)$ 可定义为 $S(q,\omega,T)$ 在 $-\Delta\omega<\omega<\Delta\omega$ 范围对 ω 的积分，其中 q 是动量转移，$\Delta\omega$ 是光谱仪的频率分辨宽度。通过 $T=0$ 时的 S_{el} $(q,\Delta\omega,T=0)$ 对其他温度 T 下测得的 $S_{el}(q,\omega,T)$ 进行归一化，可定义 Debye-Waller 因子 $W(q,\Delta\omega,T)$ 和快速弛豫的均方位移 $\langle u^2(T)\rangle$：

$$\frac{S_{el}(q,\Delta\omega,T)}{S_{el}(q,\Delta\omega,T=0)}=\exp\left[-2W(q,\Delta\omega,T)\right]=\exp\left[-\langle u^2(T)\rangle q^2/3\right] \qquad (2.31)$$

式中，$\langle u^2(T)\rangle$ 是快速弛豫强度的一种量度。为区分快速弛豫，需不考虑温度远高于 T_g 的情况，从而排除 α-弛豫和次级弛豫的影响。重要的是，作为温度的函数，这一快速过程的强度在 T_g 时斜率发生了改变，正如体积 V、焓 H 和次级弛豫的强度一样[186]。快速弛豫行为可推测微观本质与宏观量 V 和 H 的行为之间，存在一种有趣的相似性，这是 Buchenau 和 Zorn 通过 QENS 首次发现的[190]。研究体系包括硒、天然高分子和其他小分子和高分子玻璃形成体[198]。图 2.21 给出了几种玻璃形成体的均方位移 $\langle u^2\rangle$ 对 T_g 时的$\langle u^2(T_g)\rangle$ 归一化比值，并对 T/T_g 作图。这些高分子为硒[190]、聚异丁烯（PIB）和聚 1,4-丁二烯（PB）[13,191]。小分子玻璃形成体为 1,2-二苯基苯（OTP）、0.4Ca $(NO_3)_2 \cdot 0.6KNO_3$（CKN）、丙三醇、B_2O_3 和 SiO_2。SiO_2 的数据来源于分子动力学模拟的结果。图 2.21 清楚显示了玻璃形成体 PB、PIB、Se、OTP 和 CKN 等在 T_g 时有更大的斜率变化，它们在式（2.25）中的广延指数 β_α 较小，在式（2.26）中的陡度指数 m 较大。甘油、B_2O_3 和 SiO_2 的变化则较小。这些数据表明 T_g 处的变化随 $1-\beta_\alpha$ 或 m 的减小而减小。

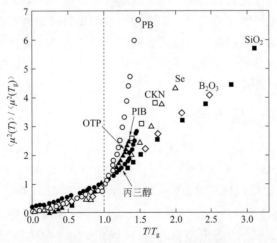

图 2.21 中子散射法测得高分子和小分子玻璃形成体均方位移 $\langle\mu^2\rangle$ 与 T_g 处的值 $\langle\mu^2(T_g)\rangle$ 的归一化比值对 T/T_g 作图

上述 2.3.1 节中，讨论了由 PALS 推导的自由体积分数，以及低于 T_g 时由 QENS 和光散射性测得的 PMMA 的快速弛豫强度（或 $\langle u^2 \rangle$），发现这些参数对温度的依赖性都很相似。在皮秒时间尺度（10^{-12} s）测得的快速弛豫是局部的非协同过程。在 T_g 附近，这些参数也能感受到玻璃化转变，对应于常规冷却速率下 $10^2 \sim 10^3$ s 的 α-弛豫[198]，这一事实很有趣，且可能对玻璃化转变理论产生一定影响。这些局部快速弛豫过程在 T_g 处受到自由体积或构型熵变化的影响，玻璃化转变的自由体积或构型熵理论必须对其进行合理解释[199]。次级弛豫的一些详细介电测试结果表明，它的介电强度在 T_g 以上比在 T_g 以下时增加得更快[186,200,201]。再者，更加局部和更快速的次级弛豫过程，同样也可感知到玻璃化转变。

2.6   对黏弹性的影响

在绝大多数关于高分子黏弹性的教科书中，一旦确定 T_g 的具体数值，玻璃化转变及其现象就成为人们不太关注的问题。充其量在讨论移动因子 a_T 的温度依赖性时会考虑玻璃化转变，特别是当 T_g 作为 WLF 方程［式（2.16）］中的参考温度 T_0 时，通过实验数据的时-温叠加，a_T 可用于构筑黏弹性响应的主曲线。为了证明数据的时-温叠加性，假定所有黏弹性机理都受一个相同的摩擦系数的影响，即局部链段弛豫导致玻璃化转变现象，因此每个移动因子都有相同的温度依赖关系。然而，这个假设其实是不成立的[10,11]，引用一些具有代表性的实验数据可证明这一点。之前的 2.5.1.1 节表明，局部链段弛豫时间和最终流动具有不同的温度依赖性。在讨论之前，读者可能会想为什么在大多数标准教材或综述中都没有提到这种令人困惑的假设，也许了解这一趋势并不困难。第一，关于高分子的黏弹性，所有教材的作者希望首先向读者展示高分子从玻璃态到最终流动态一个完整的黏弹性响应，且将这种响应当作一个温度下的时间或频率的函数来处理。这样处理的唯一方法是对固定时间或频率窗口的数据进行时-温叠加。通过该方法一般可以得到一个很好的主曲线，但因假设无效，故难以保证主曲线的完整性。第二，任何作者都很难解释为什么黏弹性机理有不同的移动因子。若将这一事实作为讨论的重点，作者就不得不对其进行解释。由于没有简单的解释，所以无法将高分子的黏弹性完整呈现给读者。由于这一突破对黏弹性及其解释有影响，本文通过关注该事实，逆势而行。这可能对理解黏弹性的基本机理至关重要，也可作为非晶高分子中任何一种玻璃化转变理论的关键检验。

2.6.1   低分子量非晶高分子

时-温叠加的失效，最引人注目的现象发生于低分子量的高分子。这种效应首先见于 PS 的剪切蠕变柔量 $J(t)$ 测试结果[10,11,90]。对于分子量为 3400 的 PS，以回复柔量 $J_r(t) = J(t) - t/\eta$ 对约化时间的对数 t/a_T 作图，得到图 2.22，其中 η 是黏度。由图可知，随着温度降至 T_g，回复柔量曲线的形状发生显著变化。同时，稳态回复柔量 J_e^0 降低了 30 倍，仅为玻璃态柔量 J_g 的 5 倍左右。通过时-温叠加，即热流变简洁性，明显无法归于主曲线。该样品在高分子量处出现一个拖尾，在更长时间内进一步增加了 J_r。如图 2.23 所示，一个接近单分散的 PS 样品，它的分子量及其分布分别为 12300 和 $M_w/M_n =$

1.06，其数据表现出同样的效应。Gray、Harrison 和 Lamb 通过复剪切模量测试证实了这种显著的效应[202]。如图 2.24 所示，对分子量为 3500 的 PS 在某些温度下以复数剪切柔量 $J'(\omega)$ 的实部对频率 ω 作图，其中 J_e^0 为低频下 $J'(\omega)$ 的极限值。图 2.25 为三种分子量的 J_e^0 随温度的变化情况。该图来自 Gray 等的结果[202]，J_e 代表稳态回复柔量，而非 J_e^0。足够高的温度下 J_e^0 呈现弱温度依赖性。平台值随分子量的增加而增加，测试值与表达式 $J_e^0=0.4M/(\rho RT)$ 基本一致，其中 ρ 是密度，该式为未稀释高分子修正的 Rouse 模型[1]。随着温度逐渐降到 T_g，J_e^0 明显下降。通过如下关系：

$$J(t)=J_r(t)+t/\eta=\int_{-\infty}^{\infty}L(\lambda)(1-\mathrm{e}^{-t/\lambda})\,\mathrm{dln}\lambda+t/\eta \qquad (2.32)$$

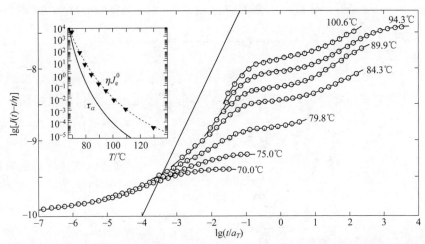

图 2.22　$M=3400$ 的 PS 的回复柔量与约化时间 t/a_T 的双对数关系图。参考温度为 100℃。直线是 100.6℃时黏度对总蠕变的贡献。需要注意 J_e 随着 T 的降低而大幅度下降。内插图显示局部链段滞后时间 τ 比 Rouse 时间 τ_R 具有更强的温度依赖性，并由乘积 ηJ_e^0 给出

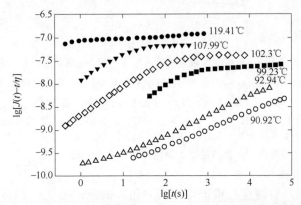

图 2.23　分子量为 12300、$M_w/M_n=1.06$ 的近单分散 PS 样品（TAPS 28S FR14）在不同温度下的回复柔量与时间的双对数图

利用数值方法从图 2.22 的等温 $J_r(t)$ 数据中得到 $L(\lambda)$ 的推迟谱，其中一些结果如图 2.26 所示。在 100.6℃时，长波长处的峰对应于 Rouse 模式，峰的高度和面积均随着温度的降低而减小，这表明 Rouse 滞后机理的失效。70℃时，为样品测得的 T_g 值，初始的高峰完

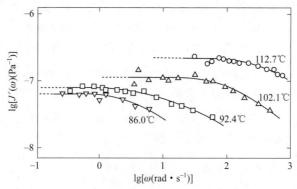

图 2.24　分子量为 3500 的 PS 样品在不同温度下 $J'(\omega)$ 与角频率的双对数关系图[202]

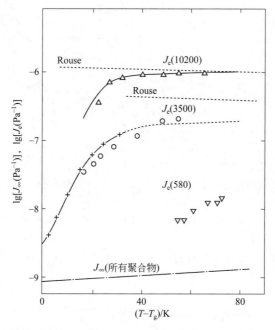

图 2.25　平衡柔量 J_e 和高频极限柔量 J_∞ 与 $T-T_g$ 的关系图。各种分子量 [580 (▽)、3500 (○) 和 10200 (△)] 的 J_e 值均来自 Gray 等的循环剪切数据[202]。分子量为 3400 （+）的 J_e 是 Plazek 和 O'Rourke 的蠕变回复数据[90]。$M=3500$ 和 10200 样品的曲线由文献 [90] 中表 5 给出的公式计算得到。虚线是在测量范围的外推。点线是 Rouse 理论 $0.4M/(\rho RT)$ 预测的 J_e 值。通过在 T_g 至 $T_g+20\mathrm{K}$ 温度下进行测试，并外推至更高的温度，得到了所有高分子的 J_∞ 值

全消失，与之相关的所有黏弹性机理均无法采用。因此，在 $T=T_g=70℃$ 时，剩余较宽的 L 峰完全由局部链段运动导致，J_e^0 等同于 PS 局部链段（α-）弛豫的平衡柔量 $J_{e\alpha}$，由此估计 $J_{e\alpha}\approx4J_g$。因此，PS 的局部链段弛豫仅在 $J_g\leqslant J_r(t)\leqslant J_{e\alpha}\approx4J_g$ 的范围内对回复柔量 $J_r(t)$ 有影响。

　　Rouse 模式的滞后时间 τ_R 由乘积 ηJ_e^0 的温度函数决定。移动因子 a_T 的时间依赖性用于扣除图 2.22 中低柔量区域数据，从而给出局部链段弛豫时间 τ 的温度依赖性。τ 比

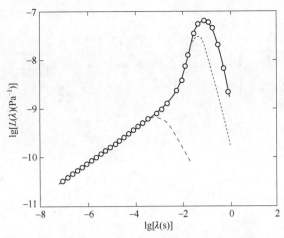

图 2.26　分子量为 3400 的窄分布 PS 样品的推迟谱 $L(\lambda)$ 与推迟时间 λ 的双对数关系图。数据被移至参考温度 $T_0 = 100℃$。初始测试温度为 100.6℃（–o–）、89.9℃（···）和 70.0℃（– – –）。当温度降至 T_0 时，明显偏离了长时间黏弹性机理

τ_R 具有更强的温度依赖性（见图 2.22 插图），证明 Rouse 模式和局部链段弛豫的摩擦系数不同。该基本结果可通过式（2.30）及随后的讨论作出解释，此解释的关键是，对 PS 而言，局部链段弛豫的分子间耦合始于 $\beta_\alpha(T_g) = 0.36$（见 2.5.1.2 节）。通过 T_g 低得多的三间甲苯基磷酸酯等溶剂稀释，PS 重复单元间的分子间耦合作用将会减弱[10]。式（2.30）表明，本体 PS 中观察到的效应将会由于三间甲苯基磷酸酯的加入而减弱。聚异丁烯（PIB）的 $\beta_\alpha(T_g) = 0.55$ 大于 PS[167,168]，由式（2.30）预测 PIB 受到的影响应该更小，实际观察结果也的确如此[10,170]。

低分子量 PS 中显著的黏弹性响应是一种普遍现象。其他一些高分子也存在这种现象，包括聚丙二醇[203]、聚（甲基苯基硅氧烷）[204] 和硒[205]。如图 2.27 所示，对分子量为 5000 的近单分散的聚（甲基苯基硅氧烷），所测得的 $J_r(t)$ 和 L 对约化时间 t/a_T 的双对数图呈现类似行为。介电弛豫测量结果证实聚丙二醇和聚异戊二烯的 τ_α 比 τ_R 对温度的依赖性更强[206]。这种效应[10,90,203-205] 可顺理成章地归因于局部链段弛豫模式，其移动因子的温度依赖性比 Rouse 模式更强。因此，随着温度降低，局部链段模式比较长时间尺度的 Rouse 模式更有优势。局部链段运动和 Rouse 模式摩擦因子的不同温度依赖性之间的协调，要求聚合度归一化，从而随着温度的降低可有效降低高分子的摩擦因子和 $J_e^{0[170]}$。

2.6.2　高分子量非晶高分子：软化耗散

式（2.32）表明，各种分子机理的应变在柔量上可进行叠加，原则上也可加以区分。另一方面，若应力不增加，各种机理无法在模量函数中轻松解决。蠕变柔量 $J(t)$ 的可叠加性有利于理解黏弹性响应的各种贡献。2.6.1 节中讨论的低分子量高分子的影响有助于确定 J_g 以上局部链段（α）模式引起的最大柔量 $J_{e\alpha}$。高分子量的 PS 有一个典型的滞后谱 $L(\lambda)$，它以另一种方式来测定 $J_{e\alpha}^{[207]}$，这与其他方法对低分子量 PS 测得的值完全一致（2.6.1 节）。α-弛豫柔量的时间依赖关系如下[207,208]：

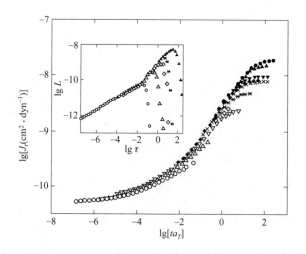

图 2.27　PPMS（$M = 5000$）在温度 $-32.2℃$（●）、$-35.0℃$（▲）、$-38.6℃$（▼）、$-40.0℃$（◆）、$-41.1℃$（×）、$-42.6℃$（✳）、$-44.5℃$（◇）、$-45.2℃$（▽）、$-46.9℃$（△）和 $-50℃$（○）下的可回复柔量 $J_r(t)$ 数据。根据温度依赖性的移动因子 $\lg a_T$，将不同温度下的数据沿 $\lg t$ 轴水平移动，并将短时间内的曲线与 $-35.0℃$ 时的数据进行叠加。内插图显示了推迟谱 L 在参考温度 $T_0 = -35℃$ 时随推迟时间 λ 的变化，这是从 $J_r(t)$ 数据的数值计算中得到的

$$J_\alpha(t) = J_g + (J_{e\alpha} - J_g)\{1 - \exp[-(t/\tau_\alpha)^{1-n_\alpha}]\} \qquad (2.33)$$

　　式中，$0 < (1-n_\alpha) \leqslant 1$，此处 $1-n_\alpha$ 类似于弛豫函数式（2.25）中的分数指数。如图 2.11 所示，与 J_g 增至高弹态的 $J_r(t)$ [约 $10^{-6} cm^2 \cdot dyn^{-1}$（$10^{-5} Pa^{-1}$）] 相比，玻璃态的柔量从 $J_g \approx 10^{-10} cm^2 \cdot dyn^{-1}$（$10^{-5} Pa^{-1}$）增加到 $J_{e\alpha} \approx 4J_g$ 的增幅不大。一般说来，在玻璃态-高弹态转变的软化区，这种柔量增加较大的部分可归因于未稀释的高分子修正的 Rouse 模式[1]。但是，扩展的 Rouse 模型有一定局限。Williams[209] 证实了这一点，考虑到扩展的 Rouse 模型[1] 贡献的短时局限，可得 $G(0) = N\rho RT/M$，其中 N 是高分子中高斯亚分子（gaussian submolecule）的数目，ρ 是密度，M 是分子量，R 是气体常数，T 是温度。亚分子中单体数量 z 由 P/N 给出，其中 P 是一条高分子链中的单体数量。对于分子量为 150000、密度为 $1.5 g \cdot cm^{-3}$ 的高分子，假设最小的亚分子仍为 5 个单体单元（即 $z = 5$）的高斯型组成，Williams 发现 $G(0) = 7.5 \times 10^6 Pa$ [$(J0) = 1.3 \times 10^{-7} Pa^{-1}$]。该值比实验测得的玻璃态模量 G_g（柔量 J_g）约小（大）两个数量级，实验值一般约为 $10^9 Pa$（$10^{-9} Pa^{-1}$）。因此，扩展的 Rouse 模型无法解释缠结高分子玻璃-橡胶转变区短时部分的耗散性，这是因为此时的模量（柔量）约从 $10^9 Pa$（$10^{-9} Pa^{-1}$）连续减小（增加）到 $10^5 Pa$（$10^{-5} Pa^{-1}$）的平台区。扩展的 Rouse 模型中的这些不足并不惊奇，毕竟根据该模型，亚分子是能发生弛豫的最短分子链，且不考虑亚分子内更短链段的运动。由式（2.33）可知，局部链段运动对短时的柔量是有贡献的。但是，PS 中该贡献仅涉及 10^{-9} 到 $4 \times 10^{-9} Pa^{-1}$ 这一狭窄范围。因此，在 4×10^{-9} 到 $1.3 \times 10^{-7} Pa^{-1}$ 的柔量范围仍需考虑一些其他的热黏弹性机理。这种分子机理的范围比 Rouse 模型的高斯亚分子长度短，但比局部链段运动的长度长，从而称之为"亚 Rouse 模式"。

为明确相关机理中的亚 Rouse 模式，在进行实验之前必须慎重选择高分子的类型。具有非常宽的软化耗散性的高分子是一个很好的选择，如聚异丁烯（PIB）。另一方面，PS 不是一个好选择，这是因为局部链段弛豫优于 Rouse 模式，其软化耗散性较窄。黏弹性[210] 和动态光散射[167,168] 测试结果明确证实了 PIB 中的亚 Rouse 模式。图 2.28 是高分子量 PIB（NBS-PIB）软化耗散性的实时/频率等温剪切-力学测试结果，采用三种不同技术来增加时间/频率窗口的宽度，并以 $\tan\delta = G''(\omega)/G'(\omega) = J''(\omega)/J'(\omega)$ 对频率作图。−74.2℃至−35.8℃的四个温度下的数据[210] 揭示了两组黏弹性机理的存在，它们各自随着温度变化沿实时/频率轴方向移动。这两个峰中，低频峰源于 Rouse 模式，高频峰或肩峰归因于亚 Rouse 模式。因此，软化耗散性有三方面的贡献：①局部链段弛豫的 $J(t)$ 从 $J_g \approx 10^{-9}\,\mathrm{Pa}^{-1}$ 增至 $J_{s\alpha} \approx (4 \sim 5) \times 10^{-9}\,\mathrm{Pa}^{-1}$；②亚 Rouse 模式从 $J_{s\alpha}$ 增至 $J_{sR} \approx 10^{-7}\,\mathrm{Pa}^{-1}$；③修正的 Rouse 模式从 $J_{sR} \approx 10^{-7}\,\mathrm{Pa}^{-1}$ 增至高弹态平台。这些估计值可能会因高分子的化学结构不同而有一定程度的改变。

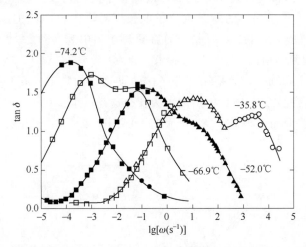

图 2.28　不同温度下 NBS-PIB 的 tanδ 随实际频率的变化图。在横坐标所示的频率范围内，采用几种仪器进行表征得到了这些数据。−35.8℃时的高频数据（空心圆）来自 Fitzgerald 等的文献 $J.Appl.Phys.$ **24**（1953），640。其余数据由蠕变柔量和动态模量测试相结合得到[209]

尽管局部链段弛豫发生的频率高于图 2.28 中力学测试的频率范围，但随后用 PCS 对相同的样品进行测试，时间短至 $1\mu s$[167,168]。得到的相关函数与式（2.25）的 KWW 时间依赖性一致，指数 $1 - n$ 为 0.55。对于局部链段弛豫时间 τ，此处可改写为 τ_α，并对温度作图，如图 2.29 所示（■）。图中还显示了 Rouse 弛豫时间 τ_R（▲）和亚 Rouse 弛豫时间 τ_{sR}（○），这是由图 2.28 中 tanδ 的峰所得。通过 WLF 方程拟合得到的虚线和点线分别对应 τ_R 和 τ_{sR}。在 $T = T_{\alpha,sR}$ 和 $T = T_{sR,R}$ 处的两个垂直箭头将温度分成了三个区域 I、II 和 III。在区域 I 中，通过蠕变柔量[210] 和应力弛豫[2] 测试力学响应的范围主要是 $J_g < J(t) < 10^{-8.5}\,\mathrm{Pa}^{-1}$，这是局部链段弛豫所致。因此，区域 I 中的蠕变数据适合于用式（2.33）进行拟合并确定 τ_α，此时 $1 - n_\alpha = 0.55$。对相同的样品（NBS-PIB），用蠕变数据[210] 和应力弛豫数据[2] 进行时-温叠加的位移因子分别用图 2.29 中的实心菱形和空心

倒三角形表示。常数位移已用于 a_T 使其与区域 I 中的 τ_α 一致。虚-点线是 Tobolsky 和 Catsiff 给出的 WLF 方程，用于描述 a_T 的时间依赖性。区域 II 对应的范围是 $10^{-8.5}\,\mathrm{Pa}^{-1}<J\,(t)<10^{-7.0}\,\mathrm{Pa}^{-1}$，黏弹性响应主要来源于亚 Rouse 模式。区域 III 对应的范围是 $10^{-7.0}\,\mathrm{Pa}^{-1}<J\,(t)<J_{\mathrm{pleteau}}$，主要贡献来源于 Rouse 模式。实曲线可以很好地描述源自区域 I 中力学数据的 τ_α 以及更高温度时 PCS 数据中的 τ_α，由如下步骤得到。第一，通过符合 Rouse 模式弛豫时间的 WLF 方程中的移动因子 $a_{T,R}\equiv\tau_R(T)/\tau_R(T_0)$，得到摩擦系数 $\zeta_0(T)$ 和 τ_0 的温度依赖性。第二，根据式（2.30）将它标度化为 $a_{T,R}^{1/\beta}$，得到移动因子 τ_α，由于 PIB 的 $\beta\equiv1-n_\alpha=0.55$，标度量为 $a_{T,R}^{1/0.55}$。最后，将恒定位移应用于 $a_{T,R}^{1/0.55}$，得到图 2.29 中近似满足 τ_α 的实曲线。与 τ_R 相比，τ_{sR} 对温度的依赖性更强（图 2.29），表明亚 Rouse 模式存在一定程度的分子间耦合，这显然是合理的，因为它们的长度尺度介于局部链段模式（有分子间耦合作用）和 Rouse 模式（无分子间耦合作用）之间。中子散射可用于测量不同长度尺度的模式 L，由测量不同的动量转移 Q 来实现，其中 $L=Q^{-1}$。因此，当 Q^{-1} 低于最小的高斯亚分子的长度时，Rouse 动力学将被亚 Rouse 动力学替代。通过中子自旋回波测试，该情况可在聚异丁烯中观察到[211,212]，这表明与 $Q^{-1}<6.7\text{Å}$ 的 Rouse 模型预测相比，弛豫明显减慢。当 $Q^{-1}<6.7\text{Å}$ 时，减慢现象没有解释为亚 Rouse 模式的分子间耦合，而是在高分子熔体动力学的类 Rouse 单链理论中引入附加性耗散机理（内部黏性）。有人[213] 给出了为什么这是一个多粒子效应的原因（即分子间耦合，这与本文的亚 Rouse 模式一致），而这不能用文献[211,212] 中提出的有效单粒子理论来解释。

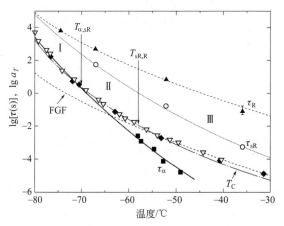

图 2.29　NBS-PIB 的 Rouse 弛豫时间 τ_R（▲）和亚 Rouse 弛豫时间 τ_{sR}（○）由图 2.28 中几个温度下低频和高频 tanδ 峰得到。插入数据点的曲线为 WLF 拟合。局部链段弛豫时间 τ_α（■）由 PCS 测试得到[168]。图中还显示了 Tobolsky 和 Catsiff（TC）的应力弛豫数据中的移动因子（空心倒三角形）和 Plazek 等的蠕变数据中的移动因子（◆）。两个垂直箭头将温度分为 I、II 和 III 三个区域，黏弹性响应分别归因于局部链段运动 $[J_g<J\,(t)<10^{-9.5}\,\mathrm{cm}^2\cdot\mathrm{dyn}^{-1}]$，亚 Rouse 模式（$10^{-9.5}\,\mathrm{cm}^2\cdot\mathrm{dyn}^{-1}<J\,(t)<10^{-8}\,\mathrm{cm}^2\cdot\mathrm{dyn}^{-1}$）和 Rouse 模式 $[10^{-8}\,\mathrm{cm}^2\cdot\mathrm{dyn}^{-1}<J\,(t)<J_{\mathrm{plateau}}]$。根据 TC 给出的 WLF 方程得到了穿过空心倒三角形的虚-点线。虚线是 Fitzgerald、Grandine 和 Ferry（FGF）给出的 WLF 方程。计算的粗实线经过低温区域 I 的力学数据点（▽，◆）和对应于局部链段运动的光子相关数据（■）附近（见正文）

图 2.29 的结果表明，三种不同的黏弹性机理，即局部链段模式、亚 Rouse 模式和 Rouse 模式，都有不同的温度移动因子，它们的弛豫时间对温度的敏感度相应逐渐降低。在温度区域 Ⅰ、Ⅱ 和 Ⅲ 中，用于蠕变或应力弛豫的时-温叠加的移动因子 a_T 分别为局部链段弛豫、亚 Rouse 模式和 Rouse 模式的移动因子。在整个温度范围内，a_T 不是三种机理中的任何一个移动因子。

前文通过 PIB 宽的软化耗散性这一事实阐释了亚 Rouse 机理。对于其他软化耗散性较窄的高分子，这是很难做到的。但是，亚 Rouse 模式似乎表明 PS 也会发生软化耗散性，这是由于跨越亚 Rouse 模式与 Rouse 模式相邻区域的黏弹性-响应区的数据无法进行时-温叠加。这种失效并非预料不到的，因为这两种机理的移动因子并不相同（图 2.29）。实际上，这一事实早在清楚阐述 PIB 的亚 Rouse 模式之前即已得到证明，这是由 PS 软化耗散性的蠕变柔量测试提供的[214]。PS[215]、四甲基聚碳酸酯[10] 和聚丁二烯[216] 的动态模量测试也证实了这一点。部分数据也在综述文献[10] 中被引用。关于 PS 的例子如图 2.30 所示，$\tan\delta$ 峰随着温度的变化清楚地表明数据无法约化。$\tan\delta$ 峰出现在对应于柔量为 $10^{-7}\,\mathrm{Pa}^{-1}$ 至 $10^{-5}\,\mathrm{Pa}^{-1}$ 范围的频率。

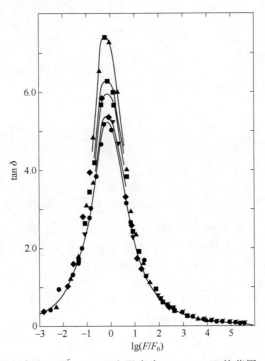

图 2.30　在频率为 $10^{-5}\sim10\mathrm{Hz}$ 和温度为 $347\sim359\mathrm{K}$ 的范围，分子量为 98000 的单分散无规 PS 的等温 $\tan\delta$（$=G''/G'$）与约化频率的双对数图；(●) 359.7K，(▲) 364.5K，(■) 367.5K，(◆) 369.0K，(▼) 371.6K 和 (●) 373.9K。曲线沿频率轴水平移动 5.02、3.48、2.79、2.34 和 1.88，分别对应温度 359.7K、364.5K、367.5K、369.0K 和 373.9K[215]

比较 William 和 Ferry[217] 在较高温度 [较高频率，$10\mathrm{Hz}<\omega/(2\pi)<6\times10^3\,\mathrm{Hz}$] 测得的复数柔量值 $J^*(\omega)$ 和推迟谱，以及 Plazek 等[218] 在较低温度（较长时间，$1\mathrm{s}<t<10^6\mathrm{s}$）测得的 $J^*(t)$ 数据，发现随着温度降低，PMMA 和 PVAc 的软化耗散性明显变

窄。如图 2.31 所示，两种测量 PMMA 软化耗散性的推迟谱 L 明显不同，再次证明了软化耗散性时-温叠加的失效，即热流变简洁性的失效。由 PIB 的数据可直接看出，局部链段弛豫、亚 Rouse 模式和 Rouse 模式的移动因子各不相同。因此，随着温度降低，弛豫时间较短的软化耗散性的黏弹性机理更多地转为较长时间的机理，图 2.11、图 2.28 和图 2.31 的高分子量 PS、PIB 和 PMMA，以及图 2.22 和图 2.27 的低分子量 PS 和 PMPS，均是这样的例子。这种现象可描述为，较短时间机理对较长时间机理的"侵占"。因此，随着温度降低，三组黏弹性机理的分离度减小，说明在较长时间或较低温度下，软化耗散性变窄[218]。

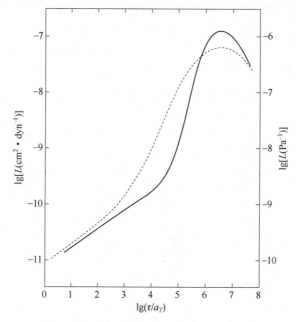

图 2.31　PMMA 的推迟谱 L 与约化推迟时间 τ/a_T 的双对数图。实线由低温 （14.4～34.7℃）和较长时间（$10^0\,\mathrm{s}<t<10^5\,\mathrm{s}$）的蠕变数据给出的约化 J_r （t）曲线计算得到，并移至 13.1℃。虚线由 Williams 和 Ferry 在较高温度和频率下给出的动态柔量计算得到；选择的 T_0 为 10.8℃[217]

　　如前文所述，PS、PVAc 和无规聚丙烯的研究结果表明，与软化耗散性 $a_{T,\mathrm{S}}$ （图 2.11）和局部链段弛豫 $a_{T,\alpha}$（图 2.19 和图 2.20）相比，末端弛豫或黏度的移动因子 $a_{T,\eta}$ 对温度的依赖性更弱。因此，用时-温叠加原理求得的高分子主曲线的移动因子 a_T 实际上是由各种不同黏弹性机理中的移动因子综合而成的。低温下 a_T 主要由局部链段模式的移动因子 $a_{T,\alpha}$ 所决定。随着温度的升高，a_T 主要相继由亚 Rouse 模式的移动因子 $a_{T,\mathrm{sR}}$、Rouse 模式的移动因子 $a_{T,\mathrm{R}}$、橡胶平台模式的移动因子以及最终的末端模式的移动因子 $a_{T,\eta}$ 所决定。因此，a_T 可描述高分子中任何或所有黏弹性机理的温度依赖性的假设是不正确的。

　　除了时间尺度随温度的变化外，柔量或模量的大小也会发生变化。类橡胶弹性动力学理论表明，模量对黏弹性响应的熵贡献应该与热力学温度成正比。与此相对应，稳态可回复柔量的倒数也应该与热力学温度成正比。温度高于 $2T_g$ 时，这些结论是正确的，但温

度在 $1.2T_g$ 至 $2T_g$ 之间时，稳态可回复柔量 J_s 与温度基本无关。温度较低时 J_g 明显下降[51]。

2.6.3 压力依赖性

采用介电弛豫研究了不同分子量的聚异戊二烯（PI）的局部链段弛豫和分子链动力学对压力的依赖性[219]。高分子的偶极矩在平行和垂直于主链方向均有分量。因此，对高分子的末端矢量运动和局部链段运动都进行了介电测量。研究了 5 个顺式-PI 样品，分子量分别为 1200、2500、3500、10600 和 26000，多分散指数均小于 1.1。PI 的缠结分子量为 5400，即低分子量样品不发生缠结。

在温度为 320K 时，PI 的链段模式和最长简正模式（longest normalmode）与分子量和压力的依赖关系，示于图 2.32。值得注意的是，链段模式具有较高表观活化体积，与对应的简正模式比较，呈现更强的 P 依赖性。在任意给定的 P 下，当 $M < M_e$ 时，对其 T_g 校正以考虑链端效应后，最长的简正模式时间都表现出 Rouse 动力学的 M^2 依赖性，当 $M > M_e$ 时则表现为 $M^{3.4}$ 的依赖性，其中 M_e 是缠结分子量（见 W. W. Graessley 撰写的第三章）。

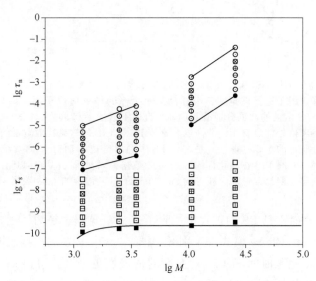

图 2.32　温度为 320K 时不同压力下五种 PI 的链段模式（正方形）和最长简正模式（圆圈）与分子量的依赖关系。最短时间对应于 1bar（1bar＝10^5Pa）处的数据，其余的是以 0.5kbar 为间隔显示的插补数据。在常压下，链节模式时间的连线是目测确定的[218]

个别说来，在实验范围内，简正模式或局部链段模式的介电谱形状不随 T 和 P 的改变而变化。但是，它们的移动随着压力的改变而不同，局部链段弛豫时间对压力的改变更加敏感。因此，整个介电谱的时间-压力叠加失效。如 2.6.1～2.6.3 节所示，低分子量和高分子量高分子的时-温叠加也失效。

2.6.4 黏弹性和动力学性质对化学结构的依赖性

如 2.5.1.2 节所述，PIB 和 PS 的玻璃柔量（模量）和平台柔量（模量）相似，但

PIB 的软化耗散宽度（玻璃态—高弹态转变）在时间或频率上比 PS[1,2,10] 宽数十倍。图 2.33 显示了软化耗散宽度的这一差异，即通过数值求解式（2.32），从可回复蠕变柔量 $J_r(t/\lambda)$ 数据获得高分子量 PS 和 PIB 的推迟谱 $L(\lambda)$[11,220]。$L(\lambda)$ 的软化耗散特征是从短 λ（图 2.33 中的 τ/a_T）上升到第一个峰，在 PIB 中比在 PS 中更宽。PS 和 PIB 之间的这种黏弹性差异自然引出下述问题：是什么原因造成了这种差异？这个基本问题缺乏一个解释，但很少有人关注它。

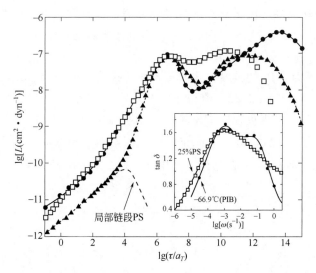

图 2.33　高分子量 PS（▲）、25% PS 的 TCP 溶液（□）和 PIB（●）中推迟谱 L 的比较。将移动因子进行重排使三个样品第一个峰的极大值位于同一约化频率处。PS 和 25% PS 溶液的数据分别沿 lg$L$ 轴垂直向下移动了 0.869 和 1.39，使所有数据在第一极大值处都具有相同的高度。本体 PS 和 PIB 的软化耗散宽度的差异十分明显。靠近底部的小峰（虚线）是本体 PS 中局部链段运动对 L 的贡献。内插图显示了 -66.9℃时 PIB 在软化区的等温 tanδ 数据，以及将时-温叠加到有限等温数据后，由约化可回复柔量曲线获得的 25% PS 的 TCP 溶液的 tanδ 数据

　　前文在选择 PIB 而不是 PS 的过程中谈到了这一差异，这是为了通过实验将亚 Rouse 模式从局部链段弛豫和 Rouse 模式中区别开。图 2.29 中 PIB 的数据表明，局部链段弛豫时间 $\tau_\alpha(T)$ 比 Rouse 弛豫时间 $\tau_R(T)$ 对温度的依赖性更强，这可由式（2.30）中的摩擦因子 $\zeta_0(T)$ 的独立依赖性来定量解释。PCS 测试结果表明 PS 和 PIB 的 β_α 分别为 0.36 和 0.55[34,167,168]。因此根据式（2.30），$a_{T,\alpha}$ 对温度的依赖性比 $a_{T,R}$ 强得多，且 PS 的这种效应比 PIB 更明显。$\tau_\alpha(T)$ 对 $\tau_R(T)$ 的"侵入"在 PS 中比在 PIB 中更严重，使 PS 的软化耗散性更窄。这种解释导致了另一种预测。如果用某种方法减少 PS 中的分子间耦合（或增加 β_α），则软化耗散性将变宽。其中一种方法是将 PS 溶解在像间三甲苯基磷酸酯（TCP）这样的低 T_g 溶剂中。随着溶剂含量的增加，分子间的耦合作用减弱，且处于某一浓度时，体系软化耗散宽度将与 PIB 匹配。如图 2.33 所示，25% PS 的 TCP 溶液[94] 的软化耗散确实比 PS 更宽，且与 PIB 没有太大的差异。25% PS 的 TCP 溶液❶的软化耗

---

　　❶　译者注：原文"solution of 25% PS in PTB"，25%PS 的 PIB 溶液。

散损耗角正切在宽度上与 PIB 相当，但仍无法分辨出亚 Rouse 峰。PS 浓度低于 25% 的溶液有望更好地与 PIB 匹配[220]。图 2.34 所示的 17% PS 的 TCP 溶液的等温 tanδ 数据兼具与本体 PIB 相匹配的亚 Rouse 峰和 Rouse 峰。17% PS 的 TCP 溶液中软化耗散的移动因子与 T_g 的温度标度关系［见式（2.27）］也与本体 PIB 相似。可见虽然 PS 的软化耗散性与 PIB 有很大差异，但加入稀释剂可以减小 PS 的分子间耦合作用，从而使两者的软化耗散性完全相同[220]。

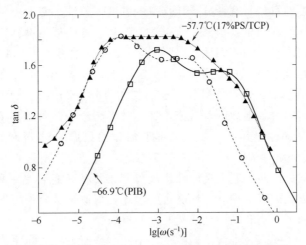

图 2.34　软化区内，−57℃ 时 17% PS 的 TCP 溶液的等温 tanδ（▲）与 −66.9℃ 时 PIB 的等温 tanδ（□）的比较图。空心圆（○）为 −66℃下 PIB 的 tanδ，这是将第一个峰水平移动并垂直缩放以匹配 17% PS 溶液的第一个峰位置和高度后的结果。每组数据点的连接线为目测

对于 PDMS 等硅氧烷高分子，因为在主链上有醚氧键，而且 Si—O—Si 键角较大，因此链的柔性较大（见 J. Mark 撰写的第一章）。正如 2.4.6 节所述，柔性导致的结果之一是较低的 T_g。另一结果是，硅氧烷高分子的最小亚分子的尺寸仍然是高斯型，且 z 值比 PIB 和 PS 更小。因此，可预测 PDMS 的 Rouse 模式[1] 比 PIB 和 PS 能有效降至更短的时间尺度。中子散射的结果确实表明，对 PDMS 降至 2.5Å 的尺度仍可观察到 Rouse 动力学，但 PIB 却仅能降至 6.7Å[211,212]。对于非晶聚（甲基苯基硅氧烷）和聚（甲基对甲苯基硅氧烷）等 PDMS 的同类化合物，它们的蠕变柔量测试结果表明，其 Rouse 模式的初始柔量确实低于 PIB[220]。

2.7　结论

基于 T_g 上下结构弛豫的性质，玻璃化转变中的许多宏观现象，尤其是 2.2 节中讨论的动力学现象，都得到了很好的解释。但是，对导致这些结构弛豫性质的微观分子运动却远未完全理解，目前仍是许多研究的主题。从根本上深入理解玻璃化转变还需要一些可解释分子运动及其相关影响因素的物理知识。为此，研究和解释平衡液体在各个时间尺度上的分子动力学性质也非常重要。

自由体积或构型熵的理论方法均可解释迁移率随温度和压力的变化，并解释 T_g 对各

种参数的依赖关系（2.4节）。研究此问题的科学界分为两个阵营，分别认为控制迁移率的唯一量要么是自由体积，要么是构型熵。但是，一方面为了支持构型熵理论，建立了更为复杂的统计力学理论；另一方面，压力对动力学的近期实验证实了比体积的确对分子迁移率有贡献。因此，即使在这些玻璃化转变的热力学或平均场处理中，对理论基础也缺乏独特的理解。体积和熵都可能在某些高分子和小分子液体的玻璃化转变中起作用。

由于这些传统理论和现代平均场理论的不足，玻璃化转变过程可能蕴含复杂的分子动力学影响。这些理论的目的是解释分子迁移率的温度依赖性。温度一旦固定，它们就不再提供对结构弛豫特性的任何重要预测。值得注意的是，这些理论没有处理平衡液体的分子动力学分散性（时间或频率的依赖性）。即使在后续发展中考虑了耗散性，结果也只是马后炮而已，所得的耗散性对其他性质没有影响。本章给出的许多经验表明，以 Kohlrausch-Williams-Watts 分数指数 β 表征的耗散性形状与其他性质相关或相反。特别是 β 涉及结构弛豫时间对各参数的反常依赖性。对于高分子，局部链段弛豫的 β 也影响更长时间尺度的各种黏弹性。其中，多种机理下黏弹性数据的时-温和时间-压力叠加的失效，动摇了黏弹性力学的基础，使人们对任何假定不同黏弹性机理具有相同摩擦因子的模型产生了怀疑。因此，经验表明，耗散性扮演着基础性的角色，是一种隐含的物理要素，参与连接体积和熵以确定其他性质。该隐含的物理要素似乎是分子间相互作用或耦合，它是平衡液体中复杂分子运动和结构弛豫耗散性的根源。

如何最好地将分子间耦合纳入结构弛豫，是一个悬而未决的问题。第一步采用耦合模型，并将耗散性作为分子间耦合的反映。利用表面上通用的物理原理，耦合模型带来许多预测，并解释了影响因素、相关性和反常性质。但耦合模型也存在一些缺点，如缺乏对复杂分子运动的描述。该领域也受益于其他更复杂的尝试，即将分子间耦合引入分子液体理论中。另一方面，利用弛豫的空间和动态非均匀性作为解释其他性质的基础，只是一种权宜之计，无法实现最终目标。因为动态非均匀性只是分子间耦合的并行结果之一，而不是根本，所以，它与弛豫函数的非指数时间依赖性等其他结果一致，但可能与别的实验事实相矛盾。

本章的任务是为高分子玻璃化转变和玻璃态现象提供一个概念性简介，以及为黏弹性和流动性的讨论提供一块踏脚石。它不同于其他相同主题的教材，本章不仅告诉读者已理解的宏观动力学性质，而且还告诉读者仍未很好解释的微观动力学。本章关注仍为颇具挑战的难题，尤其是局部链段弛豫动力学中分子间耦合的重要性。所列的大量实验测量结果，证明高分子在热流变学上并不简单。任何高分子黏弹性模型或理论，都应考虑到这种主要由分子间耦合引起的局部链段弛豫。

致谢

衷心感谢 Connie T. Moynihan、Don J. Plazek 和 C. M. Roland 的许多有益的探讨。感谢 Greg McKenna 的评论和已故教授 John D. Ferry 的鼓励。这项工作得到了美国海军研究办公室的部分支持。

（邱原　廖永贵　解孝林　译）

参考文献

[1] J. D. Ferry, *Viscoelastic Properties of Polymers*, 3rd edition (John Wiley, New York, 1980).

[2] A. V. Tobolsky, *Properties and Structure of Polymers* (John Wiley, New York, 1960).

[3] J. J. Aklonis and W. J. MacKnight, *Introduction to Polymer Viscoelasticity*, 2nd edition (John Wiley, New York, 1983).

[4] G. Strobl, *The Physics of Polymers*, 2nd edition (Springer, Berlin, 1997).

[5] M. Doi and S. F. Edwards, *The Theory of Polymer Dynamics* (Clarendon Press, Oxford, 1986).

[6] N. G. McCrum, B. E. Read, and G. Williams, *Anelastic and Dielectric Effects in Polymeric Solids* (John Wiley, New York, 1967).

[7] G. Williams, *Adv. Polym. Sci.*, **33** (1979), 60.

[8] G. B. McKenna, in *Comprehensive Polymer Science*, *Volume 2*, *Polymer Properties*, edited by C. Booth and C. Price (Pergamon, Oxford, 1989), p. 311.

[9] C. A. Angell, K. L. Ngai, G. B. McKenna, P. F. McMillan, and S. W. Martin, *J. Appl. Phys.*, **88** (2000), 3113.

[10] K. L. Ngai and D. J. Plazek, *Rubber Chem. Technol.*, *Rubber Rev.*, **68** (1995), 376.

[11] D. J. Plazek, *J. Rheol.*, **40** (1996), 987.

[12] G. B. McKenna, in *Encyclopedia of Polymer Science and Technology* (John Wiley, New York, 2002).

[13] F. Mezei, in *Liquids*, *Freezing and Glass Transition*, edited by J. P. Hansen, D. Levesque, and J. Zinn-Justin (North Holland, Amsterdam, 1991), p. 629.

[14] K. Schmidt-Rohr and H. W. Spiess, *Multidimensional Solid State NMR and Polymers* (Academic Press, London, 1994).

[15] R. Pecora (ed.), *Dynamic Light Scattering* (Academic Press, New York, 1986).

[16] K. Binder (ed.), *Monte Carlo and Molecular Dynamics Simulations in Polymer Science* (Oxford University Press, Oxford, 1995).

[17] W. Paul, G. D. Smith, Y. Yoon, Do B. Farago, S. Rathgeber, A. Zirkel. L. Willner, and D. Richter, *Phys. Rev. Lett.*, **80** (1998), 2346.

[18] H. Takeuchi and R. J. Roe, *J. Chem. Phys.*, **94** (1991), 7446 and 7458.

[19] R. H. Boyd, R. H. Gee, J. Han, and Y. J. Jin, *J. Chem. Phys.*, **101** (1994), 788.

[20] T. Pakula, *J. Molec. Liquids*, **86** (2000), 109.

[21] D. N. Theodorou and U. W. Suter, *Macromolecules*, **18** (1985), 1206.

[22] J. Baschnagel, *et al.*, *Adv. Polym. Sci.*, **152** (2000), 41.

[23] R. Greiner and F. R. Schwarzl, *Rheol. Acta*, **23** (1984), 378.

[24] D. J. Plazek and K. L. Ngai, in *Physical Properties of Polymer Handbook*, edited J. E. Mark (AIP Press, Woodbury, New York, 1996), p. 139.

[25] C. T. Moynihan, E. J. Easteal, and M. A. DeBolt, *J. Am. Cer. Soc.*, **59** (1976), 12.

[26] C. T. Moynihan, S.-K. Lee, M. Tatsumisago, and T. Minami, *Thermochim. Acta*, **280/281** (1996), 153.

[27] A. Q. Tool, *J. Am. Ceram. Soc.*, **29** (1946), 240.

[28] A. J. Kovacs, *Fortschr. Hochpolym.-Forsch.*, **3** (1964), 394.

[29] G. W. Scherer, *J. Am. Cer. Soc.*, **69** (1986), 374.

[30] O. S. Narayanaswamy, *J. Am. Cer. Soc.*, **54** (1971), 491.

[31] C. T. Moynihan, *et al.*, *Ann. N. Y. Acad. Sci.*, **279** (1976), 15.

[32] A. J. Kovacs, J. J. Aklonis, J. M. Hutchinson, and A. R. Ramos, *J. Polym. Sci.: Polym. Phys. Ed.*, **17** (1979), 1097.

[33] G. Williams and D. C. Watts, *Trans. Faraday Soc.*, **66** (1971), 80; G. Williams, D. C. Watts, S. B. Dev, and A. M. D. C. North, *Trans. Faraday Soc.*, **67** (1971), 1323.

[34] G. D. Patterson, in [15], p. 260.

[35] I. Hodge, *J. Non-Cryst. Solids*, **266** (1994), 169; G. W. Scherer, *J. Am. Ceram Soc.*, **67** (1984), 504.

[36] G. Adam and J. H. Gibbs, *J. Chem. Phys.*, **43** (1965), 139.

[37] W. Kauzmann, *Chem. Rev.*, **43** (1948), 219.

[38] J. M. Hutchinson, S. Montserrat, Y. Calventus, and P. Cortés, *J. Non-Cryst. Solids*, **307-310** (2002), 412.

[39] I. M. Hodge, *Macromolecules*, **16** (1983) 898.

[40] S. L. Simon, J. W. Sobieski, and D. J. Plazek, *Polymer*, **42** (2001), 2555.

[41] K. Schmidt-Rohr and H. W. Spiess, *Phys. Rev. Lett.*, **66** (1991), 3020.

[42] R. Böhmer, *et al.*, *J. Non-Cryst. Solids*, **235-237** (1998), 1.

[43] C. T. Moynihan and J.-H. Whang, *Master. Res. Soc. Symp. Proc.*, **455** (1977), 133.

[44] L. C. E. Struik, *Physical Aging in Amorphous Polymers and Other Materials* (Elsevier, Amsterdam, 1978); *J. Non-Cryst. Solids*, **131-133** (1991), 395.

[45] A. K. Doolittle, *J. Appl. Phys.*, **22** (1951), 1031.

[46] J. H. Gibbs and E. A. DiMarzio, *J. Chem. Phys.*, **28** (1958), 373.

[47] J. H. Gibbs and E. A. DiMarzio, *J. Chem. Phys.*, **28** (1958), 807.

[48] M. Mezard and G. Parisi, *Phys. Rev. Lett.*, **82** (1999), 747.

[49] M. Goldstein, *J. Chem. Phys.*, **51** (1969), 3728.

[50] M. H. Cohen and D. Turnbull, *J. Chem. Phys.*, **31** (1959), 1164.

[51] D. J. Plazek and A. J. Chelko Jr, *Polymer*, **18** (1977), 15.

[52] M. L. Williams, R. F. Landel, and J. D. Ferry, *J. Am. Chem. Soc.*, **77** (1955), 3701.

[53] D. J. Plazek, *J. Phys. Chem.*, **69** (1965), 3480.

[54] D. J. Plazek, *Polymer J.*, **12** (1980), 43.

[55] D. L. Plazek and D. J. Plazek, *Macromolecules*, **16** (1983) 1469.

[56] D. J. Plazek, *J. Polym. Sci.; Polym. Phys. Ed.*, **20** (1982), 729.

[57] S. J. Tao, *J. Chem. Phys.*, **56** (1972), 5499.

[58] M. Eldrup, D. Lightbody, and J. N. Sherwood, *Chem. Phys.*, **63** (1981), 51.

[59] Y. Y. Wang, H. Nakanishi, Y. C. Jean, and T. C. Sandreczki, *J. Polym. Sci. B, Polym. Phys.*, **28** (1990), 1431.

[60] H. A. Hristov, B. Bolan, A. F. Yee, L. Xie, and D. W. Gidley, *Macromolecules*, **29** (1996), 8507.

[61] J. Bartos and J. Kristiak, *J. Phys. Chem.*, **104** (2000), 5666.

[62] Y. Kobayashi, W. Zheng, E. F. Meyer, J. D. McGervey, A. M. Jamieson, and R. Simha, *Macromolecules*, **22** (1989) 2302.

[63] X. S. Li and M. C. Boyce, *J. Polym. Sci. B Polym. Phys.*, **31** (1993), 869.

[64] K. L. Ngai, L.-R. Bao, A. F. Yee, and C. L. Soles, *Phys. Rev. Lett.*, **87** (2001), 215 901.

[65] J. Bartos, O. Sausa, P. Bandzuch, J. Zrucova, and J. Kristiak, *J. Non-Cryst. Solids*, **307-310** (2002), 417.

[66] A. Mermet, E. Duval, N. V. Surovtev, J. F. Jal, A. J. Dianoux, and A. F. Yee, *Europhys. Lett.*, **38** (1997), 515.

[67] J. Bartos, J. Kristiak, and T. Kanaya, *Physica B*, **234** (1997), 435.

[68] P. J. Flory, *Principles of Polymer Chemistry* (Cornell University Press, Ithaca, New York, 1953).

[69] J. H. Magill, *J. Chem. Phys.*, **47** (1967), 2802.

[70] S. S. Chang and A. B. Bestul, *J. Chem. Phys.*, **56** (1972), 505.

[71] O. Yamamuro, I. Tsukushi, A. Lindqvist, S. Takahara, M. Ishikawa, and T. Matsuo, *J. Phys. Chem.*, **102** (1998), 1605.

[72] C. M. Roland, P. Santangelo, and K. L. Ngai, *J. Chem. Phys.*, **111** (2000), 5593.

[73] G. P. Johari, *J. Chem. Phys.*, **116** (2002), 2043.

[74] K. L. Ngai and C. M. Roland, *Polymer*, **43** (2002), 567.

[75] C. A. Angell, *J. Res. Natl. Inst. Stand. Technol.*, **102** (1997), 171.

[76] R. Richert and C. A. Angell, *J. Chem. Phys.*, **108** (1998), 9016.

[77] K. L. Ngai, *J. Phys. Chem.*, **103** (1999), 5895.

[78] H. Vogel, *Phys. Z.*, **22** (1921), 645.

[79] G. S. Fulcher, *J. Am. Ceram. Soc.*, **8** (1928), 339.

[80] G. Tammann and W. Hesse, *Z. Anorg. Allg. Chem.*, **156** (1926), 245.

［81］T. G. Fox and P. J. Flory, *J. Appl. Phys.*, **21** (1950), 581.

［82］T. G. Fox and L. Loshack, *J. Polym. Sci.*, **15** (1995), 371.

［83］E. A. DiMarzio and C. M. Guttman, *Macromolecules*, **20** (1987), 1403.

［84］A. J-M. Yang and E. A. DiMarzio, *Macromolecules*, **24** (1991), 6012.

［85］S. J. Clarson, K. Dodgson, and J. A. Semlyen, *Polymer*, **26** (1985), 930.

［86］K. U. Kirst, F. Kremer, T. Pakula, and J. Hollingshurst, *J. Coll. Polym. Sci.*, **272** (1994), 1420.

［87］S. J. Clarson, J. A. Semlyen, and K. Dodgson, *Polymer*, **32** (1991), 2823.

［88］P. G. Santangelo, C. M. Roland, T. Chang, D. Cho, and J. Roovers, *Macromolecules*, **34** (2001), 9002.

［89］A. K. Rizos and K. L. Ngai, *Macromolecules*, **31** (1998), 6217.

［90］D. J. Plazek and V. M. O'Rourke, *J. Polym. Sci.*, *Part A-2*, **9** (1971), 209.

［91］E. Jenkel and R. Heusch, *Kolloid Z.*, **130** (1953), 19.

［92］D. J. Plazek, C. Seoul, and C. A. Bero, *J. Non-Cryst. Solids*, **131-133** (1991), 570.

［93］F. N. Kelly and F. Beuche, *J. Polym. Sci.*, **50** (1961), 549.

［94］D. J. Plazek, E. Riande, H. Markovitz, and N. Raghupathi, *J. Polym. Sci.: Polym. Phys. Ed.*, **17** (1979), 2189.

［95］J. L. Schrag, *et al.*, *J. Non-Cryst. Solids*, **131-133** (1991), 537.

［96］R. L. Morris, S. Amelar, and T. P. Lodge, *J. Chem. Phys.*, **89** (1988), 6523.

［97］D. J. Gisser and M. D. Ediger, *Macromolecules*, **25** (1992), 1248.

［98］A. K. Rizos and K. L. Ngai, *Phys. Rev. B*, **46** (1992), 8127.

［99］A. K. Rizos and K. L. Ngai, *Macromolecules*, **27** (1994), 4493.

［100］P. G. Santangelo, C. M. Roland, K. L. Ngai, A. K. Rizos, and H. Katerinopoulos, *J. Non-Cryst. Solids*, **172-174** (1994), 1084.

［101］C. M. Roland, P. G. Santangelo, Z. Baram, and J. Runt, *Macromolecules*, **27** (1994), 5382.

［102］R. E. Wetton, W. J. MacKnight, J. R. Fried, and F. E. Karasz, *Macromolecules*, **11** (1978), 158.

［103］A. Zetsche and E. W. Fischer, *Acta Polym.*, **45** (1994), 168.

［104］S. Kamath, R. H. Colby, S. K. Kumar, K. Karatasos, G. Floudas, G. Fytas, and J. E. L. Roovers, *J. Chem. Phys.*, **111** (1999), 6121.

［105］J. B. Miller, K. J. McGrath, C. M. Roland, C. A. Trask, and A. N. Garroway, *Macromolecules*, **23** (1990), 4543.

［106］K. Schmidt-Rohr, J. Clauss, and H. W. Spiess, *Macromolecules*, **25** (1992), 3273.

［107］A. Alegria, J. Colmenero, K. L. Ngai, and C. M. Roland, *Macromolecules*, **27** (1994), 4486.

［108］K. L. Ngai and C. M. Roland, *Macromolecules*, **28** (1995), 4033.

[109] G. -C. Chung, J. A. Kornfield, and S. D. Smith, *Macromolecules*, **27** (1994), 5729.

[110] S. Hoffmann, L. Willner, D. Richter, A. Arbe, J. Colmenero, and B. Farago, *Phys. Rev. Lett.*, **85** (2000), 772.

[111] M. Doxastakis, M. Kitsiou, G. Fytas, D. N. Theodorou, N. Hadjichristidis, G. Meier, and B. Frick, *J. Chem. Phys.*, **112** (2000), 8687.

[112] C. M. Roland and K. L. Ngai, *Macromolecules*, **24** (1991), 2261.

[113] C. M. Roland and K. L. Ngai, *J. Rheol.*, **36** (1992), 1691.

[114] T. P. Lodge and T. C. McLeish, *Macromolecules*, **33** (2000), 5278.

[115] T. Inoue, M. T. Cicerone, and M. D. Ediger, *Macromolecules*, **28** (1995), 3425.

[116] D. Bainbridge and M. D. Ediger, *Rheol. Acta*, **36** (1997), 209.

[117] K. L. Ngai, *J. Phys. Chem. B*, **103** (1999), 10 684.

[118] E. A. DiMarzio, *J. Res. Natl. Bur. Stand. A*, **68** (1964), 611.

[119] M. J. Schroeder and C. M. Roland, *Macromolecules*, **35** (2002), 2676.

[120] J.-F. Shi, L. C. Dickinson, W. J. MacKnight, and J. C. W. Chien, *Macromolecules*, **26** (1993), 5908.

[121] K. L. Ngai and C. M. Roland, *Macromolecules*, **25** (1994), 2454.

[122] H. A. Flocke, *Kolloid Z. Z. Polym.*, **180** (1962), 188.

[123] B. G. Rånby, K. S. Chan, and H. Brumberger, *J. Polym. Sci.*, **58** (1962), 545.

[124] G. Floudas, P. Placke, W. Brown P. Stepanek, and K. L. Ngai, *Macromolecules*, **28** (1995), 6799.

[125] K. L. Ngai, S. Etienne, Z. Z. Zhong, and D. E. Schuele, *Macromolecules*, **28** (1995), 6423.

[126] F. E. Karasz and W. J. MacKnight, *Macromolecules*, **1** (1968), 537.

[127] G. P. Mikhailov and T. I. Borisova, *Polym. Sci. USSR*, **2** (1961), 387.

[128] D. J. Plazek, V. Tan, and V. M. O'Rourke, *Rheol. Acta*, **13** (1974), 367.

[129] A. Eisenberg, *J. Phys. Chem.*, **67** (1967), 1333.

[130] J. E. McKinney and M. Goldstein, *J. Res. Natl. Bur. Stand. A*, **78A** (1974), 331.

[131] G. Goldbach and G. Rehage, *Rheol. Acta*, **6** (1967), 30.

[132] C. M. Roland and R. Casalini, *Macromolecules*, **36** (2003), 1361.

[133] M. Paluch, R. Casalini, and C. M. Roland, *Phys. Rev. B*, **66** (2002), 092 202.

[134] J. L. Keddie, R. A. L. Jones, and R. A. Cory, *Europhys. Lett.*, **27** (1994), 59.

[135] K. Tanaka, A. Takahara, and T. Kajiyama, *Macromolecules*, **33** (2000), 6439; K. Fukao and Y. Miyamoto, *Phys. Rev. E*, **61** (2000), 1743.

[136] J. A. Forrest, K. Dalnoki-Veress, J. R. Stevens, and J. R. Dutcher, *Phys. Rev. Lett.*, **77** (1996), 2002; J. A. Forrest, K. Dalnoki-Veress, and J. R., Dutcher, *Phys. Rev. E.*, **58** (1998), 6109; J. A. Forrest and Dalnoki-Veress, *Adv. Coll.*

Interf. Sci., **94** (2001), 167.

[137] K. L. Ngai, A. K. Rizos, and D. J. Plazek, *J. Non-Cryst. Solids*, **235-237** (1998), 435.

[138] K. L. Ngai, *Euro. Phys. J. E*, **8** (2002), 225.

[139] J. Baschnagel, C. Mischler, and K. Binder, *J. Physique IV*, **10** (2000), Pr7-9.

[140] C. Mischler, J. Baschnagel, and K. Binder, *Adv. Coll. Interf. Sci.*, **94** (2001), 197.

[141] S. H. Anastasiadis, K. Karatasos, G. Vlachos, E. Manias, and E. P. Giannelis, *Phys. Rev. Lett.*, **84** (2000), 915.

[142] D. S. Fryer, P. F. Nealey, and J. J. de Pablo, *Macromolecules*, **33** (2000), 6439.

[143] G. B. McKenna, *J. Physique IV*, **10** (2000), Pr7-53.

[144] C. L. Jackson and G. B. McKenna, *J. Chem. Phys.*, **93** (1991), 9002.

[145] M. Arndt, R. Stannarius, H. Groothues, E. Hempel, and F. Kremer, *Phys. Rev. Lett.*, **79** (1997), 2077.

[146] K. L. Ngai, *J. Phys.: Condens. Matter*, **11** (1999), A119.

[147] A. Schönhals, H. Goering, and Ch. Schick, to be published (2003).

[148] K. L. Ngai, *J. Non-Cryst. Solids*, **275** (2000), 7.

[149] R. Kohlrausch, *Pogg. Ann. Phys.*, **12** (1847), 393; *Pogg. Ann. Phys.*, **91** (1854), 56 and 179.

[150] H. W. Spiess, *J. Non-Cryst. Solids*, **131-133** (1991), 766; S. Kaufmann, S. Wefing, D. Schaefer, and H. W. Spiess, *J. Chem. Phys.*, **93** (1990), 197.

[151] K. L. Ngai and D. J. Plazek, in *Physical Properties of Polymers Handbook*, edited by J. E. Mark (AIP Press, Woodbury, New York, 1996), p. 341.

[152] G. Fytas and K. L. Ngai, *Macromolecules*, **21** (1988), 804.

[153] P. G. Santangelo, K. L. Ngai, and C. M. Roland, *Macromolecules*, **29** (1996), 3651.

[154] C. M. Roland, K. L. Ngai, P. G. Santangelo, XH. Qiu, M. D. Ediger, and D. J. Plazek, *Macromolecules*, **34** (2001), 6159.

[155] G. B. McKenna, K. L. Ngai, and D. J. Plazek, *Polymer*, **26** (1985), 1651; K. L. Ngai and D. J. Plazek, *J. Polym. Sci.: Polym. Phys. Ed.*, **23** (1985), 2159.

[156] R. A. Mendelsohn, W. A. Bowles, and G. L. Finger, *J. Polym. Sci. A-2*, **8** (1970), 105.

[157] X. H. Qiu, M. D. Ediger, *Macromolecules*, **33** (2000), 490.

[158] F. Stickel, E. W. Fischer, and R. Richert, *J. Chem. Phys.*, **104**, (1996), 2043.

[159] K. L. Ngai, J. H. Magill, and D. J. Plazek, *J. Chem. Phys.*, **112** (2000), 1887.

[160] A. Heuer, M. Wilhelm, H. Zimmermann, and H. W. Spiess, *Phys. Rev. Lett.*, **75** (1997) 2851.

[161] J. Colmenero, A. Alegria, A. Arbe, and B. Frick, *Phys. Rev. Lett.*, **69** (1992), 478; J. Colmenero, A. Arbe, and A. Alegria, *J. Non-Cryst. Solids*, **172-174** (1994), 126; R. Zorn, A. Arbe, J. Colmenero, B. Frick, D. Richter, and U. Buchenau, *Phys. Rev. E*, **52** (1995), 781; J. Colmenero, A. Arbe, G. Coddens, B. Frick, C. Mijangos, and H. Reinecke, *Phys. Rev. Lett.*, **78** (1997) 1928.

[162] K. L. Ngai, J. Colmenero, A. Arbe, and A. Alegria, *Macromolecules*, **25** (1992), 6727.

[163] D. J. Plazek and K. L. Ngai, *Macromolecules*, **24** (1991), 1222. Werner Oldekop [*Glaßtechnische Berichte*, **30** (1957), 8] and later W. T. Laughlin and D. R. Uhlmann [*J. Phys. Chem.*, **76** (1972), 2317.] were the first to use T_g as a corresponding state parameter for liquid viscosity η to compare the flow behavior of different liquids. Later on C. A. Angell introduced the terms "fragile" and "strong" to classify non-polymeric liquids that have different curvatures in this plot [C. A. Angell, in *Relaxations in Complex Systems*, edited by K. L. Ngai and G. B. Wright (US Government Publishing House, 1984), pp. 3-16; *J. Non-Cryst. Solids*, **131-133** (1991), 13.].

[164] R. Böhmer, K. L. Ngai, C. A. Angell, and D. J. Plazek, *J. Chem. Phys.*, **99** (1993), 4201.

[165] K. L. Ngai and C. M. Roland, *Macromolecules*, **26** (1993), 6824.

[166] J. D. Ferry, *Macromolecules*, **24** (1991), 5237.

[167] A. K. Rizos, T. Jian, and K. L. Ngai, *Macromolecules*, **28** (1995), 517.

[168] K. L. Ngai, D. J. Plazek, and A. K. Rizos, *J. Polym. Sci. Pt B: Polym. Phys.*, **35** (1997), 599.

[169] D. J. Plazek, X. D. Zheng, and K. L. Ngai, *Macromolecules*, **25** (1992), 4920.

[170] K. L. Ngai and D. J. Plazek, C. Bero, *Macromolecules*, **26** (1993), 1065.

[171] K. L. Ngai, *Comments Solid State Phys.*, **9** (1979), 127 and 141.

[172] K. L. Ngai, A. K. Rajagopal, and S. Teitler, *J. Chem. Phys.*, **88** (1988), 6088.

[173] K. L. Ngai and K. Y. Tsang, *Phys. Rev. E*, **60** (1999), 4511.

[174] K. L. Ngai and R. W. Rendell, in *Supercooled Liquids, Advances and Novel Applications*, edited by J. T. Fourkas, D. Kivelson, U. Mohanty, and K. Nelson, (American Chemical Society, Washington, 1997), p. 45.

[175] K. L. Ngai, R. W. Rendell, and D. J. Plazek, *Rheol. Acta.*, **36** (1997), 307.

[176] K. L. Ngai and D. J. Plazek, *Macromolecules*, **35** (2002), 9136.

[177] J. Heijboer, *Kolloid Z.*, **148** (1956), 36.

[178] E. W. Fischer, G. P. Hellmann, H. W. Spiess, F. J. Horth, U. Ecarius, and M. Wehrle, *Makromol. Chem.*, *Suppl.*, **12** (1985), 189.

[179] A. A. Jones, J. F. O'Gara, P. T. Inglefield, J. T. Bendler, A. F. Yee, and K. L. Ngai, *Macromolecules*, **16** (1983), 658.

[180] J. J. Connolly and A. A Jones, *Macromolecules*, **18** (1985), 910.

[181] A. Eisenberg and B. C. Eu, *Ann. Rev. Mater. Sci.*, **6** (1976), 335.

[182] J. R. Fried, in *Physical Properties of Polymers Handbook*, edited by J. E. Mark (AIP Press, Woodbury, New York, 1996), p. 161.

[183] K. Schmidt-Rohr, A. S. Kulik, H. W. Beckham, A. Ohlemacher, U. Pawelzik, C. Boeffel, and H. W. Spiess, *Macromolecules*, **27** (1994), 4733.

[184] G. P. Johari, *Annals New York Acad. Sci.*, **279** (1976), 117.

[185] M. Goldstein, *Ann. N.Y. Acad. Sci.*, **279** (1976), 68.

[186] G. P. Johari, G. Power, and J. K. Vij, *J. Chem. Phys.*, **116** (2002), 5908.

[187] K. L. Ngai, *J. Chem. Phys.*, **109** (1998), 6982; *Macromolecules*, **32** (1999), 7140.

[188] K. L. Ngai, *J. Phys.: Condens. Matter*, **15** (2003), S1107.

[189] F. Fujara and W. Petry, *Europhys. Lett.*, **4** (1987), 921.

[190] U. Buchenau and R. Zorn, *Europhys. Lett.*, **18** (1992), 523.

[191] B. Frick and D. Richter, *Phys. Rev. B*, **47** (1993), 14 795.

[192] W. Petry and J. Wuttke, *Trans. Theor. Statist. Phys.*, **24** (1995), 1075.

[193] J. Gapinski, W. Steffen, A. Patkowski, A. P. Sokolov, A. Kisliuk, U. Buchenau, M. Russina, F. Mezei, and H. Schober. *J. Chem. Phys.*, **110** (1999), 2312.

[194] H. C. Barshilia, G. Li, G. Q. Shen, and H. Z. Cummins, *Phys. Rev. E*, **59** (1999), 5625.

[195] F. Mezei and M. Russina, *J. Phys.: Condens. Matter*, **11** (1999), A341.

[196] T. Kanaya, T. Tsukushi, K. Kaji, J. Bartos, and J. Kristiak, *Phys. Rev. E*, **60** (1999) 1906.

[197] P. Lunkenheimer, U. Schneider, R. Brand, and A. Loidl, *Contemp. Phys.*, **41** (2000), 15.

[198] R. Casalini and K. L. Ngai, *J. Non-Cryst. Solids*, **293-295** (2001), 318.

[199] C. A. Angell, *J. Phys.: Condens. Matter*, **12** (2000), 6463.

[200] S. Yagihara, M. Yamada, M. Asano, Y. Kanai, N. Shinyashiki, S. Mashimo, and K. L. Ngai, *J. Non-Cryst. Solids*, **235-237** (1998), 412.

[201] S. Corezzi, M. Beiner, H. Huth, K. Schröter, S. Capaccioli, R. Casalini, D. Fioretto, and E. Donth, *J. Chem. Phys.*, **117** (2002), 2435.

[202] R. W. Gray, G. Harrison, and J. Lamb, *Proc. R. Soc. London, A Ser.*, **356** (1977), 77.

[203] J. Cochrane, G. Harrison, J. Lamb, and D. W. Phillips, *Polymer*, **21** (1980), 837.

[204] D. J. Plazek, C. Bero, S. Neumeister, G. Floudas, G. Fytas, and K. L. Ngai, *J. Colloid Polymer Sci.*, **272** (1994), 1430.

[205] D. J. Plazek, A. Schönhals, E. Schlosser, and K. L. Ngai, *J. Chem. Phys.*, **98** (1993), 6488.

[206] K. L. Ngai, A. Schönhals, and E. Schlosser, *Macromolecules*, **25** (1992), 4915.

[207] K. L. Ngai, I. Echeverria, and D. J. Plazek, *Macromolecules*, **29** (1997), 7937.

[208] B. E. Read, P. E. Tomlins, and G. D. Dean, *Polymer*, **31** (1990), 1204.

[209] M. L. Williams, *J. Polym. Sci.*, **62** (1962), 57.

[210] D. J. Plazek, I.-C. Chay, K. L. Ngai, and C. M. Roland, *Macromolecules*, **28** (1995), 6432.

[211] D. Richter, M. Monkenbusch, J. Allgeier, A. Arbe, J. Colmenero, B. Farago, Y. Choel Bae, and R. Faust, *J. Chem. Phys.*, **111** (1999), 6107.

[212] A. Arbe, M. Monkenbusch, J. Stellbrink, D. Richter, B. Farago, M. Almdal, and R. Faust, *Macromolecules*, **34** (2001), 1281.

[213] S. Krushev, W. Paul, and G. D. Smith, *Macromolecules*, **35** (2002), 4198.

[214] D. J. Plazek, *J. Polym. Sci. Pt A-2*, **6** (1968), 621.

[215] J.-Y. Cavaille, C. Jordan, J. Perez, L. Monnerie, and G. Johari, *J. Polym. Sci.: Pt B: Polym. Phys.*, **25** (1987), 1235.

[216] L. I. Palade, V. Verney, and P. Attané, *Macromolecules*, **28** (1995), 7051.

[217] M. L. Williams and J. D. Ferry, *J. Colloid Sci.*, **10** (1955), 474.

[218] D. J. Plazek, M. J. Rosner, and D. L. Plazek, *J. Polym. Sci., Part B: Polym. Phys.*, **26** (1988), 473.

[219] G. Floudas, C. Gravalides, T. Reisinger, and G. J. Wegner, *J. Chem. Phys.*, **111** (1999), 9847.

[220] K. L. Ngai and D. J. Plazek, *Macromolecules*, **35** (2002), 9136.

第 3 章　高分子液体的黏弹性和流动

William W. Graessley

普林斯顿大学化学工程系，美国新泽西州普林斯顿 08544

3.1　引言

本章讨论高分子液体状态下的黏弹性行为，特别强调高分子熔体和浓溶液的流动特性。高分子在玻璃态和玻璃化转变附近的时间依赖性响应，也是黏弹性的一种性质，第 2 章中已加以讨论。本章关注的重点是长时间和远高于玻璃化温度时的响应。第 1 章中，讨论了高分子网络在远高于玻璃化温度时的弹性行为。这里的条件也很类似，在高分子液体中弹性效应可能非常重要，但由于高分子链没有交联在一起形成网络，因此可能会发生稳态流动。由于其全部都有一定尺寸，又是柔性高分子，所以对于本章中所关注的材料，其分子在平衡状态下具有无规线团构象，关于这点请参阅第 1 章和第 7 章。

本章讨论的内容包括：线性黏弹性[1]、高分子液体流变学表征的主要手段、稳态条件下的简单剪切流动[2,3]，还有对非线性黏弹行为相对简明概括的说明。同时，将讨论大尺度链结构（分子量、分子量分布和长支化链等）的效应，相关分子理论也将进行介绍。在这里，不讨论这门学科的数学基础[4,5] 以及解决实际流动问题的应用[6-8]。其他的一些重要内容也被省略或仅简单介绍，与之相关的内容已列出参考文献。对于高分子液体的黏弹行为，要提供物理学的理论理解，应该包括宏观和分子水平的两种观点，这是本章的主要目的。

3.2　概念和定义

3.2.1　形变和应力

使物体形变意味着改变其形状[9]。如图 3.1 所示，液体在管道中流动（泊肃叶流动）时，会发生形变。无论是由压力还是重力驱动，液体单元都沿着平行于管轴的直线移动，位于管道中心线上流体的流速最大，而管壁上的流体完全不流动。对于长管和恒定的驱动力，所有液体单元都以恒定的速度流动；每个单元与靠近中心线的邻近单元相比流速稍慢，与靠近管壁的邻近单元相比则流速稍快。管流是一个简单的剪切形变的例子，液体层沿流动方向相互滑动而不是拉伸。图 3.1 还示出简单剪切的其他例子，它们是由同轴圆柱体（库埃特流动）、同轴平行板（扭转流动）和同轴锥板相对旋转引起的流动。

简单拉伸形变属于另一类形变。如图 3.1 下半部分所示，液体单元相对于相邻单元，沿流动方向拉伸而不发生滑动。拉伸流动，有时称为伸长流动，在高分子加工中非常多见，如纤维纺丝和薄膜成型。然而，拉伸流动难以控制和维持。实验室里大多数用于表征高分子流动特性的方法都涉及简单剪切流动。如图 3.2 所示，这两种形变对链构象的影响，是由各自的相对运动引起的。为了简便起见，本章仅讨论高分子剪切流动的响应。

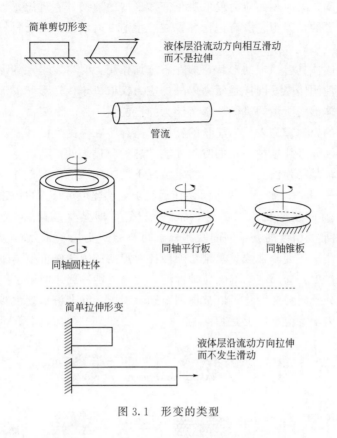

图 3.1　形变的类型

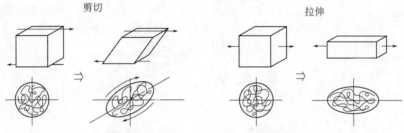

图 3.2　剪切和拉伸流动对链构象的影响

形变总是涉及物体中各部分之间距离的变化，从而产生一种阻力。如管道中的流速是由两个力的平衡决定的。一个是驱动流动压差产生的力；另一个力方向相反，是剪切应力产生的力，起源于液体单元的相对运动和液体邻近层之间的作用。类似地，在图 3.1 所示的各种同轴几何结构中，施加的扭矩与来自相对运动的剪应力相反。更通俗地讲，材料中的应力是单位面积内相邻颗粒层之间通过接触传递的力。应力和形变之间的关系是材料本身的属性。流变学是研究应力-形变关系的科学，尽管该术语通常用于讨论其行为比普通液体和固体更为复杂的材料。

3.2.2　黏弹性

液体没有一定的形状。除了在各个方向上的压力作用相等外，理想黏性液体中的应力仅取决于应变速率，某时刻的应力仅取决于液体形变的速率。在理想黏性液体中，它的形变历史是无关紧要的，因为它没有记忆性。在产生形变时消耗的所有机械功都被耗散，瞬间转化为热能。

另一方面，固体具有一定的形状，即在不施加作用力时自发呈现的形状，也称为静止形状。在理想弹性固体中，同样是压力以外的应力仅取决于优选形状的形变量，使静止状态下的理想弹性体形变所做的机械功都存储为弹性能量。

黏弹性材料的力学行为表现出能量的耗散和储存。在黏弹性液体中，应力取决于形变的历史，黏弹性液体必须经过一定的时间才能"忘记"过去的形状。

所有的物质都是黏弹性的，它们在特定情况下的响应取决于测试的速率和分子水平上结构自发重组的速率[1]。如图 3.3 所示，在远高于玻璃化温度 T_g 的普通液体中，相邻的分子通过布朗运动迅速变化。局部结构的"记忆"，即其平均寿命非常短（可能约为 10^{-10} s）。任何由形变引起的分子间间距和分子间势能的变化，都会迅速弛豫回到平衡状态。因此，除非测试速度非常快，否则普通液体对形变的力学响应基本上是黏性的。另一方面，在普通固体中，局部结构的响应弛豫非常慢（可能约为 10^{10} s）。结构记忆是非常长的，形变引起的分子间势能变化可以被保留下来。因此，除非测试速度极慢，否则普通固体对微小形变的力学响应本质上是弹性的。

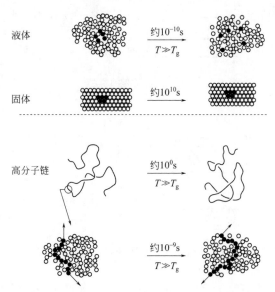

图 3.3　普通液体、固体和高分子熔体的分子重排以及相关的时间尺度

高分子液体与众不同的一个特性是，从发生显著的构象重排到完全回复平衡的时间非常长，构象弛豫在多个数量级上的时间分布归因于大分子结构特点和局部链柔性。在单体单元的尺度上，柔性链的重排非常迅速，可能是 10^{-9} s。大分子的局部重排时间，即基本时间（primitive time），不仅受主链键的旋转能影响，而且在一定程度上还受需要与同一链上相邻单元的局部协同的影响。对于长链，基本时间与链长无关，且随着温度升高而缩短。在相对于 T_g 的温度下，高分子液体的局部重排时间与普通液体似乎没有明显的差异。然而，如图 3.3 所示，链构象的完全重排需要的时间要长得多，如长达 10^1 s 的情况

也并不少见。链单元不仅必须在局部重新排列，而且必须逐渐扩散到更远的距离，以便对更长链段的构象进行重排。完全重排所需的时间是基本时间的许多倍，并且在很大程度上取决于大尺寸的链。在这些相对缓慢的过程中，末端弛豫或缓慢的动力学极大地影响了高分子熔体和溶液的流动性质。正因为如此，分子量、分子量分布和长支链在高分子的流变行为中起着非常重要的作用。

高分子液体和高分子网络与普通液体和固体不同，它们的第二个特性是容易引起有限形变效应。因此，无论是在高分子液体中还是在高分子网络中，形变都使其链构象显著地偏离平衡态。非线性弹性响应就是由这些大的构象畸变所产生的，这些在高分子液体和网络中都得到了证明[10]。时间依赖性和形变依赖性的结合产生了非线性黏弹性行为，作为简单示例将在本章的后面进行讨论。另一方面，如果形变很小或形变得足够缓慢，则分子排列不会偏离平衡太多。力学响应只是分子水平上发生动态变化的反映，即使是在完全达到力平衡和热平衡的情况下也是如此，这就是线性黏弹性范围。在这种情况下，应力和应变是线性相关的，在下面将作特殊说明。在非常宽的范围内，任何液体的线性黏弹性行为都可以用一个时间的函数来描述，并通过一系列实验过程来获得此函数的属性，这将在下一节进行阐述。

3.3 线性黏弹性

首先考虑简单剪切形变，如图 3.4 所示。剪切应力 σ 定义为 F/A，即作用于剪切面 A 的单位面积上的剪切力 F。形变在这里具体指剪切应变 γ，即 Δ/H，是与剪切面距离为 H 处的相对位移 Δ 与距离的比值。形变速率在这里具体指剪切速率 $\dot{\gamma}$，即 $(\mathrm{d}\Delta/\mathrm{d}t)/H$，是剪切应变 γ 随时间的变化速率。剪切速率也可以表示为速度梯度 V/H，其中 V 定义为 $(\mathrm{d}\Delta/\mathrm{d}t)$，即相对速度。如图 3.4 示例表明，材料各处的 σ、γ 和 $\dot{\gamma}$ 都相同，即形变是均匀的。

剪切形变

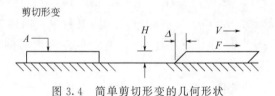

图 3.4　简单剪切形变的几何形状

3.3.1　应力-应变关系

应力-应变关系是材料的一种物理性质。对于胡克固体和牛顿液体，分别为纯弹性响应和纯黏性响应的经典模型，在简单剪切之下遵循下列应力-应变关系：

胡克定律 $\qquad\qquad\qquad\qquad \sigma(t)=G\gamma(t)$ $\qquad\qquad\qquad\qquad$ (3.1)

牛顿定律 $\qquad\qquad\qquad\qquad \sigma(t)=\eta\dot{\gamma}(t)$ $\qquad\qquad\qquad\qquad$ (3.2)

式中，$\gamma(t)$ 和 $\dot{\gamma}(t)$ 为任何时刻 t 的剪切应变和剪切速率；$\sigma(t)$ 为对应时刻的剪切应力。在这两种情况中，都使用单个参数来定义力学响应，即固体的剪切模量 G 和液体的剪切黏度 η。值得强调的是，固体在某时刻下的应力仅取决于当前应变，液体仅取决于当前应变速率，其形变历史均不起作用。胡克定律准确地描述了许多固体材料的小应变行为，牛顿定律则广泛地适用于小分子液体，但在高分子玻璃化转变附近除外。

3.3.1.1 应力弛豫

加载历史对黏弹性物质有重要的影响[1]，对突然形变发生的响应，在短时间内呈固体状，长时间后则变为液体状。加载历史确实是至关重要的，但在此种应力弛豫的情况下，其加载历史只是施加形变后恒定应力随时间的延续。在应力弛豫实验中，如在简单剪切作用下，原则上可在瞬间施加一些小的剪切应变 γ_0，在应变保持固定的情况下，记录不同时刻的剪切应力。对于胡克固体，应变是恒定的，因此应力是一个常数，$\sigma(t) = G\gamma_0$。对于牛顿液体，应变速率为零，因此应力为零，初始峰值除外。黏弹性物质的应力从某个初始值开始（类似液体的尖峰通常变化太快，以至于无法记录下来），随着时间的推移逐渐减小，最终达到固体为零的平衡值或液体的平衡值。如果应变足够小，则应力/应变的比值仅是时间的函数。响应在扰动中是线性的，响应/扰动的比值是材料的线性黏弹性。对于简单的剪切阶跃应变，$G(t)$ 即剪切应力弛豫模量：

$$G(t) = \sigma(t)/\gamma_0 \tag{3.3}$$

典型的应力弛豫实验结果如图 3.5 所示。

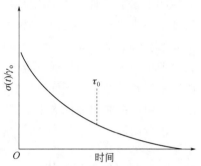

图 3.5　小的阶跃剪切变形后的应力弛豫 [$\gamma = \gamma_0$（在 $t \geqslant 0$ 时）]

3.3.1.2 蠕变和回复

在蠕变实验中，应力和应变的作用与应力弛豫比较正好相反：应力是扰动，应变是响应。在简单剪切中，施加恒定的剪切应力 σ_0 并记录应变 $\gamma(t)$ 随时间的变化。在蠕变回复阶段，试样卸载，即将剪切应力设置为零，并将应力撤去后记录应变。因为应力是恒定的，蠕变应变 $\gamma(t)$ 是一个常数。对于胡克固体，$\gamma(t) = \sigma(t)/G$；对于牛顿液体，蠕变应变与时间成正比，$\gamma(t) = (\sigma_0/\eta)t$。在回复阶段，固体的应变立即回复为零，液体的应变为 $(\sigma_0/\eta)t_1$ 并保持不变，其中 t_1 是撤去应力的时间，即蠕变回复开始的时间。

对于蠕变阶段的黏弹性液体，应变从一个很小的值开始，然后迅速增大，但增大的速率随时间递减直到最终达到稳态。在稳态下，应变随时间线性增长。在回复阶段，黏弹性液体反冲至零，最终以比卸载时更小的总应变达到平衡。如果剪切应力足够小，则整个时间范围内的响应都是线性的。在线性范围区间，蠕变阶段中的剪切应变/剪切应力的比值仅是时间的函数，即剪切蠕变柔量 $J(t)$：

$$J(t) = \gamma(t)/\sigma_0 \tag{3.4}$$

图 3.6 概述了蠕变柔量在从蠕变到稳态以及稳态回复过程中的变化特征。

线性黏弹性特性 $G(t)$ 和 $J(t)$ 密切相关。应力弛豫模量和蠕变柔量都是平衡状态液体分子水平上相同动力学过程的表现，且两者密切相关，但不是简单的倒数关系，因为简单倒数关系 $G(t) = 1/J(t)$ 只适用于牛顿液体和胡克固体。它们通过玻尔兹曼叠加原理[1]，即线性响应函数，获得积分方程从而得到关联。下面给出了这种关系的一个例子。

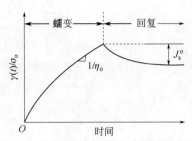

图 3.6 施加恒定应力后,剪切形变达到稳态,然后再撤去应力后回复。在 $t \geqslant 0$ 时,$\sigma = \sigma_{\circ}$;达到稳定状态后,$\sigma = 0$

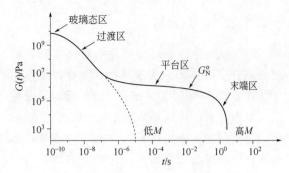

图 3.7 典型高分子熔体在延长时间范围内的剪切应力弛豫模量

图 3.7 为近单分散线形高分子熔体的剪切应力弛豫模量 $G(t)$,展示了玻璃态区、过渡区、平台区和末端区的响应特性。如图 3.8 所示,形变使长链产生了畸变构象。在很短的时间内,响应呈玻璃态。有机玻璃的模量较高,G_{g} 约为 10^9 Pa,并且对温度相对不敏感。高分子链在发生局部弛豫的同时,模量从 G_{g} 开始降低。随着弛豫时间的延续,链间距离的增加导致模量持续降低。对于链相对短的高分子,其弛豫过程简单而平稳地进行到零模量。然而,对于长链高分子,弛豫速率 $\mathrm{dlg}G(t)/\mathrm{dlg}t$ 在中间某个时间点就开始明显减慢,模量在一定时间范围内也保持相对恒定,然后回复到更快的弛豫速率直至完全平衡。

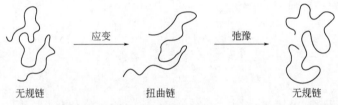

图 3.8 阶跃剪切应变导致的链构象变形,弛豫后回到平衡状态

在中间区,即平台区内,还分为短时间弛豫区(也称为过渡区)和长时间弛豫区(也称为末端区),在平台区内,链结构影响较小;在末端区内,分子量、分子量分布、长链支化等结构特征影响较大。平台区的力学响应类似于橡胶网络,平台区宽度随链长的增加而迅速增加,但平台区的模量 G_{N}° 约为 $10^5 \sim 10^6$ Pa,取决于高分子的种类和浓度,而与链结构无关,对温度也不敏感。平台的存在归因于链缠结,或者更确切地说,归因于分子主链的相互不可跨越性,如图 3.9 所示。缠结是高分子黏弹性分子解释的一个重要特征,下面将进行更详细的讨论。

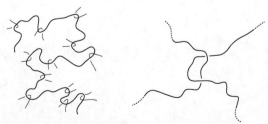

图 3.9 由线团重叠和分子主链相互不可跨越引起的链缠结相互作用

3.3.1.3 动态模量

尽管应力弛豫和蠕变测量有诸多方法，但表征高分子熔体和浓溶液线性黏弹性的最常用方法还是振荡剪切法。如图3.10所示，在线性区域内，对液体施加角频率ω、幅度γ_0足够小的正弦形变，应力在稳态时的响应也是正弦曲线，但与应变之间通常存在一定的相位角偏差φ。

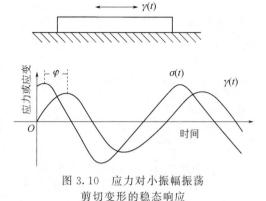

图3.10 应力对小振幅振荡剪切变形的稳态响应

将稳态应力分解为同相分量和异相分量，都是频率的函数：

输入 $$\gamma(t)=\gamma_0 \sin(\omega t) \tag{3.5}$$

输出 $$\sigma(t)/\gamma_0 = G'(\omega)\sin(\omega t)+G''(\omega)\cos(\omega t) \tag{3.6}$$

式中，$G'(\omega)$是动态储能模量；$G''(\omega)$是动态损耗模量。对于胡克固体，应力与应变同相位［见式（3.1）］，因此在所有频率下$G'(\omega)=G$且$G''(\omega)=0$。对于牛顿液体，应力与应变的相位角相差90°，与应变速率同相位，$\gamma_0\omega\cos(\omega t)$，因此，$G'(\omega)=0$且$G''(\omega)=\eta\omega$［见式（3.2）］。对于黏弹性物质，如预期的那样，$G'(\omega)$和$G''(\omega)$的频率依赖性是固态和液态响应的综合结果。对于黏弹性液体，基于玻尔兹曼叠加得出动态模量与应力弛豫模量之间具有如下关系[1]：

$$G'(\omega)=\omega\int_0^\infty G(t)\sin(\omega t)\,\mathrm{d}t$$
$$G''(\omega)=\omega\int_0^\infty G(t)\cos(\omega t)\,\mathrm{d}t \tag{3.7}$$

在近单分散长链线形高分子熔体中，$G'(\omega)$和$G''(\omega)$的频率依赖性如图3.11所示。与图3.7中的$G(t)$相比，各种黏弹性区出现的顺序是相反的。低频对应于长时间，高频则对应于短时间。在最低频率下，$G'(\omega)$远小于$G''(\omega)$，因此黏性响应是主要的。然而，这些曲线最终会相交，并且在中频处，$G'(\omega)$大于$G''(\omega)$，因此在平台区主要是弹性响应。进入过渡区后，两者的值再次反转。最终$G'(\omega)$趋于稳定，接近于玻璃态模量G_g，并且

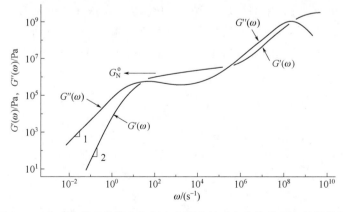

图3.11 典型高分子熔体在宽频率范围内的动态存储模量和损耗模量

$G''(\omega)$ 在玻璃态区再次下降。损耗模量具有两个峰，分别对应于末端区和过渡区，前者也称为低频区，其弛豫过程受分子结构的影响很敏感；后者也称为高频区，其弛豫过程对结构不敏感。

3.3.1.4 黏弹性参数

在高分子液体的流动行为中，有两个物理量起重要作用：零剪切速率下的稳态黏度 η_0 和稳态可回复剪切柔量 J_s°。两者都是从蠕变结果中直接获得的，η_0 由在蠕变阶段的稳态中的 σ_0 和剪切速率 $\dot{\gamma}_{ss}$ 计算得到，J_s° 从回复阶段的总回缩应变（γ_r）计算得到：

零剪切黏度 $$\eta_0 = \sigma_0 / \dot{\gamma}_{ss} \qquad (3.8)$$

可回复柔量 $$J_s^\circ = \gamma_r / \sigma_0 \qquad (3.9)$$

Boltzmann（玻尔兹曼）叠加原理将 η_0 和 J_s° 与 $G(t)$ 的性质联系起来：

$$\eta_0 = \int_0^\infty G(t)\,\mathrm{d}t \qquad (3.10)$$

$$J_s^\circ = \frac{1}{\eta_0^2}\int_0^\infty tG(t)\,\mathrm{d}t \qquad (3.11)$$

通过式（3.7），把式（3.10）和式（3.11）中的 $G(t)$ 替换成 $G'(\omega)$ 和 $G''(\omega)$。由这些表达式，基于低频极限行为得到零剪切黏度和可回复剪切柔量：

$$\eta_0 = \lim_{\omega \to 0} G''(\omega)/\omega \qquad (3.12)$$

$$J_s^\circ = \frac{1}{\eta_0^2}\lim_{\omega \to 0} G'(\omega)/\omega^2 \qquad (3.13)$$

对于牛顿液体，可回复剪切柔量 J_s° 为零。所有液体都具有黏性，但是 J_s° 的非零值是黏弹性的一个明确的指标。正如下面要讨论的，J_s° 还可表征稳态流动响应的弹性特征。它很难测量，但合理的估算是非常有用的。**零剪切黏度** η_0 不像 J_s° 那样难测量，但仍需谨慎，它在很多情况下都很有用。零剪切黏度和可回复柔量的乘积是特征弛豫时间[11]：

$$\tau_0 = \eta_0 J_s^\circ \qquad (3.14)$$

这个量值有很多用处，如 τ_0 值近似为液体流动应力最终到达平衡所需的时间。正如下面还要讨论的，τ_0 还可以用来确定稳态剪切流动中非线性黏弹性响应的起始点。

许多高分子的平台模量 G_N° 都是已知的[12,13]。对于分子量高、近单分散高分子，其 G_N° 可从平台区相对恒定的 $G(t)$ 和 $G'(\omega)$ 值来估算。除此之外，还有一些更精确计算 G_N° 值的方法[1]。

3.3.2 温度依赖性

应力弛豫模量和动态模量，如图 3.7 和图 3.11 所示，在模量、时间或频率尺度上跨越了多个数量级。迄今为止，还没有一个实验可以涵盖整个范围，即使是最好的仪器，典型的动态范围也只有五个数量级。得到的这些图实际上是同一高分子根据不同温度下测量数据合成的主曲线。除了极少数例外（传统的低密度聚乙烯是最典型的例子[14,15]），远高于 T_g 的均相高分子液体完全符合时-温叠加的原理[1,16]。温度的变化使黏弹性函数沿着对数模量和对数时间或对数频率的标度移动，但不会显著改变其形状：

$$G(t, T) = G(t/a_T, T_0)/b_T \tag{3.15}$$

$$G'(\omega, T) = G'(a_T\omega, T_0)/b_T$$

$$G''(\omega, T) = G''(a_T\omega, T_0)/b_T \tag{3.16}$$

式中，T_0 是参考温度，是为了方便而任意选择的。要实现曲线的叠加，对于任一给定温度 T，可以由实验测定出时间和模量的平移因子 a_T 和 b_T（显然，当 $T = T_0$ 时，$a_T = b_T = 1$）。此外，模量标尺的平移通常很小，温度变化是主效应，必须重新标度时间或频率的标尺。升高温度会使响应曲线向更短的时间或更高的频率移动，还会增加在链间距尺度上的分子重排速率，但分子的排列、液体的物理结构几乎没有改变。因此，可以将不同温度下的测量结果组合起来，形成一条主曲线，其覆盖范围可能比任何单个温度下测量的大许多个数量级。

不同温度下商用聚苯乙烯熔体在平台区和末端区的储能模量随频率的变化示于图 3.12[17]。在这种情况下，选择参考温度 $T_0 = 150\text{℃}$ ❶，并根据经验确定其他温度下的"最佳拟合"因子，得到图 3.12（b）。

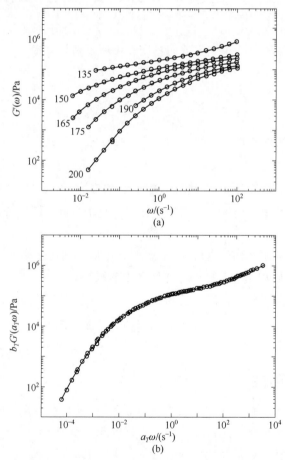

图 3.12 （a）商用聚苯乙烯在不同温度下储能模量-频率函数[17]；
（b）是由（a）中的数据沿轴向参考温度 $T_0 = 150\text{℃}$ 移动形成的主曲线

❶ 原文为 160℃。——译者注

从图 3.13[17] 中 a_T 与 T 的作图关系可以看出，时间标尺平移很快。在前面的第 2 章中，已经引入 Williams-Landel-Ferry（WLF）方程，用于此目的非常简便，选择如图所示的参考温度（$T_0 = 150℃$），就可以相当好地得出 a_T 的温度依赖性，适用于绝大多数高分子熔体和浓溶液。

这一问题在 Ferry 的著作[1] 中进行了一些详细的讨论，这也为许多高分子提供了丰富的 a_T 数据。就本章而言，温度依赖性主要是液体局部组成的函数。因此，除了相当短的链以外，a_T 值与分子量和分子量分布无关。此外，黏度的温度依赖性直接取决于 a_T。因此在模量不随温度变化的近似情况下，适用下列关系：

$$\eta_0(T) = \eta_0(T_0) a_T$$
$$G_N^o(t) = G_N^o(T_0)$$
$$J_s^o(t) = J_s^o(T_0) \tag{3.17}$$

事实上，在温度远高于 T_g 时，G_N^o 和 J_s^o 与温度无关。这些结果直接来自玻尔兹曼（Boltzmann）理论和时-温叠加的综合结果[16]，对于结果的外推非常有用。例如，与流动相关的那些黏弹性质可以在便于实验的温度下测量，然后在高得多的温度下的性质就可以以合理置信度加以估算。

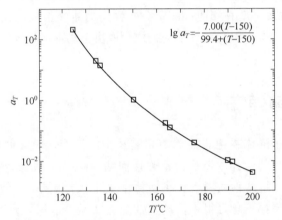

图 3.13　基于图 3.12（b）中的主曲线得到的时间-温度平移因子及其与 WLF 方程拟合曲线

3.3.3　链结构的影响

图 3.14 为具有不同分子量[18] 的线形聚苯乙烯窄分布样品的储能模量主曲线[18]。可以看出，随着分子量的提高，平台宽度增加，并且不同的分子量的末端区形状也相似。

不同分子量分布的聚苯乙烯样品的主曲线[19] 如图 3.15 所示。因为它们的损耗模量在低频时重合［请参见式（3.12）］，所以这些样品具有相似的 η_0 值，但它们的可回复柔量却大不相同。基于式（3.13），对于具有相同黏度的样品，J_s^o 在低频时仅取决于 $G'(\omega)$，而对于分子量分布较宽的样品，这个值要大得多。实际上，在最低可测定的频率下，分子量分布较宽的样品的 $G'(\omega)$ 尚未达到其极限行为（$G' \propto \omega^2$）。这些结果表明了一个普遍的观点，即 J_s^o 对分子量分布特别是高分子量尾链的存在极为敏感。

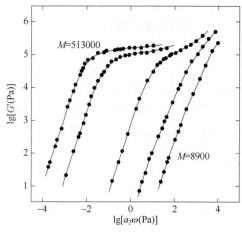

图 3.14　不同分子量的近单分散聚苯乙烯的储能模量的主曲线（$T_0 = 150℃$）❶[18]

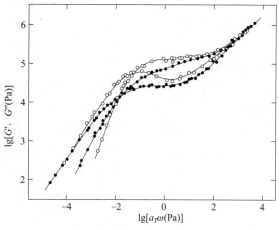

图 3.15　近单分散的聚苯乙烯（○）和多分散商业聚苯乙烯（●）的模量主曲线（$T_0 = 150℃$）❷ 的比较[19]

分子量分布对末端区形状有强烈的影响。可以这么说，这些响应是"模糊混乱"的，因为不同长度的链在不同的速率下弛豫达到平衡。在图 3.15 的例子中，多分散样品的末端区太宽导致 G'' 在末端区没有峰值；而窄分布样品的曲线正常，仅有一个平台。两个样品的模量值在高频处重合，因为高频下的响应仅取决于局部链运动，链长和分子量分布的影响消失了。

3.4　非线性黏弹性

本节将讨论高分子液体在稳态简单剪切流动中的行为，即它们黏度的剪切速率依赖性、法向应力差的发生。此外，还将讨论弹性回缩（recoil）现象，也称为离模膨胀，这在熔体加工中很重要。这些性质属于非线性黏弹性行为的领域。与线性黏弹性相反，其无论是应变还是应变速率都不总是很小，玻尔兹曼叠加不再适用，如图 3.16 所示，链显著偏离其平衡构象。链的大尺度组织（即更一般地说：液体的物理结构）会因流动而改变，因此有限应变的效应开始显现，就像高分子网络发生明显形变时一样。

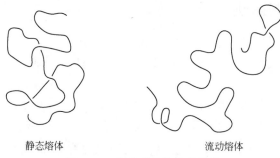

静态熔体　　　　　　　　　　流动熔体

图 3.16　流动对链构象的影响

---

❶　原文为 $160℃$。——译者注

❷　原文为 $160℃$。——译者注

3.4.1 黏度和法向应力

如果以恒定的剪切速率 $\dot\gamma$ 对液体进行剪切，所产生的应力最终将达到一个稳态值。在图 3.17 的平行板中，上板在方向 1 上以恒定速度 v 移动，则在方向 1 上产生恒定的剪应力 $\sigma = F/A$，作用于液体的整个平面，并与方向 2 垂直。其产生的形变是均匀的，剪切速率为 $\dot\gamma = v/H$，在液体中各处均相同，其分量如下：

$$v_1 = \dot\gamma x_2 \qquad v_2 = 0 \qquad v_3 = 0 \tag{3.18}$$

下标 1、2 和 3 分别指流动方向、速度梯度方向和中性方向，x_2 是距固定板的垂直距离。除了压力之外，作用在液体各单元上的力也都相同。

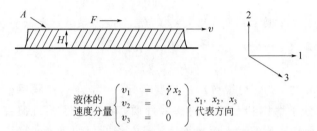

图 3.17　简单剪切流的几何形状和速度分量

假设在这种简单的剪切流中，在某一时刻可以分离出一小块液体，并检测作用在它上的力。如图 3.18 所示，假设有一个小立方体单元，它的每个面都平行于三个坐标方向之一。对于牛顿液体，垂直于立方体六个面上作用力的分量具有相同的大小，源自流体静压力；作用在某些面上的力也具有剪切分量。按照力学平衡需要，一对剪切力的大小相等、方向相反，源自黏度，并与剪切速率成正比。

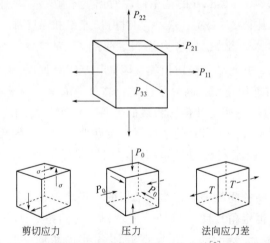

图 3.18　简单剪切流中的应力分量（从文献[9] 中重新绘制）

对于黏弹性液体，两种重要因素改变了这种情况[2]。第一，力的法向分量的大小不再相等，如此在液体中沿流动方向产生了一个净张力，这种法向应力差是在简单剪切流中产生的主效应。法向应力差取决于剪切速率，仅在 $\dot\gamma = 0$ 极限条件时其值为零。第二，剪切力的大小虽然大小相等、方向相反，但除了在 $\dot\gamma = 0$ 极限条件外，不再与剪切速率成正比。构成应力的分量是作用在立方体单元各个表面上的单位面积力的分量。除压力外，任何黏弹性液体在简单剪切流中的稳态应力完全确定于三个剪切速率的函数，即一个剪切应力函数和两个法向应力差函数。剪应力函数为 $\sigma(\dot{\gamma})$ ，也就是图 3.18 中的 P_{21} ，第一和第二法向应力差分别为 $N_1(\dot{\gamma})$ 和 $N_2(\dot{\gamma})$ ，定义为图 3.18 中的 $P_{11} - P_{22}$ 和 $P_{22} - P_{33}$ 。当 $\dot{\gamma} = 0$ 时，三个函数都为零。在足够低的剪切速率下，即在线性黏弹区，剪切应力与剪切速率呈线性关系。而且在足够低的剪切速率下，法向应力差要比剪切应力小得多，因此：

$$\sigma(\dot{\gamma}) = \eta(\dot{\gamma})\dot{\gamma} \tag{3.19}$$

$$N_1(\dot{\gamma}) = \theta_1(\dot{\gamma})\dot{\gamma}^2 \tag{3.20}$$

$$N_2(\dot{\gamma}) = \theta_2(\dot{\gamma})\dot{\gamma}^2 \tag{3.21}$$

式中，$\eta(\dot{\gamma})$ 为稳态黏度；$\theta_1(\dot{\gamma})$ 和 $\theta_2(\dot{\gamma})$ 为法向应力系数。在低剪切速率极限时[20]：

$$\eta(0) = \eta_{\circ} \tag{3.22}$$

$$\theta_1(0) = 2J_{\mathrm{s}}^{\circ}\eta_{\circ}^2 \tag{3.23}$$

式（3.22）和式（3.23）与线性黏弹区的流变学行为建立了直接联系。

关于非缔合高分子熔体和浓溶液的这些性质，已开展了系统研究，并形成了共识。$\eta(\dot{\gamma})$ 和 $\theta_1(\dot{\gamma})$ 均随剪切速率的增大而减小，并且在相同剪切速率 $\dot{\gamma}_{\circ}$ 附近都开始偏离 $\eta_{\circ}$ 和 $2J_{\mathrm{s}}^{\circ}\eta_{\circ}^2$。此外，特征剪切速率与液体的特征时间密切相关：

$$\dot{\gamma}_{\circ} \sim 1/\tau_{\circ} \tag{3.24}$$

对于大多数高分子液体，当剪切速率 $\dot{\gamma}$ 超过 $\dot{\gamma}_{\circ}$ 之后，黏度的剪切速率依赖关系趋向于如下的幂律：

$$\eta(\dot{\gamma}) \propto \dot{\gamma}^{-a} \tag{3.25}$$

幂律指数通常在 $0.5 \leqslant a \leqslant 0.9$ 的范围内，对温度不敏感，并且随高分子的浓度和分子结构的改变而变化。比值 $N_1(\dot{\gamma})/[\sigma(\dot{\gamma})]^2$ 对剪切速率和温度都不够敏感，这对于外推和估算都是非常重要的。对第二法向应力差 N_2 的了解相对较少。然而，对于均相高分子液体，它被证明是负的，并与 N_1 密切相关。因此，基于数据库[21,22]，$-N_2/N_1$ 通常在 $0.2 \sim 0.3$ 的范围内，对剪切速率、高分子种类、高分子浓度和分子结构均不敏感。

黏度-剪切速率行为是一种相对容易测量的特性，而第一法向应力差的测量则困难得多，尤其是在高剪切速率（$\dot{\gamma}\tau_{\circ} \gg 1$）的情况下，要获取有关 N_2 的数据，需要使用专门的技术。图 3.19 显示了锥板流变仪的工作部件，该仪器通常用于测量较低剪切速率下的 $\sigma(\dot{\gamma})$ 和 $N_1(\dot{\gamma})$。

将液体置于锥板之间的间隙中，锥体和平板的半径均为 R，其中一个配备力传感器并固定，另一个则以某个恒定角速度 $\dot{\phi}$ 旋转，记录稳态时的扭矩 Υ 和轴向力 F。对于较小的间隙角 α，剪切速率为 $\dot{\gamma} = \dot{\phi}/\alpha$，并且在液体各处均相同。此时，可以运用如下关系式[9,23]：

$$\sigma(\dot{\gamma}) = 3\Upsilon(\dot{\gamma})/(2\pi R^2) \tag{3.26}$$

$$N_1(\dot{\gamma}) = 2F(\dot{\gamma})/(\pi R^3) \tag{3.27}$$

不难理解，轴向力和法向应力差之间应该存在一定的关系。就像橡皮筋在圆柱体的柱面上拉紧一样，沿着流动方向的流动引起的张力导致外部液体单元向内挤压。结果是在圆锥体和平板表面上的压力从边缘到中心不断增加，在外边缘处接近零，在中心处为最大值，并趋向于将锥、板分开。轴向力仅仅是这些压力之和，式（3.27）给出了 F 和 N_1 之间的关系。

对于分子量 $M=1.62\times10^6$、近单分散聚异戊二烯的 10% 溶液，其 $\sigma(\dot{\gamma})$ 和 $N_1(\dot{\gamma})$ 数据，示于图 3.20[24]。在低剪切速率下，σ 的确比 N_1 大得多，但由于 σ 随 $\dot{\gamma}$ 的增长而增大，而 N_1 随 $\dot{\gamma}^2$ 增长而增长，因此曲线最终交叉，在高剪切率下 N_1 变得大于 σ。在相交点（$\sigma\sim N_1$）附近，σ 开始偏离与 $\dot{\gamma}$ 的正比例关系；也就是说，稳态黏度 $\eta(\dot{\gamma})$ 从其低剪切速率极限值 η_0 开始降低。对于柔性高分子液体，这种定性特征似乎非常普遍。非牛顿黏性行为发生在 σ 和 N_1 相等的剪切速率附近，并且在较高的剪切速率下，N_1 比 σ 增大得更快。

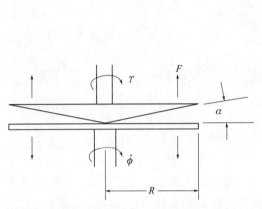

图 3.19　锥板流变仪的示意图

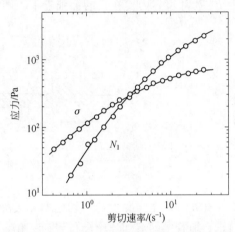

图 3.20　在 25℃ 下，浓度为 10%（质量分数）的近单分散 1,4-聚异戊二烯／十四烷溶液的剪切应力的剪切速率依赖性和第一法向应力差[24]

图 3.21（a）和（b）为重新绘制的稳态剪切黏度 $\eta(\dot{\gamma})$ 和稳态剪切柔量函数 $J_s^{\circ}(\dot{\gamma})$，其中 $J_s^{\circ}(\dot{\gamma})$ 定义为：

$$J_s^{\circ}(\dot{\gamma})=N_1(\dot{\gamma})/\{2[\sigma(\dot{\gamma})]^2\} \tag{3.28}$$

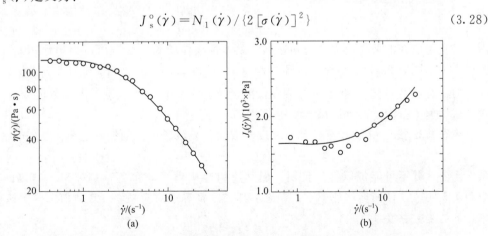

图 3.21　基于图 3.20 数据得到的稳态黏度-剪切速率的关系（a）和
稳态法向应力柔量-剪切速率的关系（b）

在 $\dot{\gamma}=0$ 时得到 J_s^o，与式（3.23）相符合。对于聚异戊二烯溶液，从图 3.21（a）得出 $\eta_0=115\mathrm{Pa \cdot s}$、幂律指数 a 约为 0.68；从图 3.21（b）得出 J_s^o 约为 $1.6\times10^{-3}\mathrm{Pa}^{-1}$。根据式（3.14）得出溶液的时间常数约为 0.2s。从上面的讨论中可推算，N_1 和 σ 相交以及 $\eta(\dot{\gamma})$ 开始偏离 η_0 的剪切速率约为 $1/\tau_0=5\mathrm{s}^{-1}$。从图 3.20 和图 3.21（a）来看，这个值似乎有点高，但肯定还是在合理的范围内。

锥板流变仪在高分子熔体中的应用，受流动不稳定性的限制，仅适用于相对较低的剪切速率，通常在 $\eta(\dot{\gamma})$-剪切速率依赖性范围或 $\sigma\sim N_1$ 的交点附近。毛细管流变仪如图 3.22 所示，可以在高得多的剪切速率下稳定操作，但由于仪器在低剪切速率下的限制，通常无法测定 η_0。然而，可以通过测量体积流量 Q 和压降 $\Delta P=P-P_0$ 来获得稳态黏度，其中 P_0 为环境压力。在长的毛细管中，即 $L/D\gg1$，牛顿液体可使用如下公式：

$$\eta=\frac{\pi D^4}{128L}\frac{\Delta P}{Q} \tag{3.29}$$

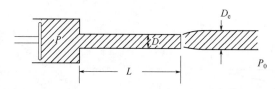

图 3.22　毛细管流变仪的原理图

式（3.29）基于黏度与剪切速率无关的假设，通常不适用于黏弹性液体。与锥板流动不同，毛细管中的剪切速率随位置而变化，特别是随距离毛细管中心线的距离而变化，因此任何与剪切速率相关的 $\eta(\dot{\gamma})$ 都不能使用式（3.29）。然而，对于任何液体，毛细管壁上的剪切应力都可以由压降计算得出[25]：

$$\sigma_w=\frac{D}{4L}\Delta P \quad L/D\gg1 \tag{3.30}$$

同样，液体在管壁的剪切速率可通过对 Q 与 ΔP 进行适当的数值微分而得出[25]：

$$\dot{\gamma}_w=\frac{8Q}{\pi D^3}\left(3+\frac{\mathrm{dlg}Q}{\mathrm{dlg}\Delta P}\right) \tag{3.31}$$

因此，基于已知的剪切应力和剪切速率，黏弹性液体的黏度函数可以简单地用 $\sigma_w/\dot{\gamma}_w$-$\dot{\gamma}_w$ 曲线表示。图 3.23 为商品聚苯乙烯样品（$M_w=260000$，M_w/M_n 约为 2.5）在 180℃ 下测得的稳态黏度[26]。因此，锥板流变仪测量覆盖低剪切速率范围，毛细管流变仪测量覆盖高剪切速率范围，两种测试方法相互补充。

稳态剪切黏度 $\eta(\dot{\gamma})$ 和复数动态黏度（或简称复数黏度）的振幅之间存在如下关系：

$$\eta^*\omega=[(G')^2+(G'')^2]^{1/2}/\omega \tag{3.32}$$

虽然此公式并不可能加以普适证明，但其适用性相当好，称之为 Cox-Merz 规则[27]。此规则还表明，在任何剪切速率下，稳态剪切黏度都等于对应频率（在数值上等于该剪切速率）下的复数黏度：

$$\eta(\dot{\gamma})=\left[\eta^*(\omega)\right]_{\omega=\dot{\gamma}} \tag{3.33}$$

两种近单分散 1,4-聚丁二烯熔体，在 $T_0=25℃$ 时的复数黏度主曲线，示于图 3.24。

一种是线形 1,4-聚丁二烯，相关参数为：$\eta_{\mathrm{o}} = 4.8 \times 10^{6} \mathrm{Pa \cdot s}$，$J_{\mathrm{s}}^{\mathrm{o}} = 2.1 \times 10^{-6} \mathrm{Pa}^{-1}$；另一种是三臂星形 1,4-聚丁二烯，相关参数为：$\eta_{\mathrm{o}} = 2.8 \times 10^{6} \mathrm{Pa \cdot s}$，$J_{\mathrm{s}}^{\mathrm{o}} = 1.4 \times 10^{-5} \mathrm{Pa}^{-1}$。它们的零剪切黏度相似，但可回复柔量相差 7 倍，曲线的形状也明显不同。

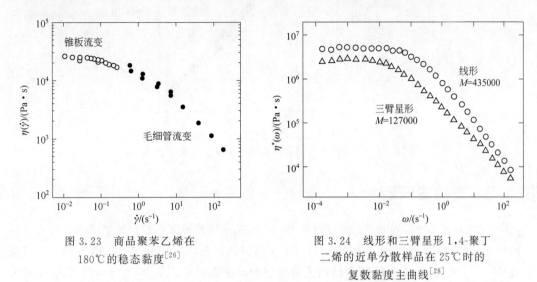

图 3.23　商品聚苯乙烯在
180℃的稳态黏度[26]

图 3.24　线形和三臂星形 1,4-聚丁
二烯的近单分散样品在 25℃时的
复数黏度主曲线[28]

　　将这些结果与近单分散的高分子的稳态剪切黏度数据进行了比较，示于图 3.25（a）和（b），其中图 3.25（a）为 5 种线形聚苯乙烯样品在 183℃时的主曲线[29]，其分子量为：$48500 \leqslant M \leqslant 242000$；图 3.25（b）为 7 种星形聚丁二烯样品在 106℃时的主曲线[30]，其分子量为：$45000 \leqslant M \leqslant 184000$。对于所有样品，都可得到 η_{o} 值，因此 $\eta(\dot{\gamma})/\eta_{\mathrm{o}}$ 的量值总是可以得出。但 $J_{\mathrm{s}}^{\mathrm{o}}$ 值通常是不可得出的，低剪切速率下的 τ_{o} 值是根据剪切速率依赖性的起点进行估算的。即使是使用不同样本，甚至不同高分子种类，进行严格测试，测试结果也明显符合 Cox-Merz 规则。至少在这两种情况下，要取得成功，仅需去匹配多分散性和链支化结构。如图 3.26 所示，比较线形样本和星形样本的结果，发现约化曲线形状对链支化结构有一定的依赖性。

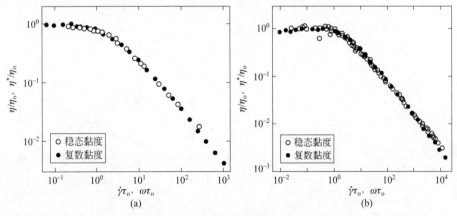

图 3.25　（a）近单分散线形高分子和
（b）近单分散星形高分子的复数黏度和稳态黏度

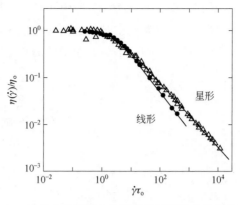

图 3.26 近单分散线形和星形高分子降黏主曲线的比较

3.4.2 离模膨胀现象

图 3.22 为流道出口处的离模膨胀示意图，这是黏弹性液体在高剪切速率流动（$\dot{\gamma}_w \tau_o \gg 1$）时的特征。挤出物从毛细管口模流出时自发重新排列，挤出物离开口模后的直径大于口模的直径[8,31]。膨胀比 D_e/D 随着挤出流量的增加而增大。如图 3.27 所示，膨胀率还取决于毛细管的长径比。短毛细管的这种长度依赖性，反映出毛细管入口处液体单元的形状还有部分保留"记忆"。然而，即使在长流道的极限中，D_e/D 也依赖于 Q。对于长流道，膨胀比主要反映了在流道内自身剪切流动所产生的法向应力差。简而言之，流道内部沿着流动方向的张力将挤出物拉伸，当弹性流体脱离管壁的形状限制时，发生回缩，类似于释放绷紧的橡皮筋时的反弹回缩。

在 180℃下，商用聚苯乙烯黏度和离模膨胀率 D_e/D 对剪切速率 $\dot{\gamma}_w$ 的依赖性的比较，示于图 3.28[32]，相关物性参数为：$M_w = 220000$，$M_w/M_n = 3.1$；$\eta_o = 1.4 \times 10^4 \, \text{Pa·s}$，$J_s^o$ 约为 $6 \times 10^{-5} \, \text{Pa}^{-1}$。在低剪切速率下，黏度趋于稳定为 η_o。如前面讨论的那样，在这个区域的法向应力差很小，D_e/D 值约为 1.1，这是牛顿液体缓慢流动的计算值[33]。当剪切速率上升，黏度的剪切速率依赖性开始出现时，离模膨胀率开始增大。基于式（3.14），

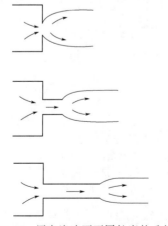

图 3.27 固定流速下不同长度的毛细
管中黏弹性记忆对离模膨胀的影响

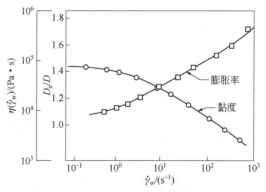

图 3.28 商品聚苯乙烯的黏度和离模
膨胀率对剪切速率的依赖性[32]

该剪切速率始于 $\dot{\gamma}_{\mathrm{w}} \sim \tau_0^{-1}$，同时也确定了 $\sigma \sim N_1$ 的交叉范围，表明法向应力差变得越来越大。在更高的剪切速率下，D_{e}/D 值持续增大，N_1 增长得比 σ 快，并超过 σ，黏度呈现幂律依赖性 $\eta(\dot{\gamma}) \propto \dot{\gamma}^{-\alpha}$。对于上述聚苯乙烯熔体，$\alpha$ 约为 0.65。

关于离模膨胀和法向应力差的理论是相当成功的。即使对于简单的牛顿液体，这种离模膨胀现象也是非常复杂的。Tanner 方程[34] 描述了高分子熔体的基本行为：

$$\frac{D_{\mathrm{e}}}{D} = 0.1 + \left[1 + \frac{1}{8}\left(\frac{N_1}{\sigma}\right)^2\right]^{1/6} \tag{3.34}$$

3.4.3　温度依赖性

与线性响应一样，温度对非线性黏弹性行为有很大且系统的影响，时-温叠加也可以再次发挥作用。实际上，温度平移因子与同一材料的线性黏弹性测量所得的温度平移因子是不可区分的。应力替代模量的角色，沿应力轴随温度的平移相对较小；剪切速率替代频率的角色，并且沿剪切速率轴随温度的平移受 a_T 控制，典型的平移较大。例如，剪切应力的对数与剪切速率的对数作图，随温度沿剪切速率轴移动而不改变形状。利用同样的数据，绘制黏度-剪切速率曲线。如图 3.29 所示，对于分子量为 $M = 411000$ 的近单分散聚苯乙烯熔体[35]，在不同的温度下，沿每个轴的平移量大致相同。用 $\eta_0(T)$ 对每个温度下的黏度值归一化，并绘制成 $\dot{\gamma}\tau_0(t)$ 的函数，就可以还原为主曲线。

例如，图 3.30 为另一种近单分散聚苯乙烯熔体[35] 在 190℃ 下的主曲线，其相关物性参数为：$M = 180000$，$J_{\mathrm{s}}^{\mathrm{o}} = 1.7 \times 10^{-6}\ \mathrm{Pa}^{-1}$。由于 $J_{\mathrm{s}}^{\mathrm{o}}$ 经常是未知的，并且在任何情况下都对温度不敏感，因此可以通过简单绘制 $\eta(\dot{\gamma})/\eta_0$ 对 $\dot{\gamma}\eta_0$ 的关系图来获得叠加。

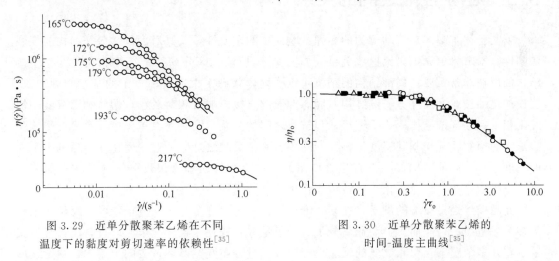

图 3.29　近单分散聚苯乙烯在不同
温度下的黏度对剪切速率的依赖性[35]

图 3.30　近单分散聚苯乙烯的
时间-温度主曲线[35]

另一个重要的特性是 σ 与 N_1 之间的关系对温度不敏感，这是温度叠加原理和 $J_{\mathrm{s}}^{\mathrm{o}}$ 对温度不敏感的结果。这两个应力分量都取决于剪切速率，因此随着温度变化，它们都沿剪切速率轴平移，但是，当消除 $\dot{\gamma}$ 直接绘制 N_1-σ 关系图时，得到的结果对温度非常不敏感。离模膨胀的温度效应给这一原理提供了一个重要的应用实例。如图 3.31 所示，对于图 3.28 中聚苯乙烯熔体，在任何剪切速率下，离模膨胀率均随温度升高而降低[32]。但是，如图 3.32 所示，当它们不是作为剪切应力的函数时，同样的数据叠加得相当好。已证明该结果是相当普适的,对结果的外推也是非常有用的。这是十分自然的推论,因为 σ 和 N_1 之间的关系无温度依赖性;这种思想也包含在式(3.34)中:对于长的毛细管, D_e/D 依赖于毛细管中应力分量的比率。

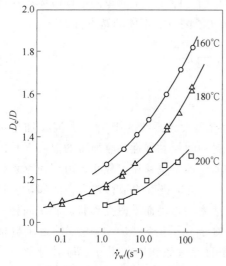 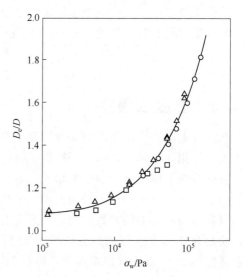

图 3.31　商品聚苯乙烯在不同温度下的离模膨胀与壁面剪切速率的关系[32]　　图 3.32　图 3.31 中的离模膨胀数据与壁面剪应力的关系曲线[32]

3.5　结构-性能之间的关系

上文已述末端区在流动行为的黏弹性响应中的重要性,及其对大尺寸分子结构的强烈依赖性。本节将更详细讨论这些关系。如图 3.33 所示,区分局部链结构和大尺度分子链结构的影响非常重要。局部结构的细节决定了固体状态下柔性链高分子的基本物理性质。假设链足够长,大尺度分子链结构对固态性质的直接影响就相对较小,熔体和浓溶液的情况则相反。局部链结构影响了链尺寸与链长之间的关系,同时还在单体单元水平上影响了链重排的速率,并控制其温度依赖性。除了这两个贡献之外,从过于简化而结果基本正确的角度来看,局部结构似乎没有显著作用。有关流动性质和大尺度分子链结构(如分子量、分子量分布和长链支化)的各种变化规律是普适的。

商品聚烯烃是极端的例子,在某些情况下,它包含许多分子,分子量可能跨越 4 个或更多个数量级。一般而言,商业高分子的分子量分布较宽,且变化很大,有时还具有长支链。在许多情况下,引入支链的反应也会使分子量分布变宽。在过去的十年中,测定线形高分子分子量分布的稀溶液法已经有了很大改进。目前,尺寸排阻色谱法(SEC)仍然是主要的技术,同时黏度法和光散射法在线联用,极大提高了高分子量尾端的分辨率[36-38]。由于光散射法可提供绝对分子量,因此不再需要通用的校准假设。特性黏数和分子量分布为检测长支链提供了更好的方法,结合离线建模、机理研究,还可以对其量化。

将这些数据与多分散体系的流动行为联系起来仍然很困难,即使这样,也还是取得了一些进展。要改进对流动性质各种关系的理解,研究一些模型体系仍是主要的方法,模型中可以系统变化大尺度链结构。无论在理论上还是实验上，这都是一个研究热点。以下简要介绍高分子的黏弹性。

3.5.1 分子量分布

图 3.34 为商用聚氯乙烯分子量分布曲线。分布函数 $W(M)\,dM$ 是分子量从 M 到 $M+dM$ 的分子贡献的质量分数。分子量通常用其平均值来表征，M_n、M_w、M_z 和 M_{z+1} 的定义如下：

数均分子量
$$M_n = \int W(M)\,dM / \int \frac{1}{M} W(M)\,dM$$

重均分子量
$$M_w = \int M W(M)\,dM / \int W(M)\,dM$$

z 均分子量
$$M_z = \int M^2 W(M)\,dM / \int M W(M)\,dM$$

（z+1）均分子量
$$M_{z+1} = \int M^3 W(M)\,dM / \int M^2 W(M)\,dM \tag{3.35}$$

该样品的分子量分布是由标定过的 SEC 仪器测量结果计算得到的，没有附加在线检测器联用。该样品与许多聚烯烃的材料相比，分子量分布并不算宽。M_z 值，尤其是 M_{z+1} 值仅为估算值。值得强调的是，这些平均值对基线的确定非常敏感。

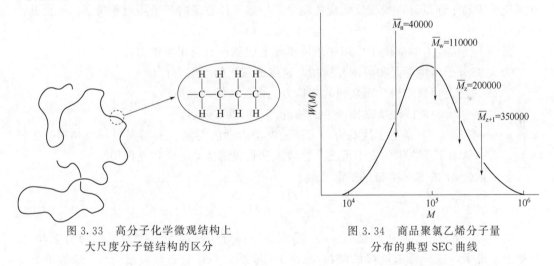

图 3.33　高分子化学微观结构上
大尺度分子链结构的区分

图 3.34　商品聚氯乙烯分子量
分布的典型 SEC 曲线

流变性质与稀溶液方法（如 SEC）测定的性质相比，对分子量分布更要敏感得多，而且对高分子量尾端尤其如此。例如两种高分子样品在实验误差范围内 SEC 结果相同，但其熔体流动行为却显著不同，这类情况屡见不鲜。实际上，即使从最简单的分子理论来看，流动行为对高分子量组分的敏感度也是可以预期的。接下来，从近单分散线形高分子的性质开始，讨论多分散性和长链支化产生的一些影响。

3.5.2 缠结

在前文图 3.7 中，所绘应力弛豫模量的弛豫速率在中间时区"减慢"，这是链缠结所致；或者，更精确来说，是主链骨架轮廓线不可相互交叉的特性所致。在高分子浓度高的情况下，各条链的区域普遍发生重叠。液体发生形变后，长链沿其主链方向达到平衡的平均距离，称为缠结间距，宏观上对应于过渡区的末端。同时链必须从周围链的约束网格中解脱出来，因此进一步的构象平衡变慢了。为了到达末端区的起点，这些链必须设法扩散到其邻近链周围。在此之后，这些链继续调整构象分布并趋于平衡，从而消除其形变记忆。末端弛豫的时间尺度由缠结相互作用决定，具体来说由链轮廓长度与缠结间距的比值决定。缠结相互作用本质上是几何属性，在具有不可交叉主链的高分子熔体动力学中，普遍都可以观察到缠结效应。在流动行为中平台模量很重要，因为它是最终响应的模量标尺。另一方面，在过渡区和玻璃态区中模量曲线形状的细节对长链高分子的流动行为影响很小。

3.5.3　近单分散线形高分子

在高分子熔体和浓溶液中，线形高分子链在平衡状态下是卷曲的无规线团，其平均尺寸与链长关联如下：

$$R_g = K_o M^{1/2} \tag{3.36}$$

式中，R_g 是无规线团均方根回转半径。对于许多高分子来说，系数 K_o 是已知的，可通过 θ 溶剂的稀溶液测定[39]或熔融状态下小角中子散射测定而得出（请参见第 7 章）。形变扭曲了构象的分布，这些链通过与周围介质之间的摩擦相互作用失去平衡，而布朗运动又使平衡趋于回复。这些相反效应的竞争，决定了任意瞬时的平均构象畸变以及由此产生的应力。

高分子链的动力学取决于作用在单体单元上的三种力的相互作用：

① 与高分子结构单元和周围介质相对速度成正比的摩擦力；

② 同一链上相邻结构单元之间的连接力，以保持链的连通性；

③ 结构单元与周围环境碰撞产生的随机力，提供布朗运动。

Rouse 模型[1,40]描述了这些力对柔性链慢动力学的贡献、末端应力响应和质心扩散系数，其中忽略了排除体积、不可交叉性效应和长程流体动力学相互作用。

分子量为 M 的 Rouse 链的扩散系数：

$$D_R = \frac{D_o}{n} \propto M^{-1} \tag{3.37}$$

式中，n 是链中结构单元数目；D_o 是取决于高分子种类和温度的局部动力学参数，从概念上说来，这只是未链接的结构单元的扩散系数。对于质量浓度为 c、长的单分散 Rouse 链，其液体的应力弛豫模量 $G(t)$ 为：

$$G(t) = \frac{cRT}{M} \sum_{P=1}^{\infty} \exp\left(-\frac{p^2 t}{\tau_R}\right) \tag{3.38}$$

式中，RT 是气体常数和热力学温度的乘积。Rouse 弛豫时间 τ_R 为：

$$\tau_R = \frac{1}{\pi^2} \frac{n R_g^2}{D_o} \propto M^2 \tag{3.39}$$

黏度和可回复柔量由式（3.7）和式（3.8）计算：

$$(\eta_o)_R = \frac{1}{6} \frac{cRT}{M} \frac{n R_g^2}{D_o} \propto M \tag{3.40}$$

$$(J_s^{\circ})_R = \frac{2}{5}\frac{M}{cRT} \propto M \tag{3.41}$$

Rouse 模型预测与前面所述的观测结果是一致的。因此，从式（3.39）～式（3.41）得到的最长弛豫时间为 $\eta_o J_s^{\circ}$，其中 $\tau_R = (15/\pi^2)(\eta_o J_s^{\circ})_R$。可回复柔量对温度的依赖性非常弱，即 $[(J_s^{\circ})_R \propto (cT)^{-1}]$。扩散系数、黏度、弛豫时间的温度依赖性和局部结构特性由 D_o 决定，D_o 是模型中唯一可调节的参数，并且除了链端效应外，该参数不依赖高分子的分子量。另一方面，该模型预测黏度没有剪切速率依赖性：即使当 $\tau_R\dot{\gamma}$ 远大于 1 时，η_R 也不依赖于 $\dot{\gamma}$，这与实验观测相反。

Rouse 模型在其他方面的表现如何呢？对于近单分散 1,4-聚异戊二烯[41]，其黏度和可回复柔量与分子量的关系如图 3.35 和图 3.36，其他高分子的流变行为是类似的。当分子量达到 M_c 时，式（3.40）预测的黏度相当好：在进行链端修正后，η_o 与 M 成正比。甚至，（根据小分子扩散数据估算的 D_o 值）得出的 η_o 的数值也大致是正确的[1]。但是，当分子量高于 M_c 时，黏度随分子量的增大，有高得多的幂律指数[42]：

$$\eta_o \propto \begin{cases} M & M \leqslant M_c \\ M^b & M \geqslant M_c \end{cases} \tag{3.42}$$

幂律指数 b 典型值约为 3.4；但对于 1,4-聚异戊二烯，b 约为 3.7，M_c 约为 10000。

可回复柔量的预测也相似，当低于某个交叉点分子量（称为 M_c'），Rouse 模型的预测如图 3.36 中的虚线所示，式（3.41）是相当合理的，尤其是考虑到没有可调参数时。当分子量大于 M_c' 时，其流变行为发生变化，J_s° 变得与分子量无关。因此存在如下关系：

$$J_s^{\circ} = \begin{cases} \dfrac{2}{5}\dfrac{M}{cRT} & M \leqslant M_c' \\[2mm] \dfrac{2}{5}\dfrac{M_c'}{cRT} & M \geqslant M_c' \end{cases} \tag{3.43}$$

M_c' 值可能是 M_c 的几倍[11]，对于 1,4-聚异戊二烯，$M_c' \approx 60000$。

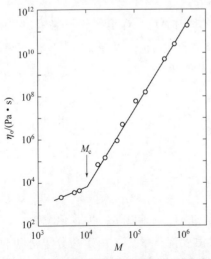

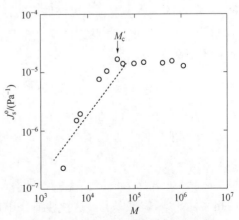

图 3.35　未稀释的近单分散 1,4-聚异戊二烯的黏度对分子量的依赖性[41]

图 3.36　未稀释的近单分散 1,4-聚异戊二烯的可回复柔量对分子量的依赖性[41]

熔体状态的自扩散系数也存在交叉点。随着分子量的增大，高分子的自扩散系数从短链的 $D \propto M^{-1}$ 变化为长链的 $D \propto M^{-d}$，其中 $d=2$。随着分子量的进一步增大，d 值还可能变得更大[43-45]。

上述现象对于线形高分子似乎是普遍的，并且似乎也适用于浓溶液和熔体。而对高分子链慢动力学依赖性强的性质，类 Rouse 行为变得并不明显。由于特征分子量取决于高分子种类及其浓度，交叉区域与缠结效应有关，这反映出链不可交叉性对高分子链慢动力学的影响。

正如前面讨论的平台模量那样，应当注意，在中间区时间或频率下，长链液体的表现恰似一个网络。橡胶弹性理论可以预测剪切模量与网络链浓度之间的关系（参见第 1 章）。利用这一关系式，计算出缠结网络中单链的等效分子量 M_e，即称为缠结分子量[1]：

$$M_e = cRT/G_N^o \tag{3.44}$$

表 3.1　几种高分子在未稀释状态下的平台模量和缠结分子量[12,13]

高分子	$T/℃$	$G_N^o/(10^6 Pa)$	M_e①
聚乙烯	150	2.20	1100
聚丙烯（无规立构）	75	0.85	5000
聚（1-丁烯）(无规立构)	30	0.19	11600
聚（1,4-丁二烯）	25	1.15	1900
聚（1,2-丁二烯）	50	0.42	5700
聚（1,4-异戊二烯）	25	0.35	6400
聚异丁烯	25	0.32	6900
聚二甲基硅氧烷	25	0.24	10000
聚苯乙烯（无规立构）	190	0.20	18700

① 基于式（3.44）计算。

表 3.1 中列出了几种高分子在熔体状态下的 G_N^o 和 M_e。对于高分子熔体，c 就是质量密度 ρ。最近的综述[12,13,46]也提供了其他高分子的 G_N^o 值。基于 Lin[47] 的工作基础，Fetters 等[12] 研究发现熔体状态的平台模量与高分子堆积长度有关，而后者又与高分子链尺寸和质量密度相关：

$$l_P = \frac{1}{N_A \rho K_o^2} \tag{3.45}$$

式中，K_o 已在式（3.36）中进行了定义；N_A 是阿伏伽德罗常量。请注意，式（3.45）定义的堆积长度与 l_P 略有不同，其最终的关系式为：

$$G_N^o = 0.48kT/l_P^3 \tag{3.46}$$

对于聚（1,4-异戊二烯），$M_e = 6400$ 时，M_c' 和 M_c 的值比 M_e 大，但三者之间存在明显的相关性[11,46]。事实上，这种特征分子量对温度都不敏感。由于高分子链动力学具有"不可交叉性"的约束，因此可以预测高分子链相互作用存在几何拓扑特征。与同类商品高分子的常规分子量相比，其特征分子量要小一些，因此缠结效应对大多数商品高分子的流动行为起主导作用。

小分子溶剂（如增塑剂）可以改变 G_N^o 和特征分子量，此方法既简便，又有普适性。因此，令高分子的体积分数为 $\phi = c/\rho$，则有：

$$G_N^o(\phi) = (G_N^o)_{melt}\phi^f$$
$$M_e(\phi) = (M_e)_{melt}/\phi^{f-1} \tag{3.47}$$

式中，$2.1 \leqslant f \leqslant 2.3$。随着浓度的稀释，$M_c$ 和 M_c' 值均按 M_e 值相同的方式增大，其幂律指数的数值也一样，稀释剂种类似乎没有什么影响[48]。此外，幂律指数对高分子种类也只有微小的依赖性，因此式（3.47）中给出的 f 值都不会比 2 大太多，幂律指数 2 是与链单元成对接触浓度成比例的相互作用预期值。

同样地，零切黏度和可回复柔量也随着浓度的稀释而发生变化。当 $M > M_c'(\phi)$ 时，高分子的 $G_N^o J_s^o$ 与浓度稀释无关，该值实际上是末端区弛豫时间多分散性的一种量度[11]。对于窄分布的高度缠结的线形高分子，普遍存在以下关系[49-51]：

$$G_N^o J_s^o = 2.0 \pm 0.4 \tag{3.48}$$

$G_N^o J_s^o$ 的不变性意味着 J_s^o 的稀释依赖性基本上具有普适性，J_s^o 与 G_N^o 具有相同的幂律依赖性和相同的指数，只是符号相反而已。因此，当 $M > M_c'(\phi)$ 时，存在如下关系：

$$J_s^o(\phi) = (J_s^o)_{melt}/\phi^f \tag{3.49}$$

因此，可回复柔量随着浓度的稀释而提高。在稳态蠕变回复阶段，基于式（3.9）中的定义就可以理解稀释效应对 J_s^o 的影响。由于稀释效应使缠结网络中抵抗应力的链的浓度降低，因此，对于给定的应力，每根链承受的应力越大，其形变越大，导致稀释体系的可回复应变和 J_s^o 也都越大。

在高分子-稀释剂体系中，有两个因素影响黏度的稀释依赖性[42]，一个是通用因素，另一个是特定因素。当 $M > M_c'(\phi)$ 时，存在以下关系：

$$\eta_o(\phi) = (\eta_o)_{melt}\frac{(D_o)_{melt}}{D_o(\phi)}\phi^g \quad 3.4 \leqslant g \leqslant 3.9 \tag{3.50}$$

式中，$\mathcal{D}_o(\phi)$ 为未键接结构单元在溶液中的扩散系数。$D_o(\phi)/(D_o)_{melt}$ 比值反映了玻璃化温度以及局部动力学是如何因稀释而改变的。影响因子 ϕ^g 反映了链浓度的降低（$c/M \propto \phi$）和每条链中缠结数的减少 $[M/M_e(\phi) \propto \phi^{f-1}]$。推导计算 $D_o(\phi)/(D_o)_{melt}$ 的方法，在参考文献[42,48,52]中已有详细描述。缠结链的式（3.47）～式（3.50）也适用于浓溶液，如果 $(M/M_e)_{melt}$ 较大，高分子浓度也可低至 20%。如果浓度稀释得足够低，这些公式将不再适用，因为排除体积效应等其他相互作用将变得更加重要。

3.5.4 理论解释

近年来，基于管道模型和蛇行理论的缠结链动力学分子理论发展迅速。图 3.37 描述了长链构成的液体介质中单独一条链运动问题。高分子链大量重叠缠结，形成了一个相互共享的高分子网络，其中每一条链都沿着自己的通道穿过网络。没有一条链能够横向运动很远，除非它能与其他一些链交叉而通过，但这又是被禁止的。然而，正如德让纳（de Gennes）指出的那样[53]，线形高分子链总是可以沿着它自己的通道蛇行，从而随着时间的推移，能改变其构象及其在液体中的位置，因此这种类似于蛇的爬行称为"蛇行运动"，为高度缠结的液体提供了应力弛豫和扩散机制，并成为 Doi 和 Edwards 的分子理论基础[54]。

Doi-Edwards 理论假设蛇行运动是高度缠结的线形链构象弛豫的主要机制。如图 3.38 所示，每个分子都有其 Rouse 链动力学特征，但它的运动在空间上受到不可交叉的管道约束。管道的直径与网格尺寸有关，并且每根链都沿着自己的管道以一定的速率扩散，扩散速率取决于 Rouse 扩散系数 [式（3.37）]。如图 3.39 所示，如果液体发生形变，管道也会扭曲，由此导致的链构象畸变产生应力。随后的应力弛豫恰好对应于链在扭曲的管道中蛇行，并通过蛇行运动形成无规构象。该理论包含两个实验参数，即未键接结构单元的扩散系数 D_0 和管道直径 a，这些参数一旦确定下来，就可以直接预测慢动力学的所有性质[55]。

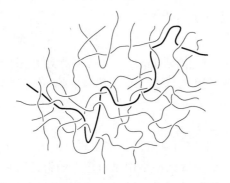

图 3.37　缠结高分子链中单独一条链[56]

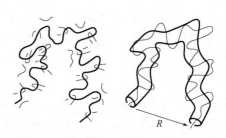

图 3.38　具有不可交叉性约束链的管道模型[56]

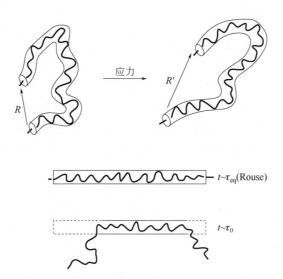

图 3.39　管道扭曲与相应链的形变，并基于其扩散回到平衡状态[56]

尽管缠结相互作用的基本前提很简单，但在局部细节上非常复杂，Doi-Edwards 理论就取得了显著的成功。该理论不仅在单分子框架内可以解释多种动态现象，而且对近单分散线形高分子的预测也很少与实验观察发生冲突[56]。

在许多情况下，其结果与实验的一致性基本上能够达到定量，因此精确预测的自扩散系数、独立方法测定的 D_0 和 a、预测的对分子量无依赖性和可回复柔量的数量级，与实验数据都相当吻合［参见式（3.48）］：

$$J_s^o = \frac{6}{5G_N^o} \tag{3.51}$$

预测的黏度对分子量依赖性为 $\eta_0 \propto M^3$，比观察到的 $M^{3.4}$ 这种依赖性略小，但实验范围内的黏度值确实太大[55]。尽管预测的黏度对剪切速率的依赖性也似乎不够强❶，但理论给出了法向应力 N_2/N_1 的比值，无论是符号的正负还是数据的大小都是正确的。

该理论也存在一些不足之处，如对于 $\eta_0(M)$ 的预测，应归结为弛豫的竞争机理，而在原始理论[56] 中未曾加以考虑。其中一个特征是被链占据的管道长度会随时间波动，即使高分子链不产生蛇行，管道长度仍会随时间而波动以使应力弛豫，尽管比链的蛇行要慢得多。另一个被忽略的特征是管道的约束寿命是有限的。蛇行运动和涨落反映的是单独一条链的性质，与此不同，约束寿命是一种基体效应。任何一条链的约束都源于邻近链的缠结，它们自身都在液体中扩散，并随着扩散逐渐从约束中释放出来。约束条件的解除，让管道类似于 Rouse 链那样，随着时间进行随机的蛇行，从而将应力弛豫掉。图 3.40 描述了这三种机制。根据最近对 $\eta_0(M)$ 的定量预测，管道长度的波动和约束释放共同导致了蛇行理论预测 η_0 的偏差[57]。正如下面要讨论的那样，约束释放在多分散、线形高分子的弛豫中起主导作用，当长支链抑制蛇行时，这两种效应都是至关重要的。

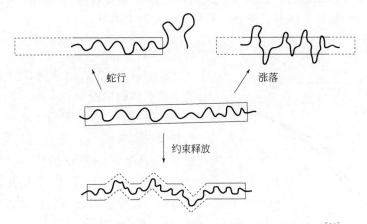

图 3.40   缠结链弛豫的蛇行、涨落和约束释放机制示意图[56]

3.5.4.1   分子量分布

线形高分子的多分散性如何改变其黏弹性呢？最显著的影响是宽分布的高分子量尾端极大地提高了可回复柔量。这个结果起初看起来有些意外，但不同链长混合物 J_s^o 的增加很容易理解为一种特殊的稀释效应［参见式（3.49）和相关讨论］。因此，与平均长度的链相比，最长的高分子链具有更大且更易形变的线团。此外，它们还具有更多的摩擦位

---

❶   原文有误，已经更正。——译校者注

点，因此可以分担更大的稳态应力，导致线团的形变、回复阶段更大的反弹回缩，从而增加了 J_s^o 值。

对于 Rouse 模型[1]，具有如下关系：

$$(\eta_o)_R \propto M_w \tag{3.52}$$

$$(J_s^o)_R = [J_s^o(M_w)]_R \frac{M_z M_{z+1}}{M_w^2} \tag{3.53}$$

式中，$[J_s^o(M_w)]_R$ 是当 $M = M_w$ 时单分散样品的值。这些等式很好地描述了短链的行为，并且也适用于缠结区。因此，用 M_w 代替式（3.42）中的 M 可以大致解释分子量的分散性对 η_o 的影响。用实验观察到的单分散值代替式（3.53）中 $[J_s^o(M_w)]_R$，实验发现 J_s^o 随分散性变宽而快速增大。有人尝试用平均分子量的其他组合来代替 $M_z M_{z+1}/M_w^2$，但是没有显著的改善。目前，还不能把 Doi-Edwards 理论简单地推广到混合物体系[55,58]。

尽管承认蛇行是主要的运动方式，但约束释放机制似乎是理解黏弹性中多分散性效应的关键。双重蛇行模型是一种不引入新参数而实现约束释放的近似方法，应用前景广阔[59-61]。在应力弛豫实验中，很容易理解这个模型。在 Doi-Edwards 模型，即单重蛇行模型中，阶跃应变之后，时刻 t 保留的应力分数等于该时刻仍然占据应变扭曲管道链长的平均分数。在双重蛇行模型中，保留的应力分数等于当时残留的缠结分数。每个缠结都包含两条链，两条链都在蛇行，当其中一条链的任意一端蛇行通过缠结点时，缠结才被解开。对于任意分子量分布体系，应力弛豫模量的表达式如下：

$$G(t) = \left[\int_0^\infty W(M) G^{1/2}(M, t) dM \right]^2 \tag{3.54}$$

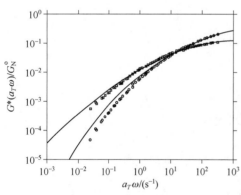

图 3.41 商品聚丙烯的实验主曲线及双重蛇行模型的预测结果[63]

式中，$G(M, t)$ 是单分散高分子在相应温度下的应力弛豫模量。

式（3.54）首先应用于近单分散高分子二元共混物，发现其 η_o 和 J_s^o 数据与预测非常吻合[62]。已经详细研究了共混物[58] 和商品多分散高分子[58,63]，结果已发表。对于不同的聚烯烃，比较它们的动态模量实验值与基于式（3.54）的预测值（$T_0 = 190℃$），示于图 3.41~图 3.43❶。图 3.41 为仅使用商品聚丙烯 SEC 数据（$M_w = 420000$，$M_w/M_n = 5.7$，$M_z/M_w = 3.8$）的研究结果。图 3.42 为高密

---

❶ 图 3.41~图 3.43 的图名和相应的正文交代不太清楚。根据所引原作者的文献[63] 和 Ferry 的专著[1] 扼要说明如下：这个动态力学测量和模型的主曲线作图的横坐标是归一化角频率 $a_T\omega$，而纵坐标是归一化的动态模量 $G^*(a_T\omega)/G_N^0$。复数模量 G^* 有两个分量 $G^* = G' + iG''$，其中 G' 和 G'' 分别是储能模量和损耗模量［具体函数形式可参看文献[63] 的式 (6) 和 (7)］。在图上两条曲线中，从左方（低 ω 方向）看上面的一条是 G''，下面一条是 G'；相应的圈点符号代表实验数据。——译校者注

度聚乙烯标准样 SRM-1475 的研究结果，其分子量分布数据（$M_w=58000$，$M_w/M_n=3.2$，$M_z/M_w=2.7$）来自 SEC 和在线联用测黏法。图 3.43 为含长支链低密度聚乙烯标准样 SRM-1476 的研究结果，其分子量分布数据（$M_w=160000$，$M_w/M_n=6.1$，M_z/M_w 约为 70）来自 SEC 和在线联用光散射法。考虑到没有可调的参数，前两个样品的结果是合理的。对于低密度聚乙烯，其实验值和计算值之间有巨大差异，几乎可以肯定这是由于长支链导致熔体黏度太高所致。

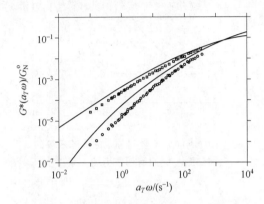 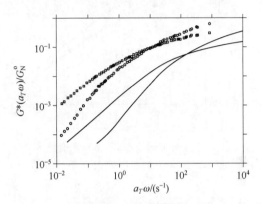

图 3.42　高密度聚乙烯 SRM-1475 的实验　　　图 3.43　低密度聚乙烯 SRM-1476 的实验
主曲线及双重蛇行模型的预测结果[63]　　　　主曲线及双重蛇行模型的预测结果[63]

非线性流动行为和熔体加工行为也强烈依赖于分子量的多分散性。如图 3.25（a）所示，对于几种不同分子量的近单分散聚苯乙烯，绘制 $[\eta(\dot\gamma)/\eta_o]$-$\dot\gamma\tau_o$ 关系图时，其稳态黏度数据是重叠的。相同的主曲线为不同种类的缠结高分子在不同温度、浓度、稀释剂种类和链长情况下的结果。分子量分布的影响如图 3.44 所示。图中给出了两种聚苯乙烯在 180℃ 的黏度-剪切速率数据，其中一种是商品多分散性聚苯乙烯，其相关参数为：$M_w=260000$，M_w/M_n 约为 2.5，$\eta_o=32000\mathrm{Pa\cdot s}$，$\tau_o=1.9\mathrm{s}$；另一种是近单分散聚苯乙烯，其相关参数为：$M_w=160000$，$M_w/M_n$ 约为 1.1，$\eta_o=20000\mathrm{Pa\cdot s}$，$\tau_o=0.29\mathrm{s}$。多分散性扩大了从牛顿流体到幂次行为的转变范围。在这个例子中，多分散性聚苯乙烯的 M_w 较大，因此其 η_o 值较高。然而，在较低的剪切速率下，宽分布聚苯乙烯就出现了非牛顿行为：从式（3.14）可以看出，因为 η_o 和 J_s^o 都较大，所以 τ_o 较大，而 J_s^o 较大正是多分散性所致。这两条曲线相交，且在高剪切速率下，多分散性聚苯乙烯比近单分散聚苯乙烯有更低的黏度。低剪切速率下有高黏度，而高剪切速率下有低黏度，这种组合正是某些熔体加工操作（如吹塑）所需要的特性。在这些情况下，多分散性效应是有利的。

依据分子量分布预测黏度-剪切速率曲线的形状已经取得一些成功。图 3.44 所示曲线是基于简化模型和 SEC 数据计算得出的，该模型认为：黏度随剪切速率的增加而逐渐降低，是由于链流动导致的解缠结[64]。

图 3.45 可以说明分子量分布宽度对熔体弹性极其重要。对于分子量分布较宽的样品，离模膨胀率 D_e/D 在较低的管壁剪切应力下便开始增加，且变化比窄分布样品缓慢。离模膨胀对分子量分布宽度的敏感性遵循 Tanner 方程［式（3.34）］。根据该表达式，D_e/D 仅是 N_1/σ 的函数。基于式（3.28）可近似得到 $N_1\approx2J_s^o\sigma^2$，$N_1/\sigma\approx2J_s^o\sigma$。因此，

由于 J_s° 随分子量分布变宽而迅速增大，在恒定剪切应力之下，离模膨胀率也随分子量分布变宽而增大。

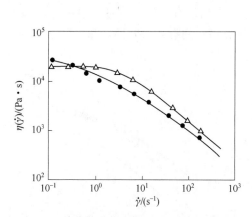

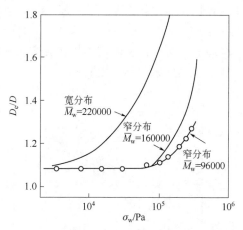

图 3.44　近单分散聚苯乙烯（△）和商业多分散性聚苯乙烯（●）的黏度-剪切速率行为[32]

图 3.45　不同分子量和分布的聚苯乙烯的离模膨胀与壁面剪切应力的关系[32]

3.5.4.2　长支链

广义上讲，如果支链较短，黏弹性行为的变化很小。然而，如果支链足够长且缠结在一起，即支链的分子量 M_b 比 M_e 大得多，那么支链的影响还是很大的[65]。商品高分子的非线形结构通常是由一些随机的支化反应产生的，如高分子链转移、端基偶合或聚合过程中的交联反应。低密度聚乙烯是无规支化高分子的一个突出实例（见图 3.43 的题注）。无规支化导致分子量分布变宽，而要明确区分支化效应和分子量分布变宽带来的影响，是十分困难的。对支化效应的了解大多来自于对模型体系的研究。星形高分子由三条或三条以上的线状链键接在同一个结上，通过阴离子聚合和适当的偶联反应得到高度均匀的星形结构。因此，改变支链长度和支化点的官能度，可以在较宽的范围内研究支化效应的影响[24,66,67]。但是，星形高分子只有一个支化点，无法用于研究一些支链的影响。由此，对于常规的梳形高分子[68] 和多分散样品分级制备的无规支化高分子[69]，可用的数据不多。

将 Rouse 理论应用于非线形高分子，预测支链的 η_o 和 J_s° 均比相同分子量的线形链的小[70]。定性地说，由于线团尺寸较小，所以黏度较低，且线团不易变形，因此可回复柔量较小。这些预测与实验结果十分符合，甚至在缠结区也是如此。当支链分子量 M_b 足够大时，即 $M_b > (2\sim 4)M_c$，支链产生明显的缠结，Rouse 模型不再适用。对于长臂高分子，如图 3.46 中三臂、四臂星形聚（1,4-丁二烯），这些支链高分子的黏度比线形高分子的黏度上升得更快，前者很容易超过后者的 100 倍或更多。黏度不再按照幂律公式随分子量而变化。对于长臂高分子，黏度随支链长度呈指数增长[52]：

$$\eta_o \propto \exp\left(\beta \frac{M_b}{M_e}\right) \tag{3.55}$$

式中，指数系数 β 约为 0.6，且与每个星形高分子的支链数 f 关系较小。黏度随浓度的稀释而迅速降低。基于式（3.47）可得 $M_e \propto \phi^{1-f}$，因此 η_o 随 ϕ 呈指数变化[49]，甚至很快降至相同总分子量、同样稀释的线形高分子的黏度以下。

线形高分子和支化高分子的可回复柔量随分子量的变化也不同。近单分散线形高分子的 J_s^o 是一个常量（$\approx 2/G_N^o$，大于 $5M_e$），而星形高分子的 J_s^o 与 M_b 成正比。图 3.47 对比了线形聚苯乙烯[71] 和具有四臂星形聚苯乙烯[66] 的 J_s^o。

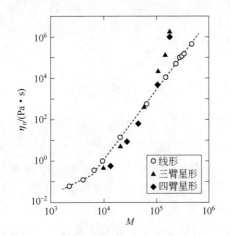
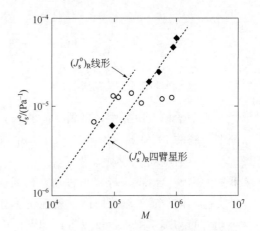

图 3.46　近单分散线形和星形聚（1,4-丁二烯）在 107℃时黏度的分子量依赖性[30]　　图 3.47　近单分散线形聚苯乙烯和星形聚苯乙烯的可回复柔量的分子量依赖性[66,71]

如果不考虑支化点的官能度，与实验结果相比较，可以发现式（3.56）很好预测近单分散星形高分子的 J_s^o[52]：

$$J_s^o = \beta' \frac{M_b}{\rho RT} \tag{3.56}$$

基于实验，确定 β' 约为 0.6。由此可见，处于缠结区的支化高分子的 η_o 和 J_s^o，比相同分子量的线形高分子都要大。与相同分散性的线形高分子相比，紧密缠结的支化高分子的末端区更宽[49]。如图 3.24 所示，对于近单分散的线形聚丁二烯和具有三个支链的聚丁二烯，他们的复数黏度也说明了星形高分子从牛顿行为逐渐过渡到幂律行为。图 3.48 显示了支化对黏度-剪切速率的影响。可以看出，与具有相同黏度的线形高分子相比，长支链星形高分子具有较大的 J_s^o 和 τ_o。星形高分子在高剪切速率下的黏度较低，而线形高分子和支化高分子的黏度-剪切速率曲线可能发生交叉。通常来说，支化高分子可能表现出线形高分子所没有的黏度-剪切速率行为，可能还会发生不寻常的弹性效应，但支化高分子非线性响应的研究近期才刚刚开始。

上面观测到的星形高分子黏弹性特征都符合管道模型。正如图 3.49 所示，即使只有一个长支链，也会抑制高分子链的蛇行[53]。星形高分子自由运动受限，不能再移动至新的位置、产生新的构象，因此，必须通过其他运动方式弛豫和扩散。基于星形高分子管道长度涨落的 Pearson-Helfand 理论[72]，直接导致了末端区变宽，式（3.55）和式（3.56）预测的 η_o 和 J_s^o 与实验观察非常吻合，两者存在的差别主要在于：预测时 $\beta = \beta' = 15/8 = 1.875$，而实验观测到的 $\beta \sim \beta' \sim 0.6$。

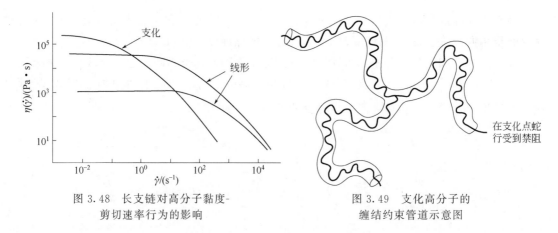

图 3.48　长支链对高分子黏度-　　　　　图 3.49　支化高分子的
剪切速率行为的影响　　　　　　　缠结约束管道示意图

在流变学模型研究中，系数之间的差异并非微不足道。对于星形高分子熔体，基于指数模型预测的 η_0 和 τ_0 比实验值大了几个数量级，但这些预测结果与星形高分子在网络环境中弛豫的数据却十分吻合[73]，表明在高分子熔体中存在明显的基体效应，需要考虑约束释放的影响。Marrucci 提出过动态稀释的概念[74]，Ball 和 McLeish 将此应用于星形高分子支链不同位置的弛豫时间，就证明了这一点[75]。

此处的物理学图景，可以解读如下：涨落能使由形变引起的管道扭曲迅速发生弛豫，因此它们所包含的链段在臂的自由端附近发生形变，但靠近星形高分子中心的形变越来越慢，这就是 Pearson-Helfand 模型的本质。链段作为管道的潜在"供应者"，其行为就像对离自由端较近、快速弛豫链段的永久约束，这些链段，对离自由端较远、缓慢弛豫链段则像单体稀释剂。其效果是：随着与自由端的距离增加，管道的直径增加，因此弛豫时间与距自由端的距离相关，并且由两个相反因素共同决定，涨落的贡献随距离增加而增大，稀释的动态贡献随距离增加而减小。实质上这是 Pearson-Helfand 求解的结果，但系数需要修正，$\beta = 5/8 = 0.625$ 和 $\beta' = 1.06$，η_0 预测值与实验较符合，J_s° 预测值仍然较高。最新进展[76,77] 指出 $\beta = 0.48$，$\beta' = 0.99$。

支化高分子的黏弹性是当前研究的热点。无论从理论上还是实验上，非对称星形高分子、H 形高分子、梳形高分子和无规支化高分子的线性黏弹性被广泛研究[78-82]，并考虑了它们在剪切和拉伸过程中非线性响应新思路[83]。通过这些和其他举措，在不远的将来，对缠结高分子液体流动行为的分子理解必将快速深化。

3.6　总结

本章从宏观和微观两个角度，讨论了高分子熔体和浓溶液的黏弹性和流动行为，对于非缔合柔性链高分子，当处于均相液态时黏弹行为对于大尺度分子链结构的依赖性，是一种普适的特性，本章尤其对此加以强调。此外，还介绍了表征黏弹性的实验方法，概述了当前高分子液体动力学分子理论的主要特征，其中某些重要内容被略去了，或仅作了简单的介绍。关于高分子熔体加工[31]、液晶高分子的流变学[84,85]、流变光学技术[86] 和模拟方法[87]，可参考相关文献。

（裴会杰　周兴平　解孝林　译）

参考文献

[1] J. D. Ferry, *Viscoelastic Properties of Polymers*, 3rd edition (John Wiley & Sons, New York, 1980).

[2] B. D. Coleman, H. Markovitz, and W. Noll, *Viscometric Flows of Non-Newtonian Fluids* (Springer-Verlag, Berlin, 1966).

[3] R. B. Bird, R. C. Armstrong, and O. Hassager, *Dynamics of Polymeric Liquids*, 2nd edition (John Wiley & Sons, New York, 1987), Vol. 1.

[4] A. S. Lodge, *Body Tensor Fields in Continuum Mechanics, with Applications to Polymer Rheology* (Academic Press, New York, 1974).

[5] G. Astarita and G. Marrucci, *Principles of Non-Newtonian Fluid Mechanics* (McGraw-Hill, Maidenhead, 1974).

[6] C. W. Macosko, *Rheology: Principles, Measurements and Applications* (VCH, New York, 1994).

[7] W. R. Schowalter, *Mechanics of Non-Newtonian Fluids* (Pergamon, Oxford, 1978).

[8] R. I. Tanner, *Engineering Rheology*, 2nd edition (Oxford University Press, Oxford, 2000).

[9] A. S. Lodge, *Elastic Liquids* (Academic Press, New York, 1964).

[10] L. R. G. Treloar, *The Physics of Rubber Elasticity*, 3rd edition (Oxford University Press, Oxford, 1975).

[11] W. W. Graessley, *Adv. Polym. Sci.*, **16** (1974), 1.

[12] L. J. Fetters, D. J. Lohse, D. Richter, T. A. Witten, and A. Zirkel, *Macromolecules*, **27** (1994), 4639.

[13] L. J. Fetters, D. J. Lohse, and W. W. Graessley, *J. Polym. Sci. Pt B: Polym. Phys.*, **37** (1999), 1023.

[14] W. W. Graessley, *Macromolecules*, **15** (1982), 1164.

[15] A. J. Levine and S. T. Milner, *Macromolecules*, **31** (1998), 8623.

[16] H. Markovitz, *J. Polym. Sci. Symp.*, **50** (1975), 431.

[17] S. H. Wasserman, private communication (1992).

[18] S. Onogi, T. Masuda, and K. Kitagawa, *Macromolecules*, **3** (1970), 109.

[19] T. Masuda, K. Kitagawa, T. Inoue, and S. Onogi, *Macromolecules*, **3** (1970), 116.

[20] B. D. Coleman and H. Markovitz, *J. Appl. Phys.*, **35** (1966), 1.

[21] C. S. Lee, J. J. Magda, K. L. DeVries, and J. W. Mays, *Macromolecules*, **25** (1992), 4744.

[22] J. J. Magda and S. G. Baek, *Polymer*, **35** (1994), 1187.

[23] K. Walters, *Rheometry* (Chapman & Hall, London, 1975).

[24] W. W. Graessley, T. Masuda, J. E. L. Roovers, and N. Hadjichristidis, *Macromolecules*, **9** (1976), 127.

[25] J. M. Dealy, *Rheometers for Molten Plastics* (Van Nostrand Reinhold, New York, 1982).

[26] R. L. Crawley, Master's thesis, Northwestern University (1972).

[27] W. P. Cox and E. H. Merz, *J. Polym. Sci.*, **28** (1958), 619.

[28] M. J. Struglinski, Doctoral thesis, Northwestern University (1984).

[29] R. A. Stratton, *J. Coll. Sci.*, **22** (1966), 517.

[30] G. Kraus and J. T. Gruver, *J. Polym. Sci. Pt A*, **3** (1965), 105.

[31] J. M. Dealy and K. F. Wissbrun, *Melt Rheology and its Role in Plastics Processing* (Van Nostrand Reinhold, New York, 1990).

[32] W. W. Graessley, S. D. Glasscock, and R. L. Crawley, *Trans. Soc. Rheol.*, **14** (1970), 519.

[33] R. I. Tanner, *Appl. Polym. Symp.*, **20** (1973), 201.

[34] R. I. Tanner, *J. Polym. Sci. Pt A-2*, **8** (1970), 2067.

[35] R. C. Penwell, W. W. Graessley, and A. Kovacs, *J. Polym. Sci.: Polym. Phys. Ed.*, **12** (1974), 1771.

[36] S. Mori and H. G. Barth, *Size Exclusion Chromatography* (Springer-Verlag, New York, 1999).

[37] H. Pasch, *Adv. Polym. Sci.*, **150** (2000), 1.

[38] T. Sun, P. Brant, R. R. Chance, and W. W. Graessley, *Macromolecules*, **34** (2001), 6812.

[39] J. E. Mark (ed.), *Physical Properies of Polymers Handbook* (AIP Press, Woodbury, New York, 1996).

[40] R. B. Bird, O. Hassager, R. C. Armstrong, and C. F. Curtiss, *Dynamics of Polymeric Liquids*, 2nd edition (John Wiley & Sons, New York, 1987), Vol. 2.

[41] H. Odani, N. Nemoto, and M. Kurata, *Macromolecules*, **5** (1972), 531.

[42] G. C. Berry and T. G. Fox, *Adv. Polym. Sci.*, **5** (1968), 261.

[43] P. F. Green and E. J. Kramer, *Macromolecules*, **19** (1986), 1108.

[44] B. Crist, P. F. Green, R. A. L. Jones, and E. J. Kramer, *Macromolecules*, **22** (1989), 2857.

[45] T. P. Lodge, *Phys. Rev. Lett.*, **83** (1999), 3218.

[46] L. J. Fetters, D. J. Lohse, S. T. Milner, and W. W. Graessley, *Macromolecules*, **32** (1999), 6847.

[47] Y. H. Lin, *Macromolecules*, **20** (1987), 3080.

[48] R. H. Colby, L. J. Fetters, W. G. Funk, and W. W. Graessley, *Macromolecules*, **24** (1991), 3873.

[49] V. R. Raju, E. V. Menezes, G. Marin, W. W. Graessley, and L. J. Fetters, *Macromolecules*, **14** (1981), 1668.

[50] J. M. Carella, W. W. Graessley, and L. J. Fetters, *Macromolecules*, **17** (1984), 2775.

[51] J. T. Gotro and W. W. Graessley, *Macromolecules*, **17** (1984), 2767.

[52] D. S. Pearson, *Rubber Chem. Technol.*, **60** (1987), 439.

[53] P. G. de Gennes, *Scaling Concepts in Polymer Physics* (Cornell University Press, Ithaca, New York, 1979).

[54] M. Doi and S. F. Edwards, *The Theory of Polymer Dynamics* (Clarendon Press, Oxford, 1986).

[55] W. W. Graessley, *J. Polym. Sci.: Polym. Phys. Ed.*, **18** (1980), 27.

[56] W. W. Graessley, *Adv. Polym. Sci.*, **47** (1982), 67.

[57] A. E. Likhtman and T. C. B. McLeish, *Macromolecules*, **35** (2002), 6332.

[58] S. H. Wasserman and W. W. Graessley, *J. Rheol.*, **36** (1992), 543.

[59] C. Tsenoglou, *Polym. Preprints*, **28** (1987), 185.

[60] J. des Cloiseaux, *Europhys. Lett.*, **5** (1988), 437.

[61] J. des Cloiseaux, *Macromolecules*, **23** (1990), 4678.

[62] C. Tsenoglou, *Macromolecules*, **24** (1991), 1762.

[63] S. H. Wasserman and W. W. Graessley, *Polym. Eng. Sci.*, **36** (1996), 852.

[64] W. W. Graessley, *J. Chem. Phys.*, **47** (1967), 1942.

[65] W. W. Graessley, *Acc. Chem. Res.*, **10** (1977), 332.

[66] W. W. Graessley and J. Roovers, *Macromolecules*, **12** (1979), 959.

[67] J. M. Carella, J. T. Gotro, and W. W. Graessley, *Macromolecules*, **19** (1986), 659.

[68] J. Roovers and W. W. Graessley, *Macromolecules*, **14** (1981), 766.

[69] R. A. Mendelson, W. A. Bowles, and F. L. Finger, *J. Polym. Sci. Pt A-2*, **8** (1970), 105.

[70] D. S. Pearson and V. R. Raju, *Macromolecules*, **15** (1982), 294.

[71] D. J. Plazek and V. M. O'Rourke, *J. Polym. Sci. Pt A-2*, **9** (1971), 209.

[72] D. S. Pearson and E. Helfand, *Macromolecules*, **17** (1984), 888.

[73] H.-C. Kan, J. D. Ferry, and L. J. Fetters, *Macromolecules*, **13** (1980), 1571.

[74] G. Marrucci, *J. Polym. Sci.: Polym. Phys. Ed.*, **23** (1985), 159.

[75] R. C. Ball and T. C. B. McLeish, *Macromolecules*, **22** (1989), 1911.

[76] S. T. Milner and T. C. B. McLeish, *Macromolecules*, **30** (1997), 2159.

[77] S. T. Milner and T. C. B. McLeish, *Macromolecules*, **31** (1998), 7479.

[78] A. L. Frischknecht, S. T. Milner, A. Pryke, R. N. Young, R. Hawkins, and T. C. B. McLeish, *Macromolecules*, **35** (2002), 4801.

[79] T. C. B. McLeish, J. Allgaier, D. K. Bick, G. Bishko, P. Biswas, R. Blackwell, B. Blottiere, N. Clarke, B. Gibbs, D. J. Groves, A. Hakiki, R. K. Heenan, J. M. Johnson, R. Kant, D. J. Read, and R. N. Young, *Macromolecules*, **32** (1999), 6734.

[80] D. R. Daniels，T. C. B. McLeish，B. J. Crosby，R. N. Young，and C. M. Fernyhough，*Macromolecules*，**34** (2001)，7025.

[81] D. J. Read and T. C. B. McLeish，*Macromolecules*，**34** (2001)，1928.

[82] B. J. Crosby, M. Mangnus，W. de Groot，R. Daniels，and T. C. B. McLeish，*J. Rheol.*，**46** (2002)，401.

[83] S. T. Milner，T. C. B. McLeish，and A. E. Likhtman，*J. Rheol.*，**45** (2001)，539.

[84] G. C. Berry，*J. Rheol.*，**35** (1991)，943.

[85] R. G. Larson，*The Structure and Rheology of Complex Fluids* (Oxford University Press，New York，1999).

[86] G. G. Fuller，*Optical Rheometry of Complex Fluids* (Oxford University Press，New York，1995).

[87] K. Binder (ed.)，*Monte Carlo and Molecular Dynamics Simulations in Polymer Science* (Oxford University Press，New York，1995).

第 4 章　结晶态

Leo Mandelkern

佛罗里达州立大学化学系和分子生物物理研究所，美国佛罗里达州塔拉哈西 32306

4.1　引言

本章将讨论决定柔性长链分子结晶行为的基本原理，刚性更强的高分子将在第 5 章讨论。本章分为几个互相关联的主题，包括结晶热力学、结晶动力学和结晶机理、结构与形态、微观与宏观性质，并根据基本的物理学和化学概念逐一讨论。图 4.1 阐述了高分子结晶的各个主题之间的关系。

几乎所有性质都由分子形态控制。反过来，结晶机理又决定了分子形态。这些机理都是详细研究结晶动力学后才得出的。为正确分析动力学，需了解平衡条件或结晶热力学。尽管该信息很重要，也可从理论上得到，但实际上结晶高分子的平衡状态几乎是不可能达到的。主要原因是从动力学上来说，熔体结晶后得到的微晶具有很高的界面自由能，导致包含长链的结晶是很难实现的。由于结晶高分子很难达到平衡态，所以早期人们把它当作亚稳态来处理[1]。上述这些问题存在非常清晰的内部联系，在处理实验结果的时候显得尤为突出。因此，有关结晶行为或结晶态性质的问题很少可以单独研究。

图 4.1　基于结晶态的视角解构结晶高分子研究中的相关问题[3]

本章不对这一领域的研究进行详细综述，但尽量与该领域的最新进展保持同步，主要关注所涉及的基本原理。为了达成预期目标，读者需对高分子化学或物理学有一定的了解，因为分子结构和链结构的基础知识对理解后续讨论至关重要。本章的水平介于高分子学科的入门水平和该领域当前的最新研究水平之间。

结晶高分子的研究与高分子学科本身的发展密切相关[2]。值得注意的是，结晶高分子的某些领域已发展得很好，很多阐述已得到广泛接受，同时还有些领域仍存在一些争议，需进一步研究[3]。幸运的是，通过不懈努力，一套完整的体系正在逐渐建立。在理论和实验的指导下，理解熔融热力学和结晶动力学所需要的基本原理已牢固建立。因此，当前研究主要聚焦于结晶高分子结构和形态的阐述，以及它们对性能的影响。由于结晶的热力学和动力学在文献中有广泛记载，在此仅作简要概述，提炼出重点概念并指出亟待解决的问题。本章重点将放在如何理解结构与性能的关系上，并选择一些例子来演绎基本原理。一旦理解了这些原理，即可将之应用于解决各种各样的问题。首先从单根高分子链的结构开始。

长链分子可能存在于两种状态，分别表征为：单个分子链的构象或许多分子链相互形成的一种组织。液态为分子无序的状态，单根链采取统计构象，通常称为无规线团。此时，分子的质心彼此随机排列，所有热力学和结构性质都类似于黏稠液体，并具有长程弹性的特点。高分子中的液态通常称为无定形态。

晶态或有序态是由高分子链整体或部分构成的三维有序状态，其有序构象是完全伸直状或许多熟知的螺旋状。在不考虑单个晶胞和有序链结构细节的情况下，分子链形成三维有序结构。此时，分子链轴相互平行且取代基呈周期性排列。常规 X 射线衍射可表征晶态的结构特征。一般认为，有一定结构规整性的分子链在适当条件下均可结晶。然而，高分子几乎很少或者基本没有完全的结晶态。因此，更恰当地说，高分子的结晶态应该是半结晶态或部分结晶态。

与液态比较，晶态相对呈现刚性和缺乏弹性，如两种状态的弹性模量有大约五个数量级的差异，在波谱和热力学等其他性质上也同样存在很大区别。此外，可通过控制晶体结构来改变其性质。对高分子的应用来说，结构如何控制性能是关键问题。

图 4.2 为高分子在两种状态下构象差异的示意图。晶态中分子键呈连续择优取向的一种集合，且无需整根分子链参加有序化的过程。在液态中，分子键的取向则是随机的，致使链采取一种统计构象。

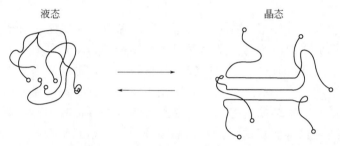

图 4.2   液态和晶态下分子链构象差异示意图。直线为有序构象，忽略界面结构详细信息

本章旨在理解晶体性质是如何受到重复单元的化学性质、单胞尺寸的晶体结构和晶体排列的影响。很多晶体性质值得关注，涉及热力学和物理学问题，包括波谱特征、力学行为和极限强度。

4.2　均聚物的结晶-熔融热力学

首先讲述结晶热力学的一些基本概念。从热力学的角度来看，高分子由一种状态到另一种状态的转变可视作典型的一级相转变。这种转变与小分子的熔化过程相似。典型均聚物的熔融过程如图 4.3 所示，体系为分级和未分级的线形聚乙烯。由图可知，随着熔融的进行，此过程发生突变，且可方便地定义熔点。同时，容易发现分级样品发生熔融的温度区间很窄。由比体积-温度的关系图，可清晰观察到两个样品的结晶部分最后都消失了，并定义该温度为熔点。尽管该转变稍显"拖沓"，但仍可将之归属于一级相变之列[5,6]。

正烷烃和其他重复单元的低聚物，由于所有分子的长度完全相等，在足够低的温度下可形成分子晶体。此时，分子链的末端相互配对，形成如图 4.4（a）所示的规整平面。但对高分子而言，无论怎样精心分级，都无法得到所有链长完全相等的样品。因此，无法满足形成完整晶体的必要条件。通过统计力学分析[6] 和实验[7] 建立了高分子的平衡态。高分子的链末端部分是无序的或"毛茸茸"的，可用图 4.4（b）的模型表示。如此一来，

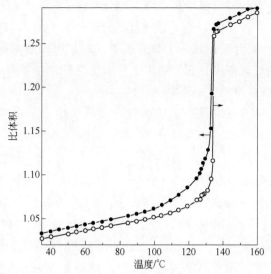

图 4.3 线形聚乙烯熔融的比体积-温度关系：(●) 未分级高分子，(○) $M=32000$ 的分级高分子[4]

对于含 x 个重复单元的高分子链，若用于结晶平衡态的分子长度为 ζ_e，即末端无序部分的长度为 $x-\zeta_e$，则该体系中链长依赖的熔点可由下式得到[6]：

$$1/T_{me}-1/T_m^0=(R/\Delta H_u)\{(1/x)+[1/(x-\zeta_e+1)]\} \tag{4.1}$$

$$2\sigma_e=RT_{me}\{[\zeta_e/(x-\zeta_e+1)]+\ln[(x-\zeta_e+1)/x]\} \tag{4.2}$$

式中，T_m^0 表示分子量无限大的高分子链的平衡熔点；T_{me} 是含 x 个重复单元的高分子的熔点。结晶平衡长度为 ζ_e 的高分子晶面的有效界面自由能为 σ_e，每个重复单元的熔融焓为 ΔH_u。值得一提的是，结晶高分子的研究中涉及三种不同的界面自由能，这也是晶面的基本特征。式 (4.2) 中，σ_e 表示平衡态伸直链晶体的界面自由能；σ_{ec} 表示陈化的、但未达到平衡的晶体界面自由能；而 σ_{en} 表示形成晶核的界面自由能。目前无法区分这三种自由能的量。

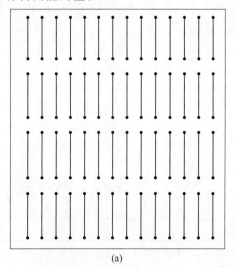

(a)

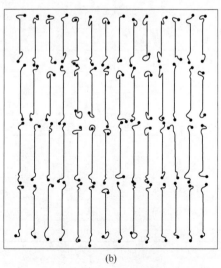

(b)

图 4.4 伸直链晶体的示意图：(a) 端基成对的正烷烃；(b) 端基无序排列的高分子组分

对于链长最概然分布的多分散体系，熔点与分子量的关系为：

$$1/T_m^* - 1/T_m^0 = (R/\Delta H_u)(2/\bar{x}_n) \tag{4.3}$$

式中，$\bar{x}_n$ 表示数均聚合度；此分子量分布下，$2/\bar{x}_n$[●] 表示非晶单元的摩尔分数。式 (4.3) 由相平衡条件的规定得出，它只适用于分子量最概然分布的高分子体系。每种多分散体系的熔点-温度关系必须单独处理。

当小分子稀释剂排除在晶相之外时，由经典相平衡热力学，得到体系熔点降低的公式为[6]：

$$1/T_m^* - 1/T_m^0 = (R/\Delta H_u)(V_u/V_1)(v_1 - \chi_1 v_1^2) \tag{4.4}$$

式中，T_m^0 表示纯高分子体系的平衡熔点；T_m^* 表示稀释剂体积分数为 v_1 时的熔点；V_u/V_1 表示重复单元相对于稀释剂的摩尔体积比；χ_1 表示高分子-稀释剂热力学相互作用参数；ΔH_u 表示完全结晶高分子链中每个重复单元的熔融焓。ΔH_u 是重复单元的特性，与结晶度等结晶状态特性无关。式 (4.4) 仅适用结晶相为纯高分子时体系熔点降低的情况。严格地说，使用该式要求微晶厚度和界面自由能不受浓度的影响。相同体系在不同浓度下的溶解度相当[8]、伸直链晶体的熔点-组成关系[9,10] 等实验结果均证明了该式的有效性。由于 χ_1 受组成和温度的影响，因此利用熔点降低法来确定此相互作用参数的值是不可取的。在稀释剂排入晶格的少数例子中，式 (4.4) 显然不再适用。式 (4.4) 已在许多不同高分子中得到实验验证[11]。对于不同稀释剂来说，同种高分子的 ΔH_u 为定值。如此一来，对于特定的高分子来说，可通过该式求得 ΔH_u。结合平衡熔点，得到重复单元的熔融熵 ΔS_u。表 4.1 列出了一些高分子的相关热力学参数。

表 4.1　一些高分子熔融的热力学参数（ΔH_u 和 ΔS_u 分别为重复单元的熔融焓和熔融熵）

高分子	$T_m^0/℃$[①]	$\Delta H_u/$（cal·mol^{-1}）[②]	$\Delta S_u/$（cal·℃$^{-1}$·mol^{-1}）
聚乙烯	145.5±1	990	2.36
聚丙烯	208	2100	4.37
聚（顺-1,4-异戊二烯）	35.5	1050	3.46
聚（反-1,4-异戊二烯）	87	3040	8.75
聚（反-1,4-氯丁二烯）	107	2000	5.08
聚苯乙烯，全同立构	243	2075	4.02
聚甲醛	200	1676	3.55
聚氧化乙烯	80	2080	5.91
聚（2,6-二甲氧基-1,4-苯亚基醚）	287	761	1.36
聚己二酸癸二酯	79.5	10200	29
聚癸二酸癸二酯	80	12000	34
聚对苯二甲酸乙二酯	282	5600	10.2
聚对苯二甲酸癸二酯	138	11000	27
聚对苯二甲酸丁二酯	230	7600	15.1

───────────────

[●]　原文为 $2/x_n$。——译者注

高分子	$T_m^0/℃$ [①]	$\Delta H_u/$ (cal·mol^{-1}) [②]	$\Delta S_u/$ (cal·℃$^{-1}$·mol^{-1})
聚己二酰己二胺	269	10365[③]	45.8
聚（癸二酰癸二胺）	216	8300	17
聚（癸二酰壬二胺）	214	8800	27
聚四氟乙烯	346	1220[③]	24.4
聚二甲基硅氧烷	−38	650	2.76
聚（四甲基-p-硅苯基硅氧烷）	160	2700	6.20
聚醚醚酮	338	11319[③]	18.5
三硝基纤维素	>700	900～1500	1.50
三丁酸纤维素	207	8800	8.1

① 平衡熔点的最佳估算值。

② 除特别说明之外，ΔH_u 是以单体为稀释剂的熔点降低法所测得。

③ ΔH_u 由克拉佩龙方程得到。

表 4.1 并非详尽无遗，更广泛的数据请参阅文献[11,12]。ΔH_u 值可通过测量熔点对静压力的依赖性以及应用克拉佩龙方程[11,12] 来获得。这两种方法的结果类似。这些例子的选择是为了说明典型的情况。

表 4.1 的数据阐明了高分子结构与熔点关系的指导性原则。这些例子清晰表明，熔点和熔融焓之间不存在相关性，这与许多小分子单体体系的情况是一样的。高分子的 ΔH_u 值可大致分为两类：几千或大约 $10000 cal·mol^{-1}$。从这些例子中，也可以更普遍地发现，许多高熔点高分子具有较低的热熔值，相反许多低熔点高分子具有较高的热熔值。因此，熔融熵才是确定熔点的关键因素。完全熔融状态下，熔融熵和链构象之间存在显著的因果关系。因此，通常所指的弹性体，如聚二甲基硅氧烷和聚（顺-1,2-异戊二烯），具有较低的熔点和较高的熔融熵，这反映了高分子链的紧密性和高度柔性。对于另一个极端，如聚醚醚酮、聚四氟乙烯和聚（2,6-二甲氧基-1,4-苯亚基醚）等工程塑料，则具有较高的熔点、较伸展的链结构及相应较低的熔融熵。纤维素衍生物则属于另一类；作为一类高分子，它们的特征是具有非常高的熔点和低的熔融热，它们的熔融熵也低，这是一种必然的结果，因为它们的链具有高度拉伸的性质。

与脂肪族链相比，在线形链中引入环状结构可大大提高其熔点，这可能是环状结构的引入降低了熔体的构型熵。比较脂肪族与芳香族的聚酯和聚酰胺的熔点，很容易得到此结论。

将脂肪族的聚酯和聚酰胺加以比较，可得出熔融熵对熔点的影响的另一个实例。众所周知，对于相同类型的重复单元，聚酰胺要比相应的聚酯的熔点高得多。忽略聚酰胺良好的氢键成键能力，两种链的熔融焓并无显著差异。因此，150～200℃的熔点差异必然是由于熔融熵的差异造成的。

综合上述几个实例，显然，可得出以下普遍规律：链结构通过构象性质和熔融熵影响熔点。事实上，基于旋转异构态理论，可得出恒容熔融熵与许多高分子的链构象之间的定量关系[11,13]。

4.3 共聚物的熔融

4.3.1 一般概念

运用经典相平衡理论，由几种均聚物的熔点可推导出共聚物的熔点。从结晶行为的角度来看，必须格外注意的是，除了不同化学结构的重复单元，还有许多结构异构也可视为构筑共聚物的结构单元，包括立体异构、支化、头-头结构和几何异构等。在研究共聚物的熔点-组成关系时，出现了类似于单体二元混合物中的问题。必须先确定结晶状态是否保持纯净，也就是共聚单元是否排列入晶格中。若共聚单元排列入晶格，则必须进一步确定这种情况是平衡态还是非平衡态的缺陷。此外，还需要知道组成晶体的特定结构。对于大部分情况，即共聚单元或结构异构完全不参与结晶时，晶相仍保持纯净，则计算公式为[6,14]：

$$1/T_m - 1/T_m^0 = (R/\Delta H_u)\ln p \tag{4.5}$$

式中，p 表示结晶单元相继增长的概率，即共聚物中一个可结晶单元连接另一个此类单元的概率；T_m 为共聚物的平衡熔点；T_m^0 和 ΔH_u 值与前述定义一致。因此，可认为共聚物的熔点并不直接取决于它的组成，而是取决于它的序列分布特征。这是高分子链状结构带来的独特结果。接下来将聚焦于共聚物的排列分布，而不是其组成。这也适用于共聚单元排入晶格的情况，此时需对每一相的序列分布进行区分。式（4.5）是一种理想情况[15]，这里仅考虑序列沿着分子链排列方式的数量，故只需考虑理想熵的贡献。这是一个类似于拉乌尔定律和理想溶液的理论，由竞聚率可得到液体或熔体的排列分布。

结晶单元的摩尔分数 X_A 可用于描述三种类型的排列分布状态。对于有序或嵌段共聚物，$p \gg X_A$，且大多数情况下 p 接近 1，共聚高分子的熔点最多比相应均聚物略有降低。对于交替共聚物，$p \ll X_A$，其熔点远小于相应均聚物。对于无规共聚物，$p = X_A$，式（4.5）变成：

$$1/T_m - 1/T_m^0 = (R/\Delta H_u)\ln X_A \tag{4.6}$$

只有在晶体结构与均聚物相同、晶相由同一种重复单元组成、熔体均匀的时候，上述 p 和 X_A 的关系才成立。通常这些条件很难同时满足，故式（4.5）和式（4.6）只适合理想情况。若上述条件不成立，也并不代表晶体不纯。相反，非理想条件极有可能导致熔点降低。

因此，理论上讲，化学组分完全相同的共聚物由于共聚单元的序列分布不同，熔点可能相差甚远。图 4.5 证明此猜想确实是成立的。图 4.5 为聚对苯二甲酸乙二酯与其他单体共聚得到的嵌段和无规共聚物的熔点-组成关系图[16]。

两类共聚物的熔点-温度关系差异较大，与理论预期一致。嵌段共聚物的熔点在共聚单元含量很大范围保持不变，且与共聚单元的化学结构无关。只有当共聚单元含量非常大时，熔点才会降低，这与在晶相中添加物质降低熔点一致。图 4.5 所示的结果是所有嵌段共聚物的典型示例，与化学组成无关。以图 4.5 中的数据为例，化学组分相同的嵌段和无规共聚物，熔点差值最高可达 200℃。

无规共聚物的晶相保持纯净时，熔点应只取决于其化学组成，而与第二种共聚单元的化学结构无关。图 4.6 所示的实验也证明了此猜想。图 4.6 为典型无规聚酯和聚酰胺的熔点-组成关系图。正如理论所预测，熔点随着共聚单元含量的增加而单调下降，与共聚单元的化学结构无关。当各组分的组成对熔点的贡献相当时，无规共聚物的熔点达到最低值，即最低共熔温度。

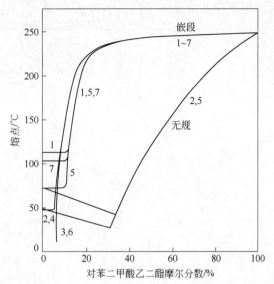

图 4.5　对苯二甲酸乙二酯与丁二酸乙二酯（1），己二酸乙二酯（2），己二酸二乙酯（3），壬二酸乙二酯（4），癸二酸乙二酯（5），邻苯二甲酸乙二酯（6）和间苯二甲酸乙二酯（7）的嵌段共聚物的熔点-组成关系。作为比较，给出了与己二酸二乙酯和癸二酸乙二酯的无规共聚物的数据[16]

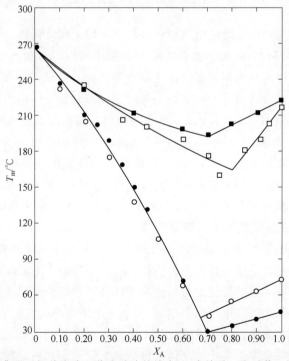

图 4.6　典型无规共聚酯和共聚酰胺的熔点-组成关系。聚对苯二甲酸乙二酯/己二酸酯（●）；聚对苯二甲酸乙二酯/癸二酸酯（○）；聚己二酸己二酰胺/癸二酰胺（■）；聚己二酸己二酰胺/己酰胺（□）

此外，尽管无规共聚物熔点的定量关系通常遵循式（4.6）的函数形式，但计算得出的 ΔH_u 值显著小于由其他方法确定的值。由于即便满足理想条件，也需要熔融长的序列，而这种长序列的浓度很低，导致非常难检测到熔点，故所测熔点往往偏低。只有少数例子可通过无规共聚物的熔点降低法计算得到正确的 ΔH_u 值[11]。

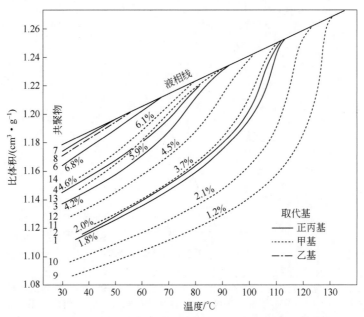

图 4.7 以所示取代基为共聚组分的聚亚甲基共聚物的熔融曲线。
共聚物组成以共聚组分的百分比表示[17]

均聚物和嵌段共聚物的熔融范围（熔程）较窄，但无规共聚物的较宽。这种行为有其理论基础[6,14]。由于序列长度对熔点影响较大，杂质的影响将放大弥散熔融效应。随着熔融过程的进行，较短的晶体序列在较低的温度下熔融，导致平衡的移动和熔程的扩大。如此一来，随着温度的升高，链方向上的晶体尺寸以及剩余熔体中的序列分布和自由能都随之改变，这体现在图 4.7～图 4.9 所示的各种无规共聚物的实验结果中。乙烯-1-烯烃共聚物是典型的例子，其结晶相纯净，且共聚单元的化学结构不同。图 4.7 是这些共聚物熔融过程中比体积与温度的关系图[17]。这些特殊的共聚物是由重氮甲烷及相应的高级重氮烷烃的混合物共聚制备的，共聚单体的随机分布可采用特殊的方法测得。结晶行为是在很多天内将熔体逐渐降温进行的，随后以非常慢的速度升温。共聚物的化学组成以 CHR/100CH$_2$ 的比值标注在每根曲线上。熔融曲线为典型的"S"形曲线，这与理论一致。与均聚物相比，转变发生在较宽的温度区间。随着非晶共聚单元浓度的增加，熔程逐渐变宽。当温度低于 T_m 时，仅仅存在少量的晶体。当温度在熔点附近时，没有直接的证据表明熔融过程是非连续的。虽然理论上会出现非连续性，但其大小超出了通常的实验观察范围，观测到熔体刚好消失的温度可取为熔点。

在共聚物的结晶行为中，共聚单元化学上不同并非必要条件。只要不参与结晶，链中任何结构不规整性的效果都一样，如立体异构、区域缺陷、几何异构、支化和分子间交联等。图 4.8[18] 和图 4.9[19] 分别为系列聚丁二烯和等规聚丙烯共聚物的熔融曲线。聚丁二烯包括很多 1,4-反式结晶共聚单元。如图 4.8 所示，随着晶体组分的降低，熔程逐渐变宽。

曲线 C 说明最终熔融过程非常难以检测。然而，非常重要的是，即便只有很少的晶体也对高分子的力学和物理性能产生很大影响。这是典型的无规共聚物的熔融过程。一个有趣的问题是，结晶单元达到一定浓度时，是否将阻止无规共聚物结晶的发展。Graessley 等[20] 制备出含 56% 的 1,4-反式结晶共聚单元的聚丁二烯，结晶度仍有 2%～5%，且与分子量有关。

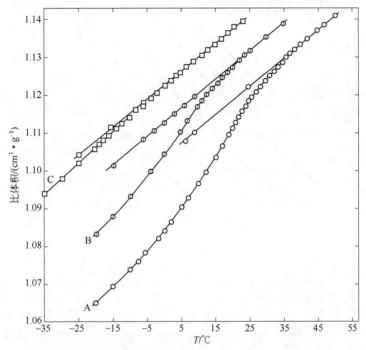

图 4.8　无规共聚物的熔融。可结晶 1,4-反式单元摩尔分数为 X_A 的聚丁二烯的比体积与温度关系。曲线 A，$X_A = 0.81$；曲线 B，$X_A = 0.73$；曲线 C，$X_A = 0.64$。曲线 B 和 C 沿纵坐标有移动[18]

图 4.9 所示立体异构聚丙烯的熔融过程与聚丁二烯类似。熔点和结晶度随着可结晶的等规立构共聚单元含量的减少而降低。与此同时，熔程变宽。结构不规整性的含量很高时，共聚物的结晶和熔融过程很难检测得到。

链不规整性的另一种重要类型是支化，因为分叉点与链上其他重复单元的结构不同。长支链通常长度不均，但只要足够长，也可以参与结晶。长支链聚乙烯，通常称为低密度聚乙烯，是一种典型的支链参与结晶的高分子。图 4.10 显示了支化对两种聚乙烯结晶行为的影响。曲线 A 为线形高分子，曲线 B 为支化高分子。支化高分子的熔点比线形高分子显著降低了约 20℃，且熔程更宽。线形高分子 70% 的熔融过程发生在 3～4℃ 的温度范围，相反，支化高分子的熔程几乎跨越了整个测量温度范围。因此，引人注目的是，两种化学结构几乎相同的高分子却有着完全不同的结晶行为。类似的熔融行为也发生在长支化聚对苯二甲酸乙二酯[22] 和聚苯硫醚[23] 体系。

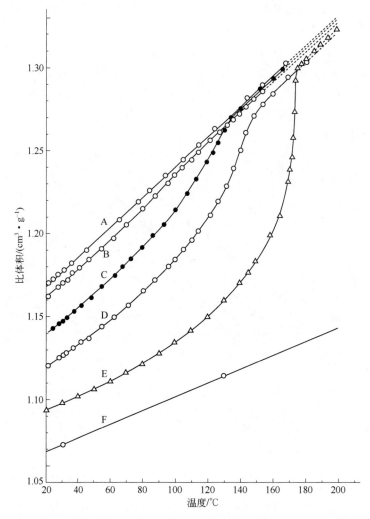

图 4.9 无规共聚物的熔融。不同立构规整性的聚丙烯的熔融。比体积对温度的关系。曲线 A，乙醚提取，淬火；曲线 B，戊烷提取，退火；曲线 C，己烷分级，退火；曲线 D，三甲基戊烷分级，退火；曲线 E，实验高分子原样品，退火；曲线 F，纯结晶高分子，计算值[19]

　　了解无规共聚物特殊的熔融性质之后，接下来可确定熔点-化学组成的关系。通常用与共聚物组成和转化程度无关的序列增长概率 p 来表征缩聚形成的共聚物。对这样的体系，p 等于可结晶单元的摩尔分数，与共聚单元的性质无关。

　　图 4.6 中使用的组成是以液相线为基础的，曲线的形状不能直接说明晶体的组成。如图 4.6 所示，含不同共聚单体的共聚物的熔点-组成关系相同，强烈表明结晶相是纯净的。然而，没有独立证据的情况下，该结论却并不一定正确。其他高分子，如聚四氟乙烯和聚甲醛，在加入不同的物质后也表现出类似的行为[24,25]。虽然某些共聚物对一些特定的共聚单体具有相同的熔点-组成关系，但添加其他共聚单体却可改变这种关系[26-29]。此时，相似组成的熔点通常会相对升高。一般结论是，随着参数 p 的增加，这些共聚单体参与排列入晶格。然而，不能忽略非理想条件对式（4.6）有所贡献的可能性。

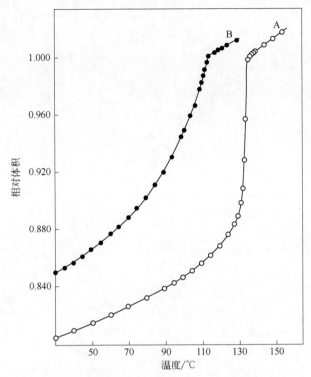

图 4.10　长链支化对熔融过程的影响。线形聚乙烯（曲线 A）和
支链聚乙烯（曲线 B）相对体积与温度的关系[21]

对于无规烯烃类共聚物，出现了一些特殊的规则和问题。图 4.11 显示了一系列以 1-烯烃和降冰片烯为共聚单体的快速结晶共聚物的熔点[30]。该图清晰表明，快速结晶时共聚物的熔点与共聚单元类型无关，与链长有关[31]，故所用高分子的分子量限于 90000 左右。对于含 1-癸烯、4-甲基-1-戊烯、环戊二烯、二环戊二烯等较大侧基的乙烯共聚物，其熔点曲线与图 4.11 类似[32]。结果还表明，随着共聚单体含量的增加，图 4.11 中的乙烯-辛烯共聚物的熔点进一步降低。

熔点对物理量 p 很敏感，在共聚单元组成较低的情况下更甚。如使用相似催化剂制备的两种乙烯-丁烯无规共聚物，侧基含量为 0.5%（摩尔分数）时的熔点相差约 5℃，而侧基含量约为 3%（摩尔分数）时的熔点相差为 10℃[31]。化学成分相同的共聚物熔点的差异可归因于它们各自序列增长概率的差异。

由平衡理论，理想无规共聚物的熔点-组成关系应符合式（4.6）。即使对直接观察的非平衡熔点，式（4.6）的函数形式通常也适应，但由式（4.6）推导出的 ΔH_u 值却远小于其他方法得到的 ΔH_u 值[11]。该差别一方面来源于无规共聚物极其难以达到平衡状态；另一方面则如上文所述，式（4.6）适合理想体系。值得一提的是，将式（4.6）应用于立体异构的无规共聚物时，需保证链缺陷的浓度合适。

据式（4.5）可得，当共聚单元交替排列明显，即 $p \ll X_A$ 时，共聚物熔点将大幅度下降。但需满足以下假设，A 单元结晶，且在所有组成范围形成与均聚物一样的晶体结构。但上述条件很难满足，晶体一般由 A、B 单元共同组成。

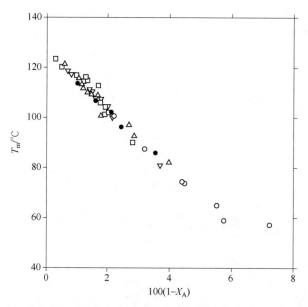

图 4.11　熔点 T_m 对聚乙烯链中结构不规则单元的摩尔分数的关系。HPBD（○）；乙烯-丁烯（□）；乙烯-辛烯（▽）；乙烯-己烯（△）；乙烯-降冰片烯（●）。$M \approx 90000$。HPBD 为氢化聚丁二烯[30]

图 4.12 为乙烯和三氟氯乙烯交替共聚物的熔点-组成关系图[33]。两组分在等物质的量时熔点达到极大值 264℃，对应着 $C_2H_4C_2F_3Cl$ ❶ 重复单元所构筑序列的熔点，远远高于相应均聚物的熔点。熔点高于或低于等物质的量浓度的熔点，则说明共聚物为不完全交替。此时形成了一种新的晶体，其热力学参数不同于任何一种纯物质。图 4.12 中的曲线与无规共聚物明显不同。

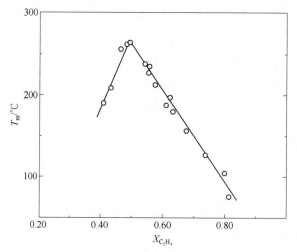

图 4.12　乙烯/三氟氯乙烯的交替共聚物的
熔点对乙烯单元摩尔分数的关系[33]

---

❶　原文为 $C_2H_4C_3F_3Cl$。——译者注

乙烯—一氧化碳共聚物是一种典型的交替共聚物[34-39]。这种共聚物是多相态的高分子：低温时，高分子为 α 相；当温度升至 140℃时，由 α 相转变成 β 相，熔点约为 255℃，高于线形聚乙烯及其无规共聚物的熔点。这也是由于共聚单元高度交替带来的不同晶体结构所致。

很多单体对可用来构筑交替共聚物，有些单体对的性质相差很大。这样的单体对包括一氧化碳与丙烯、1-丁烯、1-己烯、降冰片和苯乙烯[38]，四氟乙烯与乙烯、丙烯和异丁烯[40-42]，乙烯与丙烯[43] 和 1-辛烯[44,45]。

通过对交替共聚物的结晶和熔融研究，可总结出一些普适特征。几乎都形成不同于相应均聚物的新晶体结构。共聚单元的结构相似性不是交替共聚物结晶或可结晶的必要条件，这是交替共聚物的独有特性。因此，两种结构极其不同的共聚单元形成的高分子也可结晶。交替共聚物的熔点可高于或低于各自均聚物，某些情况下介于两者之间。由于缺少控制这类共聚物熔融的热力学物理量的数据，阻碍了对交替序列结构和熔点关系的细致分析。

嵌段共聚物或有序共聚物，在一些特殊场合又称多嵌段共聚物或分段共聚物，其链单元排列成较长的序列。序列增长概率 p 远大于 X_A，并接近理想状态下的 1。因此，如果熔体是均一的，晶相保持纯净，且没有任何永久性的形态限制，则熔点应与纯的均聚物差不多。A 和 B 单元的长序列能以几种不同的方式或分子结构排列。二嵌段共聚物简单表示为 AB，以每个序列中的重复单元数来表示。三嵌段共聚物，ABA 或 BAB，含两个不同单元的连接点，并以每个嵌段的分子量来表示。多嵌段共聚物一般可表示为如下形式❶：

$$(A—A\cdots A—A—A)_n(B—B—B\cdots B—B—B)_m$$

每个嵌段的长度可以是定值也可以是变化的。

研究嵌段共聚物的结晶行为时，确定熔体的性质非常重要。这是由于即使在平衡条件下，嵌段共聚物的熔体也不一定是均匀的。熔体可能是具有特定超分子结构或多相结构的非均匀状态。相对于均质熔体，这种非均匀结构影响着结晶动力学和热力学性质。

若要理解嵌段共聚物熔体结构的基础，可将其与化学结构不同的高分子混合物类比[46]。当混合自由能为负时，两种化学性质不同的均聚物将形成均相混合物。由于涉及的分子数量很少，两种均聚物混合后的熵非常小，故只需一个很小的正相互作用自由能就足以克服这种自身的混合熵，最终导致混合体系的不相容性。一般说来，两种化学上不同的高分子彼此不相容，所以导致相分离。当然，具有特殊相互吸引作用的共聚单体对除外。

针对由两个化学上不同的非晶嵌段构成的嵌段共聚物，在两种均聚物混合体系中发挥作用的因素照样存在，出现相分离也是必然的。但由于嵌段共聚物之间为共价键连接，二元共混物的特征——宏观相分离受到限制。最终，发生微相分离并形成分离的微区。连接 A—B 的共价键进一步降低了混合熵，两相之间有边界，且连接 A—B 的共价键位于相界

---

❶ A 和 B 虽然定义为链单元，但必须令它们也代表以 A 和 B 为重复单元的嵌段 A_m（$A_1\cdots A_m$）和 B_n（$B_1\cdots B_n$），这样做在逻辑上有一定疑问，但在高分子化学文献中已经是一种惯例，否则表述十分复杂，且不能理解下文及相关文献，详细可见：A. 诺谢伊等著，吴美锬等译，《嵌段共聚物：概论与评述》，北京，科学出版社，1985 年。

面处。相界面并不尖锐，而是由 A 和 B 嵌段共同组成。随着温度的升高，序列的混合和熔体的均匀性得到改善。在非均相和均相熔体之间有一个转变温度，对应于所谓的有序-无序转变。

嵌段共聚物熔体的相分离行为取决于各嵌段的链长、它们的相互作用、温度和压力。根据各嵌段的组成和分子量的不同，相分离区域的形态各不相同。计算和观察到的最简单的形态是两组分的交替片层结构、柱状（或棒状）、一种球嵌于另一种连续基质。通过计算得到了大量可能的熔体微相相图[47-49]。

上述强调了序列顺序对共聚物熔点的重要影响。然而，为进一步理解嵌段共聚物熔点与结晶序列链长和组成的关系，还需考虑体系中特殊的结构特征。嵌段共聚物的结晶非常复杂，这是由于该过程可以从均匀熔体或各种微区结构开始。如此一来，初始状态或所经历路径不同，相同或相似组分的高分子的结构和形态也可能不同。第二组分对结晶过程的影响也不容忽视，它可能是可结晶的、橡胶状的或玻璃状的。嵌段共聚物的熔融过程、观察到的熔点、平衡熔点都与这些结构特征有关。

微区结构是弱分凝还是强分凝是由 $\chi_1 N_t$ 值决定的，其中 χ_1 为 Flory-Huggins 相互作用参数，N_t 为嵌段共聚物的总链段数。当熔体中的微区为弱分凝时，结晶实际上破坏了这种结构，最终形成典型的层状形态。由理论可知，随着分子量的增大，熔体中的微区稳定性增强，随后的结晶过程中微区结构维持不变。因此，嵌段结晶时形态不发生改变，即微区结构反映在最终形成的结晶状态中。

图 4.13 为纯无定形嵌段共聚物的主要微区结构示意图[48]。以聚苯乙烯-聚丁二烯二嵌段共聚物（PS-*b*-PB）为例：（a）中 PS 球体在 PB 基体中清晰可见；（b）中随着 PS 含量的增加，小球变成柱状；（c）中 PS 含量进一步增加，出现了交替层状结构；（d）和（e）中当 PS 含量更高时，出现相反转情况，PB 先形成柱状，然后形成球体，最终嵌入PS 基体中。这些微区结构详细的定量描述见文献[49-51]。结晶和熔融通常发生在具有特定微区结构的非均质熔体中。

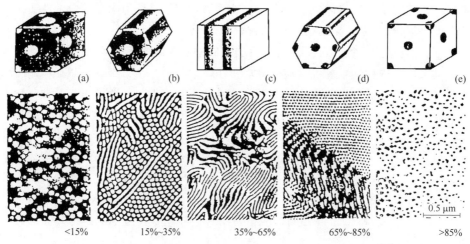

图 4.13　无定形苯乙烯-丁二烯二嵌段共聚物中微区结构示意图。
图中最底端数据为聚苯乙烯含量[48]

研究嵌段共聚物性质时，常以溶剂浇铸所成的薄膜为对象。微相分离之前，溶剂与各嵌段之间的选择性相互作用，对微区的尺寸和形状产生深远影响。

关于这一点，分析一些典型的有序共聚物的熔融性质是很有意义的。基于前述讨论，确定熔体结构和结晶路径非常重要。尽管主要的问题是平衡条件，但预期要达到该状态可能会特别复杂。对于嵌段足够长的理想嵌段共聚物，参数 p 接近 1，此时 T_m 应与组成无关。该预期与其他类型共聚物的预期和观察到的结果完全不同。这种预期是链状分子所独有的，并在图 4.5 中已得到证实，该图强调了此序列分布在确定熔点中的重要性。嵌段共聚物的熔融是尖锐的，可与均聚高分子的熔融相媲美。这一点在图 4.14 中已有体现，该图绘制了聚苯乙烯-聚氧化乙烯二嵌段共聚物的比体积与温度关系[52]。氧化乙烯结晶嵌段的 M_n 为 9900，且在共聚物中的质量分数为 67%，显然熔程非常窄。所有的熔融特性都让人联想到分级很好的线形均聚物。没有任何形态的复杂性干预时，含长结晶序列的嵌段共聚物的这种行为是符合理论预期的。

由不同分子量的氢化聚丁二烯和聚（3-甲基-1-丁烯）组成的系列二嵌段共聚物的性质说明了熔体的初始微区结构和结晶路径的作用[53]。改变分子量，得到不同相容性的体系，以及不同的熔融结构。这组共聚物中，熔体结构的范围包括从低分子量的均匀状到较高分子量的强分凝六方堆积柱状。强分凝熔体中的结晶被限制在柱状区域，基本上与热历史无关。相反，由弱分凝或均质熔体产生的形态则取决于热历史。弱分凝的体系中，快速降温时结晶限制在柱状微区，缓慢冷却则完全破坏柱状熔体，同时热力学性质也随之改变。最低分子量的样品从均匀熔体中结晶，得到的结晶度和熔点最高。从强分凝熔体中结晶则导致结晶度降低，约为 10%，熔点降低约 4℃。尽管这些差异在宏观上可能很小，但它们却很重要，这再次说明熔体结构对结晶行为的影响。含不同分子量的聚苯乙烯和聚 ε-己内酯二嵌段共聚物[54] 以及氢化聚（丁二烯-异戊二烯-丁二烯）的三嵌段共聚物[55]，也表现出熔体的初始微区结构对结晶的影响。

对氢化丁二烯（HB）和乙烯基环己烷（VC）的二嵌段和三嵌段共聚物的热行为的研究，进一步说明了初始熔体结构的影响[56]。在这些共聚物中，聚乙烯基环己烷嵌段的玻璃化温度为 145℃，远高于氢化聚丁二烯组分的结晶范围。通过改变每个嵌段的分子量，在熔体中形成了富集的微区结构，包括六方堆积柱状、层状、螺旋形和球形。每种共聚物的有序-无序转变都比聚乙烯基环己烷嵌段的 T_g 高 60℃ 以上。因此，在聚乙烯基环己烷嵌段玻璃化之前，熔体中的微区已完美建立或隔离。这些共聚物中的结晶行为受到玻璃态 VC 嵌段的限制，小角 X 射线散射测量表明，熔体的微区结构在结晶时得以保留。

二嵌段共聚物 VCHB 和三嵌段共聚物 VCHBVC 的熔点-组成关系如图 4.15 所示[56]。当 $W_E \geqslant 0.5$ 时，二嵌段共聚物的熔点几乎不变，仅比纯氢化聚丁二烯低 1~2℃。随着聚丁二烯含量的减少，T_m 连续下降，但下降幅度非常小。对二嵌段共聚物而言，VC 嵌段的玻璃化对 HB 嵌段的结晶施加的限制是有限的。令人惊讶的是，三嵌段共聚物的熔点低于相同组成的二嵌段共聚物。丁二烯的浓度较高时，两者的熔点相对接近，而丁二烯浓度较低时差距显著。端嵌段的玻璃化性质成为了中心嵌段的结晶的主要限制，观察到的结晶度遵循相似的规律。

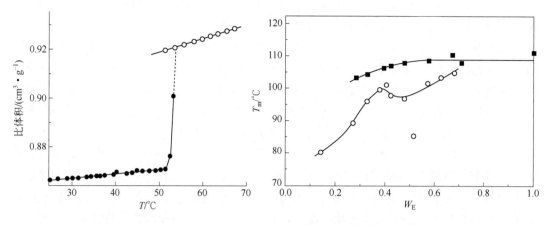

图 4.14　苯乙烯和氧化乙烯二嵌段
共聚物的比体积与温度关系[52]

图 4.15　VCHB 二嵌段共聚物 (○) 和 VCHBVC 三嵌
段共聚物 (■) 的熔点 T_m 与 HB 组分质量分数 W_E 的
关系[56]

　　Booth 等对嵌段共聚物的部分熔融进行了广泛研究，其中氧化乙烯 (E) 和氧化丙烯
(P) 分别作为结晶和非晶序列[57-61]，所有结晶嵌段的分子量分布都很窄。低分子量的聚
氧化乙烯和聚氧化丙烯的混合行为表明，两组分在熔体中是相容的，即相应的嵌段共聚物
在熔体中不发生微相分凝。这组共聚高分子为熔点研究提供了一个很好的参考点，分析了
多种共聚物结构，比较了二嵌段共聚物 PE、两种三嵌段共聚物 PEP 和 EPE、多嵌段共聚
物 $P(EP)_n$ 的热力学行为。

　　制备了 E 固定为 40 个单元、P 的长度从 0 增加到 11 个单元的二嵌段共聚物[57]，所
形成的层状晶体部分的厚度约为 25 个氧化乙烯单元。因此，晶体中分子链接近于伸直状
态，但并非完全如此。小部分的氧化乙烯单元是非晶态的，该发现意义重大，这些单元与
典型嵌段共聚物的氧化丙烯单元混合。含 40 个重复单元均聚物的结晶度约为 70%，所有
二嵌段共聚物都维持了这种结晶度。相应均聚物的熔点为 50～51℃，具体取决于结晶温
度。与此对照，含 11 个氧化丙烯单元的共聚物的熔点下降了约 3.5℃。这种熔点的小幅
降低可归因于非晶序列长度的增加所引起的界面效应。基本平衡条件似乎适用于该系列的
二嵌段共聚物。

　　对三嵌段共聚物 PEP 和 EPE 进行了有趣的比较。PEP 共聚物中，E 嵌段的长度为
48～98 个重复单元，P 嵌段的长度为 0～30 个重复单元[59]。E 为 48 个单元长度时，根据
P 嵌段的长度，形成伸直的或折叠的片晶。对于长度大于 48 个单元的 E 嵌段，无论 P 嵌
段的长度如何，只形成折叠型片晶。对于 E 为 48 个单元的伸直链片晶，相对于纯均聚物
(P 为一个单元长)，T_m 降低 1℃。但是，当 P 为 2 个单元时，熔点降低了 6℃。当 P 的
长度增加到 5 个单元或更多时，仅形成折叠链片晶，其熔点相对于均聚物降低了约 15℃。
伸直链构象的结晶度维持在 70% 左右，折叠链的结晶度则略有增加。具有这种结构的嵌
段共聚物可形成伸直链片晶的事实证实了平衡理论，同时表明更大尺寸的嵌段形成折叠结
构是由动力学因素造成的。当中心 E 嵌段的长度增加时，仅观察到折叠链片晶，同时其
熔点比均聚物更低。随着 P 端嵌段的长度增加，熔点降低更加明显。

EPE 共聚物中，P 嵌段的长度为 43～182 个单元，结晶的 E 嵌段长度为 18～69 个单元[60]。片晶的链结构和熔点与 PEP 共聚物的完全不同。该体系即便有链折叠，也仅发生在 E 嵌段较长的时候。除了最长链长外，EPE 嵌段共聚物的熔点和相应均聚物基本相同。即使在最长链长处，两者差异也很小。这些结果与 PEP 嵌段的熔点形成鲜明对比，伸直链结构也是如此，故结晶嵌段在对称三嵌段共聚物中的位置对熔点有重要影响。

将氧化乙烯与氧化丙烯的多嵌段共聚物 $P(EP)_m$ 的熔点与三嵌段共聚物 PEP 进行比较[59,61]，氧化乙烯和氧化丙烯序列的离散长度分别为 45～136 个单元 E 和 4～12 个单元 P，m 值介于 1～7 之间。这些多嵌段共聚物的结晶度仅为类似 PEP 共聚物的 60%。具有相同 E 序列长度的 $P(EP)_m$ 和 PEP 共聚物的熔点彼此相当，差异仅为 1～3℃。将聚苯乙烯和聚氧化乙烯的多嵌段共聚物与二嵌段和三嵌段共聚物进行比较时，发现了相似的结果。

氢化聚异戊二烯和氢化聚丁二烯的嵌段共聚物的研究也涉及了分子量、非晶嵌段的特征和分子结构的影响[55]。这些共聚物中，氢化聚丁二烯（B）是结晶嵌段，而氢化聚异戊二烯（I）为橡胶状。二嵌段共聚物、三嵌段共聚物 BIB 和 IBI 的分子量约为 200000，且熔点都同为 102℃，与分子结构和丁二烯含量无关。此熔点与氢化聚丁二烯均聚物❶本身相同。如此一来，与理论一致，结晶组分的熔点与其在共聚物中的排列无关。

两个嵌段彼此独立结晶时，出现受限结晶行为。先结晶的嵌段的结晶度很高，并限制另一个嵌段结晶的可用空间。因此，形态和动力学均受到影响[62]。聚 ε-己内酯和聚氧化乙烯的二嵌段和三嵌段共聚物中发现了这种行为[63-67]。

多嵌段共聚物的结晶受到广泛研究，特别是共聚酯[68-71] 和聚氨酯[72-73]。玻璃化温度较低的无定形或类液体的嵌段通常被称为软段，它赋予共聚物类橡胶的行为。另一组分是玻璃态或结晶态的，称为硬段。因此，软段和硬段沿着链交替排列。本章关注的是硬段为结晶性的共聚物。典型例子是以聚对苯二甲酸丁二酯为结晶嵌段的共聚酯，以不结晶的各种低分子量聚乙二醇为另一嵌段[73-77]。聚对苯二甲酸丁二酯和聚丁二醇的嵌段共聚物的熔点-组成关系如图 4.16 所示[74]，此处将熔点与对苯二甲酸丁二酯嵌段的平均长度作图。这些共聚物的熔点随着嵌段长度的增加而升高，并趋于纯均聚物的熔点 230℃。据理论预测，给定嵌段长度下的熔点与聚二醇的化学性质无关[75]。一般地，不管嵌段共聚单元的化学性质如何，多嵌段共聚物的熔点-组成关系彼此相似。当结晶嵌段的序列长度足够长时，熔点与组成无关，理论上要么与相应的均聚物相同，要么非常接近。这种预期适用于许多例子[78-82]。大多数情况下，得到的结晶度与结晶单元的纯均聚物相同。换言之，结晶远未完成，结晶程度与相应的均聚物相当。因此，可结晶单元的相当一部分在非晶相中与未结晶部分混合在一起。

总括一下，对于各种结构的共聚物，特别是嵌段共聚物，总是希望对微观性质和宏观性质都加以控制[11,83]。通过改变序列分布和空间排列，可获得许多的性质。值得注意的是，对合成的嵌段共聚物讨论的结构原则也适于天然高分子，尤其是纤维蛋白[11]。

迄今为止，共聚物结晶的讨论仅限于结晶相保持纯净的情况，这种限制大大简化了分析。然而，这也导致许多共聚物的结晶没有得到足够的重视。在下文中将发现，当共聚单

---

❶ 原文为"无规共聚物（random compolymer）"，原始文献[55] 为"均聚物（homopolymer）"。——译者注

元排入晶格时，分析变得更加复杂，并未如期望的那样成功。然而，由于这种体系的存在性与重要性，下面将对此问题进行讨论。

即使采用外推的平衡熔点，Flory 理论 [式（4.5）] 都是失效的，也无法断定共聚单元已排入晶格。前文已指出该式仅适合理想熔体，然而，诸如共聚单元之间的相互作用和体积效应等特定因素可导致偏离理想状态。一般不能仅凭液相线来确定共聚单元是否排入晶格，这使问题进一步复杂化。少数情况下的液相线值彼此非常相似，图 4.17 给出了一个示例，显示了细菌合成的 3-羟基丁酸酯（3HB）和 3-羟基戊酸酯（3HV）的无规共聚酯的熔点[84]。在此，基于液相线的熔点-组成关系使人联想到共聚酯和共聚酰胺的相似曲线，但那些体系中的结晶相是纯净的。而本示例中，整个组成范围结晶度均大于 50%[84,85]，表明某种共结晶类型的发生。广角 X 射线衍射图[84,85] 和固态 ^{13}C NMR[86-88] 的结果表明，异质同晶现象发生在整个组成范围[89]，无法仅凭液相线来怀疑异质同晶的发生。对苯二甲酸乙二酯和萘二甲酸乙二酯的无规共聚物，也表现出非常相似的情况[90]。

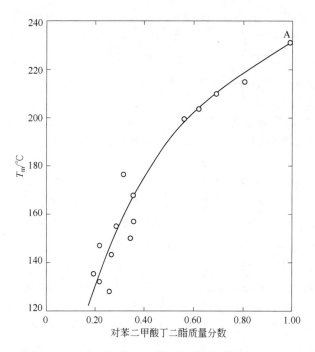

图 4.16　对苯二甲酸丁二酯-丁二醇共聚物熔点与对苯二甲酸丁二酯平均嵌段长度的关系[74]

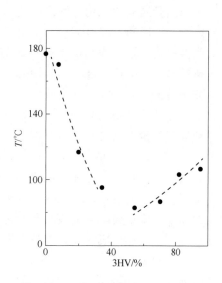

图 4.17　3-羟基丁酸酯和 3-羟基戊酸酯的无规共聚物的熔点与熔体组成关系[84]

间接方法有时可确定结晶相是否保持纯净。如果系列不同大小和形状的共聚单体得到的共聚物都表现出相同的熔点-组成关系，可认为这些特定共聚单元的结晶相是纯净的。共聚酯[91] 和聚四氟乙烯的共聚物[24] 中发现了这样的实例。相反，当熔点还取决于掺入的共聚单体时，则认为该共聚单元排列入了晶格。

讨论乙烯-1-烯烃无规共聚物的熔点-组成关系时（图 4.11），未考虑直接键接甲基的乙烯-丙烯共聚物，这是由于它们的熔点明显高于那些含有较大烷基支链或更大侧基的化合物[15,17]。低支化点含量下，该共聚物的熔点-组成关系存在最大值[15,17]。正如在金属和其他单体物质的许多二元混合物中观察到的那样，液相线的最大值表明化合物的形成，它反映了甲基在平衡基础上排入晶格的事实，并得到了固态^{13}C NMR结果的支持[92,93]。

乙烯-氯乙烯共聚物的熔点-组成关系与乙烯-丙烯共聚物几乎相同[94]。因此也可推测，Cl原子是在平衡的基础上排入晶格的。类似研究结果表明，较小的侧基（如 CH_3、Cl、OH 和 O）可排入乙烯共聚物的晶格[95]。

Natta[96] 描述了两种异质同晶类型：一种是在异质同晶本身中，两个单元在整个组成范围都参与相同的晶体结构；另一种是同二晶，即体系由两个不同的晶体结构组成。具体形成哪一种，取决于结晶相的序列分布与组成。几乎所有类型的共聚物中都可找到这类例子，包括共聚酰胺[97-103]、合成和天然共聚酯[89,90,104-177]、乙烯基共聚物[29,94,108,109]、二烯类高分子[110]、聚烯烃[111-114]、聚芳醚醚酮[115] 和聚苯[116]。其他共聚物的详细总结可参阅文献[117]。异质同晶似乎遵循两个基本原则[117]：两个重复单元应具有相同的形状和体积；且新的有序链构象应与两种类型兼容。许多例子中，熔点基本上是组成的线性函数，而在其他例子中则是平滑的单调变化。

理想情况下，应通过适当的物理方法测定晶体状态，以确定其是否纯净。如果不纯净，需根据第一性原理来确定晶相内序列的分布。这是一个非常艰难的任务。迄今为止，更常规的意义上，必须确定结晶相内共聚单元的组成并由此建立固相线。Hachiboshi 等发现在对苯二甲酸乙二酯和间苯二甲酸乙二酯的无规共聚物的整个组成范围可结晶，并找到了确定液相线和固相线以及完整相图的罕见示例[104]。这些共聚物的广角 X 射线图随共聚单元含量而系统地变化，说明两个单元可共结晶并形成新的晶胞，完整的相图如图 4.18 所示[92]。通过假定晶格间距的可加和性来确定固相线。该相图是经典的，甚至包含一个共熔点（azeotropic point）。因此，高分子的结晶并非不典型。对于低分子量体系，液体和固体在共熔点必须具有相同的组成或相同的活度。对于无规共聚物，类似要求是在两相中

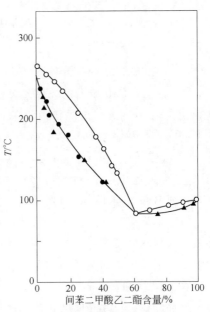

图 4.18　对苯二甲酸乙二酯-间苯二甲酸乙二酯共聚物的完整相图[104]

序列增长概率相同。利用先进技术来测量固态的结构和组成，将有望得到完整的相图。

为了分析两种共聚单体均处于晶格中的熔点-组成关系，必须区分它们是以平衡态存在还是以非平衡态缺陷存在。之前主要关注的是平衡情况，当两种共聚单体都存在于结晶相和液相，平衡条件的分析比平衡相中的纯净性更为复杂。但是，必要条件可用严格的形式来说明。

除了温度和压力都一样之外，还需满足两个其他条件。物质 A 和 B 的化学势在每个相中都必须相等，即：

$$\mu_{A1} = \mu_{Ac} \quad \mu_{B1} = \mu_{Bc} \tag{4.7}$$

对于单体体系，可用组成或活度来表示各相中物质的化学势，再以直接的方式导出熔点关系[118]。对于低分子量组分的理想混合物，各相混合的自由能由拉乌尔定律计算确定，仅考虑组合熵即可。然后以摩尔分数表示组成，根据各相的组成确定平衡熔点。

对于共聚物，原则上可与纯体系类似[15]，计算结晶相中不同序列排列方式的数量。纯熔体中的序列分布通过共聚机理确定并保持不变。结晶相中的序列分布取决于 B 单元的浓度和含 B 单元晶体结构的特征。具体而言，需确定微晶中 A 和 B 单元之间的化学计量关系，并借此获得晶相中 A 和 B 单元的理想化学势，由两相中两个单元的式（4.7）获得理想体系的熔点。但是，要完成此任务，需事先指定所涉及的不同序列的数量和长度以及微晶组成。一般来说，这些要求很难满足，因此熔点-组成关系还不能用于理想情况。

然而，在不考虑理想贡献的情况下，进一步发展了一种均衡理论[119-124]，但忽略了内在基础，即未考虑结晶状态下序列分布的重要性。有时为简化计算而假定为任意分布。但由于结果可用于实验数据，说明采取的方法仍是适当的。

在解决该问题的一种方法中，假设熔体中 B 单元呈二项式最概然分布，即 $p = X_A$[122]。所考虑的只是 B 单元替换晶格中的 A 单元所涉及的超额自由能，用 ε 表示。根据假设，应用平衡条件，这种晶体的熔融自由能 G 由下式给出：

$$\Delta G = \Delta G^0 + RT \ln\{1 - X_B + X_B \exp[-\varepsilon/(RT)]\} \tag{4.8}$$

式中，X_B 是 B 单元的总摩尔分数或名义摩尔分数；而 ΔG^0 是纯微晶熔融的自由能。推导式（4.8）时未考虑晶相内的序列分布。这些条件下的平衡熔点 T_m 写为：

$$\frac{1}{T_m} - \frac{1}{T_m^0} = -\frac{R}{\Delta H_u} \ln\left[1 - X_B + X_B \exp\left(\frac{\varepsilon}{RT_m}\right)\right] \tag{4.9}$$

式（4.9）只是针对纯晶相熔点方程式的一个微扰解。当 ε 非常大时，自由能的变化变得过大，则 B 单元将不排列入晶格，重新回到 Flory 方程。

由于 ε 是一个任意参数，式（4.9）在解释实验结果方面具有优势，但需牢记在推导时做出的基本假设。对于结晶相纯净的情况，仅是将适合于结晶相的非理想项加入理想表达中，但至关重要的结晶相内序列分布的作用尚未考虑在内。

Wendling 和 Suter[124] 结合 Kilian[125,126] 和 Baur[127] 的思想，拓展了这种分析类型。此时，只有与片晶厚度相等的序列长度 ζ 才排入层状片晶中。该假设描述了一种特殊的非平衡情况，由该过程发现：

$$\frac{1}{T_m} - \frac{1}{T_m^0} = -\frac{R}{\Delta H_u}\left\{\ln\left[1 - X_B + X_B \exp\left(-\frac{\varepsilon}{RT_m}\right)\right] - \langle\zeta\rangle^{-1}\right\} \tag{4.10}$$

式中，$\langle\zeta\rangle$ 为：

$$\langle\zeta\rangle^{-1} = 2\left[X_B - X_B \exp\left(-\frac{\varepsilon}{RT_m}\right)\right]\left[1 - X_B + X_B \exp\left(-\frac{\varepsilon}{RT_m}\right)\right] \tag{4.11}$$

引入该附加参数可更好地与实验结果吻合。

4.3.2 非平衡思考

还应考虑共聚物熔融的非平衡方面，因为对共聚物的熔融来说，不但不可能达到平衡，甚至趋近平衡都是极其困难的。

需指出有一系列实际的非平衡特征，包括小尺寸微晶的形成、折叠链微晶、界面自由能 σ_{ec} 的作用、垂直于链轴的表面特征及其对共聚物组成的依赖性。为了方便，将讨论分为两类：一类将 B 单元从晶格中排除；另一类 B 单元可排列入晶格。

由于动力学原因，通常形成比平衡理论所预测微晶小的晶体。直接由 Gibbs-Thomson（吉布斯-汤姆森）方程式来描述适当的熔点关系，对理想的无规共聚物[128]：

$$\frac{1}{T_m} - \frac{1}{T_m^0} = -\frac{R}{\Delta H_u} \ln X_A + \frac{2\sigma_{ec}}{T_m \Delta H_u \rho_c L_c} \tag{4.12}$$

式中，T_m 是观察到的熔点；ρ_c 和 L_c 分别是片晶的密度和厚度。式（4.12）仅说明了如何通过有限尺寸的片晶来降低平衡熔点，L_c 和 σ_{ec} 均与共聚物的组成有关。熔融焓 ΔH_u 由熔融自由能在熔点附近展开得到。由于熔体中序列分布的变化，这种自由能的温度变化比均聚物更敏感，故仅用 ΔG_u 的常规温度展开是不够的。

理论上结晶的平衡条件为最大的 A 单元序列以伸直的形式进行结晶，这在实验上是难以达到的。为说明实际形成的微晶大小，聚焦于平均序列长度 $\langle \zeta \rangle$ 和相同厚度微晶的熔化。对于无规共聚物[127,129]：

$$\frac{1}{T_m} - \frac{1}{T_m^0} = -\frac{R}{\Delta H_u} \left[\ln(1-X_B) - \langle \zeta \rangle^{-1} \right] \tag{4.13}$$

式中，$\langle \zeta \rangle = [2X_B(1-X_B)]^{-1}$ 为纯熔体中 A 单元序列的平均长度，即平均微晶厚度。

基于"粗糙表面生长"[130] 的有限微晶厚度的动力学方法，对式（4.12）经系列近似进行修改之后，熔点可表示为[131]：

$$\frac{1}{T_m} - \frac{1}{T_m^0} = -\frac{R}{\Delta H_u} \left(\frac{L_c - 1}{2} \right) \ln p + \frac{2\sigma_{ec}}{\Delta H_u \rho_c L_c} \tag{4.14}$$

式（4.12）～式（4.14）表示结晶相保持纯净的非平衡情况。采用吉布斯-汤姆森方程并考虑所选序列的影响，优先关注微晶的有限尺寸。同时，还须考虑 B 单元作为缺陷排入晶格的另一种情况。

根据前面的分析，B 单元以非平衡方式排入晶格时的熔点为[121-123]：

$$\frac{1}{T_m} - \frac{1}{T_m^0} = -\frac{R}{\Delta H_u} \left[\frac{\varepsilon X_{CB}}{RT_m} + (1-X_{CB}) \ln \left(\frac{1-X_{CB}}{1-X_B} \right) + X_{CB} \ln \left(\frac{X_{CB}}{X_B} \right) \right] \tag{4.15}$$

式中，X_{CB} 是晶格中 B 单元的摩尔分数；X_B 是 B 单元在整个体系中的摩尔分数，假设结晶相中 B 单元呈随机序列分布[123]。

当 $X_{CB} = X_B$ 时，称为均匀排除（uniform-exclusion）模型。式（4.15）简写为[123]：

$$\frac{1}{T_m} - \frac{1}{T_m^0} = -\frac{R}{\Delta H_u} \frac{\varepsilon X_{CB}}{RT_m} \tag{4.16}$$

将这些结果与 Baur 理论[127,129] 相结合，发现有[124]：

$$\frac{1}{T_m} - \frac{1}{T_m^0} = \frac{R}{\Delta H_u} \left[\frac{\varepsilon X_{CB}}{RT_m} + (1 - X_{CB}) \ln\left(\frac{1 - X_{CB}}{1 - X_B}\right) + X_{CB} \ln\left(\frac{X_{CB}}{X_B}\right) + \langle \zeta \rangle^{-1} \right] \quad (4.17)$$

本章节可小结如下：大量证据表明，正统的相平衡热力学可成功用于均聚物、共聚物和高分子-稀释剂混合物的熔融，该结论影响深远。同样的相平衡原理还可用于分析静压力和各种变形对熔融过程的影响[11]。但是，在结晶高分子体系中很少达到平衡的条件，通常将之当作亚稳态来处理，此时结晶不完全且晶体尺寸受到限制。因此，实际的分子结构及相关形态决定了性能。研究结晶的动力学和机理有助于理解晶态结构的信息，这是下一节的主题。

4.4 结晶动力学

对于纯高分子熔体或高分子-稀释剂混合物，其中高分子的结晶动力学，有几种方法可用来研究：其中一类方式是采用膨胀计、量热法和各种光谱学方法研究总结晶速率；另一类方式是通过光学显微镜直接测量球晶的增长速率。这两种方式互为补充。有些情况下，还可通过测量特定晶面的增长速率来研究稀溶液中的结晶动力学。

分析纯熔体结晶动力学的正式基础已得到实质性进展。已证明，多年前为金属和其他低分子量物质的结晶而发展的一般数学理论，通过适当修改可以适用于高分子结晶。von Göler 和 Sachs[132] 提出的成核和增长过程为最基本的形式。但在原始公式中，没有终止步骤，或者没有界定结晶过程的终止点。为了弥补这个问题，几位研究者独立提出，当两个晶体碰撞或接触时，它们的增长就停止了[133-136]。通过这种方式，引入了一种终止过程的机制，该机制已成功解释低分子量物质的完全转变。由于这种方法已被修正并适用于高分子[137]，因此必须详细研究该理论的基础。为此将使用 Avrami 方法的形式和细节。

Avrami 发现，在时刻 t 时转变的分数，即 $1 - \lambda(t)$ 可表示为：

$$1 - \lambda(t) = 1 - \exp\left[-\frac{\rho_c}{\rho_l} \int_0^t V(t, \tau) N(\tau) \, d\tau \right] \quad (4.18)$$

式中，$N(\tau)$ 是单位未转变体积的成核频率；$V(t, \tau)$ 是增长中心的相应体积；ρ_c 和 ρ_l 分别是结晶相和液相的密度。式（4.18）描述了单组分单体体系的相转变动力学。这是基本的 Avrami 方程，只需要计算一个积分，该积分可通过指定有效的成核和增长规律来计算，由此过程推导出特定的 Avrami 表达式，该表达式描述了随时间变化的转变分数，显然有很多可能性。在诸多条件中，有一组条件很普遍，那就是稳态成核速率在 $t = 0$ 时刻达到，且不随材料转变分数的变化而改变，并将 $N(\tau)$ 视为常数。类似地，将晶体增长速率看作是线性且恒定的。通过这些简化处理，即可得到式（4.18）的解析解为：

$$1 - \lambda(t) = 1 - \exp(-kt^n) \quad (4.19)$$

式中，k 是速率常数。虽然式（4.19）通常被称为 Avrami 方程，但它实际上是基于系列特定假设导出的表达式。指数 n 通常称为 Avrami 指数，其值适于恒定的成核和增长速率，并取决于晶体增长的几何形状。表 4.2 列出了用于界面控制增长或扩散控制增长的特定几何形状的 n 值，还包括特定类型的异质成核的 n 值[138]。显然，即使使用导出的表达式，该指数也没有定义成核和增长的独特过程。较低的转化率下，式（4.19）简化为：

$$1 - \lambda(t) = kt^n \quad (4.20)$$

式（4.20）也对应于自由增长表达式的简化形式。图 4.19 给出了 $n=4$ 时完整的（von Göler-Sachs）自由增长表达式和导出的 Avrami 表达式的比较。事实证明，对所有 n 值，这两个等温线彼此非常相似。但随着转化的进行，精确的一致性取决于 n 的值。图 4.19 中，对于 $n=4$，直到约 30% 的转化率，等温线仍几乎相同。转化率高达约 70% 时两条等温线之间的差异仍然很小。只有在高转化率下，两个等温线之间才发生显著差异。总之，必须注意的是，除了转化即将结束，两种理论的等温线彼此相距不远。导出的 Avrami 表达式如何拟合实验数据还有待观察。

表 4.2 不同形状成核与增长指数 n 的值

增长习性	同质成核		异质成核		
	线性增长		扩散控制增长		线性增长
	稳态	$t=0$[①]	稳态	$t=0$	
束状	6	5	7/2	5/2	$5 \leqslant n \leqslant 6$
三维	4	3	5/2	3/2	$3 \leqslant n \leqslant 4$
二维	3	2	2	1	$2 \leqslant n \leqslant 3$
一维	2	1	3/2	1/2	$1 \leqslant n \leqslant 2$

① 所有核都在 $t=0$ 时被激活。

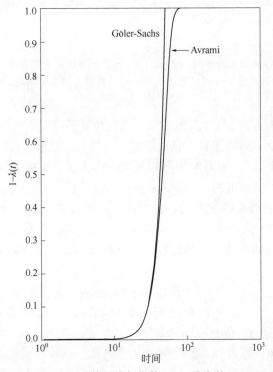

图 4.19 von Göler-Sachs 理论等温线与指数 $n=4$ 导出的 Avrami 表达式的比较

图 4.20 给出了纯高分子熔体的系列典型结晶动力学等温线[139]。其中，线形聚乙烯的分子量 $M=284000$，并以平衡熔点附近各种结晶温度下的转变程度或结晶度与时间的

对数作图。由图可知，结晶过程呈现一些重要特征：等温线是典型的S形，这是所有均聚物的典型特征；有一个比实际情况更明显的初始诱导时间，它本质上是检测器灵敏度的度量；随后是加速结晶期；然后结晶过程减缓，达到结晶的准平衡水平；经过足够长的时间，该均聚物在每个结晶温度下均达到相同的极限值；该区域中，结晶度随时间的变化率非常小。值得注意的是，高分子几乎不可能达到完全结晶，结晶度取决于分子量（见下文）和链的结构规整度。由这些动力学结果可知，最好将高分子归类为半结晶。

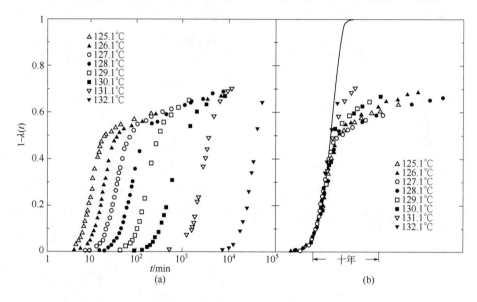

图 4.20　纯熔体结晶动力学的一个示例。（a）所示温度下分子量 $M = 2.84 \times 10^5$ 的线形聚乙烯的结晶度与时间对数的关系。（b）叠加后的主等温线，指数 $n = 3$ [139]

图 4.20（a）中的等温线包含典型的结晶成核和增长过程，且不同温度下的等温线彼此相似。它们实际上是相同的形状，只要沿水平轴移动，就可彼此重叠，产生一个主等温线，如图 4.20（b）所示。该过程表明可用约化时间为变量来描述结晶过程，该变量与温度相关。图中的实线表示导出的 Avrami 方程［式（4.19）］，且 $n = 3$。其中，实验数据在高达 50% 的转化率下都遵循该理论，超过这一点则偏离严重。接近准平衡结晶度时结晶速率显著减缓。值得注意的是，无规共聚物和长链支化高分子的相应等温线不重叠[138,140]，原因是在熔体的等温结晶过程中结晶单元的浓度和序列分布发生改变[141]，进而过冷度在恒温下发生改变。

回到对均聚物的讨论，发现与导出的 Avrami 表达式的偏差和结晶度的最终水平均与分子量有关。图 4.21 显示了不同分子量线形聚乙烯的一组等温线，并将它们叠加到 $127℃$[139]，以结晶度的绝对值与时间的对数作图，实线代表 $n = 3$ 时导出的 Avrami 表达式。随着分子量的增加，偏离理论曲线的结晶度降低。如该等温结晶温度下，$M = 1.2 \times 10^6$，结晶度约为 0.25 时发生偏差，$M = 1.15 \times 10^4$ 时结晶度增加到约 0.55 才发生偏差。其他高分子表现出相似的结晶度对分子量的依赖性[142,143]。

图 4.22 是几种情况下线形聚乙烯实际达到的结晶度与分子量的关系[139]。由图可知，分子量的影响非常显著。随着链长的增加，结晶度先保持恒定直到 $M = 10^5$，此后急剧下

降。非常重要且相当惊奇的是，在实验误差范围内，导出的 Avrami 表达式和自由增长表达式都给出了相同的结果。换句话说，就理论与实验之间的定量一致性而言，自由增长近似与导出的 Avrami 关系同样适用于拟合这组实验结果。聚氧化乙烯的研究也得出了相似的结果。

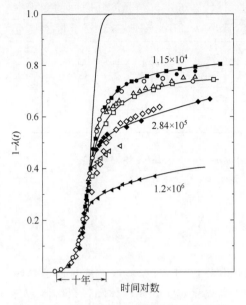

图 4.21　不同分子量的线形聚乙烯的结晶度 $1-\lambda(t)$ 与时间对数的关系，所有等温线统一叠加到 127℃[139]

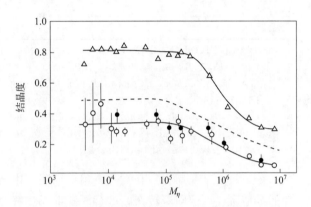

图 4.22　线形聚乙烯的结晶度与分子量的关系，包括实际达到的准平衡结晶度（△）及其与理论偏离的结晶度［von Göler-Sachs（●），Avrami（○）］，虚线为后者与前者的比值[139]

　　如表 4.3 所示，对于许多其他高分子，两种理论在发生偏差之前对实验结果的解释能力相似，表中列出了实际达到的最终结晶度 $(1-\lambda)_\infty$、两种理论预测偏离的结晶度以及 Avrami 偏差 $(1-\lambda)$ 与 $(1-\lambda)_\infty$ 之比。从众多数据可明显看出，直到偏离点为止，两种表达式都得出相似的结果。每一个都可解释实验结果，但两种理论都无法在高转化率上对实验数据进行拟合。这种一致性是普遍现象。随着高分子结晶过程的进行，除 Avrami 型终止机理外，还必然包含其他因素。

表 4.3　一些高分子的结晶动力学理论与实验结果的偏差

高分子	$(1-\lambda)_\infty$	von Göler-Sachs	Avrami	Avrami/$(1-\lambda)_\infty$	参考文献
聚醚醚酮					
低温	0.18	0.13	0.17	0.94	①
高温	0.35	0.23	0.22	0.63	
新型聚酰亚胺					
低温	0.24	0.15	0.23	0.96	②
高温	0.25	0.17	0.22	0.88	
聚（1,3-二氧戊环）	0.50	0.30	0.32	0.64	③

高分子	$(1-\lambda)_\infty$	von Göler-Sachs	Avrami	Avrami/$(1-\lambda)_\infty$	参考文献
聚三氟氯乙烯	0.60	0.50	0.48	0.72	④
聚（3,3-二甲基氧杂环丁烷）	0.63	0.30	0.48	0.76	⑤
聚氧杂环丁烷	0.53	0.28	0.25	0.47	⑥
聚（顺-1,4-丁二烯）					⑦
低温	0.50	0.50	0.50	1.00	
高温	0.55	0.50	0.45	0.82	

资料来源：① P. Cebe, S. D. Hong, *Polymer*, **27** (1986), 1183.

② B. S. Hsiao, B. B. Sauer, A. Biswas, *J. Polym. Sci. Pt B：Polym. Phys.*, **32** (1994), 737.

③ R. Alamo, J. G. Fatou, J. Guzman, *Polymer*, **32** (1982), 274.

④ J. D. Hoffman, J. J. Weeks, *J. Chem. Phys.*, **37** (1962), 1723.

⑤ E. Perez, J. G. Fatou, A. Bello, *Coll. Polym. Sci.*, **262** (1984), 913.

⑥ E. Perez, A. Bello, J. G. Fatou, *Coll. Polym. Sci.*, **262** (1984), 605.

⑦ G. Feio, J. P. Cohen-Addad, *J. Polym. Sci. Pt B：Polym. Phys.*, **26** (1988), 389.

分子量对结晶动力学有强烈影响，说明自由增长和导出的 Avrami 表达式足以解释转变的早期阶段，但随着转变的进行两者都无法解释，需要聚焦于初始熔体和残余熔体。在开始结晶之前，高分子熔体包含了缠结链、链环、结节点和其他可视为拓扑缺陷的结构。尽管它们的化学性质很纯，但这些结构不能参与结晶。这些单元的浓度取决于分子量，它们将被归入非晶区域。此外，在这些缺陷周围也有些链单元不能结晶。因此，随着结晶的进行，可结晶单元相对于非晶单元总数的比例逐渐减少。这些条件下，成核速率和增长速率都将随着转变程度的变化而改变，结果导致结晶进程的减慢。

对于金属和其他小分子体系，引入碰撞概念，从本质上可以改进结晶动力学实验值与理论值之间的吻合度。然而对于高分子体系来说，与自由增长近似相比，该方法并无显著优势。因此，由于增长中心的碰撞而导致的晶体增长停止，并不是结晶速率随转变程度增加而降低的主要原因，即使归一化过程考虑了不完全转变也是如此[137]。高分子所独有的其他因素一定是偏差的根源，链缠结和其他拓扑缺陷极有可能是问题的关键所在。当已转变分数和不可转变分数的总和接近 1 时，将有效终止结晶。因此，长链分子有一种独特的停止机制。在转变的早期阶段，这种影响最小，但随着结晶的进行该影响变得更加明显。因此，高分子的结晶中，在碰撞变得重要之前，其他因素可能提前介入。基于此，稀溶液结晶时，整个转变过程中都遵循导出的 Avrami 表达式[144]。稀溶液中，由于高分子线团之间相互独立，无序状态的链缠结不再是重要的考虑因素。

图 4.20 中的等温线说明高分子结晶固有的另一个重要特征——极大的负温度系数。温度降低，结晶速度显著加快。这种行为与化学反应的通常情况完全相反。负温度系数相当大。所给示例中，在仅 7℃ 的温度区间，结晶速率跨越了五个数量级。该行为清楚地表明结晶过程为成核控制[138]，它是高分子结晶许多方面的基础和控制因素。后续讨论球晶的增长速率时，将更详细地介绍成核在高分子结晶中的核心作用。

分子量不仅影响可达到的结晶度，还影响结晶的时间尺度或速率。图 4.23 给出了涵盖广泛分子量和等温结晶温度范围的分级线形聚乙烯的结晶时间[139]。在双对数坐标上，以结晶度达到总绝对量1%的时间$\tau_{0.01}$对分子量作图，该图给出了几点重要特征。在较低分子量范围，随着分子量的增加，结晶时间减少了几十倍。之后达到了时间尺度上的极小值，即结晶速率的极大值。分子量的极值取决于结晶温度。最高结晶温度下，速率的极大值出现在$M=(1\sim2)\times10^5$，该极大值随着温度的降低而减小。最低结晶温度下，其范围为$M=(1\sim2)\times10^4$。同时，极大速率下的$\tau_{0.01}$从132℃的约10^4min减小到123℃的1min。在极大值的左侧，$\tau_{0.01}$和分子量之间的定性关系与结晶温度无关。但对于该极大值的右侧，这种关系取决于结晶温度。值得重点关注的是，在高分子量（$\geqslant10^6$）和高结晶温度下，总的结晶速率相对于链长是不变的。图4.23所示的结果不局限于线形聚乙烯，也不限于总结晶速率。当所研究分子量的范围扩大时，很多其他高分子的结晶速率和球晶的生长速率也呈现上述这些特征[142,145-151]。

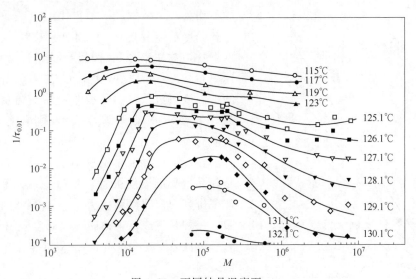

图4.23　不同结晶温度下$\tau_{0.01}$
（发生1%转变所需的时间）与分子量的双对数关系[139]

到此为止，对总结晶的讨论仅限于平衡熔点附近的温度。当结晶过程扩至远离熔点的更大温度范围时，观察到明确定义的极大速率值。关于该现象，以Wood和Bekkedahl对天然橡胶——聚（顺-1,4-异戊二烯）——进行结晶的经典研究为例，结果如图4.24所示[152]。随着结晶温度降低，相对于成核速率，微晶的增长速率变成主导地位。随着结晶温度接近高分子的玻璃化温度，对增长至关重要的链段运动和输运能力降低。因此，结晶过程中涉及的两种机理之间存在竞争。随着温度的降低，成核速率迅速增加，而链段向增长微晶的输运速率降低。由于这种竞争，结晶速率达到极大值。只要结晶速率不是快至无法记录，所有均聚物都可观察到这样的极大值。尽管扩大了研究的温度范围，但等温线仍然是可叠加的。

之前提到，球晶生长速率的测量是研究结晶动力学的另一种便捷方法。球晶是高分子结晶中常见但并非普遍的形态（见下文）。对于几乎所有的结晶高分子，已经有许多关于从熔体中生长球晶的研究，多到无法一一列举。球晶生长的显著特征是所有高分子共有

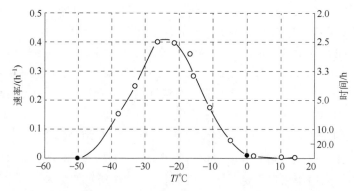

图 4.24　天然橡胶聚(顺-1,4-异戊二烯)在一定温度范围的结晶速率图。
所绘速率是体积总变化达到一半所需时间的倒数[152]

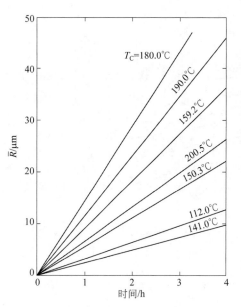

图 4.25　全同立构聚苯乙烯球晶半径
随时间变化的曲线[153]

的。作为一个示例，图 4.25 给出了全同立构聚苯乙烯的球晶半径随时间变化的曲线[153]。对所有均聚物，球晶半径随时间线性增加。因此，增长速率 $G = dr/dt$ 是恒定的。G 在熔点附近具有强的负温度系数。该例所示的聚苯乙烯及许多其他高分子中，可观察到 G 随结晶温度变化的最大值。

在此处，再来讨论总结晶的温度系数，尤其是球晶生长的温度关系，更为适当。鉴于在两种速率研究中都观察到极大值，需考虑两种主要因素。一种是将成核理论的一般概念应用于高分子；另一种涉及对链单元在液-晶界面输运的描述，即输运项。

对于第一种成核理论，在平衡熔点附近，成核作用占主导地位。原则上可采用两种不同类型的成核过程[154,155]。结晶的开始涉及初级成核，晶体的生长也可以是成核控制；第二种称为次级成核或生长成核。尽管成核的基本理论对于所有类型的物质都是通用的，但高分子为该问题带来了一些独特的性质。这涉及临界核尺寸与分子链长度的相对大小，以及核内重复单元的排列或构象。各种成核类型的定量描述可参阅相关文献[155]。

成核是在母相中形成新相的过程，晶核是新相的一个小的结构体或晶胚。即在 T_m 的温度下，单个组分的两个相 A 和 B 处于平衡状态；但是，在低于 T_m 的温度下，虽然 B 相的自由能较低，在温度降低时也不一定会自发形成 B 相。为了形成宏观相，它必须先经过一个相对较小颗粒的阶段。因此，低于 T_m 的温度下，B 相的小型结构体可能与 A 相平衡。之所以会发生这样的情况，是因为通常形成大宏观相的吉布斯自由能的减少被小晶胚表面的贡献所抵消。因此，晶粒表面和体积的相对贡献，表现为吉布斯自由能的符号正好相反，并决定了它的稳定性。最初随着晶胚的生长，由于表面贡献的主导，自由能增加。然而，随着生长的进行，由晶胚的几何尺寸决定的自由能 ΔG^* 达到极大值，晶核的对应尺寸为临界尺寸。随着晶胚的生长超过临界大小，自由能下降，最终变为负值。各种形状的晶核都有可能。因为高分子是不对称的，所以晶核的形状可以是柱状、平行六面体及其他形状。至少涉及两个表面：一个平行于链轴，另一个垂直于链轴。ΔG^* 代表自由能中的势垒，必须克服该势垒才能形成稳定的晶核，使结晶继续进行。

通过分子团簇或链段团簇的统计涨落，可在母相中均匀成核。晶核的形成可被一定的非均匀性催化。成核还可优先在外来颗粒、器壁、空腔以及已有晶体的表面上进行。就动力学而言，主要兴趣在于稳态晶核形成的速率。

稳态成核速率 N 的最一般形式可表示为[156]：

$$N = N_0 \exp\left[-\frac{E_D(T)}{RT} - \frac{\Delta G^*}{RT}\right] \tag{4.21}$$

此简单描述适用于包括高分子在内的所有类别的物质，式中，N_0 是一个仅与温度弱相关的常数；E_D 表示链单元穿过晶体-液体界面传输的活化能。式（4.21）中的阿伦尼乌斯形式对高于玻璃化温度 70℃ 以上的温度有效，可用于平衡熔点附近动力学的研究。在很宽的温度范围内分析动力学时，需做出适当修正（见下文）。如前所述，ΔG^* 是形成临界晶核所需的自由能变化，其大小将取决于假定的形状以及是否涉及基底。显然有很多可能性，下面以两个极端例子来说明涉及的原理。

形成均匀柱状晶核的 ΔG^* 值表示为[138]：

$$\Delta G^* = \frac{8\pi\sigma_{un}^2\sigma_{en}}{\Delta G_u^2} \tag{4.22}$$

式（4.22）代表高分子量近似值[157]。式中，σ_{un} 是与侧面相关的界面自由能；而 σ_{en} 是与垂直于链方向的表面相关的界面自由能。以该方式形成的晶核称为三维晶核。此处考虑的另一种核是吉布斯最早提出的[158]，即链单元以单分子形式连贯地沉积在已有晶体表面。高分子量近似时，此类晶核的临界势垒可表示为[138]：

$$\Delta G^* = \frac{4\sigma_{en}\sigma_{un}}{\Delta G_u^2} \tag{4.23}$$

各自的界面自由能 σ_{un} 和 σ_{en} 只适用于形成晶核。值得注意的是，它们既不是实际陈化微晶的特征量 σ_{uc} 和 σ_{ec}，也不是平衡微晶的特征量 σ_{ee}。因为两种情况都未对晶核内的链构象做出任何假设。ΔG^* 的正式表达应不依赖于晶核内的链结构。

对于三维晶核，$\Delta G^* \sim 1/\Delta G_u^2$，而对于二维晶核，$\Delta G^* \sim 1/\Delta G_u$。将 ΔG_u 对 T_m^0 进行展开，取一级近似，得：

$$\Delta G_u \approx \Delta S_u \Delta T \approx \frac{\Delta H_u \Delta T}{T_m} \tag{4.24}$$

式中，过冷度 $\Delta T = T_m^0 - T_c$。稳态成核速率可写成用于三维成核的公式（4.25）和二维成核的公式（4.26）：

$$N = N_0 \exp\left[-\frac{E_D}{RT} - \frac{K_3 T_m^{02}}{T(\Delta T)^2}\right] \tag{4.25}$$

$$N = N_0 \exp\left(-\frac{E_D}{RT} - \frac{K_2 T_m^0}{T\Delta T}\right) \tag{4.26}$$

熔点附近 ΔT 的变化是观察到较大负温度系数的原因。式（4.25）的常数 K_3 包含了几个物理量，如晶核的几何形状（无论晶核是均相形成的还是异相形成的），以及重复单元的融合焓。二维成核中的常数 K_2 起类似决定性作用。

假设在 T_m 附近为成核控制，则球晶 G 的线性生长速率可写为三维成核的式（4.27）和二维成核的式（4.28）：

$$G = G_0 \exp\left[-\frac{E_D}{RT} - \frac{g_3 T_m^{02}}{T(\Delta T)^2} \right] \qquad (4.27)$$

$$G = G_0 \exp\left(-\frac{E_D}{RT} - \frac{g_2 T_m^0}{T \Delta T} \right) \qquad (4.28)$$

在远高于玻璃化温度 70℃ 以上时，将阿伦尼乌斯形式应用于输运项。仅涉及一个成核过程时，注意力集中在球晶的生长速率上。整个结晶过程温度系数的分析更为复杂，因为此时既有成核作用又有增长作用，且它们通常还彼此不同。

在将以上分析应用于实验结果之前，有几个重要因素需要牢记。如上所述，除常数外，ΔG^* 的值与链构象无关。因此，用于分析生长温度系数的任何类型的链结构都仅仅是假设而已。不管晶核中的链是束状、规整折叠，还是实际中的任何其他类型，这都是正确的。换句话说，不能通过对生长温度系数的分析来推导出晶核内确切的链结构或链构象。

此外非常明确的是，在可用动力学数据的精度范围，无法确定二维或三维成核过程是否有效[138]。这一结论几乎适用于所有高分子。成核在高分子结晶中起着如此重要的作用，这无疑是一个令人沮丧的事情。在分析动力学数据时，为方便起见，将使用吉布斯二维成核模型。如果假设是三维成核，则得出相同的一般性结论。下文中，不对晶核内的链结构做任何假设。

分析实验数据时，将尽可能多地采用不同类型的高分子。据此，图 4.26 和图 4.27 是将生长速率 G 分别对聚氧化乙烯[159] 和聚三氟氯乙烯[160] 成核的温度函数 $T_m / (T \Delta T)$ 作图。可接受的 T_m^0 值用于绘制这两个图[161]。由这些代表性的图可知，与迄今为止发展的理论预期相反，每种情况下的数据都不能用一条直线表示。每种高分子的数据都能很好地用一条连续的曲线表示。若分析以 $\ln(1/\tau)$ 表示的总结晶速率，也可获得相似的结果。迄今为止，所研究的结晶温度范围很重要。目前讨论的高分子均未显示出极大的结晶速率。某些高分子可以研究的温度范围受到严格限制，如线形聚乙烯球晶的生长速度限制在结晶温度 6~8℃ 的范围。

具有代表性的图 4.26 和图 4.27 呈现了一个严重的困境，在更好理解结晶动力学之前需要加以解决。这是一个基本问题，远远超出了如何最好地表示数据的范围。在当前感兴趣的温度范围，注意力将集中在成核项的缺点上。在整个可达到的温度范围进行结晶时，最好考虑输运项的作用。

通过晶体表面上连续成核作用进行生长的一个关键因素，是成核速率与链垂直于轴向的铺展速率之间的关系。在处理单体体系的类似问题时解决了这个问题[148,162,163]。成核速率和铺展速率的大小不同，且它们的温度系数也不同。铺展速率用 g 表示。两种速率与过冷度之间的关系导致了一些有趣的情况。过冷度较小时，铺展速率远快于成核速率。此时，给定的生长层在开启新的生长层之前完成。该温度区域对应于前面讨论的单分子成

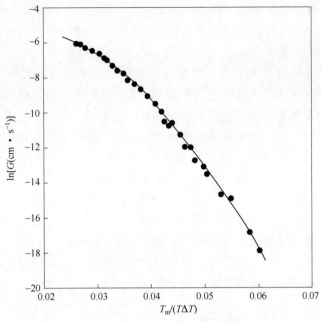

图 4.26 聚氧化乙烯的 $\ln G$ 与 $[(T_m/T/\Delta T)]$ 的关系图，分子量 $M=152000$ [159]

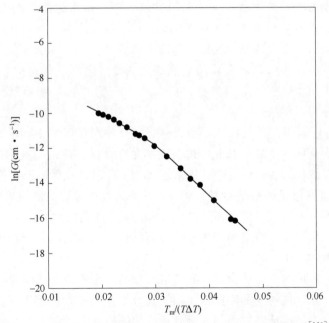

图 4.27 聚三氟氯乙烯的 $\ln G$ 与 $[(T_m/T/\Delta T)]$ 的关系图 [160]

核。文献中将之称为"区域 I" [164]。随着温度的降低，成核速率和铺展速率将变得彼此相当。因此，在给定层被填充并可进行生长之前，将在同一微晶表面上发生若干成核行为。这种情况称为区域 II。在另一种情况下，仅限于非常大的过冷度，ΔG^* 和晶核的尺寸都非常小，且与结晶温度基本保持不变。只有一个有限的小区域或小环境可供晶核生长，铺展速率将在垂直于链轴的方向上受阻。该低温区域被称为区域 III [165]。因此，图

4.26 和图 4.27 中数据出现非线性的原因有几种可能。将首先讨论在低至中等过冷度下区域 I 和 II 的可能影响。由于假定区域 III 发生在较大的过冷度，因此将在考察大温度范围的球晶生长速率时一起讨论。

描述区域 I 和 II 的物理图景看来是相当合理的。所涉及的问题不在于这些区域的存在，而在于两个区域之间过渡的性质。特别要注意，这一过渡是尖锐的还是弥散的？如果是弥散的，过渡的范围有多宽？调整小分子物质的结果时，可假设链方向的铺展速率远远小于横向方向的铺展速率。无论晶核内的链构象如何，这都是对链状分子的合理假设。有了这个假设，可将小分子体系的结果应用于高分子体系，从而导致二维问题[166-168]。区域 I 和 II 中的增长率 G（I）和 G（II）可分别表示为：

$$G(\text{I}) = bLN \tag{4.29}$$
$$G(\text{II}) = b(Ng)^{1/2} \tag{4.30}$$

式中，L 为基底或晶面的横向尺寸；b 为分子链的宽度。

式（4.29）和式（4.30）表示已经处理的两种极端情况。它们应视作区域 I 和 II 所描述的物理状况的渐近情况，成核项应在 T_m 附近占主导地位，故有：

$$\frac{\text{dln}G(\text{II})}{\text{d}(T\Delta T)^{-1}} \Big/ \frac{\text{dln}G(\text{I})}{\text{d}(T\Delta T)^{-1}} = \frac{1}{2} \tag{4.31}$$

对于这些极端情况，这两个区域的增长速率的温度系数将相差两倍。如图 4.26 和图 4.27 中所示，那些典型的增长速率数据并不符合式（4.28）给出的简单形式，由此并不足为奇。式（4.29）和式（4.30）描述的物理状况仅代表极端或渐近的情况。但是，人们往往默认从一个区域向另一个过渡是尖锐的。从这个角度分析实验数据，在实验误差范围，为了满足急剧转变的标准[164,169]，需要两个斜率比为 2。然而，有人担心这种过渡如此弥散，以至于实际上两个区域可能根本不存在[170-172]。通过将 Frank 理论[173] 应用于实验数据，这个问题才得以解决。

Frank 理论分析表明，式（4.29）和式（4.30）分别是区域 I 和 II 的适当渐近情况，且有适当的斜率。从区域 I 到区域 II 的过渡确实是弥散的，弥散宽度取决于高分子种类。如聚氧化乙烯的扩散范围为 4℃，聚三氯氟乙烯为 6℃，聚二氧环己烷为 8℃，线形聚乙烯为 1～2℃，其他高分子的结果类似。某些情况下，可通过数据绘制成两条相交的直线，但两个斜率之比不具有区域过渡所需的 2。正如 Frank 理论的预测，I—II 过渡的弥散性质已为许多高分子所证实。线形聚乙烯在这方面已被广泛研究，由于表现出相对尖锐的转变，因此是非典型的例子。

通过引入这些区域的概念，由成核理论可对球晶的生长速率数据进行直接解释。需牢记的是，控制 I—II 区域转变的原则不仅限于高分子，同样适合低分子量物质。对于长链分子，区域转变时无需保证晶核内形成规整折叠的链构象。

当在大温度范围内进行结晶时，大多数（但不是全部）均聚物在球晶生长和总结晶速率上均显示出极大值。天然橡胶结晶动力学的极大速率如图 4.24 所示。此时需解决的要点是从区域 II 过渡到区域 III 的现实情况，以及速率最快的基础。分析方式与过冷度低的情况相同，只是输运项的阿伦尼乌斯表达式在玻璃化温度以上约 70℃ 时失效。取而代之的是 Vogel 表达式，该表达式已成功用于解释玻璃的本体黏度[174]。基于此假设，球晶在大温度范围的生长速率可表达为[164]：

$$G = G_0 \exp\left(-\frac{U^*}{T - T_\infty}\right) \exp\left[-\frac{KT_m^0}{T_c \Delta G_u(T)}\right] \qquad (4.32)$$

所涉及的具体区域目前仍无法确定。由于涉及在较大温度区间的结晶，因此需考虑以 K 表示的界面自由能和 ΔG_u 对温度的依赖性。后者可通过比热容的适当导数进一步将 ΔG_u (T) 展开成 T_m^0 的函数来表示，还提出了基于几个假设的经验关系[175]。随后的实验结果分析中，发现这些修正虽然适当，但对结果解释的影响不大。

上述式（4.32）中，T_∞ 是分子运动和链段运动停止的温度，由玻璃化温度 T_g 定义为：

$$T_\infty = T_g - C \qquad (4.33)$$

因此，U^* 和 C 对给定高分子是特定的常数，但无法预先指定[176]。式（4.32）可方便写为：

$$G = G_0 \exp\left(-\frac{U^*}{T - T_g + C}\right) \exp\left(-\frac{KT_m^0}{T\Delta T}\right) \qquad (4.34)$$

将式（4.34）用于实验结果时，须牢记几点。Vogel 方程表示黏性流动，具有整体性的特征。另一方面，高分子结晶的输运涉及跨越边界，因此是局部的。Vogel 表达式的形式在当前情况下很重要，这些参数不必与黏性流动中的参数一致。还应认识到式（4.33）和式（4.34）不代表任何基本理论，它们只是基于系列假设对完善的稳态成核速率的 Turnbull-Fisher 理论进行修正。这些式子中固有的假设是吉布斯型晶核和链段运动的 Vogel 描述。有了对这些式子所依赖的基本理解，即可用它们来检验适当的实验数据。

以全同聚苯乙烯球晶的生长速率为例，许多研究人员已在很宽的温度范围对其进行了广泛的研究。Miyamoto 等的结果[177] 是一个很好的实例，因为数据涵盖了一个很大的温度范围，包括 $T_g + 13K$ 和 $T_m - 22.4K$ 之间。根据式（4.34）对这些结果的分析见图 4.28，其中点代表实验数据，曲线是由式（4.34）绘制的，$U^* = 1499\text{cal} \cdot \text{mol}^{-1}$ 和 $C = 39K$，虽然这些参数的选择有一点任意，但可认为是合理的参数。图 4.28 显示理论与实验之间一致性很好。该图没有证据表明从一个区域过渡到另一个区域。类似地，具有极大结晶速率的许多其他高分子也能很好地符合式（4.34），但 U^* 和 C 的值因高分子而异。

然而，情况并不像看上去那么简单，如图 4.29 所示。该图中，式（4.34）以 $\ln G + U^*/[R(T - T_\infty)]$ 对 $T_m^0/(T\Delta T)$ 的形式绘制，所用数据与图 4.28 中的相同。随着 U^* 和 C 值的变化，可在图中观察到不连续性。实心正方形表示使用与图 4.28 中相同的 U^* 和 C 值所获得的结果，显然是一条直线。但是，当 U^* 从 $1499\text{cal} \cdot \text{mol}^{-1}$ 增加到 $1525\text{cal} \cdot \text{mol}^{-1}$，且 C 从 39K 减至 36K 时，图中出现不连续性，如图 4.29 中的空心圆所示。随着常数的变化，数据可用两条相交的直线表示。对于一组常数 $U^* = 4120\text{cal} \cdot \text{mol}^{-1}$ 和 $C = 74K$，两条相交直线的斜率比是 2。该比率恰好对应于急剧的 Ⅱ—Ⅲ 区域过渡。对于该类别的所有其他高分子，都发现了类似的结果。

如此一来，在大温度范围对球晶生长速率的分析呈现一个主要的两难困境，有两个相互矛盾的结果。一种情况下，没有证据表明发生了区域转变，且结晶仅发生在区域Ⅱ中。另一种情况下，对于给定的高分子，存在一组合理的常数可使数据准确地遵循Ⅲ—Ⅱ区域转变。该问题的原因是，对于任何高分子，常数 U^* 和 C 的值都不是先前已知的，但它们对于每种高分子都是独一无二的。不幸的是，实际上并没有一套通用的常数，尽管它的存在经常被提到[164,176]。

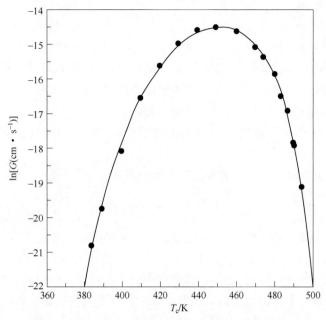

图 4.28 等规聚苯乙烯的 $\ln G$ 对结晶温度 T_c 的图。实线符合式 (4.34)，$U^* = 1499\mathrm{cal} \cdot \mathrm{mol}^{-1}$，$C = 39\mathrm{K}$。实心圆为实验结果[177]

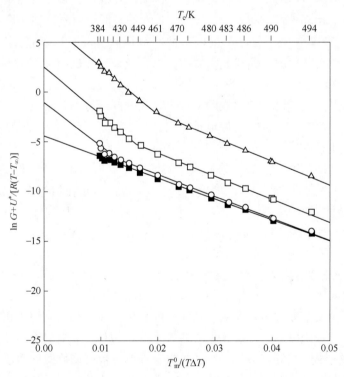

图 4.29 等规聚苯乙烯的 $\ln G + U^* / [R(T - T_\infty)]$ 图：$U^* = 1499\mathrm{cal} \cdot \mathrm{mol}^{-1}$ 和 $C = 39\mathrm{K}$（■）；$U^* = 1525\mathrm{cal} \cdot \mathrm{mol}^{-1}$ 和 $C = 36\mathrm{K}$（○）；$U^* = 2300\mathrm{cal} \cdot \mathrm{mol}^{-1}$ 和 $C = 48\mathrm{K}$（□）；$U^* = 4120\mathrm{cal} \cdot \mathrm{mol}^{-1}$ 和 $C = 74\mathrm{K}$（△）[177]

存在区域Ⅲ的物理基础是相当合理的[165]。成核速率随着温度的降低而不断增加。过冷度较大的情况下，成核速率非常快，导致大量非常小的晶核。因此，晶核可以铺展和生长的空间并不多，即铺展速率实际上为零。这样，存在一个温度区域，其中稳态成核速率是主要因素，且增长速率的表达式与区域Ⅰ相同。该区域的物理有效性不成问题。相反，问题在于：区域Ⅱ和Ⅲ之间是否以适当的斜率发生了明确的、急剧的转变；或者，这一转变是渐进的和弥散的。即使有大量合适的实验数据可用，若事先不知道每种高分子的 U^* 和 C，也很难做出客观的选择。需用独立的实验来确定这两个物理量。因此，这是一个需要解决的棘手问题。

有一些高分子，如聚对苯二甲酸丁二酯[178]、聚对苯二甲酸丙二酯[179]、聚戊内酯[180,181]、聚甲醛[182]、大温度范围的线形聚乙烯[183-185]、全同立构聚丙烯[186-190]，它们在远离 T_m^0 的温度区间结晶，据报道有Ⅲ—Ⅱ区域的转变，但速率没有极大值。有许多问题与这个转变的确定有关。一个主要问题是平衡熔点的正确选择，事实证明这是一个至关重要的问题。

另一个有趣的问题是极大结晶速率对应的温度 T_{max} 与平衡熔点之间的关系。基于这两种情况[191]，分析球晶生长速率和总结晶速率的大量实验数据表明：

$$T_{max} = (0.82 \pm 0.005) T_m^0 \tag{4.35}$$

采用阿伦尼乌斯表达式，或采用 Vogel 表达式，对输运项[191-193] 加以说明，就可以自然的方式解释上述结论。

4.5　结构与形态

4.5.1　总体概述

这一论题包括熔融热力学和结晶动力学，其基本框架均已相当完善，因此人们会从逻辑上提出疑问，为什么还有一些问题尚待解决。对于每个分子中的碳原子数少于 100 的正烷烃，我们来讨论它的结晶，可以为解决这些问题提供一种思路。众所周知，对于这样的正烷烃化合物，只要将温度降低到平衡熔点以下一点点，就能非常迅速地发生结晶。另一方面，为了使类似的高分子——线形聚乙烯结晶，即使对于低分子量的级分，也必须将温度降低到远低于熔点。在前一种情况下，由于每个分子的长度完全相同，因此链完全伸直且形成分子晶体；在后一种高分子的情况下，即使对于最佳分级的样品，由于始终存在长链分布，分子晶体无法形成。因此，长链分子的结晶仅在较大的过冷度下，即低于熔点 20~40℃，才能以有限或合理的速率发生。最终，高分子仅形成部分结晶或半结晶的多晶体系。对于包含多达几百个主链原子的低分子量级分，有可能形成伸直的晶体，但不能形成分子晶体。较高分子量的高分子通常形成折叠结构❶（见下文）。晶体结构及相关形态较为复杂。实际上正是这些结构和形态特征决定了性质。众所周知，高分子只能在远离平衡的条件下以有限的速率结晶，这是一个基本问题。为了描述和理解这个特性，必须处理一个形态非常复杂的非平衡态或亚稳态系统。这些考虑涉及现代高分子结晶状态的问题，

---

❶　具有超过约 150 个碳原子的正烃类化合物在适当条件下也可形成折叠结构。

即结构与性能之间的关系，特别是均聚物的分子形态与纯熔体结晶性质的关系。建立的原理已经扩展到包括高分子-稀释剂体系、高分子-高分子共混体系以及各种类型的共聚物。应力下的结晶或取向结晶是完全不同的领域，此处将不赘述。

继续讨论之前，应更详细地描述结构和形态的含义。这个问题可由结构中的不同层次来简化：晶胞、微晶、非晶区和超分子结构。晶胞基本上与小分子物质的常规晶体学中的晶胞相同。由体系的多晶性质产生的微晶结构涉及对实际微晶结构、相关界面区域、微晶之间的相互连结（如果存在）的描述。超分子结构是将微晶组织成更大的结构。

可用经典的方法来确定晶胞的结构。该问题起初被认为非常复杂，但当认识到整根长链分子不需要都在晶胞中时，它就变得简单了。晶胞的推演没有出现任何重大的解释问题。大多数情况下，这些链在晶胞中彼此平行。一个有趣的例外是全同立构聚丙烯的 γ 晶型，其中的链并不平行[194]。相比之下，对微晶结构的阐明，特别是界面区域的阐明，数十年来一直争论不休，更不幸的是，甚至造成不和的问题❶。但是，对该问题的理性分析和解决似乎终于到来了。对超分子结构的系统研究也取得了进展，特别是结合了不同结晶条件下形成的各种超分子结构及其对性质的影响。

重要的是，分子形态与所谓的整体形态有着非常重要和显著的差异。但是，这两个概念都很重要。借助显微镜直接观察并表征整体形态，它规定了感兴趣结构的形式和形态。分子形态是对与整体形态一致的链单元排列的描述。显然，不能直接观察到分子形态，但这两个形态描述必须彼此一致。

4.5.2 微晶结构

接下来将注意力转向微晶结构。众所周知，层状微晶是均聚物从纯熔体结晶过程中形成的特征性整体形态。最初观察到的这种层状结构是由稀溶液形成的微晶。线形聚乙烯的溶液形成的特征薄层状晶体如图 4.30 所示。所有均聚物都可观察到这种结构，可将其视为均聚物结晶的通用模式。片状晶体的外形细节取决于高分子、溶剂介质和结晶温度[195]。这些微晶呈现一些重要特征。稀溶液形成的晶体层状厚度约 $100\sim200\text{Å}$（$1\text{Å}=10^{-10}\text{m}$），具体取决于结晶溶剂和温度。链轴优先垂直于片层的基面。超高分子量的高分子中发现了此类晶体。由于链方向微晶的厚度仅为 $100\sim200\text{Å}$，因此单根链必须多次穿过其起始的微晶。所形成界面的详细性质非常重要且独特。界面结构不明显，不能仅从显

---

❶ 此段内容初读时往往感到费解，实际上围绕图 4.31（a）和（b）两种模型展开过激烈争论，其中（a）是 Keller 提出的所谓"理想高分子晶体"模型，（b）是 Flory 提出的"插线板"模型。由于种种原因，致使争论白热化，并出现戏剧性的一幕。在 1979 年 9 月于英国剑桥 Bristol 大学由法拉第学会召开的高分子结晶讨论会上，英国著名晶体物理学家 Charles Franck 针对 Flory 的插线板模型开始调侃："十分幸运，电话接线员不必采用像这样的接线板，因为它不可能接通电话……"此时，Paul Flory 站起来，大声抗议说，用这种方式来对待他简直是太粗鲁了……。由于主场优势，与会者多数人是 Keller 的粉丝，会场出现混乱，一些人甚至将 Flory 的行为与苏联领导人 1960 年在联合国大会上的行为相提并论；Flory 同样也十分生气，他回到斯坦福大学后曾对笔者说，他再也不去参加这类会议了。笔者又追问 Flory 教授："既然没有任何电镜之类的实验方法可以直接观察界面链折叠的细节，您为什么这样坚信自己的模型？"他严肃回答道，他的这个模型也是基于统计热力学的讨论，而热力学是放之四海而皆准的普适真理，如果正确应用，一定是正确的。这段争论故事的文字记录，仅见于后来的诺贝尔奖（1991 年物理奖）得主 de Gennes 的回忆（L. Plevert，Pierr-Gilles de Gennes：A Life Science，New Jersey，World Scientific，2011，pp. 191-192），de Gennes 讲述后评论到："照往常一样，Franck 仍是正确的。"但是，当今天我们仔细读完本章及所附参考文献之后，我们显然确信应当得出另一种结论，Flory 虽然是少数，但真理往往在少数人手里。——校者注

微结果中得出。需要强调的是，尽管图 4.30 所示的微晶非常美观，但在此类图像中，根本看不出界面结构。

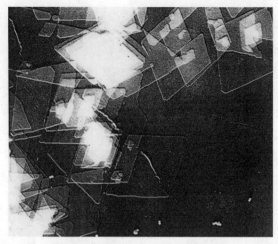

图 4.30　由均聚物稀溶液结晶形成的片层典型电子显微照片。本示例为线形聚乙烯

尽管本章不详细介绍溶液晶体的特性，但必须认识到这种电子显微镜观察并不适合在分子水平上描述界面结构。然而，整体形态学形式和取向特征已很好建立。分子界面结构与几种极端情况一致，如图 4.31 所示[196]。

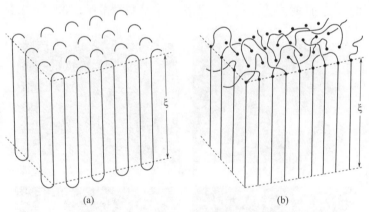

图 4.31　层状微晶内可能的链结构示意图
（a）规整折叠的链阵列和（b）不规整折叠的链；环的长度可变[196]

一种极端情况称为规整折叠-相邻重入结构，分子链看起来像手风琴一样，进行精确的发夹式转弯以产生最佳的结晶度。但是，与整体形态特征一致的是另一种模型。此时有一个明显的、无序的、无定形的覆盖层。该示意图常称为"插线板"模型。这两种界面结构以及介于两者之间的界面结构均与电子显微照片一致。在此引入这些概念的原因是，层状微晶也是均聚物从纯熔体中结晶的普遍方式。

通过表面复型（surface-replica）电子显微镜首次观察到本体结晶体系中的片晶。遗憾的是，此时片晶厚度仅为 100～200Å。最初认为这些尺寸是本体结晶形成的微晶的典型特征和独特之处。现在知道，根据分子量和结晶温度，层状厚度可达到 1000Å 甚至更厚，即使高分子在常压下结晶也是如此。在较高的温度和压力下结晶，甚至可获得更厚的厚度[197]。在早期工作中，微晶厚度与溶液晶体的厚度大致相同，因此立即将这两种情况关联起来并进行鉴别。有人提出，在本体结晶高分子中观察到的层状微晶由规整折叠的链组成，并形成平滑的界面，即与图 4.31（a）一致。此外，还假定微晶之间没有分子的连接。换言之，基于整体形态学观察，有人认为不存在非晶区，与完全结晶的高分子相比，诸如密度和熔融焓的特性偏差是由晶体的内部缺陷引起的[198,199]。

层状微晶作为均聚物本体结晶的特征模式被广泛认可和普遍接受。令人惊讶的是，共聚物中含量较高的共聚单元也形成层状微晶[200,201]。对片层的直接观察，偶尔还观察到片层内的特定扇区，均无法描述界面结构、连接区域的存在与否、它们的结构（如果有的话），甚至内部缺陷的类型和浓度。电子显微镜观察到明显的几何规律性是整体形态，虽然这个观察很重要，但它本身不能作为分子水平上任何详细结构的证据。遗憾的是，该事实并未得到一致认可。对片晶本身的观察，未得到关于微晶内链排列的详细信息，选区衍射结果仅能说明链的方向。

片晶的特性及彼此之间的排列取决于分子量和结晶温度。图 4.32 为不同分子量的线形聚乙烯淬火后的典型透射电子显微镜照片，分子量 $M = 5.6 \times 10^3$ 至 $M = 1.89 \times 10^5$。较低分子量的样品呈堆叠薄片状，每个薄片的厚度约 100Å。它们的横向长度非常长，达微米级，几乎没有薄片内分段的迹象。随着分子量的增加，层状厚度无明显改变，但薄片变得更加弯曲，横向尺寸急剧减小，薄片分段明显。对于超高分子量，$(1 \sim 6) \times 10^6$，仅观察到短的晶体片段。此时对比度很差，无法正常复制显微照片，在此未显示。

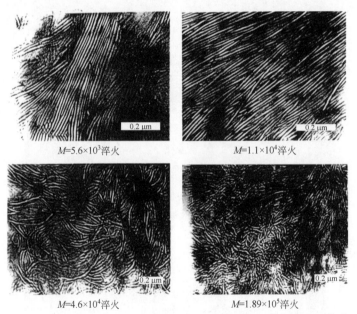

图 4.32　不同分子量的线形聚乙烯淬火后的典型透射电子显微镜照片[202]

在固定分子量（$M_w = 1.89 \times 10^5$，$M_n = 1.79 \times 10^5$）线形聚乙烯的情况中，结晶温度对于层状结晶结构的影响[203]，示于图 4.33 的电子显微照片中。这些照片表明，随着结晶温度的降低，明确的层状组织逐渐退化。从高结晶温度下良好的长片状晶体到较低温度下的短弯曲片状结构，微晶系统地瓦解。其他级分的行为也类似。但对于超高分子量[$(1\sim6)\times10^6$]线形聚乙烯，即使在高温下等温结晶，仍看到弯曲的薄片[204]。

普遍认为，本体结晶样品在热力学和其他性质方面与完美晶体差别较大。其他性质包括广角 X 射线散射的花样、红外和拉曼光谱、质子和 ^{13}C NMR 谱，随后将更详细地讨论一些例子。这些差别被认为来自小晶体的光滑界面和存在微晶内部的缺陷。结晶高分子被认为是由晶体基体及嵌入其中的无序材料或缺陷组成的[198,199]，不存在连接微晶的无序构象链单元。该想法的含义，或者更积极地说，在分子水平上、而不是晶胞层面上建立微晶结构，是一个至关重要的问题。它涉及结构、形态和性质之间关系的核心。

有一组独立的结构变量对于分析微晶和相关结构很重要，可能与性质有关[205]。这些变量是结晶度、残余或类液体的各向同性区域的结构——薄片之间的区域、微晶厚度分布、界面区域的范围和结构、层状微晶的内部结构。涉及两类变量：一类是分子构成，它与链的分子量、多分散性和结构规整度有关；另一类是刚刚描述的一组结构变量。这些变量是将结构与性质相关联的基础。在独立结构变量、链的分子构成和结晶条件之间存在协同效应。接下来详细讨论这些结构因素，包括它们的定性和定量描述。

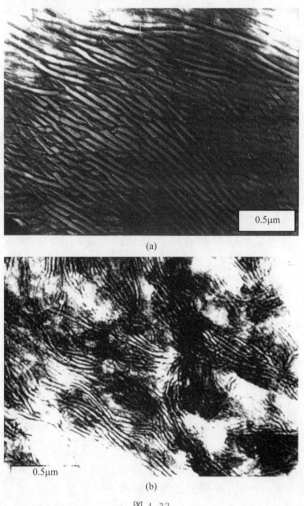

(a)

(b)

图 4.33

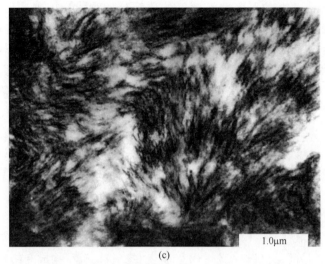

(c)

图 4.33 指定温度 T_c 下结晶的线形聚乙烯的透射电子显微照片

(a) $T_c=131.2℃$，(b) $T_c=116℃$，(c) $T_c=100℃$[203]

4.5.3 结晶度

使用各种实验方法得到的结果已经确切证明：结晶度是一个定量的概念。这些方法包括密度和熔融熵的测量、红外和拉曼光谱、广角和小角 X 射线散射以及质子和 ^{13}C NMR。这里涉及的基本原理是：对于相结构中的每一种"元素"，按所研究的某一物理量，须指定一个特定值。通常，各种方法获得的定性结果是一致的，但定量方面观察到很小但明显的差异。这些差异可归因于被测量相结构"元素"的灵敏度。

一定结晶温度下可获得的结晶度取决于链的分子量和结构规整性，图 4.34 说明了等温结晶条件下结晶的几种均聚物的这一特点[205]。较低分子量的样品的结晶度较高，但随着分子量的增加，结晶度单调下降，直至 25%～30% 的极限值。均聚物结晶度的这种大范围变化，排除了微晶由规整折叠的链结构组成的可能，也许只是轻微的扰动。由于端基、纤毛（cilia）或类似结构的浓度随分子量的增加而降低，上述结果无法归因于它们的影响。正如结晶动力学讨论时所指出的那样，与分子相关的拓扑因素，如链缠结，抑制了结晶过程。这些结构与分子量相关，并反映在结晶度上。

将非结晶结构单元随机引入链中，可进一步降低结晶度。在室温下，乙烯无规共聚物[206] 的共聚单元含量对结晶度的影响，示于图 4.35。其中分子量介于 $5×10^4～1×10^5$ 之间。显然，随着侧链含量的增加，非结晶共聚单元的引入导致结晶度迅速且持续下降，从 0.5%（摩尔分数）支链的结晶度约 48%，到 6%（摩尔分数）支链的结晶度约 7%。可以肯定的是，更高共聚单元含量将进一步降低结晶度。对于给定的共聚单元含量，支链或共聚单元的化学本质实际上对结晶度没有影响。如前所述，当结晶相保持纯净时，对于无规共聚物，可预期到该结果。

对于均聚物，从等温结晶温度再冷却后获得的结晶度，同样令人关注。图 4.36 显示了两种不同结晶模式下得到的线形聚乙烯的密度与分子量的关系[207]。这里将等温结晶得到的密度与快速结晶的值进行比较。密度及其相关的结晶度系统地依赖于分子量和结晶条

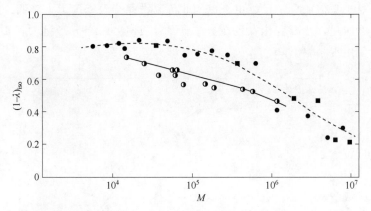

图 4.34 等温结晶条件下结晶度与分子量的关系：线形聚乙烯 (●)；聚氧化乙烯 (■)；
聚（四甲基-p-硅亚苯基硅氧烷)(◐)[205]

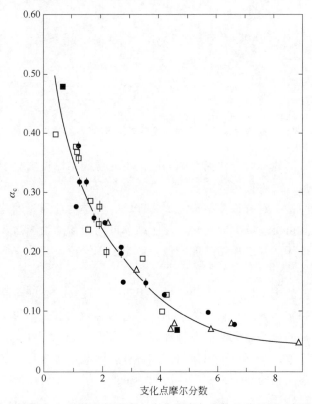

图 4.35 由拉曼内部模式 α_c 计算的结晶度与支化点摩尔分数的关系图：氢化聚丁二烯 (△)；
乙烯-醋酸乙烯酯 (●)；乙烯-丁烯 (◐，□)；乙烯-辛烯 (■)；乙烯-己烯 (◆)[206]

件。例如，对于 130℃ 等温结晶随后冷却的样品，室温下测得的密度范围从 $0.94\mathrm{g \cdot cm^{-3}}$ 到 $0.99\mathrm{g \cdot cm^{-3}}$，$0.99\mathrm{g \cdot cm^{-3}}$ 对应的这个值已经非常接近晶胞的密度值。对于高分子量级分的线形聚乙烯，经快速结晶后，观测的密度低至 $0.92\mathrm{g \cdot cm^{-3}}$。经过高温的等温结晶和随后的冷却，低分子量样品的密度接近晶胞的预测密度；与等温结晶测量的情况比较，密度单调下降的开始发生在稍低一点的分子量上；而在非常高分子量的范围内，密度趋于恒定值。对于类似的分子量，更快速的非等温结晶导致密度大大降低。密度的分子量依赖性不再那么明显，主要变化发生在分子量约小于 10^5。当分子量大于 10^5，随着链长的增加，密度仅出现小幅下降。

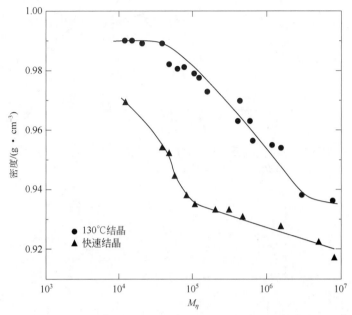

图 4.36　两种不同结晶模式下得到的线形聚乙烯的密度与分子量的关系[207]❶

已经提到，还有其他实验方法测定结晶度，由此得到结晶度随分子量和结晶条件的变化，其结果十分类似。通过控制分子量、链结构和结晶条件，可获得的结晶度范围很大。由于结晶度直接或间接决定着许多结构的、物理的和力学的性质，因此这些结果预示着结晶高分子的许多性质可实现巨大的变化。关于结晶度的定量结论相当普遍，并不限于聚乙烯，如经典研究发现天然橡胶的结晶度较低，证实了该结论，其他聚烯烃、聚酰胺、聚酯和聚四氟乙烯也一样。

通过确定结晶度的定量性质，出现了另一个重要特征：结晶度与晶胞（理想晶体）的预期偏差与分子量和结晶方式是相互关联的。这些偏差远非微不足道，而是非常重要的。显然，为了形成完整的或有意义的晶态物理图像，必须考虑广泛可变的结晶度的值。单个数据，如孤立的密度值，实际上可用任何方式解释。因此，将注意力集中于孤立的数据可能是危险的，对考察完整的数据有相当广泛而严格的要求，在将任何结构分析用于结晶状态之前，必须满足这些要求。

晶体内部结构的一个重要参量是链轴与片层基面法线之间的倾角。对于高温（即低过冷度）下结晶的线形聚乙烯，倾角约为 $19°\sim20°$。随着结晶温度的降低，它逐渐增大❷，低温下约为 $45°$。确定倾角的其他高分子表现出相似的定性行为。在建立详细的结晶机制时，倾角是需要考虑的重要因素。

---

❶ 原文标注的参考文献号码是 206。——译者注
❷ 原文为"逐渐降低"。——译者注

一个值得关注的问题是微晶内部缺陷的影响。由前文可知，许多高分子均可获得宽范围的结晶度。随着分子量从 10^6 降至 10^4，线形聚乙烯的宏观密度范围为 $0.92 \sim 0.99 \text{g} \cdot \text{cm}^{-3}$。这种密度变化引出了晶体结构完整性的问题。换言之，密度的变化是否反映出微晶的内部变化或自身外部结构特征？但如图 4.37 所示，随着线形聚乙烯的宏观密度在 $0.92 \sim 0.99 \text{g} \cdot \text{cm}^{-3}$ 的范围变化，反映在晶胞密度中的实际晶格参数却保持不变[208]。因此，观察到的宏观密度与理想晶体密度的偏差不能以任何方式归因于晶格内缺陷。该偏差的根源必须在晶体区域之外的特定结构中寻找，即在微晶本身的外部结构中寻找。该结论与结晶度的定量概念相符，涉及对界面和层间结构的分析。但是，接下来先讨论晶体的厚度分布。

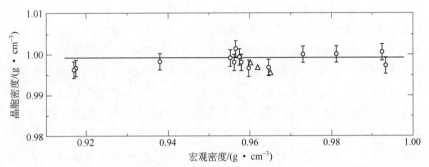

图 4.37 分级线形聚乙烯的晶胞密度与宏观密度的关系图[208]

4.5.4 微晶厚度分布

微晶厚度分布可由几种方法来确定，包括超薄切片电子显微镜分析、拉曼纵向声模分析和小角 X 射线散射长周期的测量。这些方法对于窄的晶体厚度分布来说可得到一致的结果。但当厚度分布较宽时，它们的一致性通常较差。但考虑到分散性时，则可合理解释尺寸的分布。快速非等温结晶可得到较窄的尺寸分布，如图 4.38 所示为不同分子量线形聚乙烯[205] 的微晶厚度分布与淬火温度的关系。微晶厚度为 $120 \sim 150 \text{Å}$，与分子量无关，

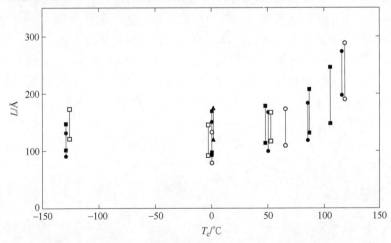

图 4.38 不同分子量线形聚乙烯的微晶厚度分布与淬火温度的关系：1.97×10^4 (○)；4.6×10^4 (●)；2.26×10^5 (□)；4.28×10^5 (■)；1.62×10^6 (▲)[205]

且与结晶温度的关系较小。相反，等温结晶得到较宽的尺寸分布，这是由于微晶增厚所致。增厚速率取决于分子量和温度。因此，通过控制这些变量，可获得大范围的尺寸和分布。若共聚单元不参与结晶，共聚物和支链高分子的厚度范围约 $40\sim100\text{Å}$。通常，根据分子量、链结构和结晶条件，微晶厚度可从大约 40Å 至几千 Å 之间变化，并具有多种尺寸分布。

4.5.5 层间结构

结晶度的测量表明，层间区域可占整个系统的很大部分。由于该区域结构反映了初始熔体的复杂结构，对它的详细分析一直难以捉摸。纯熔体中，高分子链假定呈无规线团构型，其尺寸与⊕条件下的相同。为了在非常稠密的体系中保持该尺寸，分子链之间必须相互缠结。结晶过程中，这种情况导致体系中的链缠结、链环、结节、互连链和其他结构无法反转或耗散，这些结构将被生长的微晶排斥，并集中在非晶区域。这些因素决定着体系的结晶度和残余非晶部分的结构。非晶的层间区域影响诸多宏观性质。

大量实验强有力地证明，层间区域的链单元为无序构象，无任何优先取向，即该区域是各向同性的。在此区域中，无序链单元及其性质类似于完全熔融或无规状态的链单元，该要求是结晶度定量性质的自然结果。振动光谱学的某些方面支持这种各向同性的概念。此外，半结晶高分子表现出明确的玻璃化温度。尽管对玻璃形成的机理仍有争议，但普遍认为它是液态的一种特性。某些情况下，如天然橡胶，半结晶高分子的玻璃化温度与完全熔融的高分子相同[209]，其他情况下，以线形聚乙烯为例，其玻璃化温度与结晶度无关[210]。还有一些例子，如聚对苯二甲酸乙二酯、聚芳醚醚酮和聚酰亚胺，它们的玻璃化温度随结晶度的增加而升高[211-214]。重要的似乎是片晶之间的距离和链构象，对玻璃形成过程的观察，进一步支持了层间区域存在（接近）无规结构的假设。连接微晶的链单元序列不是完整的分子。经常用的术语"系带分子"（tie-molecule）是用词不当。这意味着连接是完全伸直的，并包括一个完整的分子。这些连接只是无序分子的一部分。分子链在离开微晶后可采用多种轨迹，因此产生了许多与各向同性一致的不同结构。图 4.39 给出了层间区域的示意图。由图可知，层间结构是高度复杂的，链的一部分可在片晶之间的空间畅通无阻地穿过，但某些链将相互缠绕并打结，其他的将形成包含在一个微晶内的长环，而来自两个相邻片晶的环可相互链接并将两个微晶连接在一起。

分析半结晶状态的氢化和氘代链混合物的小角中子散射图样，可得到丰富的信息。更多细节，请见 Wignall 所著的第 7 章。目前而言，只需知道纯熔体中与高分子熔体结晶时链的回转半径即可。两种回转半径的直观一致性表明，随着结晶生长前沿的推进，链构象没有太多的重新调整。此外，片晶显然不包含高浓度的规整折叠链。若并非如此，回转半径将与观察到的结果完全不同。

尽管保持了各向同性，但层间区域在结构上可能非常复杂。对于该区域分子结构的详细定量描述，仍然是结晶高分子领域亟待解决的主要问题之一。

4.5.6 界面结构

几十年来，片晶和无序层区域之间边界的本质，一直是深入细致研究和讨论的问题。有几种彼此不同的图样，从中选出两个作为代表，示于图 4.31。实验和理论的发展使这个问题已经得到解决。

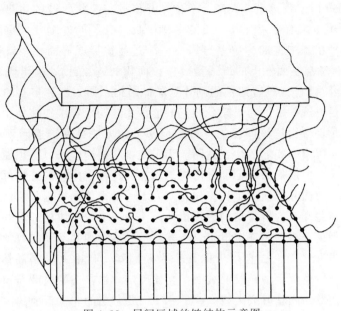

图 4.39　层间区域的链结构示意图

超薄切片透射电子显微照片表明，片层的基面是分子级平整的，随后，这种见解被确认，即片晶中的分子链为规整折叠排列。然而，详细分析溶液结晶和本体结晶样品的电子显微照片，包括它们的整体特征、镶嵌、扇区化和界面位错网络，发现无须事先确定片晶具有规整折叠，即可满足晶体的整体形态特征。对于未折叠的正烷烃和低分子量高分子，也发现了所有这些关键的形态学特征。因此，它们并不是规整折叠链结构所独有的。分析温度系数发现，高分子结晶是一个成核控制的过程。该结论是由最普遍的依据得出的，与晶核中链的结构和成核过程所涉及的类型无关。换言之，成核的温度系数与晶核内的链构象无关。假设晶核由规整折叠链组成，那么这些链将长成相同结构的陈化微晶[215]。然后将该假设纳入高分子结晶理论中。由于观察到的温度系数是成核过程的典型特征，因此可得出以下结论，晶核和陈化微晶中的链均规整折叠。这一论点显然是一种循环论证。就其本身而言，它与晶核或微晶的结构毫无关系。

其他结构可满足高分子结晶的既定形态学和动力学特征。有些链只能穿过微晶一次，之后进入附近的微晶。在穿过界面和层间区域后，其他链可能返回原来的微晶，但在穿过界面和层间区域后不一定并列在一起。有些链也可能返回相邻的再进入位置。作为一般规则，小角中子散射、链统计以及许多宏观和微观性质的结果不允许存在规整折叠链结构。虽然这个一般规则可能有例外，但是此类例外尚未得到证实。例如，观察到的结晶度随分子量的变化与规整折叠结构不一致。^{1}HNMR 和 ^{13}C NMR、小角中子散射、比热容测量、介电弛豫、拉曼内部模式分析和电子显微镜的其他实验结果表明，存在明显的链单元部分有序的界面区域[216]。已研究的高分子并没有实质性的实验或理论基础，来支持以下观点：在本体或稀溶液中形成的片晶由规整折叠链组成。该结论不排除发生某种类型的链折叠。正如下文将要讨论的，可以预期一定数量的相邻再进入，但不是基于成核理论。该结论与成核控制的动力学并不矛盾。仍有待解决的基本问题是，为什么片晶是高分子结晶的一个特征，以及界面相的真正结构是什么。

早在 1949 年 Flory 就指出，在高分子中结晶区域与液状区域的边界并不是轮廓分明的[6]。这与小分子体系的行为有着本质的区别。长链分子的连续性严重限制了两个区域之间的转变。两种状态中链的构象差异需要一个过渡边界或界面相，以耗散晶体的有序性[196]。问题是从微晶基面发出的链通量（单位面积的链数目），通常无法被各向同性的类液体区域完全容纳❶。这种普遍性的例外是晶体结构，如 α 螺旋多肽的晶体结构，其中链在晶胞中相距足够远，链的通量减少，它们能以无规构象容纳在液体中。链倾斜也极大降低了问题的严重性。缓解该问题的一种显而易见的方法是使链返回到原来的微晶，但是，这些返回不必以紧密相邻的位置返回。为了使微晶横向生长，必须发生大量的链弯曲或折叠，必将涉及自由能的消耗，即自由能的增加。这种自由能的增加可通过长序列的结晶来补偿，从而导致微晶的横向生长。如此便有了一种简单的机制，通过该机制可形成良好的片层，仅以某些类型的折叠结构为代价，而无须改变单体成核理论的根基。

一些详细的理论分析已用于定量研究上述思想。尽管涉及不同的数学方法，但对主要结论已基本达成共识[217-225]。必须考虑几个主要因素，其中之一是晶体表面的链密度，该量由倾角、晶区与类液区中链段的截面积之比确定，当晶态的横截面积超过类液区的相应数量时，通量耗散的问题就大大减少；另一个需要考虑的非常重要的因素是进行弯曲或紧邻折叠所需的自由能的增加。这些问题清楚地表明，界面区域的结构对于特定的高分子是一定的，很难一概而论。

举例可以说明该问题，假设聚乙烯链在折叠时没有自由能的消耗，也没有对分子链以何种方式和角度进入片晶进行限制。此时，70%～75% 的序列会以紧密的相邻折叠形式返回到原来的片晶。该结果不足为奇，因为在弯曲时不涉及自由能成本，规整折叠结构显然是最简单的链通量耗散方法。但是，这个结论必须根据实际情况和体系特性进行调整。对于聚乙烯，由于折叠所需的自由能增加，紧密折叠或紧邻再进入降低到序列的 30%～40%。考虑到表面链密度（倾角为 45°），紧邻再进入的概率降至约 20%。因此，即使对于这些理想化的计算，紧邻再进入也不会对真实聚乙烯链的界面结构做出重大贡献。形成的紧邻折叠将沿层状表面无规分布。

反映在晶体结构和无序链构象中的链化学性质，将强烈影响界面结构。一种极端的情况为：假如一条链在弯曲时消耗的自由能最少，则紧邻再进入将占主导；但对于在晶胞中主轴彼此远离的链（如在 α 螺旋多肽中）或在无序液相中的伸展构象（如纤维素及其衍生物），任何类型的折叠（包括紧邻再进入）都将尽量少。

上面概述的界面区域的概念可通过不同的实验技术进行研究[216]。图 4.40 绘制了线形聚乙烯的快速结晶部分的界面含量（α_b）与重均分子量的关系曲线[226]。这些数据是通过分析拉曼内部模式获得的。显然，α_b 与分子量有关。在较低的分子量范围，α_b 约为 5%；对较高的分子量，α_b 单调增加至 15%～17%。由于高分子量结晶度仅为约 40%，因此界面区域占整个体系的很大一部分。

解析分级线形聚乙烯的质子 NMR 谱，其结果与拉曼内部模式的分析几乎定量一致[227]。固态 ^{13}C NMR 的化学位移和弛豫时间，也提供了有关界面区域的信息：高分子量线形聚乙烯的 α_b 值为 0.16～0.18，与其他方法的结果一致[228]；等规聚丙烯和聚四亚

---

❶ 这个问题与临界尺寸晶核的形成无关，因为没有足够的有序序列来引出该问题。

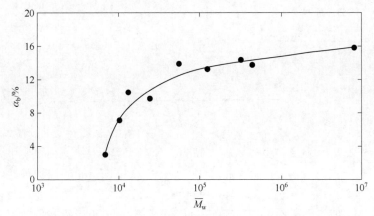

图 4.40　线形聚乙烯的快速结晶部分的界面含量（α_b）与重均分子量的关系图[226]

甲基 α_b 的值分别约为 0.30 和 0.22[78,229]。这些高分子的界面区域再次占整个体系的很大一部分。

比热容测量得出了刚性非晶相的概念[79,80]。热化学研究结果表明，玻璃化温度下比热容的增加不如理论预期的那么大，将不引起比热容变化的非晶部分定义为刚性非晶相。该结构已被确定为晶区和类液区之间的区域，即界面区域[81,82]。用这种方法获得的 α_b 值已制成表格[216]，一些典型值为：聚甲醛 0.24[230]，聚苯硫醚 0.12～0.45[231,232]，聚芳醚醚酮 0.29～0.32[231,232]，聚对苯二甲酸乙二酯 0.19～0.24[231,232]。同一高分子列出的数值范围反映了不同的结晶条件。

已经给出的各种实验数据，有力证明了连接有序晶体和无序类液区的弥散无序界面区域的存在。所有情况下，界面区域都是整个体系的重要部分。确定界面厚度也很重要，实验测量技术包括拉曼光谱和小角 X 射线散射等。界面 L_b、晶区 L_c 和层间区域 L_a 的厚度，可由拉曼内部和低频（纵向声学）模式的组合获得[233]。快速结晶的分级聚乙烯的结果见图 4.41。该示例中，随着分子量的变化，核心晶区的厚度恒定于约 140Å，层间区域的厚度从约 75Å 增至 175Å。界面厚度 L_b 也取决于分子量，范围从 $M=10^4$ 的 14Å 到 $M=10^6$ 的约 25Å。对于分子量分布最概然的线形聚乙烯，$M_w=3.5\times10^5$ 时，L_b 为 33Å[233]，对于 $M_n=8\times10^6$ 的多分散样品，L_b 等于 45Å[216]。通过电子光谱分析多分散样品，$M_n=2\times10^6$，发现 L_b 为 60～80Å[234]。因此，α_b 和 L_b 均很重要且与分子量相关。分子量相关性说明被晶区排出的拓扑缺陷主要位于界面区域靠近晶区的边界处。

结合小角 X 射线散射获得的长周期和量热法得出的界面含量，发现 L_b 在 40～50Å 的范围变化，具体取决于结晶条件[231]。

对小角 X 射线散射强度的角度依赖性分析，也提供了有关晶区与类液区之间边界的信息[235-237]。由该方法测得的界面厚度的一些典型结果为[216]：线形聚乙烯 10～15Å；全同立构聚丙烯 13Å；聚对苯二甲酸乙二酯 13Å。这些结果与其他方法得到的结果相似。对小角 X 射线散射图样的分析表明，不能用简单的两相体系来解释半结晶高分子。

与聚乙烯陈化微晶的基面相关的界面自由能，最初随链长的增加而增大，然后趋于平稳，在 $M\approx10^5$ 处达到一个恒定的、相对较高的值 295erg·cm^{-2}（1erg=10^{-7}）。该值是

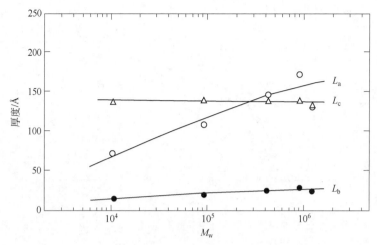

图 4.41　淬火至 78℃ 的分级线形聚乙烯的厚度（单位为 Å）与重均分子量的关系。晶核厚度 L_c（△）；层间厚度 L_a（○）；界面厚度 L_b（●）[228]

陈化微晶的数值，并非稳定晶核的数值，反映了熔体初始结构对所得微晶的影响。无规共聚物的界面分数比均聚物略高，共聚物中，它占晶区厚度的比例则明显增加。尽管共聚物的界面分数取决于共聚单元的含量，但它随分子量的变化不大。此时，非晶共聚单元在微晶表面的积累是决定界面结构的主要因素。

稀溶液中形成的微晶界面厚度 L_b 约为 10Å，与分子量无关[226]。此时，链缠结最少，且对结晶过程没有明显的链迁移性约束。除界面外，还有一个与溶液结晶有关的大量无序覆盖层[227]。因此，不同实验方法得出的结果表明，稀溶液中形成的晶体仅有 85%～90% 的结晶度[3]，这不足为奇，因为它们不是完全结晶的。

总之，半结晶高分子可划分为三个主要区域：晶区、界面区和层间区（或类液区）。每个区域的链构象都不同，许多链穿过所有三个区域。晶区为典型的层状三维有序结构，微晶中的缺陷在浓度和类型上与相似小分子化合物晶体没有区别。微晶或晶核的厚度可能与成核有关，但是，结晶过程的成核控制并不意味着规整折叠链的形成，也不需要与临界尺寸晶核相同或非常相似的微晶厚度。

理论和实验均表明，存在一个链单元部分有序的重要界面区。尽管许多链返回到原来的微晶，但返回相邻位置的数目通常很少。界面区是弥散的，与小分子晶体的界面相比，并不是那种清晰、明确的边界。这是链状分子独有的重要特征。该边界具有较高的界面自由能。

层间类液状各向同性区域构成非晶区的主要部分。尽管它经常被忽略，不能被许多整体形态学观测所识别，但是该区域在控制许多特性方面起着至关重要的作用。其结构与纯熔体的结构相似，但不一定完全相同。

许多研究得出了两种主要观点，即熔体初始结构的重要性，以及分子量在影响描述和定义微晶及相关区域的物理量方面的作用。重要的是，通过控制分子量和结晶条件，可获得给定结构参数的极宽范围的数值。然而，解决结晶高分子的性质与分子结构之间的关系之前，有必要考虑控制超分子结构形成的因素。

4.5.7　超分子结构

超分子结构是将层状微晶排列成更大尺度的组织，已有广泛研究。人们意识到这种更高级有序度组织的存在，是由于它经常呈现在半结晶高分子球晶中。尽管对这种结构已有广泛观察，但直到最近才对它进行了系统研究。确定各种超分子结构的形成条件及其对性质的影响（如果有的话），是非常重要的。可用于这些研究的一项强大技术是小角光散射[238]，且通常辅以光学显微镜和电子显微镜观察。

描述超分子结构最有用的光散射方法是 H_v 模式，它取决于取向的涨落[238]。该模式下，入射光在垂直方向上偏振，观察水平方向上偏振的散射光。虽然仅详细讨论聚乙烯的结果，但分级的聚氧化乙烯和全同聚丙烯的结果类似。因此，尽管所涉及的分子量范围可能因高分子而异，但对聚乙烯描述的趋势可视为是普遍的。

聚乙烯显示出五种截然不同的光散射图样类型，如图 4.42 所示，并由不同的字母分别表示[239]。这些图样的范围从经典的三叶草（a）到圆形对称（h）。理论上，光散射图样可与表 4.4 中列出的不同超分子结构相关联。表 4.4 中，图样（a）、（b）和（c）表示结构有序性依次降低的球晶，即球晶结构持续瓦解。图样（a）是中心强度为零的经典三叶草，代表理想的、最完善的球晶。图样（d）是与方位角有关的光散射图，表示已组装成细棒或棒状聚集体的片层。标记为（h）的圆形对称图样并不代表独特的形态，它可以是长宽相当的棒或片，将此结构定义为（g）型形态，也可以是不相关片晶的无规聚集，即（h）型形态。因此，（h）型散射图可代表两种结构中的一个，只有采用某些互补的微观方法才能加以区分。

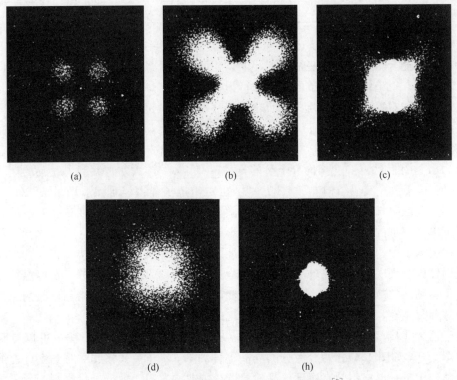

图 4.42　观察到的聚乙烯光散射花样类型[3]

超分子结构取决于分子量、结晶条件（如等温结晶温度和冷却速率）、分子组成、分子量的多分散性等因素。超分子结构的形成对多分散性很敏感。

可建立一个描述超分子结构对分子量和结晶条件依赖性的形态图，以图 4.43 为例。图中接近垂直的虚线表示等温结晶的边界。低于该界限的温度是淬火浴的温度，样品从熔体中迅速转移到淬火浴。尽管这是一个主观性实验，但它是可重复的，并实现了改变所形成超结构的主要目的。图中的非等温部分与等温区域以连续方式合并。各种超分子结构的区域用表 4.4 中的字母表示。该图的一个重要亮点是，球晶结构并不是总能观察到。尽管它们对于多分散高分子非常普遍，但它显然不是均聚物的通用结晶方式。实际上，正如该图清楚表明的那样，超分子结构并非一定会形成。对于分子量大于 10^5 的体系，在等温和非等温结晶条件下可发现（h）型形态。因此，尽管没有观察到最高分子量样品自组装形成的超分子结构，但这些样品的结晶度仍为 0.50～0.60。仔细分析图 4.43 发现低分子量高分子形成了细棒状结构。随着分子量增加，较高的结晶温度下观察到（g）型形态。此时，棒状结构的长度和宽度彼此相当，即观察到片状结构。若降低结晶温度，则在该分子量范围形成球晶。随着链长的增加，球状结构变差。在非常低分子量的级分中，也可在低温下生成完整的（a）型球晶。

表 4.4　光散射和超分子结构

小角光散射	超分子结构
（a）（b）（c）三叶草	（a）（b）（c）型球晶
（d）一些方位角依赖性	（d）型细棒或棒状聚集体
（h）无角度依赖性	（g）型棒（长宽相当），片状
	（h）型无规取向的片晶

查看一下图 4.43，对于同一分子量的样品，选择适当的结晶条件，的确有可能制备出各种不同的超分子结构。某些情况下，能以相同的分子量和相同的结晶度形成不同超分子结构。因此，讨论结晶高分子的特性和行为时，必须考虑另一个定义明确的自变量。

小角光散射观察到超分子结构，而超薄切片电子显微镜发现了层状结构和组织，将二者加以比较是有意义的。经过仔细比较，电镜观察与有无超分子结构及其类型之间呈现非常强的相关性[204]。对于 $M = 1.89 \times 10^5$ 的级分，在 131.2℃ 等温结晶的（g）型形态的片状结构，示于图 4.33（a）。相同分子量的样品，在 100℃ 淬火，观察到了完善的球晶，如图 4.33（b）所示。其他结构［如（h）型］也可由电子显微镜证实。两种方法的比较表明，由小角光散射推导出的形态图与电子显微镜直接观察结果之间存在一一对应的关系。

还可以考察链的微结构对超分子结构的影响。将支链（侧）基团、共聚单元和其他不规则结构引入链中，可改变形态图的主要特征。一般地，就超分子结构而言，含结构或化学不规则性的链表现出与更高分子量线形高分子一致的结果。由于高分子在等温结晶时的转变较少、随之的冷却过程却产生大量的转变，这严重限制了对等温结晶样品的分析。为了避免这种复杂性，此处的讨论仅限于可重现的非等温结晶体系。

对于乙烯-1-烯烃无规共聚物的分子量分级系列样品，采用标准方法，可以得到典型的形态图[240]，如图 4.44。每个级分的样品都含约 1.5%（摩尔分数）的支化点，给定支链含量和分子量，形成不同有序度球晶的温度范围非常有限。低分子量有利于形成更高有

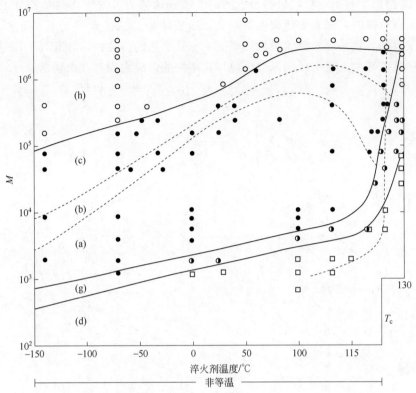

图 4.43　经分子量分级的线形聚乙烯形态图。分子量对淬火或等温结晶温度的形态图[239]

序度的球晶。当所形成的超分子结构作为分子量的函数进行考察时，发现形成球晶结构的边界是一个圆顶形曲线。对于穹顶划定的边界外的较高和较低温度，常形成无规片层（h）型形态，穹顶内形成球晶。超薄切片透射电子显微照片证实了这种形态学结论。乙烯-1-烯烃和乙烯-乙酸乙烯酯共聚物中，层状结构与球晶的形成和性质之间相关性很强[30]。

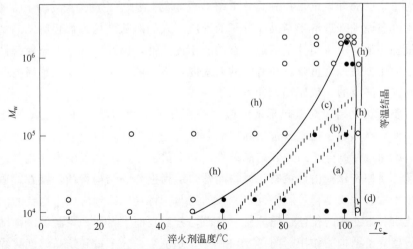

图 4.44　含 1.5%（摩尔分数）支链基团的聚乙烯的分子量形态图。实线界定了形成球晶的区域[240]

图 4.45 给出了基于实验结果的示意图，将形成球晶边界的支化含量和分子量绘制成曲线。给定分子量时，随着支链密度的降低，形成球晶的温度范围变大，圆顶高度升高。因此，分子量和共聚单元含量的增加都降低了球晶形成的可能性，并有利于片晶的无规排列。长支链聚乙烯中发现层状结构的出现与超结构的形成之间存在关联。

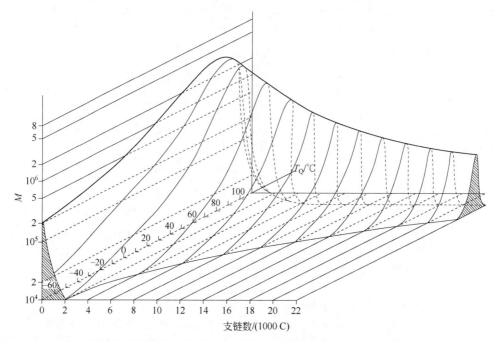

图 4.45　支链聚乙烯非等温结晶的三维形态示意图。弯曲的穹顶形区域定义了形成球晶结构的空间。在这个体积之外，没有明确的超分子结构[240]

4.6　性质

至此为止，已展开讨论了控制高分子结晶行为的热力学、动力学和结构的基本原理。现在可应用这些原理来理解半结晶高分子的性质。人们对从结构方面理解结晶高分子的性质，一直很感兴趣。由于高分子结晶状态的非平衡特性，以及伴随的形态复杂性，结构的影响在确定性质方面最为重要。在有限的篇幅内，不可能讨论太多令人感兴趣的性质；相反，而是研究所涉及的一般原理，并应用于一些示例。

影响性质的独立结构变量包括链的微结构、分子量和结晶条件（尤其是结晶温度）。可以开发一种策略，通过控制分子量和结晶条件，分离出一种特定变量，并评估其对特定性质的影响。通过控制分子组成和结晶条件，自变量在尽可能大范围内变化，以及随之而来的感兴趣性质的变化。由该策略，可将问题归结到重要的结构特征，该方式适用于结晶高分子的几乎所有性质，且可解决许多复杂的问题。将这些原理应用于选定的示例：低频动态力学性质和聚乙烯的拉伸性质分析。然而，分析之前，将回顾控制均聚物结晶度的因素，并评估超分子结构的作用。图 4.34 和图 4.36 说明了分子量和结晶温度对线形聚乙烯的结晶度的影响。固定分子量下，密度或结晶度随结晶温度的升高降低。固定等温结晶温度时，改变分子量可获得很宽的结晶度范围。

图 4.46 说明了超分子结构、密度和结晶度之间的关系。对于一组分级的分子量，绘制了不同结晶温度下的密度图，还指明所形成的各种超分子结构。$M = 10^4$ 时其没有形态变化，且密度随结晶温度变化较平缓。相反，对于分子量为 10^5 和 10^6 时，超分子结构发生重大改变。然而，由于密度随性质平稳变化，因此在可比较的结晶条件下，这些结构变化未反映在密度的任何变化中。熔融焓和熔点对超分子结构表现出类似的不敏感性。因此，超分子结构对热力学量的影响较小。各种波谱学的结果还表明，超分子结构即使有影响，其影响也极小。同样，许多物理和力学性质也不受影响。超分子结构的类型和尺寸对光学性质有明显影响。除此之外，超分子结构对性质的任何影响还有待确定。

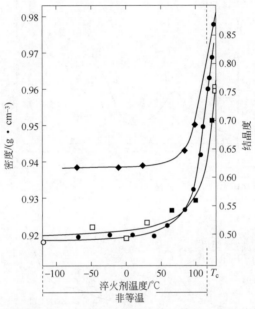

图 4.46　密度或结晶度与三种线形聚乙烯的等温结晶温度的关系图❶。$M_w = 2.78 \times 10^4$，球晶（◆），棒（d）（●）；$M_w = 1.61 \times 10^5$，无规片晶（○），球晶（●），棒（g）（◇）；$M_w = 1.50 \times 10^6$，无规片晶（□），球晶（■）和棒（g）（□）[3]

除熔化外，结晶高分子的动态力学测量还产生一组弛豫转变。图 4.47 显示了支链聚乙烯（具有短支链和长支链）的典型低频动态力学谱[241]。这种弛豫谱能呈现结晶高分子的特征，虽然偶尔有微小的变化。熔点以下，按照温度降低的顺序，聚乙烯的这些转变或弛豫分别称为 α、β 和 γ❷。一般在 −150℃ 至 120℃ 的范围观察到这三种转变。β 的转变温度范围为 −30℃ 至 10℃，α 的转变温度通常为 30℃ 至 120℃。利用已概述的策略，可分析这些弛豫的分子和结构基础。

所有聚乙烯（即线形高分子、共聚物和长支链高分子）中均出现 α 转变。转变强度随结晶度而变化，说明这种弛豫是高分子结晶部分的链单元运动引起的。接下来需要解决的

---

❶　其他高分子，名称可能不同。即使以相同的顺序标记，转变也可能反映了不同结构的参与。因此，每种高分子均需单独分析，以避免在弛豫的分子基础和希腊字母之间混淆。

❷　经核对所引原文献［3］发现，此图中的部分符号与图中介绍的不相符合。——译校者

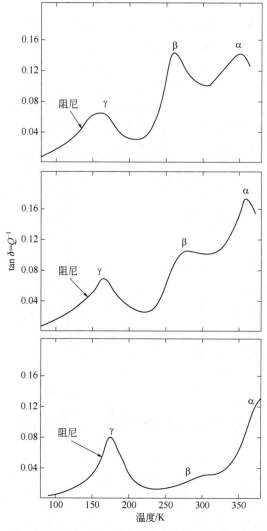

图 4.47　支链浓度对聚乙烯中 β 弛豫强度的影响。上、中和下曲线
分别对应于每 1000 个碳原子包含 32、16 和 1 个支链的样品[241]

问题是：控制这种转变的结构和分子因素是什么？为什么在如此宽的温度区间观察到这种转变？通过对独立变量的影响的考察，这些变量的数值变化范围又很大，则可以得出结论：α 转变温度 T_α 取决于微晶厚度；但与分子量、支化类型和浓度、结晶度无关[242]，图 4.48 中的曲线图说明了这一点。对于 $60\sim300$Å 的微晶厚度，T_α 约为 $-20\sim60$℃。使用插图中的代码核查图 4.48 中的数据，清楚地表明超分子结构在确定 T_α 中没有发挥作用。一些实例中，不同类型超分子结构的 T_α 值相同。对于各种类型的聚乙烯及其形态，控制因素是微晶厚度。与之密切相关的一个现象是，室温下 ^{13}C 晶体的自旋-晶格弛豫时间 T_1 随微晶厚度的增加而增加[243]。发现 NMR 结果和 α 转变的位置之间有关。但是，通过选择性氧化或使用伸直链晶体彻底改变界面结构时，T_1 均显著增加。该结果表明界面结构影响并耦合了微晶内部的运动。在动态力学和介电弛豫现象中也可预期到这两个区域的运动耦合。

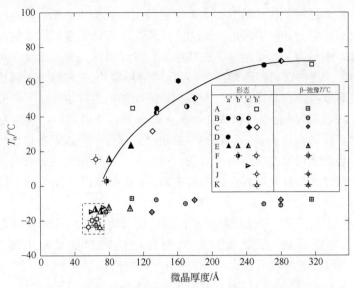

图 4.48　各种线形和支化聚乙烯在 3.5 Hz 频率下的 α 和
β 转变温度的图，代表了整个超分子结构的范围[242]

　　对于所有的支化聚乙烯（短链和长链），普遍观察到明显的 β 转变。然而，这种转变仅适用于分子量非常高的线形聚乙烯。图 4.48 中的数据表明，与 α 转变不同，β 转变的温度与微晶厚度无关。β 转变的位置 T_β 取决于共聚单元的化学性质和浓度。因此，每种共聚物都有自身的 β 转变[244]。

　　在共聚物、长链支化高分子和高分子量线形高分子中，普遍观察到 β 转变，这就表明：界面含量和 β 转变的强度之间可能存在关联[244]。这些类型的高分子中，链单元位于界面区域的比例最高。对实验数据的分析表明，这些高分子中仅有较高的非晶含量不足以观察到 β 转变。此外，恒定的结晶度下 β 转变的强度随着界面含量增加而显著增强。表 4.5 小结了观察到 β 转变的结构和条件[244]。它与界面含量 α_b 相关。该小结强调了各种情况下界面含量与 β 转变的强度甚至存在与否之间的关系。当界面含量较小（小于 5%～7%）时，未见 β 转变。线形聚乙烯的溶液结晶以及中低分子量本体结晶验证了该结论。当界面含量大于约 10% 时，对于高分子量本体结晶的线形聚乙烯以及溶液和本体结晶的支化聚乙烯，都观察到明显的 β 转变。现在可以理解，为什么线形聚乙烯中的 β 转变难以捉摸，而且其解释还尚存争议。α_b 的值必须足够高，以确保观察到这种转变。这就是为什么仅在高分子量线形聚乙烯中观察到它的原因。

表 4.5　聚乙烯中 β 转变的小结

项目	观察结果	界面含量 α_b/%
线形聚乙烯溶液结晶	未观察到	<5
支化聚乙烯溶液结晶	观察到转变[①]	11～17
线形聚乙烯本体结晶	低分子量（<2×10⁵）未观察到	7
	高分子量（>2×10⁵）观察到	>10
支化聚乙烯本体结晶	始终观察到强烈的弛豫	11～21

　　① 没有关于此类体系的动态力学研究报告。通过间接测量热膨胀系数来观察转变。

尽管只对聚乙烯进行了详细的分析，但大量的实验数据还表明，其他结晶高分子也存在类似的β转变。实际上，聚甲醛的动态力学性能与聚乙烯非常相似，它显示出结晶弛豫和另外两个弛豫，常称为β和γ弛豫。在链中引入少量氧化乙烯共聚单元可大大增强最初较弱的β转变强度。这些结果与乙烯共聚物的结果相似，表明它们的来源相同。由于氧化乙烯共聚单元被有效排除在晶格之外，所以预计界面结构得以增强。

实验数据分析表明，β转变可认为是由无序链单元运动引起的，这些单元与半结晶均聚物和共聚物的界面区相互关联。晶相和非晶相材料都存在是必要条件。尽管将这种转变视为某种类型的伪玻璃化温度可能会更方便，但是它的链段弛豫相关时间要大好几个数量级，这种转变或弛豫是部分有序界面区所特有的。β转变归因于界面区也解释了它对共聚单元组成的独特依赖性。

众所周知，γ转变可归属于层间或类液区的链段运动。该结论的基础是，转变的强度与结晶度的变化趋势一致。γ转变温度范围的比热容测量显示玻璃形成的所有特征[245-247]。γ转变归因于玻璃形成也与^{13}C NMR弛豫测量结果一致[248]。文献[249]给出了实验技术和结果的汇总，表明可通过玻璃化温度来确认γ转变。

可由概述策略进行分析和理解的另一个复杂性质是拉伸行为。尽管尚未从分子角度完全理解此性质，但取得的进展值得讨论此问题。图4.49给出了结晶高分子拉伸韧性形变的典型示意图。形变的初始部分通常是可逆的，应变约2%或3%。图4.49中的虚线强调了这种初始形变。初始模量可由直线的斜率来计算。随着形变的进行，达到屈服点，随后力或应力减小。形变接着变得不均匀，或者说发生"颈缩"，该区域中力不随长度的变化而改变。曲线最终有一个上升的阶段，称为"应变硬化"，并终止于样品的断裂或破裂。图4.49表示试样所经历的韧性形变。某些类型的样品也可能发生脆性断裂。脆性破坏似乎有两种主要类型：一种是断裂发生在刚好超过屈服点，另一种是样品未达到屈服点；形变的整个过程与时间有关，因为定量的力-长度曲线取决于应变速率。对于图4.49所示形变的主要特征，从分子和结构的角度加以解释，仍是一个重大的挑战。

图4.49给出了拉伸形变总体的理想化示意图。实际情况下，可观察到重要变化，具体取决于分子量、链的结构规整性、其他独立结构参数。图4.50为不同分子量的快速结晶线形聚乙烯样品的标称应力与标称应变的关系曲线[250]。所有这些样品均呈现韧性行为，且每个样品的屈服强度都很明确，但随着分子量的增加和屈服应力的减小，屈服变得更加弥散。在屈服点处开始形成一个颈，随着应力的下降，颈逐渐形成。随着分子量的增加，超过屈服点的平台区的长度减小，应变硬化区的斜率变得更陡峭。最高分子量时，屈服是弥散的且定义不明确，没有细颈形成，变形是均匀的，应变硬化过程占主导地位。

初始模量在小应变极限内确定。力-长度曲线的初始部分通常是可逆的。涉及无序层间区域的变形，且层状结构基本上保持完整。就定义半结晶高分子的基本结构和分子参数而言，解释模量很复杂。在这个应变很小的区域中，主要作用是类橡胶的弹性变形，其中链缠结和其他拓扑特征可作为有效的交联点。整个体系受边界片晶和宽阔基底平面的约束。

普遍认可的是，屈服应力取决于结晶度[244,251]。对这种依赖关系的详细说明见图4.51，所用样品为不同分子量及其最概然分布的线形聚乙烯，绘制了屈服应力与结晶度的

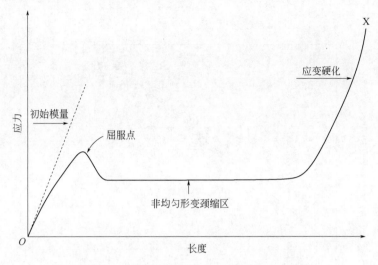

图 4.49　半结晶高分子的应力-长度关系示意图

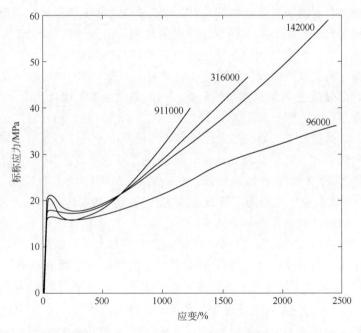

图 4.50　不同分子量的快速结晶线形聚乙烯样品的标称应力与标称应变的关系图[50]

关系[250]。两组高分子的数据都位于同一条直线上，未分级的线形聚乙烯的数据也位于同一条直线上（未绘制于该图中）。屈服应力与穿过原点的结晶度之间为线形关系；即屈服应力与结晶度成正比。还发现分子量或超分子结构对屈服应力的大小均没有直接影响。这里的关键因素是结晶度。对于乙烯与1-丁烯、1-己烯、1-辛烯、4-甲基戊烯、乙酸乙烯酯、甲基丙烯酸作为共聚单体的各种无规共聚物，屈服应力数据对结晶度的作图也落在同一条直线上，并可外推到原点[251,252]。但是，屈服应力的值低于线形均聚高分子的值。

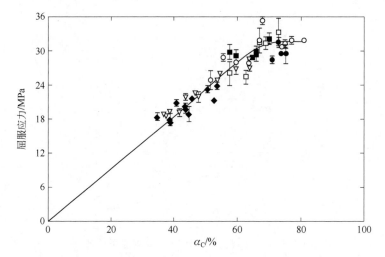

图 4.51　根据拉曼内部模式确定的线形聚乙烯和分子量最概然分布样品的
屈服应力与结晶度的关系图[50]

　　屈服应力对结晶度的强烈依赖关系表明，微晶或与之相关的区域在屈服过程中会发生某种类型的结构变化。已提出了两种截然不同的机理，Flory 和 Yoon 认为形变涉及部分熔化-再结晶过程[253]。形变过程中，发生的绝热加热与外加应力将导致部分微晶熔化和重结晶。重结晶材料的取向由应力控制，并导致应力降低。Wignall 和 Wu[254] 通过小角中子散射证明，部分熔融-再结晶参与线形聚乙烯的完全变形，这与 Flory 和 Yoon 假设一致。但中子散射实验并未涉及屈服区域[255]。

　　另据推测，结晶高分子（特别是聚乙烯）的屈服通常涉及平行于链方向的 Burgers 向量对螺旋位错的热活化[256-258]。简要地说，该理论要求约化屈服应力（屈服应力除以结晶度）随微晶厚度的增加而增加。然而，实验结果表明约化屈服应力与微晶厚度无关[250]。实际上，该假设确实预测了屈服应力的数量级。基于这些因素和中子散射结果，目前尚不能确定屈服过程独特的分子机理。

　　最后，考虑结晶高分子的极限性质，重点关注韧性形变后的断裂拉伸比。主要考虑分子量、超分子结构、结晶度、微晶厚度和结构不规整性对该性质的影响。对于给定的样品，断裂拉伸比 λ_b 取决于形变速率和温度。在室温下，对于各种线形聚乙烯，拉伸速率为 $2.54\text{cm} \cdot \text{min}^{-1}$，$\lambda_b$ 与重均分子量 M_w 的关系曲线示于图 4.52。图中的符号表示分子量及其最概然分布的样品、未分级的高分子以及分级的二元混合物[250]。链长对 λ_b 有确定且主要的影响。在 $5 \times 10^3 \sim 8 \times 10^6$ 的分子量范围，λ_b 从约 18 减小到 3。数据的外推表明，尽管结晶度极低，但在分子量更高的情况下，基本上不会发生形变。研究表明，对于韧性形变，λ_b 与结晶度、微晶厚度、层间厚度和超分子结构无关[250]。真正的极限拉伸应力表现出非常相似的行为。

　　详细研究可得出一个重要的结论，即韧性区的极限性质仅取决于重均分子量，而与样品是否分级、明确的分子量分布、多分散性或二元混合无关。断裂拉伸比随着链长的增加

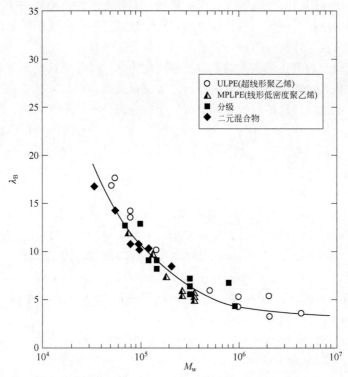

图 4.52　不同线形聚乙烯的断裂拉伸比（λ_b）与 M_w 的关系。$T=25℃$；应变速率 $10^{-1}\,\mathrm{s}^{-1}$ [226,250]

而降低。可以预期，分子量较高且结晶度较低的样品将更易形变。晶胞与片晶的一般特征一样，与分子量无关。λ_b 和极限拉伸应力仅取决于 M_w 的结果表明，非晶层间区对形变过程的重要性。非晶区中的链的拓扑特征也很重要。

讨论半结晶高分子的拉伸性能时，有一种趋势主要集中在结晶区发生的结构变化。将结构复杂的半结晶高分子的形变与金属和其他小分子体系的塑性形变进行类比可知，与其他物质一样，高分子微晶可由几种机理发生塑性形变，包括滑移、变薄、位错机理和马氏体型相变，但哪一种（如果有的话）可作为结晶高分子形变的结构基础尚待确定。这些实验结果表明，屈服后高分子形变的主要机理不是源于晶体学。从目前的结果可得出的重要结论是，微小的形变（超出初始可逆区域）由微晶及其相关区域控制；而对于大形变的情况，极限特性取决于类液区的结构。

由上述讨论可明显看出，结晶高分子形变的许多方面仍需从分子角度来理解，这还有很多工作要做，但通过关注定义晶态的独立结构变量已取得了一定进展。

4.7　一般结论

从分析无定形液态和有序结晶态的高分子链构象，有可能构建决定高分子结晶行为的基本热力学、动力学和结构原理。所述结晶动力学的定量描述和熔融结晶过程的热力学分析，都只是可应用于低分子量体系经典结晶过程普适化的表现形式。因此，这两个课题已达到相对较高的理解度和成熟度。

由于高分子中晶态的非平衡特性，因此微观性质和宏观性质均取决于特定结构和形态特征。在不同结构层次上确定了各种独立的结构变量，这些可由实验测定的结构变量与分子链的组成一起决定了性质。结晶高分子结构的显著特征是，可以控制分子组成和结晶条件，从而使特定变量的值达到很大的范围。利用此特征，可分离特定变量，并可单独或与其他变量一起评估其对特定性质的影响。通过实施该策略，可以并且正在发展波谱、物理和力学性质的分子机理。这种方法实际上适用于结晶高分子的所有性质。

（蒋乾　廖永贵　解孝林　译）

参考文献

[1] S. Z. D. Cheng and A. Keller，*Ann. Rev. Mater. Sci.*，**28**（1998），533.

[2] L. Mandelkern，*J. Macromol. Sci. Chem.*，**A15**（1981），1211.

[3] L. Mandelkern，*Faraday Discuss. Chem. Soc.*，**68**（1979），310.

[4] F. A. Quinn，Jr and L. Mandelkern，*J. Am. Chem. Soc.*，**83**（1961），2857.

[5] J. E. Mayer and S. F. Streeter，*J. Chem. Phys.*，**7**（1939），1019.

[6] P. J. Flory，*J. Chem. Phys.*，**17**（1949），223.

[7] T. Nakaoki，R. Kitamaru，R. G. Alamo，W. T. Huang，and L. Mandelkern，*Polym. J.*，**32**（2000），876.

[8] J. B. Jackson，P. J. Flory，and R. Chiang，*Trans. Faraday Soc.*，**59**（1963），1906.

[9] J. Chaterjee and R. G. Alamo，*J. Polym. Sci. Pt B：Polym. Phys.*，**40**（2002），872.

[10] S. Miyata，M. Sorioka，T. Arikawa，and K. Akaoki，*Prog. Polym. Phys. Japan*，**17**（1974），233.

[11] L. Mandelkern，*Crystallization of Polymers*，2nd Edition，*Vol. 1*（Cambridge University Press，Cambridge，2002）.

[12] L. Mandelkern and R. G. Alamo，in *Handbook of Polymer Properties*，edited by J. E. Mark（American Institute of Physics Press，New York，1996）.

[13] A. E. Tonelli，*J. Chem. Phys.*，**53**（1970），4339.

[14] P. J. Flory，*Trans. Faraday Soc.*，**51**（1955），848.

[15] C. H. Baker and L. Mandelkern，*Polymer*，**7**（1966），7.

[16] J. F. Kenney，*Polym. Sci. Eng.*，**8**（1968），216.

[17] M. J. Richardson，P. J. Flory，and J. B. Jackson，*Polymer*，**4**（1963），21.

[18] L. Mandelkern，M. Tryon，and F. A. Quinn Jr，*J. Polym. Sci.*，**19**（1956），77.

[19] S. Newman，*J. Polym. Sci.*，**47**（1960），111.

[20] R. H. Colby，G. E. Milliman，and W. W. Graessley，*Macromolecules*，**19**（1986），1261.

[21] L. Mandelkern，M. Hellman，D. W. Brown，D. Roberts，and F. A. Quinn Jr，*J. Am. Chem. Soc.* **75**（1953），4093.

[22] P. J. Manaresi, A. Munari, F. Pilati, G. C. Alfonso, S. Russo, and M. L. Sartirana, *Polymer*, **27** (1986), 955.

[23] L. L. Lopez, G. L. Wilkes, and J. F. Geibel, *Polymer*, **30** (1989), 147.

[24] G. Guerra, C. Venditto, C. Natale, P. Rizzo, and C. DeRosa, *Polymer*, **39** (1998), 3205.

[25] M. Inoue, *J. Appl. Polym. Sci.*, **8** (1964), 2225.

[26] M. J. Richardson, P. J. Flory, and J. B. Jackson, *Polymer*, **4** (1963), 21.

[27] N. Naga, K. Mizunama, H. Sadatoslei, and A. Kakugo, *Macromolecules*, **20** (1987), 2197.

[28] R. Kyotskura, T. Masuda, and N. Tsutsumi, *Polymer*, **35** (1994), 1275.

[29] K. Okuda, *J. Polym. Sci. Pt A*, **2** (1961), 1719.

[30] J. R. Isasi, J. A. Haigh, J. T. Graham, L. Mandelkern, and R. G. Alamo, *Polymer*, **41** (2000), 8813.

[31] R. G. Alamo and L. Mandelkern, *Thermochim. Acta*, **238** (1994), 155.

[32] A. G. Simanke and R. G. Alamo, private communication.

[33] C. Garbuglio, M. Ragazzini, O. Pilat, D. Carcono, and G. Cevidalli, *Eur. Polym. J.*, **3** (1967), 137.

[34] M. M. Brubaker, D. A. Coffman, and H. H. Hoehn, *J. Am. Chem. Soc.*, **74** (1952), 1509.

[35] P. Colombo, L. E. Kuckaka, J. Fontana, R. N. Chapman, and M. Steinberg, *J. Polym. Sci. Pt A-1*, **4** (1966), 29.

[36] S. DeVito, F. Ciardelli, E. Benedette, and E. Bramanti, *Polym. Adv. Technol.*, **8** (1977), 53.

[37] A. Sonmazzi and F. Garbassi, *Prog. Polym. Sci.*, **22** (1997), 1547.

[38] E. Drent, A. M. Brookhaven, and M. I. Doyle, *J. Organomet. Chem.*, **417** (1991), 235.

[39] B. J. Lommerts, E. Z. Klop, and J. Aerts, *J. Polym. Sci. Pt B: Polym. Phys.*, **31** (1993), 1319.

[40] M. Modena, C. Garbuglio, and M. Ragozzina, *J. Polym. Sci. Polym. Lett.*, **10B** (1972), 153.

[41] C. Garbuglio, M. Modena, M. Valera, and M. Ragozzini, *Eur. Polym. J.*, **10** (1974), 91.

[42] D. W. Brown, R. E. Lowry, and L. A. Wall, *J. Polym. Sci.: Polym. Phys. Ed.*, **12** (1974), 1302.

[43] H. Chien, D. McIntyre, J. Cheng, and M. Fone, *Polymer*, **36** (1995), 2559.

[44] R. W. Waymouth and M. K. Leclerc, *Angew. Chem.*, **37** (1998), 922.

[45] T. Vozumi, K. Miyazana, T. Sono, and K. Soga, *Macromol. Rapid Commun.*, **18** (1997), 833.

[46] P. J. Flory, *Principles of Polymer Chemistry* (Cornell University Press, New

York, 1955), p. 555.

[47] M. W. Matsen and M. Schick, *Macromolecules*, **27** (1994), 6761.

[48] R. A. Brown, A. J. Masters, C. Price, and X. F. Yuan, *Comprehensive Polymer Science*, Vol. 2 (Pergamon Press, Oxford, 1989), p. 155.

[49] F. S. Bates and G. H. Frederickson, *Phys. Today*, February (1999), 37.

[50] F. S. Bates, M. F. Schulz, A. K. Khandpres, S. Förster, J. H. Rosedale, K. Almdal, and K. Mortensen, *Faraday Discuss. Chem. Soc.*, **98** (1994), 7.

[51] M. F. Schulz and F. S. Bates, in *Physical Properties of Polymers Handbook*, edited by J. E. Mark (American Institute of Physics, New York, 1996), p. 427.

[52] P. K. Seow, Y. Gallot, and A. Skoulios, *Makromol. Chem.*, **177** (1976), 177.

[53] D. J. Quiram, R. A. Register, and G. R. Marchand, *Macromolecules*, **30** (1997), 4551.

[54] J. Heuschen, R. Jérome, and Ph. Teyssié, *J. Polym. Sci. Pt B: Polym. Phys.*, **27** (1989), 523.

[55] Y. Mohajer, G. L. Wilkes, J. C. Wang, and J. E. McGrath, *Polymer*, **23** (1982), 1523.

[56] P. A. Weimann, D. A. Hajduk, C. Chu, K. A. Chaffin, J. C. Brodel, and F. S. Bates, *J. Polym. Sci. Pt B: Polym. Phys.*, **37** (1999), 2068.

[57] P. C. Ashman and C. Booth, *Polymer*, **16** (1975), 889.

[58] C. Booth and D. V. Dodgson, *J. Polym. Sci.: Polym. Phys. Ed.*, **11** (1973), 265.

[59] P. C. Ashman, C. Booth, D. R. Cooper, and C. Price, *Polymer*, **16** (1975), 897.

[60] C. Booth and C. J. Pickles, *J. Polym. Sci.: Polym. Phys. Ed.*, **11** (1973), 249.

[61] P. C. Ashman and C. Booth, *Polymer*, **17** (1976), 105.

[62] A. Misra and S. R. Gang, *J. Polym. Sci. Pt B: Polym. Phys.*, **24** (1986), 983; *J. Polym. Sci.*, 24 (1986), 999.

[63] R. Perret and A. Skoulios, *Makromol. Chem.*, **156** (1972), 143.

[64] R. Perret and A. Skoulios, *Makromol. Chem.*, **162** (1972), 147.

[65] R. Perret and A. Skoulios, *Makromol. Chem.*, **162** (1972), 163.

[66] A. Skoulios, in *Block and Graft Copolymers*, edited by J. J. Burke and V. Weiss (Syracuse University Press, New York, 1973), p. 121.

[67] S. Nojima, M. Ohno, and T. Ashida, *Polymer J.*, **24** (1992), 1271.

[68] D. H. Coffey and T. J. Meyrick, *Proceedings of the Rubber Technology Conference* (1954), p. 170.

[69] J. J. O'Malley, *J. Polym. Sci.: Polym. Phys. Ed.*, **13** (1975), 1353.

[70] J. J. O'Malley, T. J. Pacansky, and W. J. Stanffor, *Macromolecules*, **10** (1977), 1197.

[71] M. H. Theil and L. Mandelkern, *J. Polym. Sci. A-2*, **8** (1970), 957.

[72] L. L. Harrell, Jr, *Macromolecules*, **2** (1969), 607.

[73] J. C. Stevenson and S. L. Cooper, *Macromolecules*, **21** (1988), 1309.

[74] R. J. Cella, *Encyclopedia of Polymer Science and Technology Supplement No. 2* (John Wiley and Sons, New York, 1977), p. 481.

[75] J. R. Wolfe Jr, *Rubber Chem. Technol.*, **50** (1977), 688.

[76] M. A. Valance and S. L. Cooper, *Macromolecules*, **17** (1984), 1208.

[77] A. Lilanonitkiel, J. G. West, and S. L. Cooper, *J. Macromol. Sci. Phys.*, **12** (1976), 563.

[78] A. Hirai, F. Horii, R. Kitamaru, J. G. Fatou, and A. Bello, *Macromolecules*, **23** (1990), 2913.

[79] B. Wunderlich and S. Z. D. Cheng, *Gaz. Chim. Ital.*, **116** (1986), 345.

[80] S. Z. D. Cheng, D. P. Heberer, H.-S. Lieu, and F. W. Harris, *J. Polym. Sci.: Polym. Phys. Ed.*, **28** (1990), 655.

[81] P. Huo and P. Cebe, *Macromolecules*, **25** (1992), 902.

[82] D. P. Heberer, S. Z. D. Cheng, J. S. Barley, S. H. S. Lieu, R. G. Bryard, and F. W. Harris, *Macromolecules*, **24** (1991), 1896.

[83] I. W. Hamley, *The Physics of Block Copolymers* (Oxford University Press, Oxford, 1998), p. 281.

[84] M. Scandala, G. Ceccoralli, M. Pizzoli, and M. Grazzani, *Macromolecules*, **25** (1992), 1405.

[85] N. Kamiya, M. Sakurai, Y. Inoue, R. Chugo, and Y. Doi, *Macromolecules*, **24** (1991), 2178.

[86] M. Kunioka, A. Tamaki, and Y. Doi, *Macromolecules*, **22** (1989), 694.

[87] D. L. VanderHart, W. J. Orts, and R. H. Marchessault, *Macromolecules*, **28** (1995), 6394.

[88] Y. Doi, S. Kitamura, and H. Abe, *Macromolecules*, **28** (1985), 4822.

[89] T. L. Bluhm, G. K. Hamer, R. S. Marchessault, C. A. Fyfe, and R. P. Verigin, *Macromolecules*, **19** (1986), 2871.

[90] X. Lu and A. H. Windle, *Polymer*, **36** (1995), 451; **37** (1996), 2027.

[91] R. D. Evans, H. R. Mighton, and P. J. Flory, *J. Am. Chem. Soc.*, **72** (1951), 2018.

[92] E. Perez and D. L. VanderHart, *J. Polym. Sci.: Polym. Phys. Ed.*, **25** (1987), 1637.

[93] W. Hu, S. Srinivas, and E. B. Sirota, *Macromolecules*, **35** (2002), 5013.

[94] T. W. Bowmer and A. E. Tonelli, *Polymer*, **26** (1985), 1195.

[95] L. Mandelkern, in *Comprehensive Polymer Sciences: Polymer Properties*, Vol. 2 (Pergamon Press, Oxford, 1989), p. 363.

[96] G. Natta, *Makromol. Chem.*, **35** (1960), 93.

[97] O. B. Edgar and R. Hill, *J. Polym. Sci.*, **8** (1952), 1.

[98] A. J. Yu and R. D. Evans, *J. Am. Chem. Soc.*, **81** (1959), 5361.

[99] A. J. Yu and R. D. Evans, *J. Polym. Sci.* ❶, **42** (1960), 249.

[100] M. Levine and S. C. Temin, *J. Polym. Sci.*, **49** (1961), 241.

[101] T. C. Tranter, *J. Polym. Sci. Pt A*, **2** (1964), 4289.

[102] F. R. Prince, E. M. Pearce, and R. J. Fredericks, *J. Polym. Sci. Pt A-1*, **8** (1970), 3533.

[103] F. R. Prince and R. J. Fredericks, *Macromolecules*, **5** (1972), 168.

[104] M. Hachiboshi, T. Fukud, and S. Koyayashi, *J. Macromol. Sci. Phys.*, **35** (1960), 94.

[105] N. Yoshie, Y. Inoue, H. Y. Yoo, and N. Okui, *Polymer* ❷, **35** (1994), 1931.

[106] S. S. Park, I. H. Kim, and S. S. Im, *Polymer*, **37** (1996), 2165.

[107] Y. Doi, *Microbiol Polyesters* (VCH, Weinheim, 1996).

[108] G. Natta, P. Corradini, D. S. Sianezi, and D. Moreio, *J. Polym. Sci.*, **54** (1965), 527.

[109] G. Natta, G. Allegra, I. W. Bass, D. Sianesi, G. Capericcio, and E. Torta, *J. Polym. Sci. Pt A*, **3** (1965), 4263.

[110] G. Natta, L. Pornis, A. Carbanaro, and G. Lugli, *Makromol. Chem.*, **53** (1960), 52.

[111] F. P. Reding and E. R. Walter, *J. Polym. Sci.*, 37 (1959), 555.

[112] A. T. Jones, *Polymer*, **6** (1965), 249; *Polymer*, **7** (1966❸), 23.

[113] T. W. Campbell, *J. Appl. Polym. Sci.*, **5** (1961), 184.

[114] G. Natta, G. Allegra, I. W. Bassi, C. Carloni, E. Chielline, and G. Montagnol, *Macromolecules*, **2** (1969), 311.

[115] K. H. Gardner, B. S. Hsiao, R. M. Matheson Jr, and B. A. Wood, *Polymer*, **33** (1992), 2483.

[116] G. Montandi, G. Bruno, P. Manavigna, P. Finocchiaro, and G. Centines, *J. Polym. Sci.: Polym. Chem. Ed.*, **11** (1973), 65.

[117] G. Allegra and I. W. Bassi, *Adv. Polym. Sci.*, **6** (1969), 549.

[118] A. W. Adamson, *Textbook of Physical Chemistry* (Academic Press, New York, 1973).

[119] G. Allegra, R. H. Marchessault, and S. Bloembergen, *J. Polym. Sci.: Polym. Phys. Ed.*, **30** (1990), 809.

[120] G. Allegra and S. V. Meille, *Crystallization of Polymers* (Kluwer Academic, Dordrecht, 1993), p. 226.

[121] E. Helfand and J. I. Lauritzen Jr, *Macromolecules*, **6** (1973), 631.

---

❶ 原文为"A. J. Yu and R. D. Evans, *J. Am. Polym. Sci.*, **20** (1959), 5361."。——译者注

❷ 原文为"*Polymers*, **35** (1994), 1931."。——译者注

❸ 原文后者为"*Polymer*, **7** (1965), 23."。——译者注

[122] I. C. Sanchez and R. K. Eby, *J. Res. Nat. Bur. Stand.*, **77A** (1973), 353.

[123] I. C. Sanchez and R. K. Eby, *Macromolecules*, **8** (1975), 638.

[124] J. Wendling and V. W. Suter, *Macromolecules*, **31** (1998), 2516.

[125] H. G. Kilian, *Thermochim. Acta*, **238** (1994), 113.

[126] H. G. Kilian, *Koll. Z. Z. Polym.*, **202** (1965), 97.

[127] H. Baur, *Macromol. Chem.*, **98** (1966), 297.

[128] B. Obi, P. DeLassur, and E. A. Gruelbe, *Macromolecules*, **27** (1994), 5491.

[129] H. Baur, *Koll. Z. Z. Polym.*, **212** (1966), 97.

[130] D. M. Sadler and G. H. Gilmer, *Phys. Rev. Lett.*, **56** (1986), 2708; *Phys. Rev. B*, **38** (1988), 5686.

[131] G. Goldbeck-Wood, *Polymer*, **33** (1992), 778.

[132] F. von Göler and G. Sachs, *Z. Phys.*, **77** (1932), 281.

[133] W. A. Johnson and R. F. Mehl, *Trans. Am. Inst. Mining Met. Engrs*, **135** (1939), 416.

[134] M. Avrami, *J. Chem. Phys.*, **7** (1939), 1103; *J. Chem. Phys.*, **8** (1940), 212; *J. Chem. Phys.*, **9** (1941), 177.

[135] R. U. Evans, *Trans. Faraday Soc.*, **41** (1945), 365.

[136] A. N. Kolmogorov, *Bull. Acad. Sci. USSR Phys. Ser.*, **1** (1937), 355.

[137] L. Mandelkern, F. A. Quinn Jr, and P. J. Flory, *J. Appl. Phys.*, **25** (1954), 830.

[138] L. Mandelkern, *Crystallization of Polymers* (McGraw-Hill, New York, 1964).

[139] E. Ergoz, J. G. Fatou, and L. Mandelkern, *Macromolecules*, **5** (1972), 147.

[140] R. G. Alamo and L. Mandelkern, *Macromolecules*, **24** (1991), 6480.

[141] F. Gornick and L. Mandelkern, *J. Appl. Phys.*, **33** (1962), 907.

[142] D. Jadraque and J. G. Fatou, *Anales Quim.*, **73** (1977), 639.

[143] J. H. Magill, *Macromol. Chem. Phys.*, **199** (1998), 2365.

[144] C. Devoy, L. Mandelkern, and L. Bourland, *J. Polym. Sci. Pt A-2*, **8** (1970), 869.

[145] J. Q. G. Maclaine and C. Booth, *Polymer*, **16** (1975), 191.

[146] H. L. Chen, L. J. Li, W. C. O. Yang, J. C. Hwang, and W. Y. Wong, *Macromolecules*, **30** (1997), 1718.

[147] J. H. Magill, *J. Polym. Sci. Pt A-2*, **5** (1967), 89.

[148] E. C. Lovering, *J. Polym. Sci.*, **30C** (1970), 329.

[149] Y. Deslandes, F. N. Sabir, and J. Roover, *Polymer*, **32** (1991), 1267.

[150] J. J. Labaig, Ph. D. Thesis, Louis Pasteur University, Strasbourg (1978).

[151] J. D. Hoffman, L. J. Frolen, G. S. Ross, and J. I. Lauritzen Jr, *J. Res. Nat. Bur. Stand.*, **79A** (1975), 671.

[152] L. A. Wood and N. Bekkedahl, *J. Appl. Phys.*, **17** (1946), 362.

[153] T. Suzuki and A. Kovacs, *Polym. J.*, **1** (1970), 82.

[154] A. E. Nielsen, *Kinetics of Precipitation* (Pergamon Press, Oxford, 1964), pp. 40ff.

[155] F. P. Price, in *Nucleation*, edited by A. C. Zettlemoyer (Marcel Dekker, New York, 1969), pp. 405ff.

[156] D. Turnbull and J. C. Fisher, *J. Chem. Phys.*, **17** (1949), 7.

[157] L. Mandelkern, J. G. Fatou, and C. Howard, *J. Phys. Chem.*, **69** (1965), 956.

[158] J. W. Gibbs, in *Collected Works*, Vol. 1 (Longmans, Green & Co., Inc., New York, 1931), pp. 55-371.

[159] A. J. Kovacs and J. Gonthier, *Koll. Z. Z. Polym.*, **250** (1974), 530.

[160] J. D. Hoffman and J. J. Weeks, *J. Chem. Phys.*, **37** (1962), 1723.

[161] L. Mandelkern and R. G. Alamo, in *Handbook of Polymer Properties*, edited by J. E. Mark (American Institute of Physics Press, New York, 1996).

[162] P. D. Calvert and D. R. Uhlmann, *J. Appl. Phys.*, **43** (1972), 944.

[163] W. B. Hillig, *Acta Metall.*, **14** (1966), 1868.

[164] J. D. Hoffman, G. T. Davis, and J. I. Lauritzen, in *Treatise on Solid State Chemistry*, Vol. 3, edited by N. B. Hannay (Plenum, New York, 1976), p. 497.

[165] J. D. Hoffman and R. L. Miller, *Macromolecules*, **22** (1989), 3502.

[166] I. C. Sanchez and E. A. DiMarzio, *J. Res. Nat. Bur. Stand.*, **76A** (1972), 213.

[167] J. I. Lauritzen Jr, *J. Appl. Phys.*, **44** (1973), 4653.

[168] F. C. Frank, *J. Cryst. Growth*, **22** (1974), 233.

[169] P. J. Phillips, *Rep. Prog. Phys.*, **53** (1990), 549.

[170] J. J. Point and M. Dosiéré, *Polymer*, **30** (1989), 2292.

[171] J. J. Point and M. Dosiéré, *Macromolecules*, **22** (1989), 3501.

[172] J. J. Point and J. J. Janimak, in *Crystallization of Polymers*, edited by M. Dosiéré (Kluwer Academic, Dordrecht, 1993), p. 119.

[173] J. A. Haigh, L. Mandelkern, and L. Howard, unpublished results.

[174] H. Vogel, *Phys. Z.*, **22** (1921), 645.

[175] J. D Hoffman, *J. Chem. Phys.*, **29** (1958), 1192.

[176] J. D. Hoffman, *Polymer*, **24** (1983), 3.

[177] J. Miyamoto, Y. Tanzawa, H. Miyaji, and H. Koho, *Polymer*, **33** (1992), 2496.

[178] J. D. Runt, M. Miley, X. Zhang, K. P. Gallagher, K. McFeaters, and J. Fishburg, *Macromolecules*, **25** (1992), 1929.

[179] J. M. Huang and I. C. Chang, *J. Polym. Sci. Pt B: Polym. Phys.*, **38** (2000), 934.

[180] D. B. Roitman, H. Marand, R. L. Miller, and J. D. Hoffman, *J. Phys. Chem.*, **93** (1989), 6919.

[181] J. Huang, A. Prasad, and H. Marand, *Polymer*, **35** (1994), 1986.

[182] Z. Pelzbauer and A. Galeski, *J. Polym. Sci.*, **38C** (1972), 23.

[183] J. D. Hoffman and J. P. Armistead, *Macromolecules*, **35** (2002), 3895.

[184] J. G. Fatou, C. Marco, and L. Mandelkern, *Polymer*, **31** (1990), 1685.

[185] J. G. Fatou, C. Marco, and L. Mandelkern, *Polymer*, **31** (1990), 890.

[186] E. J. Clark and J. D. Hoffman, *Macromolecules*, **17** (1980), 878.

[187] S. Z. D. Cheng, J. J. Janimak, A. Zhang, and H. N. Cheng, *Macromolecules*, **23** (1990), 298.

[188] B. Monasse and J. M. Haudin, *Coll. Polym. Sci.*, **263** (1985), 822.

[189] R. G. Alamo and C. Chi, in *Molecular Interactions and Time-Space Organization in Macromolecules*, edited by Y. Morishima, T. Norisaye, and K. Tashiro (Springer, Berlin, 1998), p. 29.

[190] J. Xu, S. Srinivas, H. Marand, and P. Agarwal, *Macromolecules*, **31** (1998), 8230.

[191] L. Mandelkern, unpublished observations.

[192] N. Okui, *Polymer*, **31** (1990), 92.

[193] N. Okui, in *Crystallization of Polymers*, edited by M. Dosiéré (Kluwer Academic, Dordrecht, 1993), p. 593.

[194] S. Brückner, S. V. Meille, V. Petraccone, and B. Pinozzi, *Prog. Polym. Sci.*, **16** (1991), 361.

[195] S. J. Organ and A. Keller, *J. Mater. Sci.*, **20** (1985), 1602.

[196] P. J. Flory, *J. Am. Chem. Soc.*, **84** (1962), 2857.

[197] B. Wunderlich and T. Arakawa, *J. Polym. Sci.*, **A2** (1964), 3694.

[198] P. H. Lindenmeyer, *J. Polym. Sci.*, **1c** (1963), 5.

[199] P. H. Lindenmeyer, *Koll. Z. Z. Polym.*, **231** (1966), 593.

[200] I. G. Voigt-Martin, R. Alamo, and L. Mandelkern, *J. Polym. Sci.: Polym. Phys. Ed*, **24** (1986), 1283.

[201] J. R. Isasi, J. A. Haigh, J. T. Graham, L. Mandelkern, and R. G. Alamo, *Polymer*, **41** (2000), 8813.

[202] I. G. Voigt-Martin and L. Mandelkern, *J. Polym. Sci.: Polym. Phys. Ed.*, **22** (1984), 1901.

[203] I. G. Voight-Martin and L. Mandelkern, *J. Polym. Sci.: Polym. Phys. Ed.*, **19** (1981), 1769.

[204] I. G. Voight-Martin, E. W. Fischer, and L. Mandelkern, *J. Polym. Sci.: Polym. Phys. Ed.*, **18** (1980), 2347.

[205] L. Mandelkern, *Acc. Chem. Res.*, **23** (1990), 380.

[206] R. G. Alamo and L. Mandelkern, *Macromolecules*, **22** (1989), 1273.

[207] L. Mandelkern, *J. Phys. Chem.*, **75** (1971), 3920.

[208] R. Kitamaru and L. Mandelkern, *J. Polym. Sci. Pt A-2*, **8** (1970), 2079.

[209] N. Bekkedahl and H. Matheson, *J. Res. Nat. Bur. Stand.*, **15** (1935), 503.

[210] F. C. Stehling and L. Mandelkern, *Macromolecules*, **3** (1970), 242.

[211] K. H. Illers, *Koll. Z. Z. Polym.*, **231** (1969), 628.

[212] J. Dobbertin, A. Hensel, and C. Schich, *J. Therm. Anal.*, **47** (1990), 1027.

[213] D. S. Kalika, D. G. Gibson, D. J. Quiram, and R. A. Register, *J. Polym. Sci.*: *Polym. Phys. Ed.*, **36** (1998), 65.

[214] P. P. Huo, J. B. Friller, and P. Cebe, *Polymer*, **34** (1993), 4387.

[215] J. I. Lauritzen Jr and J. D. Hoffman, *J. Res. Nat. Bur. Stand.*, **64A** (1960), 73; **65** (1961), 297.

[216] L. Mandelkern, *Chemtracts - Macromol. Chem.*, **3** (1992), 347.

[217] M. L. Mansfield, *Macromolecules*, **16** (1983), 914.

[218] P. J. Flory, D. Y. Yoon, and K. A. Dill, *Macromolecules*, **17** (1984), 82.

[219] D. Y. Yoon and P. J. Flory, *Macromolecules*, **17** (1984), 868.

[220] J. A. Marqusee and K. A. Dill, *Macromolecules*, **19** (1986), 2420.

[221] J. A. Marqusee, *Macromolecules*, **22** (1989), 472.

[222] S. K. Kumar and D. Y. Yoon, *Macromolecules*, **22** (1989), 3458.

[223] I. Zumiga, K. Rodrigues, and W. L. Mattice, *Macromolecules*, **23** (1990), 4108.

[224] K. A. Dill, J. Naghizadeh, and J. A. Marqusee, *Ann. Rev. Phys. Chem.*, **39** (1988), 425.

[225] F. A. M. Leemaker, J. M. H. M. Scheatjens, and R. Gaylord, *Polymer*, **25** (1984), 1577.

[226] L. Mandelkern and A. J. Peacock, in *Studies in Physical and Theoretical Chemistry*, Vol. 54 (Elsevier, Amsterdam, 1988), p. 201.

[227] R. Kitamaru and F. Horii, *Adv. Polym. Sci.*, **26** (1978), 139.

[228] S. Saito, Y. Moteki, M. Nakagawa, F. Horii, and R. Kitamaru, *Macromolecules*, **23** (1990), 3256.

[229] R. Kitamaru, F. Horii, and K. Murayama, *Macromolecules*, **19** (1985), 636.

[230] H. Suzakai, I. Grebowicz, and B. Weinderlich, *Macromol. Chem.*, **186** (1985), 1109.

[231] P. Huo and P. Cebe, *Coll. Polym. Sci.*, **270** (1992), 840.

[232] S. Z. D. Cheng, Z. Q. Wu, and B. Wunderlich, *Macromolecules*, **20** (1987), 2802.

[233] L. Mandelkern, R. G. Alamo, and M. A. Kennedy, *Macromolecules*, **23** (1990), 4721.

[234] M. Kunz, M. Möller, V.-R. Heirich, and H. J. Cantow, *Makromol. Chem.*, *Makromol. Symp.*, **20-21** (1988), 147; *Makromol. Chem.*, *Makromol. Symp.*, **23** (1989), 57.

[235] B. Crist, *J. Polym. Sci.*: *Polym. Phys. Ed.*, **11** (1973), 635.

[236] D. S. Brown and R. E. Welton, in *Developments in Polymer Characterization*, edited by J. V. Dawkins (Applied Science Publishers, New York, 1978), p. 157.

[237] G. Porod, *Koll. Z. Z. Polym.*, **124** (1951), 83; *Koll. Z. Z. Polym.*, **125** (1952), 51.

[238] R. S. Stein, in *New Methods of Polymer Characterization*, edited by B. Ke (Wiley-Interscience, New York, 1964).

[239] I. Maxfield and L. Mandelkern, *Macromolecules*, **10** (1977), 1141.

[240] L. Mandelkern, M. Glotin, and R. A. Benson, *Macromolecules*, **14** (1981), 22.

[241] D. E. Kline, J. A. Sauer, and A. E. Woodward, *J. Polym. Sci.*, **22** (1956), 455.

[242] R. Popli, M. Glotin, L. Mandelkern, and R. S. Benson, *J. Polym. Sci.: Polym. Phys. Ed.*, **22** (1984), 407.

[243] D. E. Axelson, L. Mandelkern, R. Popli, and P. Mathie, *J. Polym. Sci.: Polym. Phys. Ed.*, **21** (1983), 2319.

[244] R. Popli and L. Mandelkern, *J. Polym. Sci.: Polym. Phys. Ed.*, **25** (1987), 441.

[245] F. C. Stehling and L. Mandelkern, *Macromolecules*, **3** (1970), 242.

[246] C. L. Beatty and F. E. Karasz, *J. Macromol. Sci. Rev. Macromol. Chem.*, **C17** (1971), 37.

[247] J. Simon, C. L. Beatty, and F. E. Karasz, *J. Therm. Anal.*, **7** (1975), 187.

[248] J. J. Dechter, D. E. Axelson, A. Dekmazian, M. Glotin, and L. Mandelkern, *J. Polym. Sci.: Polym. Phys. Ed.*, **20** (1982), 641.

[249] L. Mandelkern and R. G. Alamo, in *Polymer Data Handbook*, edited by J. E. Mark (Oxford University Press, Oxford, 1999), p. 493.

[250] M. A. Kennedy, J. J. Peacock, and L. Mandelkern, *Macromolecules*, **27** (1994), 5297.

[251] A. J. Peacock and L. Mandelkern, *J. Polym. Sci.: Polym. Phys. Ed.*, **28** (1990), 1917.

[252] M. A. Kennedy, A. J. Peacock, M. D. Failla, J. C. Lucas, and L. Mandelkern, *Macromolecules*, **28** (1995), 1407.

[253] P. J. Flory and D. Y. Yoon, *Nature*, **272** (1978), 226.

[254] G. D. Wignall and W. Wu, *Polym. Commun.*, **24** (1983), 354.

[255] W. Wu, G. D. Wignall, and L. Mandelkern, *Polymer*[❶], **33** (1992), 4137.

[256] R. J. Young, *Phil. Mag.*, **30** (1974), 85.

[257] R. J. Young, *Mater. Forum*, **11** (1988), 210.

[258] B. Crist, C. J. Fischer, and P. R. Howard, *Macromolecules*, **22** (1989), 1709.

进一步阅读文献

L. Mandelkern, *Crystallization of Polymers* (McGraw-Hill, New York, 1964).

L. Mandelkern, *Crystallization of Polymers*, 2nd edition, Vol. 1 (Cambridge

---

❶ 原文为"*Polymers*, **33** (1992), 4137."。——译者注

University Press, Cambridge, 2002).

B. Wunderlich, *Macromolecular Physics* (Academic Press, New York, 1980).

Faraday Discussions of the Chemical Society, "Organization of Macromolecules in the Condensed Phase," No. 68 (1979).

J. H. Magill, in *Treatise on Materials Science and Technology*, Vol. 10, edited by J. M. Schultz (Academic Press, New York, 1977), p. 3.

A. Keller, *Rep. Prog. Phys.*, **31** (1968), 623.

L. Mandelkern, *Acc. Chem. Res.*, **23** (1990), 380.

L. Mandelkern, *Comprehensive Polymer Sciences*, *Volume 2*, *Polymer Properties*, edited by C. Booth and C. Price (Pergamon Press, Oxford, 1989).

Selected Works of Paul J. Flory, Vol. 3, edited by L. Mandelkern, J. E. Mark, U. Suter, and D. Y. Yoon (Stanford University Press, Stanford, California, 1985).

J. G. Fatou, "Crystallization kinetics," in *Encyclopedia of Polymer Science and Engineering Supplement Volume*, 2nd edition (John Wiley and Son, New York, 1989).

D. C. Bassett, *Principles of Polymer Morphology* (Cambridge University Press, Cambridge, 1981).

第 5 章 液晶态

Edward T. Samulski

北卡罗来纳大学教堂山分校化学系，美国北卡罗来纳州 27514-3290

5.1 引言

描述中间态的术语——介晶态，通常指自发有序的液体，也就是液晶。液晶于 1888 年被发现，被广泛研究则是在 20 世纪初，但一直没有走出实验室。直到 20 世纪 60 年代，液晶在电光领域得到应用、当今常见的液晶显示器（LCD）基本原理被首次阐明之后，液晶才从实验室走向大众。在此期间，高分子科学家发现，杜邦公司的 Kevlar 和阿克苏公司的 Twaron 等合成的聚芳酰胺纤维具有超高强度的力学性能，部分原因归功于这些纤维是由液晶高分子经溶液纺丝而成的。目前，对于新型高性能高分子合成和加工的分子设计，通常也都要考虑到液晶态的潜在作用。本章首先要理解低分子量材料的液晶态，因为作者确信：要理解液晶态如何影响高分子量聚合物，这是一个前提。

5.2 一般概念

液晶态可以用两种方式实现，从固体形成普通流体相也是这两种方式：溶解和熔化。这两种不同方式形成的液晶分别称溶致液晶（即液晶溶液）和热致液晶（即液晶熔体）。后者由单组分物质组成，如广泛应用于 LCD 的小分子液晶。最近，有些"特殊的"热致液晶高分子已经商业化生产，一般是类似于赫斯特-塞拉尼斯公司的 Vectra 和阿莫科公司的 Xydar 聚酯。另一方面，溶致液晶则是多组分混合物（如溶质、溶剂）。对于小分子来说，溶致性需要特殊的溶质-溶剂相互作用，如在两亲性物质（肥皂）-水混合物中的疏水-亲水相互作用，这种相互作用使溶质自组装形成形态各异的聚集体胶束。在高浓度下，具有高长径比 L/d（长度 L 与直径 d 的比值）的非等轴的聚集体，在过量的溶剂介质中依次形成有序排列的流体（如立方相、六方相、层状相和双连续螺旋相）。然而，对于溶致高分子液晶来说，特殊的溶质-溶剂相互作用除了增强高分子溶解性之外，并非必要条件；棒状高分子的局部高长径比（即相关长度），足以诱导其在这些溶液中的取向排列。当刚性高长径比的高分子溶液超过临界浓度 ϕ 时，溶液将自发形成有序结构，ϕ 值仅与几何结构 L/d 有关；棒状高分子之间的排斥体积作用仅迫使离散、可移动高分子在溶剂流体连续介质中采取长程的准平行排列。

20 世纪 30 年代，首次发现了"高分子"溶液的自发有序排列现象。棒状烟草花叶病毒（TMV）溶液在浓度高于临界体积分数时自发地发生双折射现象。令人惊奇的是，尽管在 1950 年前，热致体系在液晶的实验和理论研究中都占主导地位，但首个液晶理论模型，即液晶的无序-有序转变，则是在 20 世纪 40 年代后期由 Lars Onsager 提出的溶致 TMV 模型。在此，将简要回顾液晶无序-有序转变的后续理论，包括对 Onsager 模型的扩展，并讨论液晶性对高分子流体黏弹性行为的影响。这些对高分子液晶性的讨论尤为重要，这是因为高分子流体的流变行为与其在固态下形成的形态结构密切相关，而形态结构又决定了高分子的本体性质。

在某些高分子材料，如可形变的弹性体、半结晶高分子中的非晶区以及相分离的嵌段共聚物中，可观察到一些液晶态的特征，即局部取向有序但没有平移有序性。某些情况下，研究人员试图从液晶的角度，描述这些材料在局部尺度上所观察到的偏离各向同性的现象。然而，术语的滥用也带来很多困扰，导致对液晶性和非晶高分子有序性的误解。由于缺少统一的方法来描述上述貌似相关的高分子形态结构，因此将把这些非液晶材料放在其他章节中。

本章中，在提及分子的液晶性时，介晶和液晶（LC）可以互换。此外，使用缩写"MLC"来代表"小分子液晶"和"单体液晶"，使用 PLC 和 LCP 用于区分由小分子液晶单体聚合而成的高分子液晶和由传统的商业化单体合成的液晶高分子。首先介绍小分子液晶的定性特征，以便于将这些材料的基本物理特性借鉴到高分子液晶中。一般不过多地强调不同化学合成引起的小分子液晶和高分子液晶之间的差异，也就是源于液晶基元的最基本的原子组成差异；相反地，主要强调液晶性的一般特征。为了实现这个目标，对液晶单体聚合的 PLC 和由商业化单体（如芳香酯、芳香酰胺）聚合的 LCP 而言，只需研究几种基本结构类型：线形（主链）高分子，侧链形（梳状）高分子和树枝状（星形、超支化）高分子。遵循国际纯粹与应用化学联合会（IUPAC）倡导的命名法[1]，为了更快搜索文献，便于深入研究液晶态，特别是与高分子有关的液晶态，参考文献按照时间倒序列出书目和综述[2-26]。

5.2.1 定义和术语

为了理解高分子液晶态，有必要先考察小分子液晶态，从而理解分子在液相中的长程排列。此外，在讨论液晶时还需要一些物理参量，以量化分子在液相中的平移和取向有序。为此，采取熟悉的参照系，首先简要介绍小分子液晶的分子结构特征。

图 5.1 为典型的热致 MLC 有机分子的一级结构、二级结构示意图和理想形状模型，这些分子熔融后形成有序的、可流动的液晶相。所谓的液晶基元是指液晶的基本核心结构（通常由芳香环构成），具有必要的排除体积作用、非对称形状的动态堆积以及熔体中诱导液晶性的特点。柔性尾链，一般为碳氢链，促进液晶从固相向可流动的液晶态转变：柔性尾链通过削弱（或稀释）固态的刚性核分子间相互吸引作用来降低晶体的熔点，且尾链的异构化为液晶相提供稳定构型熵。如果将 MLC 的二级结构进一步抽象为理想化的长椭球形或扁椭圆体，有利于唯象理论研究。由这种理想化分子形状构成的液晶分别称为棒状液晶和碟状液晶。图 5.1 中 l 表示长椭球形液晶的对称轴，通常称作分子长轴。最近，中间形状的非线形或者弯曲形液晶受到广泛关注，有时也把它们称为香蕉形或者回旋镖形分子。当液晶基元足够弯曲时，可能观察到新的香蕉形液晶相。图 5.1 中的非线形液晶最早是由 Vorländer 于 1927 年报道的[27]；它们的理想形状介于棒状和碟状之间，最有可能是圆盘状。利用如图 5.1 中液晶基元形状的示意图，描述这三类 MLC 液晶相中超分子组装结构的常见类型。

图 5.2 是棒状 MLC 液晶的组织结构示意图。向列相是最常见的液晶相，它是一种分

子呈对称性圆柱形结构的流体，分子的朝向（上或下）无区分，也就是说向列相液晶是无极相。

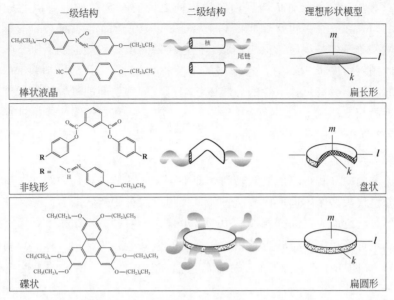

图 5.1 小分子液晶的分子结构示例。从左到右：一级化学组成，低分辨率的二级结构，轴对称棒状液晶（扁长形、棒状或销状）、非线形（盘状、香蕉形或回旋镖形）液晶和碟状（扁圆形或圆盘状）液晶

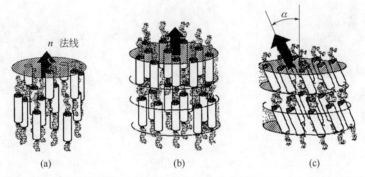

图 5.2 棒状液晶的超分子组织结构示意图：（a）单轴向列相 N；（b）单轴近晶 A 相（S_A）；（c）倾角为 α 的双轴近晶 C 相（S_C），各层倾斜方向保持不变称为向斜堆积模式

在图 5.2 描述的向列相液晶的定格卡通图中，液晶的质心是随机分布的，表现为平移无序性。液晶相的特征是分子取向有序，表现为液晶分子的长轴 l 大致平行于液晶相的对称轴 n，也称为指向矢。指向矢 n 被定义为液晶长轴的局部平均取向，也是液晶相独特的光轴。近晶相除了分子的局部单轴取向之外，还有一定程度的分子平移有序性：液晶分子趋向于形成层状结构，如图 5.2 所示。由于衍射技术对电子云密度微观的、周期的、空间的变化非常敏感，因此非常适合用来检测这种层状结构。对近晶相液晶来说，平移偏析仅改变该相的流动性。平移是各向异性的，分子在层内运动更容易；层间的平移——"跳跃"也是可能的。在层状排列中，有多种连续变化的层状结构，因此，近晶相被称为多态

体，有很多变体类型[28]。如图 5.2（b）所示，最简单的近晶相液晶为近晶 A 相（S_A），其分子长轴 l 垂直于层平面，也就是说局部指向矢 n 垂直于近晶相。倾斜的近晶相也很常见：在近晶 C 相中，分子长轴 l 与层面法线方向之间有一定的倾斜，因此局部指向矢 n 与层面法线之间存在一个夹角 α。如果倾斜方向——n 在近晶层平面上的投影 $\sin\alpha$——在液晶宏观的体积单元中是逐层守恒的，那么把这种层间堆积称为向斜，如图 5.2（b）。当层与层之间的倾斜角变成 180° 时，这种层间堆积称为反斜。近晶相和倾斜的近晶相具有如下更精细的特征：具有反铁电性的分层棒状结构，即邻层间的极性互相抵消；具有明显镶嵌结构的近晶相 S_{A_2} 和 S_{C_2}，层面由 S_{A_d} 和 S_{C_d} 液晶基元二聚体组成；具有垂直指向矢的近晶相 S_B 以及具有倾斜指向矢的近晶相 S_I、S_F，则既具有长程有序的层结构，又具有短程有序的层内规整排列，如六角形和六方相[3]。

非线形液晶的向列相也可能是双轴的，即平移无序的液晶相，如图 5.3 所示，两个指向矢 n 和 o 分别代表两个不同取向方向。如果理想盘状分子形状的各向异性介于长椭圆形棒状和扁长形盘状之间，在向列相液晶中就可出现这种双轴有序结构[29]。

盘状液晶也可形成多种层状近晶相，最常见的是铁电层状结构（S_{AP_F}）和反铁电层状结构（S_{AP_A}），如图 5.4 所示。但非手性盘状液晶产生如图 5.5 所示的手性超分子结构的可能性不大[30]。

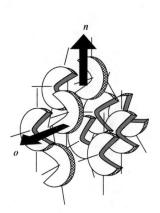

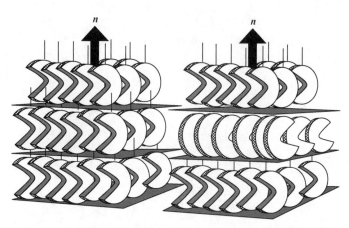

图 5.3　盘状液晶组成的双轴向列相 N_b 中的分子排列示意图。二级指向矢 o 与一级指向矢 n 垂直

图 5.4　近晶相中垂直排列盘状液晶的极性堆积示意图，l 轴与片层垂直。左侧各层盘状体的极性取向相同，为铁电相 S_{AP_F}；右侧相邻层极性取向相反，为反铁电相 S_{AP_A}

盘状液晶存在如下超分子排列方式：①单轴向列相（D_N）：具有分子对称轴 m，与 n 平行，见图 5.6（a）；②由盘状液晶堆砌成单轴的有序六方柱状相（D_{ho}）［见图 5.6（b）］和无序六方柱状相（D_{hd}）［见图 5.6（c）］；③类似于倾斜的棒状近晶相，正交的双轴排列可形成 D_{obd} 相，即盘状分子呈平移无序堆积，其 m 轴与柱状轴有一个斜角。从技术上来讲，最重要的盘状液晶相也许是通过加热"沥青"产生的，主要成分为稠环化合物和煤焦油残渣中的石墨，由此产生的双折射熔体是一种碳质液晶相，也是超高强度碳纤维的前驱体[31]。

同样地，液晶相也可呈立方堆积，即棒状液晶中的 S_D 相。这种各向同性的超分子结

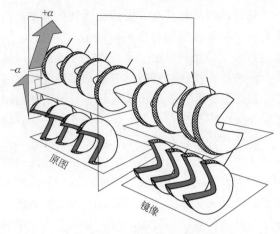

图 5.5 非手性盘状液晶组成的近晶相可构成倾斜的手
性相，相邻层为相反倾斜度（±α）的盘状体，显示反
铁电极性，这种堆砌图的镜像与原图不能重合

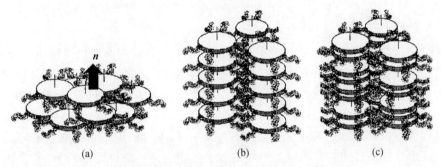

图 5.6 盘状单轴超分子结构示意图：（a）向列相（D_N）；
（b）有序六方柱状相（D_{ho}）；（c）无序六方柱状相（D_{hd}）

构常介于近晶 S_C 相和 S_A 相之间，或存在于手性向列相液晶的所谓的"蓝相"中。在这种立方相液晶中，其本体性质表现出各向同性，就像普通液体一样。然而，局部的分子排列是各向异性的，这些各向异性的亚微结构通过更大尺度的组装，堆砌成整体的立方对称结构[32]。

一些近晶相具有明显的取向和平移有序，这样的分子排列组装确实会带来这样的问题：如何区分液晶和晶体呢？尽管某些近晶相（如 S_B 相）具有高的局部有序性，但将这种有序性与分子晶体完美的平移和取向有序性区分开来是非常重要的。本章重点关注的是分子表现出一定平均有序度的流体。也就是说，如果对液晶局部区域内的数百万个分子进行平均，或者对单个分子的运动进行时间平均，在液晶相中就能发现分子优先排列方向 n。液晶态的典型特点是流动状态下的取向有序，而不论是否具有平移有序。接下来我们将考虑这些流体的特性，以便确认长程的、可流动的、平均的分子有序性。

5.2.2　双折射流体

在某些晶体晶胞中分子呈立方晶系有序排列，或在普通液体中的分子无规排列，都会导致折射率的各向同性，即光在各向同性物质中的传播速度只有一个值。将晶体放置在正交偏光片之间，则观察到透过的可见光具有方向依赖性的折射率，这种现象被称为双折射现象，其中正交偏光片由一对线性起偏器和检偏器组成，它们的主二向色轴相互垂直。双折射是表征长程分子取向有序的最便利方法。在均质、可流动的熔体中，或由单分子或分子聚集体组成的溶液或分散液中，检测到双折射现象是热致液晶或溶致液晶的一个关键特征。通过回顾分子晶体在固态下的特征和分子排列，有利于更好地理解液晶相独特的双折射现象。除了立方对称晶体等空间群对称性外，大多数分子晶体表现出各向异性的物理性质——与晶体轴有关的方向依赖性，包括热膨胀、可见光折射、二色性（可见光、紫外线和红外线）以及磁化率和介电极化率。这些性质的宏观各向异性归因于晶胞内分子排列的各向异性在整个晶体中的周期性复制，这种长程、相对不变的排列和取向可能放大分子的特定、本征性的各向异性。例如，晶体的折射率最终与各向异性分子的电子极化率有关。粗略地说，如果所有分子在晶体中具有相同的取向，则分子的极化率具有加和性，总体上表现为各向异性。双折射晶体对平面偏振光的旋转，是在分子和超分子水平上对各向异性的一个重要的宏观指标。在普通液体和玻璃等各向同性介质中，由于没有长程结构❶形成分子的各向异性，因此不存在双折射现象。

5.2.3 热力学性质

在小分子液晶（MLC）组成的分子晶体中，分子的热运动速度快但同时又受到限制。在加热过程中，热运动振幅逐渐增大，直到达到熔点 T_m。在加热温度达到 T_m 之前，晶体可能发生一个或多个不连续的、小幅度的结构重组，例如构象变化，包括烷基尾链左右式旋转异构体数目的改变、晶体单胞内液晶堆积模块的平移。然而，材料仍保持固态，因此这些结构重组被称为固态转变。当达到 T_m 时，晶体的长程平移、取向有序结构被破坏。在由此形成的流体中，存在运动平均的分子间作用力。在长径比 $L/d>3$ 的非等轴棒状分子或 $d/L<3$ 的碟状液晶组成的流体中，平均色散力必须符合各向异性、空间排除体积堆积的要求。这种空间限制产生了分子间的相互吸引作用力，该作用力取决于分子的相对取向。一方面，分子间相互作用有利于促进熔体的取向有序；另一方面，也要在相互作用导致的残余各向异性与其角度依赖性最小化的能量之间，建立一种精细的平衡。有时，这种平衡存在一个温度或热能范围，在此范围内流体的长程有序依然存在，即该液晶相是热力学稳定的。进一步升高温度至所谓的"清亮点" T_{cl} 之上，分子的无序运动打破了上述精细的平衡，流体中所残余的取向有序也就消失了。

对熔点 T_m 而言，存在一个从晶态转变为液晶相的一级相变，其体积、熵等广度性质的变化是不连续的。图 5.7 为典型向列相液晶的差示扫描量热（DSC）曲线及其体积随温度变化的示意图。在 T_m 处，常见有机分子晶体熔化时的熔变 ΔH 约为 $45kJ \cdot mol^{-1}$、体积变化 ΔV 约为 10%。然而，如果继续加热乳白色的液晶相，在温度高于 T_{cl} 时发生第二次转变，进入透明的各向同性态。向列相液晶的熔体之所以呈乳白色状态，是因为热能导致（双）折射率的涨落，从而产生了光散射。在温度达到 T_{cl} 时，向列相-各向同性相转变（N $\longleftrightarrow$ I）的 ΔH 和 ΔV 值比 T_m 处观察值小得多，但该转变仍为一级相变。在 N $\longleftrightarrow$ I 转变时，非常小的 ΔH 值和 ΔV 值轻微的非连续性变化表明这两种流动相"结构"

---

❶ 分子组装延伸的距离相当于可见光的波长，即约 10^{-6} m。

只有细微差异。也就是说，尽管发生 N ←→ I 转变的光散射和双折射等宏观性质发生了明显剧烈的变化，但在 T_{cl} 处的热力学变化不大，这一事实表明向列相液晶是一种均相流体，其分子运动和有序性与普通的各向同性流体非常相似。因此，与图 5.2（a）描述的向列相液晶结构不同，需要一幅更逼真的草图来展示液晶相和各向同性液体之间的细微差别。

实际上，在分子水平上很难区分各向同性流体和向列相液晶。图 5.8 夸大了局部堆积的差别。同样地，图 5.2 中 S_A 相层状排列的特征也被夸大了。图 5.8 右侧的草图通过显示质心的分布来强调单轴 N 相和 S_A 相的相似性，因而更为恰当。

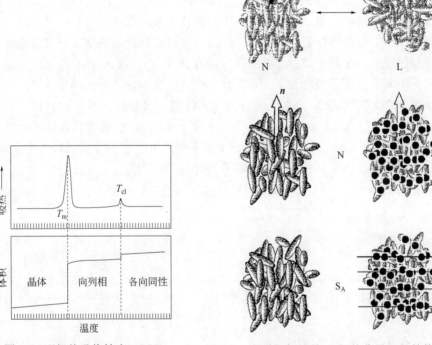

图 5.7 理想的吸热转变（DSC）曲线和体积随温度变化曲线示意图：T_m 下分子晶体熔化为向列相液晶，接着在清亮点温度 T_{cl} 下向列相转变为各向同性液体

图 5.8 向列相与近晶 A 相的分子组织结构示意图。（上）向列相中分子质心沿指向矢方向为平移无序分布；（下）近晶相中分子质心沿 n 方向的傅里叶分析出现波长约等于分子长度的基频分量。这种微小的分层趋势在图 5.2 等图表中经常被夸大，让人误以为在 S_A 和 S_C 等近晶相中有明显分层现象

液晶有时也具有多种相态，随着温度的变化呈现不止一种类型液晶相。若转变是可逆的，称为双向转变。如 $n=6$ 的化合物 **1**——双（p-庚氧基苯基）对苯二酯，就具有双向多相转变行为。实验观察到化合物 **1** 的转变温度（℃）和焓变（$kJ \cdot mol^{-1}$）见分子式下面的转变图上，表现出两个近晶相和一个向列相，有序程度高的 S_C 相出现在较低的温度；随着温度的升高，液晶相的有序度趋于降低，依次出现 S_A 相和 N 相。对化合物 **1** 进行加热，晶体受热熔融转变为液晶 S_C 相，然后进入 S_A 相。S_C 和 S_A 相的细微差别仅在于液晶的平均倾斜度不同，如图 5.2（b）、（c）所示，S_C ←→ S_A 转变的焓变很小，仅为 $0.3kJ \cdot mol^{-1}$。在较高的温度下，向列相 N 形成，最后转变为各向同性液体。

$$CH_3(CH_2)_n-O-\text{〖苯环〗}-O-\overset{O}{\underset{}{C}}-\text{〖苯环〗}-\overset{O}{\underset{}{C}}-O-\text{〖苯环〗}-O-(CH_2)_nCH_3$$

1

152.3	176.0	180.8	194.8	$T/^{\circ}C$
晶体 ⟷ 近晶C相	⟷ 近晶A相	⟷ 向列相	⟷ 各向同性	
56.2	0.3	0.9	1.7	$\Delta H/kJ \cdot mol^{-1}$

单向转变是热不可逆的液晶相变，液晶相只在加热或冷却过程中才出现。当化合物 **2** 的 $n = 6$ 时，非线形液晶双庚氧基苯基-2,5-噻吩二酯就表现出单向转变现象：在 135.7℃ 发生 N ⟷ I 双向转变，冷却时在 127.2℃ 发生 N → S_C 单向●转变[33]。如晶体具有极强的氢键、偶极等分子间相互作用，使其 T_m 高于某一特定液晶温度上限时，就会发生单向转变。在这种情况下，材料绕过低温液晶相，熔融直接进入高温区的液晶相或各向同性熔体。然而在冷却过程中，在低于 T_m 的温度下（即在结晶前），可能会出现单向液晶相并保持稳定，因此该液晶相处于过冷状态。在高分子中，过冷和伴随的玻璃化转变是常见的现象。液晶 **2** 在 115.7℃ 和 122.3℃ 也出现两个固相转变，出现了三种不同晶相，它们之间的熵变相对较大，分别为 12.3kJ·mol^{-1} 和 7.6kJ·mol^{-1}。形成玻璃态是将液晶相分子组装结构固化下来的一种方法，在技术应用方面具有实用价值，特别是在光学应用中，液晶是客体分子的宿主基体，具有特殊取向依赖的光学特性[34]。

$$CH_3(CH_2)_n-O-\text{〖苯环〗}-O-\overset{O}{\underset{}{C}}-\text{〖噻吩S〗}-\overset{O}{\underset{}{C}}-O-\text{〖苯环〗}-O-(CH_2)_nCH_3$$

2

115.7	122.3	130.7	135.7	$T/^{\circ}C$
晶体 ⟶ 晶体	⟶ 晶体	⟶ 向列相	⟷ 各向同性	
12.3	7.6	39.7	1.4	$\Delta H/kJ \cdot mol^{-1}$

124.7	127.2
近晶C相	
36.9	1.3

5.2.4 液晶态织构

通过织构，可以辨别液晶中分子排列的不同组装结构。织构是用偏光显微镜观察液晶时，在（彩色）双折射场上形成的具有明暗形态特征叠加图案。将向列相液晶夹在两片玻璃片间，它们呈现出图 5.9（a）所示的两臂、四臂刷形纹影织构——一种交叉的深色条纹图案。这些刷形图案是由向错（disclination）产生的，类似于晶体中的位错（dislocation），即液晶相中指向矢突然改变方向。在发生向列相-近晶相转变时，其织构发生巨大的变化。如图 5.9（b）所示，S_A 相表现为典型的焦锥织构。

借助于实践和已发表的液晶相织构显微镜照片，可以辨别近晶相和向列相，并区分不

● 原文为 N ⟷ SC 转变。——译者注

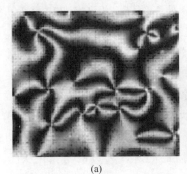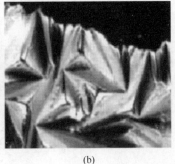

(a)   (b)

图 5.9　偏光显微镜照片：（a）向列相纹影织构；（b）近晶 A 相焦锥织
构。读者不应试图从这些图像推断出任何三维特征，从亮到暗的细微
差别仅为样品双折射的二维平面投影

同的近晶相[3,28]。此外，通过特殊的表面处理，如摩擦或基底的化学修饰，可以锚定液晶指向矢 *n* 的方向，使之垂直或平行于显微镜载玻片和盖玻片等基底的方向。前一种锚定模式称为指向矢垂直排列（homeotropic alignment）。当观察方向与单轴液晶相指向矢 *n* 的方向一致时，垂直排列取向不会使入射光的偏振发生旋转，即光不能通过正交的起偏器和检偏器，因此这种锚定模式在偏光显微镜中显示为暗场。图 5.9（b）图的黑暗区域对应于样品的垂直排列部分，也就是近晶相的层方向与玻璃基底相切。在平板状排列（planar alignment）中，*n* 通常被锚定与基底平行。只有当平行排列取向的样品旋转至与起偏器或检偏器平行时，在正交偏光显微镜下观察到的明亮的双折射才会变暗。

5.2.5　液晶基元的分子结构

众所周知，液晶基元一级结构的微小化学变化，如用卤素原子代替氢原子，可能导致液晶基元的超分子结构（向列相、近晶相等）及其稳定性（即液晶态出现的温度范围）的明显差异。然而，关于化学结构的细微变化如何影响液晶性的精准阐述超过了本章的范畴，感兴趣的读者可参考相关表格来了解液晶化学结构与液晶相态之间的关系[35]。只要我们把注意力集中在液晶基元核的二级结构及其促成特定组装结构的影响，就可概括阐述液晶现象。事实上，液晶的许多物理属性可根据图 5.1 中液晶基元简化的理想形状来理解，而根本无须考虑液晶基元的具体化学组成。

实际上，也不能完全不考虑分子的结构特征。当试图回答以下问题时，就会出现一个特别有启发性的例子：长椭球形的分子怎样才能形成棒状液晶？在前面的 5.2.3 节中，从液晶 **1** 到液晶 **2**，用 2,5-噻吩环代替 1,4-亚苯基环，即在液晶基元中引入了如下图所示的弯曲结构：

1   **2**

液晶基元结构的弯曲源于噻吩环的几何结构：在液晶 **2** 中，2,5-环外键导致噻吩环具有一个 150° 的弯曲角，使液晶 **2** 的稳定性比液晶 **1** 低、液晶相区温度范围变窄。即液晶 **1**

的 T_{cl} 为 194.8℃，液晶相区温度为 14℃；液晶 **2** 的 T_{cl} 为 135.7℃，液晶相区温度仅为 5℃。当液晶 **1** 的 1,4-亚苯基用 1,3-亚苯基代替时，则液晶性消失。在 1,3-衍生物作为刚性环时，其 120° 的弯曲角破坏了稳定液晶相所需要的分子堆砌。然而，对于更大的液晶基元来说，120° 的弯曲角与形成液晶也是不冲突的，如图 5.1 中的席夫碱类非线形液晶。

另一个与分子结构相关的问题是：为什么可以形成近晶相？这个看似简单的问题没有唯一的答案。基于图 5.1 中理想化的椭球形状和排除体积考虑，可认为近晶相稳定机理是平移自由度的增加。当液晶进行层状堆积时，平移熵会增加。相对于层状近晶相液晶，质心随机分布的向列相液晶则存在横向扩散受阻的问题，其方向与指向矢方向垂直，如图 5.8 所示。在高长径比的向列相液晶和单分散高分子中，自由体积与分子末端的相关性是相对独立的，而近晶相液晶的分子末端共享自由体积，混合熵使近晶相液晶更稳定[36]。因而，这些概念使人们对全芳香族液晶-式 **3** 所示的六联苯能够出现近晶相做出了合理的解释[37]：

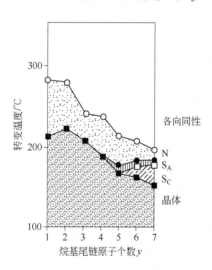

3

　　约 405　　　　　约 460　　　　约 600　　　T/℃
晶体 ⟷ 近晶 A 相 ⟷ 向列相 ⟷ 各向同性

如图 5.1 和图 5.2 所示，从分子二级结构角度也可解释形成近晶相液晶的原因。对于对苯二甲酸双（p-烷氧基苯基）酯类同系物，固定其液晶基元，仅改变末端烷基链的长度 y，其中 $y=7$ 的同系物对应于前面提及的液晶分子 **1**。根据其相变温度与链长 y 的关系绘制相图，如图 5.10 所示。随着 y 的增长，在 $y=5$ 时，同系物由向列相变成 S_A 相。然后，对于更长的末端链，在 $y=6$ 时，甚至在相图中还出现了更加有序的 S_C 相。随着末端链长度的增加，还可能形成以"尾链-核-尾链-核"交替排列的纳米相分离结构，如图 5.2（b）、（c）所示。这种近晶相形成的次级结构驱动假说也有熵稳定的成分。在富含脂肪链的化合物中，链构象自由度比受相邻液晶基元排除体积约束的尾链作用更大[38]。近晶相液晶的分层结构在热力学上也更稳定：液晶基元中化学性质相似的部分在近晶相液晶中更容易排列在一起，引入全氟化[39] 或硅氧烷[40] 侧链则扩大了液晶化学性质的差异，从而加强了这种化学偏析。

此外，还有基于一级结构的近晶相液晶形成机理：倾斜 S_C 相的形成与液晶永久电偶极的位置有关。然而，试图通过引入大的"外侧"偶极来诱导芳香族六联苯衍生物形成倾斜近晶相并不成功。尽管化合物 **4** 具有噁二唑环，其偶极矩为 4 德拜（1D = 3.33564 × 10^{-30} C·m），而实际上却表现出向列相，相区温度跨越 225℃ 以上[41]：

图 5.10　对苯二甲酸双（p-烷氧基苯基）酯类同系物的转变温度随烷基尾链长度（原子数 $y=n+1$）变化的相图[33]

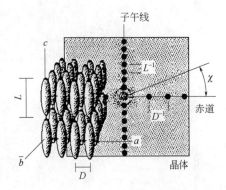

$$278 \qquad\qquad 505 \quad T/^{\circ}\mathrm{C}$$

晶体 ⟷ 向列相 ⟷ 各向同性

在液晶共聚物中，可能存在交替的"核-间隔基团-核-间隔基团"一级结构，限制了液晶之间的平移，因而稳定了近晶相。正如在本章其他地方已阐述的那样，液晶的一级结构和二级结构对近晶相的形成有着潜在的重要作用。然而，在大多数情况下，将重点关注如图 5.1 所示的理想长棒状液晶或碟状液晶的长椭球形或扁球形结构。在简要回顾分子晶体和各向同性液体基础上，重点讨论向列相液晶的局部分子有序性及其意义。

5.3　小分子液晶

5.3.1　分子晶体

X 射线衍射常用于剖析分子晶体完美的有序结构特征，即分子组装结构。借助于电子云密度有规律、周期性变化产生的 X 射线衍射，可测定晶体晶胞中分子的相对位置和取向排列。受此启发，也可用于表征理想化的棒状小分子液晶的堆积结构。晶体结构的大致特征与 X 射线散射强度的关系见图 5.11，其中的插图是由 l 轴平行于晶胞 c 轴的长椭球形分子构成的微观结构示意图。

当满足布拉格条件 $n\lambda = 2d\sin\theta$ 时，沿 b 轴入射的 X 射线将发生衍射。如图 5.11 所示，理想的衍射图样呈现两组衍射点：在沿子午线方向，即垂直方向、平行于 c 轴的多级衍射（$n = 1, 2, 3\cdots$），其间距与分子长度 L 成反比；在赤道方向，即水平方向上，衍射极值对应于沿 a 轴方向的分子侧向间距 D。未见方位角衍射，即仅见清晰光斑而未见沿 χ 方向的圆弧，表明晶体内存在完美的取向有序，也就是 $l//c$。该衍射图可作为表征液晶相中的结构（分子平移、取向序参量）的基准。然而，为了更通俗地理解液晶态分子的组装排列，在凝聚态物质的另一极端，即普通分子液体状态下，考察完全无序状态下的结构本质，是有一定指导意义的。

图 5.11　棒状分子晶体及其理想的 X 射线衍射图，其中入射 X 射线平行于 b 轴。分子间距离 L（约为分子长度）和 D（分子的侧向间距）分别对应于子午线和赤道上的衍射点；沿夹角为 χ 方向的衍射未见明显的弥散

5.3.2　分子液体

液体中分子的相对位置可用对分布函数 $g(R)$ 描述，其中 R 表示任意给定分子质心到第一个分子质心的距离，与方向无关，而 $g(R)\,\mathrm{d}R$ 是 $\mathrm{d}R$ 范围内出现另一个分子的概

率。对分布函数可通过 X 射线衍射来测量。类似于分子晶体的精准、规律、周期性电子云密度所产生的布拉格 X 射线衍射，"液体结构"也呈现衍射特征。在普通液体中，通常会提及"液体结构"，其相对平均取向的短程偏离和相邻分子的分离主要来源于体积排除效应，又称为局部堆砌效应[42]。这种局部堆砌的各向异性在由非等轴的棒状或圆盘状分子组成的液体中尤为明显。然而，其径向呈分布函数的堆砌结构仅限于几个分子直径的大小，约 1nm。在更大距离的尺度上，分子取向和位置则是无序、随机的，分子液体的动态平均或整体平均性质是各向同性的。因此，X 射线衍射非常弥散，最大强度值呈现较宽的范围，且满足 $\theta = \sin^{-1}[n\lambda/(2\langle d\rangle)]$，其中 $\langle d\rangle$ 为分子间平均距离。图 5.12（a）圆形衍射图显示的方位角强度分布 $I(\chi)$ 是均匀的，表明液体中不存在优先取向有序结构；其中的卡通图描绘了棒状分子流体微体积元的瞬间"快照"，基于 10^{-10}s 的超快"快门速度"拍摄实现了对分子取向、平移的冻结、定格。径向强度分布的半峰宽与有序分子之间的距离成反比。未出现明显的 $n>1$ 的高级衍射强度是液体局部结构非常短范围性质的证据。接下来，以分子晶体和各向同性液体的特性作为基准，对比研究它们与单体液晶的衍射特征。

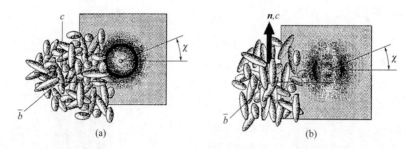

图 5.12　不同流体的衍射图样：（a）各向同性液体，X 射线衍射强度在任意方向上分布均匀；（b）指向矢 **n** 沿垂直方向的向列相，分子间的局部有序性对应衍射强度的极大值，其中沿子午线和赤道方向分别为分子长度和分子间侧向间距

5.3.3　向列相液晶

图 5.12（b）为典型单体液晶——定向排列向列相❶的衍射图样。根据图 5.11 和图 5.12（a）中晶体和液体的衍射图，可以推断在液晶中存在某种"结构"。然而，由于未出现 $n>1$ 的高级衍射光斑，可以推断液晶不存在大范围的位置有序，而沿着子午线方向也能观察到 $n=1$ 的一级反射。间距的倒数对应于液晶的近似长度，而沿赤道的最大衍射强度值则对应于相邻液晶之间的侧向距离。这些衍射图案特征与液体相似，但又存在明显的区别：液晶的方位角强度在 χ 方向上分布不均匀。通过对方位角强度分布 $I(\chi)$ 的深入研究，可以得出这样的结论：液晶的平移结构与液体类似，分子基本平行于子午线方向排列，即平行于 **c** 轴。也就是说，与普通流体不同的是液晶分子更倾向于沿着无极指向矢 **n** 的方向取向排列。此外，这种取向排列表现为长程有序性，在向列相液晶的整个衍射体积元上是均匀连续的。若整个向列相液晶体积元为 1mm^3，则液晶体积为 100Å^3 数量级，取向范围可拓展至约 10^{19} 个分子！在纯液体状态下，什么样的分子间作用力导致了这种长

---

❶　"定向排列向列相"是指向矢 **n** 具有相同的取向方向，相同的衍射体积单元，尺寸约 1mm^3。

程有序呢？在试图回答该问题前，有必要继续分析图 5.12（b）中向列相液晶衍射图案的静态特征。

5.3.4　序参量

接下来详细讨论 X 射线衍射方位角强度分布，即图 5.12（b）中特定布拉格角所对应圆弧 $I(\chi)$ 的起源。当单个长椭球形液晶的长度 L 较长时，散射强度 $I(\omega)$ 仅为一条细线，本征角宽 $\lambda/(L\sin\omega)$ 可忽略不计，其中，λ 是 X 射线的波长，ω 是 l 轴与入射光之间的夹角[43]。观测到的 $I(\chi)$ 是多个液晶散射的叠加，可用连续取向分布函数 $W(\beta)$ 来表示，即 l 轴偏离 n 的程度，其中，β 为 l 轴与指向矢 n 之间的夹角。

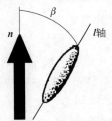

$I(\chi)$ 与 $I(\omega)$ 和 $W(\beta)$ 之间的关系可由下列积分方程关联，该方程须用数值方法来求解：

$$I(\chi) \cong \int W(\beta) I(\omega) \sin\omega d\omega \qquad (5.1)$$

式中，$W(\beta)$ 是所研究液晶中的分子数量。l 轴相对于指向矢 n 的平均取向，即向列相的序参量 S，存在如下关系：

$$S \equiv \int_0^{\pi/2} P_2(\cos\beta) W(\beta) \sin\beta d\beta \qquad (5.2)$$

$W(\beta)\sin\beta d\beta$ 为 dβ 范围内出现 l 的归一化概率，在常见的各向同性液体中，$W(\beta)$ 与 β 无关。式（5.2）中序参量 S 为第二 Legendre（勒让德）多项式 $P_2(\cos\beta) = 1/[2(3\cos^2\beta-1)]$ 的平均值。在完全有序时，正如图 5.11 理想化的分子晶体那样，$l // n$，S 值为 1；而当 l 是完全无序时，如图 5.12（a）所示，S 值为 0。基于 $\cos\beta = \cos\chi\sin\omega$ 和实验值 $I(\chi)$，通过对式（5.1）数值求解得到 $W(\beta)$，进而求得 S 值[44]。若高斯分布是有效的：

$$W(\beta) = A\exp\left[-\beta^2/(2\beta_0^2)\right] \qquad (5.3)$$

然后，通过调节 A 和分布宽度 β_0 对 $I(\chi)$ 进行拟合，得到 $W(\beta)$，最终通过式（5.2）求得 S 值。

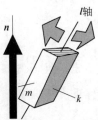

在 MLCs 的向列相中，S 值通常在 $0.25\sim0.75$ 之间。为了更好地理解向列相液晶的取向有序特性，有必要探讨这些变量对 S 值的意义。然而，首先需认识到的是，标量 S 可用于描述向列相的有序性是建立在单轴相具有分子对称性的假设之上的。换句话说，默

认了向列相液晶分子是理想的对称长椭球形分子。若该假设不成立，则分子的笛卡尔坐标系（k，l，m）改用二阶张量 S 表示，见图 5.1。S 由五个独立分量构成，其关系满足 $S_{ij}=(3\langle\cos\beta_i\cos\beta_j\rangle-\delta_{ij})/2$，其中，$\beta_i$ 为 i 轴偏离 n 的程度；δ_{ij} 为 δ 函数，即当 $i\neq j$ 时，$\delta_{ij}=0$；而当 $i=j$ 时，$\sigma_{ij}=1$，S 是一个无迹张量，其对角元素的总和 $\sum S_{ij}=0$，它给出了任意分子相对于指向矢 n 的平均取向。若 k，l，m 坐标系是主轴坐标系（简称 PAS），则 S 代表 k，l，m 坐标系的对角线，当 $i\neq j$ 时 $S_{ij}=0$。若液晶形状偏离柱状对称性，如二联苯液晶的近似平行六面体，则需要取两个序参量的平均值，即 S_{ll} 和 $S_{kk}-S_{mm}$；后者称为分子的双轴性，即当分子长轴发生角振动时，平行六面体的 l-m 平面比 l-k 平面更倾向于与 n 轴相切。分子的双轴取向有序是分子形状衍生出来的局部属性，它适用于单轴相分子，而与图 5.3 描述的双轴相分子不同。当分子为柱状对称时，其主轴坐标系（k，l，m）仅由 S 决定。S 为分子对称轴 l 的平均取向，且 $S\equiv S_{ll}(=-2S_{kk}=-2S_{mm})$；$S$ 为式（5.2）的向列相序参量。接下来讨论 S 值大小的意义。图 5.13（a）是以 $0°$ 为中心、宽度为 β_0 的几种高斯分布的概率密度 $W(\beta)\sin\beta$，其中 $0°$ 中心相当于无极向列相的 $180°$；图 5.13（b）为 S 与 β_0 的关系曲线，其中 S 由式（5.2）求得。例如，当 $\beta_0=60$ 且满足式（5.3）的高斯分布时，液晶序参量 $S=0.5$；无论 β_0 为何值，相对于 l 轴的平均倾斜度 $\langle\beta\rangle$ 等于 $0°$❶。总之，图 5.12（b）衍射图样表明向列相液晶的局部对称轴——指向矢存在方向选择性，l 轴自发沿取向方向排列，且相对于指向矢方向的平均偏离程度可由 $I(\chi)$ 算得。从衍射数据得到 S 的方法既适用于小分子液晶，也适用于高分子液晶[43-45]。

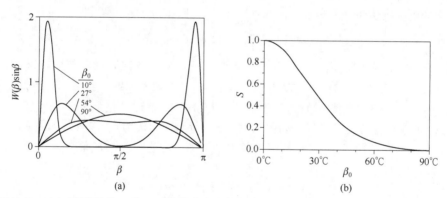

图 5.13 （a）不同宽度 β_0 的 β 对高斯分布的概率密度 $W(\beta)\sin(\beta)$ 的影响［式（5.3）］；
（b）由式（5.2）计算的序参量 S 与高斯分布宽度 β_0 的关系图

5.3.5　各向异性

对于简单液体来说，很容易把本体宏观性质与微观属性联系起来，如它的折射率 n_r 与分子的电极化率 α 之间的联系。液体的介电常数 ε_r 和电极化率 α、分子密度 N（单位体积分子的数量）之间的关系如下：

---

❶　值得注意的是，将表达式 $S=\langle P_2(\cos\beta)\rangle$ 倒置并求出 β 的平均值没有任何物理意义，如当 $\beta_0=60°$ 时可得 β 的平均值为 $35°$。虽然这在文献中被广泛应用，但只有当分布函数 $W(\beta)$ 是 δ 函数时，这种反演才是有效的。

$$\frac{\varepsilon_r - 1}{\varepsilon_r + 2} = \frac{N\alpha}{3\varepsilon_0} \tag{5.4}$$

式中，ε_0 是真空介电常数；该方程称为 Clausius-Mossotti（克劳修斯-莫索提）方程。在光频率约为 10^{15} Hz 时，ε_r 为 n_r 的平方，则有：

$$\frac{n_r^2 - 1}{n_r^2 + 2} = \frac{N\alpha}{3\varepsilon_0} \tag{5.5}$$

因此，宏观折射率和微观极化率之间的关系没有考虑这样一个事实——后者的分子性质是由一个二阶张量 $\boldsymbol{\alpha}$ 描述的，分子中的各个方向对外加电场并没有表现出相同的电学响应。由于 $\boldsymbol{\alpha}$ 沿着观察方向的平均投影 α_{zz} 与液体在 z 轴方向的取向无关，因此可以对式（5.4）、式（5.5）进行简化。该投影是一个简单的标量，与 $\boldsymbol{\alpha}$ 对角线元素的平均值有关，$\alpha \equiv \alpha_{zz} \equiv \frac{1}{3}\mathrm{Trace}(\boldsymbol{\alpha}) = (\alpha_{kk} + \alpha_{ll} + \alpha_{mm})/3$。相反，由于向列相液晶的序参量不为 0，且分子极化率张量具有方向依赖性，因而液晶的宏观性质与微观属性之间的关系与简单液体大不相同。也就是说，z 轴相对于指向矢的方向在观测到的宏观性质中起着关键作用，必须考虑极化率张量的各向异性部分 $\boldsymbol{\alpha}' \equiv \boldsymbol{\alpha} - \frac{1}{3}\mathrm{Trace}(\boldsymbol{\alpha})$。$z$ 轴取向的重要性来源于向列相中取向的分子属性是以一种独特的方式进行平均的。

可以设想，向列相流体中是存在一块完全取向的小区域的，即 $\boldsymbol{n}$ 取向完全一致的单畴区域。在该单畴区，极化率、磁化率等分子性质在取向方向上未完全平均化；描述这些性质的二级张量的平均投影依赖于 Ω、S 和 $\boldsymbol{\alpha}'$，其中 Ω 为 $\boldsymbol{n}$ 轴与笛卡尔坐标系 z 轴之间的夹角，S 为 k，l，m 坐标系的对角线与 $\boldsymbol{n}$ 轴之间的夹角，$\boldsymbol{\alpha}'$ 为分子极化率的各向异性，它们之间具有如下关系：

$$\alpha_{zz} = \alpha + \frac{2}{3}\mathrm{Trace}(\boldsymbol{\alpha}'S)P_2(\cos\Omega) \tag{5.6}$$

当 $S = 0$ 时，式（5.6）可简化为各向同性液体的结果。对于向列相液晶，$S \neq 0$，当 Ω 分别为 $0°$ 和 $90°$ 时，极化率的投影值为 $\alpha_{//}$ 和 $\alpha_\perp$。若液晶分子为圆柱形对称，则液晶的极化率沿分子长轴方向有一个主值 $\alpha_1 (\equiv \alpha_{//})$，与 l 轴垂直的方向有唯一值 $\alpha_t (\equiv \alpha_{kk} \equiv \alpha_{mm})$。展开式（5.6）中的张量乘积并取其迹，发现液晶相的极化率主值为：

$$\alpha_{//} = \alpha + \frac{2}{3}(\alpha_1 - \alpha_t)S$$

$$\alpha_\perp = \alpha - \frac{1}{3}(\alpha_1 - \alpha_t)S \tag{5.7}$$

在式（5.7）中，用 S 代替取向张量 S_{ll} 的主值。结合式（5.5）中极化率与折射率的关系，不考虑各向异性内电场校正的复杂性，由式（5.7）容易得出 $n_{r//} \neq n_{r\perp}$。简而言之，向列相液晶与简单液体的区别在于前者具有双折射现象，其 $\Delta n_r \equiv n_{r//} - n_{r\perp}$。因此，液晶与晶体的相同之处在于两者的体积元均呈现双折射现象，尽管液晶的折射率差异比晶体小。基于式（5.7）中的参数 S 可以解释，这是由于液晶分子取向不完全，而单晶的有序结构最为完美，因此 $S = 1$。此外，沿着指向矢方向的折射率不断随机改变，向列相液晶本体就像多晶粉末一样可以有效散射入射光，再加上指向矢的热涨落（即 $n_{r//}$ 的热涨落），导致向列相流体呈现不透明的乳白色外观。该不透明特性在向列相—各向同性相转变时消失，这就是清亮点温度的由来。

一般地，可以预期向列相液晶的所有宏观性质 Q 均呈各向异性。该各向异性 ΔQ 为平行于 n 轴方向与垂直于 n 轴方向宏观性质的差值，即 $\Delta Q \equiv Q_{//} - Q_{\perp}$，它与序参量 S 的关系为：

$$\Delta Q = N(q_1 - q_t)S \tag{5.8}$$

式中，$q_1 - q_t \equiv \Delta q$ 为分子的各向异性，即主纵向和横向张量分子性质的差别，N 为体积元内分子的数目[14,24]。一旦通过解析单晶等方法得到 Δq 值，且通过实验获得向列相液晶的 ΔQ，则由式（5.8）可轻易地算出 S。

5.3.6 二向色性

分子的各向异性也表现在各种光谱技术中。二向色性是线性偏振光在正交方向的吸收系数之差，是获得向列相液晶中平均分子取向的另一种方式。当一束偏振光照射向列相液晶时，平行于 n 轴与垂直于 n 轴方向上的特征跃迁吸收带强度之比称为二向色性比 D，即 $D = A_{//}/A_{\perp}$（见第 7 章），可写成下列形式：

$$D = \frac{\cos^2\gamma\langle\cos^2\beta\rangle + \frac{1}{2}\sin^2\gamma\langle\sin^2\beta\rangle}{\frac{1}{2}\cos^2\gamma\langle\sin^2\beta\rangle + \frac{1}{2}\sin\gamma^2\langle 1 + \cos^2\beta\rangle} \tag{5.9}$$

式中，γ 是分子对称轴 l 与 k，l，m 坐标系中跃迁矩 t 矢量的夹角；$\langle\cos^2\beta\rangle$ 为分子取向的平均值，与序参量 S 类似，β 为 l 轴与指向矢 n 的夹角。当跃迁矩 t 与 l 轴平行，即 $\gamma = 0°$ 时，式（5.9）可简化为：

$$D = \frac{1 + 2S}{1 - S} \tag{5.10}$$

5.3.7 磁共振

核磁共振（NMR），特别是氘核磁共振，是测量液晶分子组织特征的重要技术。^{2}H NMR 技术的理论基础是核磁共振相互作用完全来自分子内的相互作用，即主要的相互作用是氘核的四极矩与其局部电场梯度（EFG）之间的相互作用。EFG 张量是轴对称的无迹二阶张量，其主分量在 C—D 键方向。在向列相液晶中，由于各向异性的快速再取向无法对四极相互作用（quadrupolar interaction）张量 q 完全平均化，导致出现与式（5.6）类似的非零投影：

$$q_{zz} = \frac{2}{3}\text{Trace}(qS)P_2(\cos\Omega) \tag{5.11}$$

在均质的向列相液晶中，氘代 NMR 谱由一对可分辨的以 Larmor 频率 ν_L 为中心、频

率为 $\nu_{\pm}$ 的共振组成：

$$\nu_{\pm} = \nu_{L} \pm \frac{3}{4}q_{zz}P_2(\cos\Omega) \qquad (5.12)$$

当向列相液晶完全取向且 $\Delta\chi_m > 0$ 时，磁场与 n 轴的夹角 Ω 为 0。若分子为圆柱对称，即忽略任何双轴性时，$S_{kk} - S_{mm} = 0$，式（5.12）中两个跃迁之间的四极分裂频率差 $\Delta\nu = \nu_+ - \nu_-$ 可通过分子长轴 l 的平均取向简单求得：

$$\Delta\nu = \frac{3e^2qQ}{2h}P_2(\cos\gamma)S \qquad (5.13)$$

式（5.13）中明确给出了四极相互作用张量的主值，它包括静电荷 e、氘核电场梯度 eq、氘核四极矩 Q 和普朗克常数 h；γ 为 C—D 键（相互作用张量 q 的主值）与分子对称轴 l 之间的夹角，S 为向列相液晶中 l 轴的有序程度。

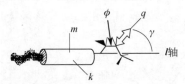

当液晶拥有多个内在自由度（即多种构象，如二面角 ϕ 可变）时，四级分裂将会减小，这反映在 ϕ 的异构化-旋转使 EFG 更平均化。在存在分子内运动的情况下，对圆柱形对称性的假设进一步简化，以 $\langle P_2\cos\gamma\rangle$ 修正式（5.13），其中，角括号表示快速异构化的分子内平均。因此，$\Delta\nu$ 值为向列相分子运动平均值的直接度量，即分子几何形状 γ 明确时的序参量。当序参量 S 独立确定时，就可以推断液晶的分子柔性 $\langle P_2\cos\gamma\rangle$。需要强调的是，对于真实的液晶，式（5.13）中所假设的简单对称性都是不适用的。此外，定量解释核磁共振数据时需用到总阶张量 S。而且，当存在多个构象 $\{\phi\}$ 时，需要计算每个构象的序张量 $S\{\phi\}$[46]。尽管影响因素非常复杂，但当分子柔性存在时，NMR 技术是非常有价值的。例如，通过仔细分析溶解在向列相液晶中的正烷烃所表现出的不完全平均的核磁共振相互作用，即质子对的直接偶极-偶极偶联，可获得接近真实情况的旋转异构体状态[47]。

5.3.8　指向矢的场诱导再取向

液晶的宏观各向异性还体现在其他方面。特别是各向异性的电极化率 $\Delta\chi_e$ 和抗磁化率 $\Delta\chi_m$，对外场下液晶的再取向起着重要作用，其中 $\Delta\chi_e = 3(\varepsilon_r - 1)/(\varepsilon_r + 2)$。由式（5.7）可知，这些各向异性也源于指向矢方向上分子各向异性的平均化。对于平行于 n 轴和垂直于 n 轴的电场而言，其势能是不同的。利用电场 E 与单位体积的感应偶极矩相互作用 $P = \varepsilon_0\chi_e E$，计算势能 U：

$$U = -PE\cos\theta = -\varepsilon_0\chi_e E^2 \qquad (5.14)$$

式中，θ（$= 0°$）为诱导偶极矩与电场方向之间的夹角。由式（5.7）可知，向列相体积单元的 $\chi_{e//}$ 与 $\chi_{e\perp}$ 有所不同，因此指向矢在电场下发生低势能的优先取向。对于正介电各向异性，$\Delta\chi_e > 0$。从式（5.14）可以看出，当 $n//E$ 时，指向矢发生低势能取向。因此，若电场足够强，所有体积元将朝指向矢方向排列，进而形成宏观取向的向列相。进一步地，在垂直于 n 轴方向施加外电场 E，已完全取向的液晶将在毫秒内发生 90° 的快速旋转。外界电/磁场与电/磁极化率 $\Delta\chi_e$（$\Delta\chi_m$）以及光的各向异性 Δn_r 之间的相互作用，可用于液晶指向矢的再取向，进而改变液晶的光学性质。这正是 LCD 器件电场诱导电-光响应的基本原理。此外，由于小分子液晶 MLC 与高分子液晶结构单元有相似的各向异性分子结构，所以在高分子液晶中也可能观察到类似的现象。

最近，一种具有广阔应用前景的大面积 LCD——高分子分散液晶（PDLC）显示器也应用了指向矢的场诱导再取向及其相应光学变化的原理。PDLC 是将 MLC 分散于常规的透明高分子中形成的类似于微乳液的薄膜。在"关闭"状态下，MLC 和主体高分子薄膜的折射率不匹配，MLC 液滴有效地散射入射光，薄膜呈现光学不透明状态，如图 5.14（a）所示。在高分子薄膜的两侧涂覆一层类似于电容的透明氧化锡涂层，施加外电场，所有微滴中的液晶指向矢都朝电场方向取向。从图 5.14（b）中可以看出，若沿取向方向 MLC 的折射率与主体高分子刚好匹配，薄膜将处于"开"的状态。此时，高分子薄膜从不透明状态瞬间转变成透明状态，由此制备出非常经济的大尺寸"光阀"。

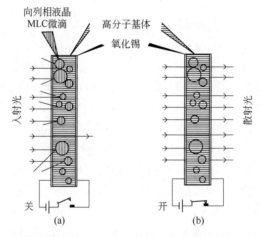

图 5.14　高分子分散液晶（PDLC）装置：将低分子量向列相液晶 MLC 微滴分散于常规的透明高分子基体中，两侧涂覆一层透明导电的氧化锡涂层。（a）为"关闭"状态，MLC 微滴与高分子基体的折射率不匹配，导致体系对入射光发生散射。（b）表示外电场促使向列相的指向矢有序排列，并使之与基体的折射率相匹配，从而形成一种光学透明的介质

5.3.9　向错

若未施加外电场、磁场、剪切场、表面取向等作用，向列相液晶的指向矢是不均一的。在两个不同取向区域的交汇处，存在着类似于晶体位错的向错和畴壁（或也称为"晶界"）。采用偏光显微镜可以很容易地识别和表征指向矢畸变的存在[48]。图 5.15 是线向错强度分别为 $+\frac{1}{2}$、$+1$、-1 和 $-\frac{1}{2}$ 的指向矢场排列图案示意图。该强度是在正交偏光显微镜下观察到的"黑刷子"个数的函数，而正负号取决于刷子和偏振片之间的相对旋转。

在正交偏光下形成的这些图案有助于判别液晶相的类型。例如，强度为 $\pm\frac{1}{2}$ 的向错仅

可能在向列相中出现，基于图5.9所示的织构就可以很容易地识别出来。通过固化过程实现对热致高分子液晶结构的复制，然后采用透射电子显微技术，借助于形成的微晶表征指向矢场的排列情况，可清晰地观察到向错图案[49]。紧密堆砌的扁长形纳米粒子漂浮在液体界面时，也能够观察到二维向错织构[50]。因此，高分子液晶和小分子液晶均具有这些织构。对向列相液晶施加剧烈搅拌，可增加其向错密度。当强度相同而符号相反的向错相互叠加、抵消时，恢复为均一的指向矢场。在宇宙学过程模型中，小分子液晶MLC的向错抵消或"粗化过程"已成为复杂系统的时间演化的一个例子[51]。当然，由于液晶高分子黏度高、扩散系数小，因此观察其向错的运动和织构的形成并不是一项令人兴奋的"观赏性运动"。

在商品化的液晶高分子中，指向矢场的扭曲和向错尤为重要，这是因为这些缺陷密度对液晶高分子的流变学行为，如易于加工和成型制品的力学强度的影响非常之大。

5.3.10 弹性

指向矢场偏离平衡态的形变增大了液晶相的自由能密度。由于指向矢改变取向的尺度比分子尺寸大得多，曲率应变以及相关的恢复力即曲率应力很小，因此可以使用连续弹性理论来进行研究。事实上，如图5.16所示，修正的胡克定律，即应力与应变成正比，可以与三种不同的曲率应变和相关的弹性常数 k_{11}、k_{22} 和 k_{33} 结合使用，分别对应于展曲（splay）应变、扭曲（twist）应变和弯曲（bend）应变。在向列型MLC中，各 k_{ii} 近似相等。而在近晶相中，其展曲应变却难以实现。

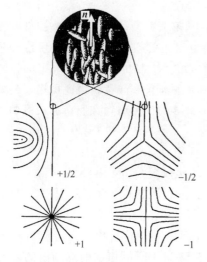

图5.15　线向错强度分别为 $+\frac{1}{2}$、$+1$、-1 和 $-\frac{1}{2}$ 的指向矢场排列图案示意图

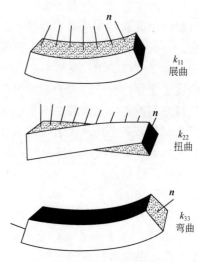

图5.16　体积元受展曲、扭曲和弯曲三种曲率应变影响的指向矢场模式

与高分子网络和橡胶的弹性系数（约为 $10^{+5}\mathrm{N\cdot m^2}$）相比，这些小分子液晶材料的系数是非常小的，约为 $10^{-7}\mathrm{N\cdot m^2}$。值得注意的是，虽然这些小分子液晶材料的模量对高分子材料科学家来说是微不足道的，但它们为电光器件的初始指向矢场赋予了精巧的弹

性回复。也就是说，MLC 的弹性使 LCD 器件可回复到"关闭"状态。为"开启"液晶显示器，必须施加超过一定阈值的电压，以克服初始指向矢场的弹性回复能。通过多种表面处理方法，将 MLC 初始指向矢方向"锚定"在 LCD 盒和 PDLC 微滴中。在外加电/磁场作用下，弹性回复力和外场扭矩力相互竞争对各向异性电极化率/抗磁磁极化率、$\Delta\chi$ 产生影响，其临界阈值场 F_{crit} 为：

$$F_{crit} = \sqrt{\frac{k_{ii}}{\Delta\chi}} \frac{\pi}{d} \tag{5.15}$$

式中[❶]，d 表示外场诱导指向矢发生取向扭曲的距离。在常用的电驱动 LCD 器件中，典型的样品厚度 d 约为 10^{-5} m，阈值 F_{crit} 约为 10V。

5.3.11 手性相

到目前为止，主要讨论的是向列相液晶，即一种沿分子 l 轴方向上长程、单轴有序、但平移无序的液晶。若液晶具有手性，则可产生更多精细的超分子排列方式——扭曲的向列相，即胆甾液晶相，如图 5.17 所示，其分子的指向矢方向沿平面的法线 z 方向呈螺旋状变化，其螺距为常见分子间距离的 10^3 倍，尺寸在 $1500 \sim 8000$Å 之间。这种手性向列相液晶用 N*[❷] 表示。同样，这种扭曲排列还会产生宏观电极化率和折射率周期性的变化，且螺距 P 约等于可见光的波长 λ。在这种情况下，满足布拉格方程的特定波长或颜色将发生衍射，在反射光下产生美丽的彩虹般颜色。这就是某些昆虫表面反射产生颜色的起源，因为甲虫外表皮的主要成分甲壳素是一种非等轴生物高分子的聚集体，它在外表皮凝结之前以溶致胆甾液晶的形式沉积下来[52]。

胆甾相的"反射"颜色引人注目：反射光具有圆偏振特性，这与 N* 螺旋型的左旋或右旋一致，而偏振相反的光则透过 N* 结构。这种反射光的超分子旋光度是手性分子在稀溶液中手性强度（约 $10°$）的 10^3 倍。由于螺距 P 是由 N* 相的热平均值确定的，随温度的变化而发生变化，也改变了经胆甾相选择性反射光的波长或颜色，因此可用于高效温度传感器的制备。需再次强调的是引起该现象的极其微妙的作用力：在胆甾相液晶中，每对手性分子之间的动态平均作用力略微不对称，阻碍了分子轴的准平行排列。也就是说，手性造成分子轴 l 与邻层同为左旋或右旋的分子轴之间出现几弧度的扭曲，其中左旋或右旋依赖于液晶的手性中心，并最终形成单轴分子围绕 n 轴旋转扭曲的超分子结构[❸]，如图 5.17 所示。胆甾相的左旋和右旋分别由液晶的 L 型和 D 型异构体构成，手性液晶的外消旋混合物产生互补的非扭曲 N* 相。此外，外场也可使胆甾相消失。一方面，当极化率是正向各向异性时，即 $\Delta\chi > 0$ 时，足够强的外场作用可将螺旋体解旋，最终使指向矢 n 平行于外场方向；另一方面，当 $\Delta\chi < 0$ 时，极化率在螺旋状胆甾相排列范围内的空间平均值使胆甾相 z 轴方向旋转至与外场平行，以使体系的能量处于最低状态。

---

❶ 此小节没有引证任何文献。读者应注意：这个公式十分重要，所描述的效应称为 Fredericks 转变，按照 Frank-Oseen 理论，假定弹性能与磁能相当，可以推导出此公式。它是液晶作为显示材料最重要的基础，具体可以参见德让纳亲密合作者 Brochard 等的新书《Essentials of Soft Matter Science》（CRC Press，2020 年）。

❷ 采用符号 N*，与化学惯例保持一致，类似于在手性原子位置加上星号来表示分子中的手性中心。

❸ 螺旋状结构通常用一摞相互平行的面来描述，每个平面的旋转方向都是 n，这容易给人以错误的印象，即胆甾相具有层状超分子结构。

分子手性在手性近晶 C 相（S_C^* 相）中也凸显重要价值。回顾如图 5.2（c）所示的 S_C 相，分子不仅以层状排列，而且分子 l 轴倾斜于层的法线方向。图 5.18 为 S_C 相更加真实的排列方式。若以局部指向矢 n 轴表示平均取向，则单位矢量 n 可分解成沿着层法线方向的 n_z 和沿着层平面方向的 n_y 两个部分。如图 5.18 所示，当 S_C^* 中的近晶层由一层转向另一层时，倾斜轴 n_y 沿螺旋路径单向螺旋扭曲。关于典型倾斜近晶相静电含义的唯象学描述为：分子手性破坏了 n 的局部单轴对称性，因此，绕着长轴 l 的分子旋转不能完全平均化横向的分子电偶极 μ_i，因此，在单个 S_C^* 层内，存在某一方向上的残余电极化，该方向与 n_y 和 n_z 构成的"倾斜平面"垂直。这种局部极化经扭曲的 n_y 轴平均化后使本体材料呈现非极性。

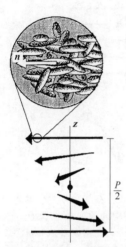

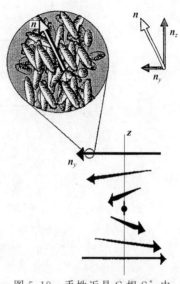

图 5.17　扭曲向列相/胆甾相组织的螺旋指向矢场示意图。相邻手性液晶之间极小的单向扭曲导致指向矢的螺旋超分子结构，在绕过胆甾相螺距的一半 $P/2$ 后指向矢方向将翻转 180°

图 5.18　手性近晶 C 相 S_C^* 中分子轴与近晶相的层法线倾斜，而局部指向矢的面内分量 n_y，即所谓的倾斜指向矢，则沿螺旋形路径运动

然而，若在强磁场下缓慢冷却，可获得铁电性单畴取向的 S_C^* 相，如图 5.19 所示，$n(n_y)$ 轴在整个材料内部均取向一致。作为 S_C^* 自然扭曲性的补偿，这种铁电近晶相液晶表现出宏观极化性 P。通过表面处理将指向矢场锚定成一个单畴样品，可获得"表面稳定铁电性液晶"（SSFLC）[53]，它可在 10^{-6} s 内发生快速光电转换，且具有双稳性——这两种稳定状态 i 和 ii 对应于 P 的两种取向，如图 5.19 所示。液晶之所以发生如此迅速的切换，是因为在外电场作用下只需 n_y 轴重新取向而不需 n 轴重新定向。如图 5.19 下图所示，当 E 与偏振 P 反平行时，仅需使 l 轴在 E_{-x} 电场下绕着圆锥表面旋转至新的低势能稳态，即可完成 P 的重新取向。如将 S_C^* 相液晶引入到高分子侧链，高分子液晶也表现出这种理想的快速切换[54]。毫无疑问，这是重新调整 P 方向仅需局部运动的结果。

由于早期研究人员忽略了倾斜近晶相的固有极性，延迟了对 S_C^* 相分子自发极化 P 的认识[55]。近晶 S_C^* 相轴的倾斜形成了一个独一无二、与层平面垂直的 z 轴，有时 z 轴也被称为指向矢 c，如图 5.19 所示，也就是局部指向矢 n 在近晶层面上的投影 n_y，采用符

号 c 和 $-c$ 分别代表稳态 i 和稳态 ii。指向矢 c 的另一种意义为倾斜伪矢量 t，$t = (z \times n)(z \cdot n)$，它与倾斜平面垂直，$t$ 和 $-t$ 分别对应着相反的稳态 i 和稳态 ii，同时也代表倾斜手性或非手性近晶相的极性方向。将分子的键偶极矩 μ_i 平均（分子内、外再取向）投影到 t 上，观测得到 P，从而定量理解分子结构决定 S_C^* 相的自发极化行为[56]。

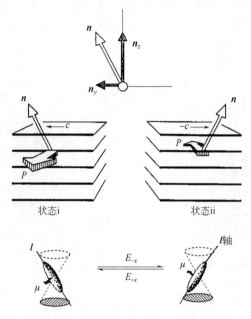

图 5.19　表面稳定的 S_C^* 相具有状态 i 或状态 ii 的双稳态单畴铁电组织，三维箭头表示的宏观极性 P 源于非完全平均的侧向分子偶极矩。下图：对 $P(E_{-x})$ 施加反平行电场可使分子的 l 轴在锥形表面上旋转，并使分子的指向矢和极性从状态 i 再取向至状态 ii

此外，有必要探讨 S_C^* 相的本征非中心对称属性的潜在用途。这种对称性对于某些非线性光学（NLO）应用非常重要[57]，包括使入射激光频率倍增的二次谐波发生器 SHG。因此，倾斜近晶相可作为超极化的、具有 NLO 活性的、有机生色团客体分子的宿主。在许多情况下，这些对 SHG 中具有 NLO 活性的有机生色团（如线性、超极化分子）做贡献的分子结构与棒状液晶分子相似。通常，只需进行简单的结构修饰，如引入足够长的烷基链，就能将这种超极化分子转化为液晶。

因此，若能制备均一垂直或平行取向排列的液晶结构，以减少光的散射，那么具有液晶性和 NLO 活性的有机生色团将是制备特殊局部对称、稳定的有机/高分子光电器件的理想材料[58]。最后，回顾一下非手性、非线性液晶形成的手性超分子排列——倾斜近晶相，如图 5.5 所示，对本节进行小结。

5.3.12　动力学与输运特性

分子动力学和输运现象在各向同性液体中是相当好理解的。对于长椭球状小分子而言，分子的旋转扩散非常快，与椭圆形主轴扩散速率对应的旋转相关时间 τ 为 $10^{-11} \sim 10^{-9}$ s。在柔性分子中，由连续的三个化学键定义的二面角旋转所形成的异构体称为构象体，在构象体中分子内转变非常快（构象体的寿命仅为 10^{-10} s）。质心的平移扩散是各向同性的，可用自扩散系数 D_{cm} 来表征，其值约为 10^{-10} m²·s⁻¹。各向同性液体的动力学与输运的时间尺度同样适用于向列相液晶。

在向列相液晶中，同一时间尺度是协调的；与各向同性液体中的分布相比较，向列相中构象体的分布稍有偏移，各相异性更强的构象体更倾向于向列相。尽管如此，分子内构象异构化速率并不受长程有序性的影响。非相干、准弹性中子散射实验结果表明：主轴 l 轴方向的旋转扩散时间 $\tau_{//}$ 为 $10^{-11} \sim 10^{-10}$ s；而 l 轴重新取向翻转的扩散时间 $\tau_{\perp}$ 却比各向同性液体慢，为 $10^{-10} \sim 10^{-7}$ s。由于大范围液晶的重新取向需要相邻分子的协同作用才能完成，因此长程有序阻碍了液晶再取向，近晶相液晶的 $\tau_{//}$ 和 $\tau_{\perp}$ 差值比向列相液晶还要大。然而，这些相关时间印证了液相分子的快速旋转扩散状态。液晶相分子的自发扩散是各向异性的：沿着向列相指向矢方向的 $D_{cm}^{//}$ 比横截面方向的 $D_{cm}^{\perp}$ 更大，两者相差约 2 倍，$D_{cm}^{//} \sim 2D_{cm}^{\perp}$。在近晶相液晶中，则可能出现相反的情况，因为层内分子的平移比层与层之间的扩散更容易，所以 $D_{cm}^{\perp} > D_{cm}^{//}$。一般说来，对于单体液晶的介晶相，与分子尺寸相近的各向同性液态比较，其 D_{cm} 为各向同性液态的 $\dfrac{1}{100} \sim \dfrac{1}{10}$。

尽管高分子的局部动力学（构象转变和振动等）时间尺度与小分子的大致相当，但高分子溶液和熔体的宏观性质与低分子量材料却有本质的不同，高分子流体的输运特性 D_{cm} 和黏度就有很大的不同。高分子和小分子之间这些特征的相似性和差异性，也同样适用于小分子液晶和高分子液晶之间。高分子的 D_{cm} 比小分子液晶要小几个数量级，因此高分子需更长时间来改变织构、消除向错、调整指向矢以便对外场作出响应等等。然而，除了响应较慢之外，高分子液晶的动力学和输运现象与低分子量材料还是类似的。在下一节中，将讨论高分子液晶的一些独特性质。

5.4 大分子液晶性

为方便讨论高分子中液晶相的形成，将高分子分为两类并介绍其缩写。一类是高分子液晶，它是小分子单体液晶通过诸如乙烯基的聚合而成的，简记为 PLC；另一类是液晶高分子，简记为 LCP，它是一种半柔性的线形高分子，其结构与聚酯、聚酰胺和聚酰亚胺等传统的热塑性工程塑料相似。首先讨论高分子液晶的属性。强调它们的属性与小分子液晶 MLC 的相似性。

5.4.1 高分子液晶 PLC

将如图 5.1 所示的 MLC 二级结构连接到高分子链上，形成的高分子液晶具有三种常见的拓扑结构：①线形或主链型高分子液晶，简记为 MCPLC，其液晶基元如图 5.20（a）以共价键方式串联在一起；②侧链型高分子液晶，简记为 SCPLC，其液晶基元如图 5.20（b）以共价键方式键接在高分子侧链上；③树状或超支化高分子液晶，如图 5.20（c）所示。在这些高分子液晶中，液晶基元通过烷基、硅氧烷基或乙二醇链等柔性间隔键接到高分子中。如图 5.20 所示，尽管图中的二次结构数量有限，但由此组合的高分子拓扑结构则是大量的，如主链和侧链结合型的高分子液晶[59]。

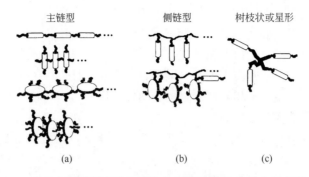

图 5.20　由棒状和碟状液晶组成的高分子液晶 PLC 的拓扑结构：主链型 PLC，液晶基元和柔性间隔交替排列的共聚物；侧链型 PLC，通过柔性间隔将液晶基元连接到常规高分子的主链上；树枝状或星形 PLC，通过柔性间隔将多个液晶基元连接到一个中心点上

这些高分子仅仅是利用液晶基元的基本属性，自发形成热致液晶。PLC 和 MLC 之间的区别在于液晶基元共价嵌入大分子后，会受到其拓扑结构的限制。事实上，若只考虑这些高分子的理想形状（见图 5.1），则可忽略共价键连接。换句话说，从极端抽象的角度水平上，高分子骨架和连接键可以看作是其他常规 MLC 体系中并不重要的稀释剂，因而可预见 PLC 将表现出与 MLC 相同的行为。这种极端情况的确需要考虑，热致或溶致性 MLC 的静态、平衡态性质在 PLC 都会出现，只需将适当的液晶基元聚合并加热或溶解到液晶态（$T_m < T < T_{cl}$）。这在 SCPLC 中尤其如此，当间隔链接部分有足够柔性、且足够长，就能够实现液晶基元与高分子链之间的"去耦效应"[13]。

在 MCPLC 主链中插入间隔链可得到交替共聚物：……液晶基元-间隔链-液晶基元-间隔链……。MCPLC 的这种拓扑结构还表现出额外的特性，这就需要考虑由此产生的二级结构：①间隔链的奇偶性，即间隔链中的原子数是偶数还是奇数；②间隔链长度，可导致一种液晶相比另一种更稳定，譬如向列相与近晶相。如果只讨论理想的液晶基元，这些特征和下文将介绍的其他特征显然是无法解释的，如主链和侧链拓扑结构都很容易形成（手性）向列相和近晶相。PLC 向列相的 X 射线衍射与小分子向列相在很多方面难以区分。然而，在 SCPLC 液晶相中，特别是在近晶相中，高分子主链骨架限定在液晶相中，导致 X 射线衍射测定到更丰富结构和准周期缺陷[60]。

SCPLC 的序参量和物理性质的各向异性与 MLC 相当，但 MCPLC 却有些不同。MLC 和线性 MCPLC 之间的差异体现在热力学上：如低聚合度的线形 MCPLC 的相变温度强烈依赖于聚合度[61]。当聚合度为 10 时，T_m 与 T_{cl} 值几乎相近。在具有较长末端烷基的 MLC 同系物中，随着亚甲基数目的增加，其相变温度和热力学参数发生振荡变化。如图 5.21（a）所示，这种带有间隔链奇偶效应的振荡在线形低聚体和 MCPLC 中非常突出，这是因为对于偶数间隔链，高分子主链中的液晶基元的连接性增强了相邻液晶基元之间的液晶基元-取向相关性，而奇数间隔链的几何形状则阻碍了这种相关性。对液晶基元的序参量来说，这种间隔链的奇偶效应是很常见的。图 5.21（b）显示了二聚行为和间隔链奇偶性对氘 NMR 测定的液晶取向有序度的影响[62]。含奇数间隔链 MCPLC 的序参量 S 比 MLC 的小，而含偶数间隔链 MCPLC 则比 MLC 的大。

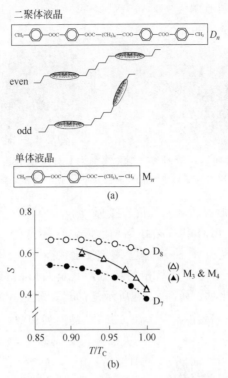

图 5.21　（a）由偶数（even）、奇数（odd）个全反式构象间隔链连接
的两个液晶基元的相对取向示意图；（b）两端均含液晶基元的二聚
体 D_n 和仅一端含液晶基元的单体 M_n 的向列相序参量对比图[62]

　　奇数间隔链奇偶效应导致 S 值低于 MLCs 的观测值，而偶数间隔链奇偶效应则增强
了液晶的序参量。请注意，从图 5.21（b）中可以看出，末端链的奇偶效应对 MLC 的有
序性几乎没有影响。基于式（5.7）可以看出，MCPLC 中液晶基元的相互连接对其取向
有序度影响极大，进而影响到本体性质的各向异性。

　　此外，正是间隔链奇偶效应的重要作用，使 MCPLC 也表现出倾斜的近晶 C 相，该
相在层与层之间的倾斜是交替的[63]。奇数间隔链的二级结构使液晶基元沿聚合链方向交
替连续排列，导致了这种反斜液晶的堆砌排列。

　　另一个例子也证明了液晶基元共价连接的作用，如将液晶通过共价键嵌入到高分子
中，可提高该液晶稳定性的温度区间。甚至在某些情况下，非液晶基元在聚合后也会表现
出液晶性[64]。当非液晶基元在高分子中以共价键连接在一起时，由于空间受限使它们能
够在某些温度区间取向而形成液晶相。

　　MLC 的聚合使液晶基元以共价键相连接，从而将取向和平移有序引入到 PLC 的液晶
相中。同时，由自发排列的液晶所产生的指向矢场又对高分子链施加构型约束。通过研究
溶解在液晶中的柔性高分子链的行为，可阐明这种高度耦合体系的约束条件。结合中子散
射和同位素标记技术，可以深入观察到各向异性流体中溶质链的整体形状。由图 5.22 可
知，该溶质-溶剂体系中溶质链的回转半径张量 R^g 符合 MLC 溶剂中液晶的排列方式。在
向列相中，$R^g_{//}$ 大于 $R^g_{\perp}$，其中 $R^g_{//}$ 为沿指向矢方向的回转半径。然而，由于链形变产生

严重的熵损失，因此各向异性 $R_{/\!/}^g - R_\perp^g$ 很小。

各向同性溶剂

$R_{/\!/}^g = R_\perp^g$

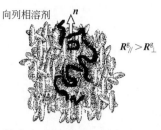
向列相溶剂

n

$R_{/\!/}^g > R_\perp^g$

图 5.22　各向同性溶剂和向列相溶剂中高分子链的运动轨迹示意
图；回转半径 R^g 的平行分量和垂直分量分别平行和垂直于 n

当高分子链与长椭球形液晶基元共价连接形成 SCPLC 时，上述向列相中溶质链受指向矢场的影响，可能被 SCPLC 共价拓扑结构的限制作用抵消。在简单的 SCPLC 中，液晶基元通过柔性间隔与高分子骨架通过共价键连接，可观测到长扁链的运动轨迹。SCPLC 的向列相具有较低温度下近晶相的特点，其扁圆形回转半径具有"近晶相涨落"趋势，即 $R_{/\!/}^g < R_\perp^g$ [65]。此时，如图 5.23 所示链的运动轨迹出现在与指向矢垂直的平面上，Warner 将其定义为向列相 N_I [66]。在 SCPLC 的向列相中，高分子主链呈平行于指向

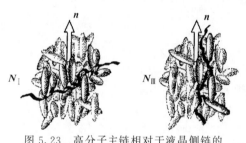
n　N_I　n　$N_{Ⅲ}$

图 5.23　高分子主链相对于液晶侧链的
两种可能构型：向列相 N_I 和 $N_{Ⅲ}$ [66]

矢的等长运动轨迹，即向列相 $N_{Ⅲ}$。在 SCPLC 的近晶相中，高分子主链则呈扁圆形轨迹，即 $R_{/\!/}^g < R_\perp^g$，但回转半径的各向异性较小（$R_{/\!/}^g \approx R_\perp^g$），表明高分子主链的运动不局限于近晶层之间的狭窄界面。显然，高分子链在层间穿越，以减小层内受限带来的严重熵损失。接下来，简要讨论 PLC 的固态特征，然后讨论 PLC 中熵效应导致的结果，即液晶高分子网络的橡胶弹性。

高分子液晶的一个显著特征是玻璃化转变。虽然只有少数 MLC 可以通过玻璃化转变将液晶相分子组织结构保留在固体状态，但这在 PLC 中却非常普遍。因此，向列相或近晶相高分子玻璃态就成为客体分子定向并利用其光学特性的重要固态载体。此外，该高分子还可作为以共价键方式键接液晶态客体❶分子的媒介，并将其取向状态固化下来[67]。PLC 的玻璃化转变机制与普通的各向同性高分子相同。液晶熔体的冷却过程限制液晶再取向运动，从而捕获非平衡构型并阻止其结晶。图 5.24 为 PLC 的常见 DSC 曲线。在第一次升温、再降温的过程中，形成过冷向列相玻璃态。继续加热超过玻璃化温度 T_g 时，该玻璃态直接进入向列相液晶态。除 T_g 外，如果间隔链足够长，还可能出现与结晶间隔链熔融相关的 T_m，这在图 5.24 中没有展示出来。

黏弹性是高分子在 T_g 以上最普遍的特性。在此，通过合成含液晶基元的硅氧烷、异戊烷等通用弹性体，使其兼具橡胶弹性和液晶性，该类高分子网络称为热致 PLC 网络。低交联密度 PLC 网络的 T_g 或 T_{cl} 等相变温度与交联前 PLC 的差异不大[68]。当温度低于

---

❶　在 MLC 中，只能容纳有限数量的非液晶客体，如 10%（摩尔分数），而不会抑制液晶相的形成；如果将客体分子或共聚单体以共价键的方式键接到 PLC 上，即使含量高达 40%，其共聚物的液晶性仍可保持完好。

T_{cl} 时，仅需很小的机械拉伸（拉伸比 $\lambda < 1.5$）即可将随机取向和偏斜织构的 PLC 变成具有宏观取向的单畴液晶弹性体网络[69]。在这种弹性网络的各向同性熔体中，施加力学形变将产生一个应力场，该应力场使液晶的取向排列产生偏差。随着温度的降低，这种取向偏差使熔体自发形成液晶相。正如 5.5 节所详细描述的那样，力学形变使如图 5.25 中粗线所示的零应力下的 T_{cl} 有效升高至中间虚线位置的 T_{cl}'，导致在 T_{cl}' 时才能发生 I—→N 相转变，据此可求得清亮点时的序参量 S_{cl}。图 5.25 绘制了三种情况下序参量的温度依赖性：粗实线的零应力状态、中间点线的中等应力状态和细实线的临界应力状态。在超过临界应力（对应的应变比为 λ_{crit}）时，各向同性熔体的有序性随温度的降低而不断提高。一旦样品的应变超过临界应变比 λ_{crit}，温度降至 T_{crit}，则无法观察到一级相变。将液晶相转变和指向矢重排耦合到机械形变中，将产生一些新奇的应用，如制作机械光传感器和开关。在低应变下，手性液晶弹性体表现出独特的机电现象，这是由力学形变所产生的电极化作用。对该弹性体施加外电场，其尺寸变化会产生两种相反的作用结果。前一种压电效应可能同时产生热释电效应和挠曲电效应，温度的改变和指向矢场的扭曲诱发表面的变化[70,71]。如含手性液晶基元的 PLC 弹性体可形成 N^* 和 S_C^* 相多畴织构，在低应变（$\lambda \approx 1.3$）下可变成单畴弹性体；在高应变（$\lambda > 3$）下超分子扭曲相得到补偿，形成 N^* 或 S_C^* 相[68]。在这种液晶网络中也有光子现象的报道。空间的局部形变可诱导形成均一的指向矢场，即形成均匀的向列相光学各向异性，从而在向列相弹性体中产生波导通路[72]。在向列相弹性体中发现了新的软弹性形变模式[73]，在胆甾相弹性体中也发现了光子带隙结构，这些带隙结构随应变发生明显变化，显示出色彩绚丽的彩色反射和激光[74]。这些现象均表明 PLC 有望很快得到实际应用。

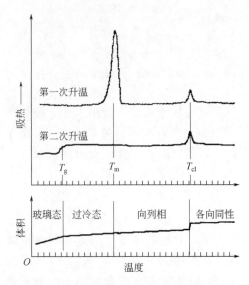

图 5.24 热致高分子液晶升温时的 DSC 曲线和体积变化示意图。首次升温、再降温过程中，形成过冷向列相玻璃态；二次升温 DSC 曲线和体积变化显示超过 T_g 时玻璃态直接进入液晶态；T_{cl} 时液晶相向各向同性相转变

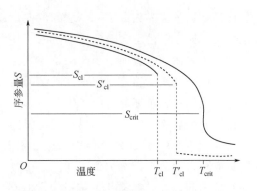

图 5.25 三种情况下弹性液晶高分子序参量 S 的温度依赖性：粗实线为零应力状态，类似于 Maier-Saupe 理论；点线和细实线为有应力作用的情况。点线：随着应力的增加，一级转变温度 T_{cl} 升高；细实线：超过临界应力，S 随温度的降低而不断提高

5.4.2　嵌段共聚物

在微相分离的嵌段共聚物熔体和溶胀凝胶中可观察到宏观各向异性[75]。与疏水-亲水驱动的两亲分子聚集行为类似，二嵌段和三嵌段共聚物中不同化学结构的嵌段在溶剂中表现出不同的溶解度，也表现出液晶行为[76]。如图 5.26 所示，当嵌段共聚物浓度较高时，其中的不溶性嵌段以立方、六方、层状等规则形状堆砌形成聚集体，在溶胀嵌段的包裹下分散在过量的溶剂中。在纯的或溶胀的微相分离嵌段共聚物中，其长程有序性赋予了这些凝胶状流体双折射等宏观各向异性。

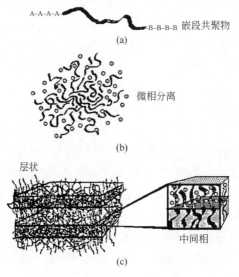

图 5.26　（a）：AB 线形嵌段共聚物，其中 B 嵌段优先溶剂化；（b）："反相胶束"；（c）：溶胀的层状形貌，放大图为流体微相分离形貌中 A-B 界面附近中间相内的链运动轨迹

然而，这种液晶相分子或单体的取向性质与 MLC 是有区别的。一般情况下，嵌段共聚物中每个嵌段链的运动轨迹是随机的，体系将尽量在空间不同相区保持熵值最大。由于链运动始于界面的垂直面，因此保持"刷形"结构[77]，其中链运动轨迹沿界面法线方向延伸。类似的链运动轨迹也出现在半结晶高分子的晶体—非晶界面上。然而，对于这些本质上非液晶体系，单体的各向异性相当小，其形变弹性体的取向各向异性值 S 仅约 10^{-3}，当使用"向列有序性"描述偏离链运动轨迹时，如 $S=0.5$，可能会导致一些混淆。最近，人们引入"中间相（interphase）"这一术语，用来描述在这些体系中，高分子链偏离界面附近完全松弛的平衡态构型，如图 5.26 所示。嵌段共聚物的液晶现象跨越了整个超聚集体系，因此，液晶现象并不依赖于单体的几何结构，而是依赖于特定溶剂驱动的聚集行为。

5.4.3　液晶高分子

本书中，缩写 LCP 特指利用传统的商业单体聚合而成的溶致性和热致性液晶高分子。这些高分子的液晶性质并不是由简单的、类似 PLC 那样的理想液晶单体聚合而成。在

LCP 中，其液晶性来源于高持续长度的刚性链。其链刚性取决于其单体的种类，也决定了 LCP 最终用途，如热稳定性、耐溶剂性、高强度等。也就是说，若液晶高分子被溶解或熔化，其二级结构的刚性和各向异性使之自发形成有序流体。图 5.27 列出了一些典型的分子结构，前三种可形成溶致液晶相。除第一种螺旋聚多肽之外，这些高分子，特别是聚苯二噁唑类和聚苯二噻唑，都需要强酸为溶剂，以便在足够高的浓度下溶解高分子形成液晶相，其中第二种高分子中的 X 为氧或硫。第三种高分子是由杜邦和阿克苏公司生产的聚芳酰胺，它是工业上非常重要的溶致液晶高分子。

图 5.27 中其余的高分子为热致液晶高分子，一般为"半柔性"高分子，具有可变的持续长度。通常地，其一级结构由液晶基元或核心基元构成，如由酯基连接的芳香环，与已知的 MLC 结构相似。本质上讲，所有工业上重要的热致液晶高分子都是由两种以上单体共聚而成的共聚酯，它们的一级结构的差异性是非常明显的。一些研究者已经讨论了因共聚过程中酯交换反应而导致的结构差异性对液晶性能的影响[78]。分子量分布和一级结构的差异性可能导致纳米相分离，即各向同性熔体的微观体积元分散在液晶相中。相应地，单链可同时穿过各向同性区和液晶相区。因此，与半结晶高分子的结晶度类似，使用液晶度这个术语来描述上述结构是合适的。由于聚酯是多组分体系，具有链长和组成的差异性。根据相图规则，当它们加热到清亮点附近时，LCP 总是出现各向同性相和液晶相的"两相"共存状态。尽管热致 LCP 的相平衡已引起了热烈的讨论[79]，但尚未得到令人满意的解决。更重要的是，尽管样品的均一性对热致 LCP 的最终物理性能至关重要，但有关热稳定性 LCP 的系统研究却很少有公开报道。

将 1,3-苯乙烯和 2,6-萘等弯曲或扭结的结构单元引入到聚酯骨架中，可以使热致 LCP 更易于热加工，2,5-噻吩[80] 和二噁唑[81] 等新颖的弯曲状单体也有望发挥重要的作用。

5.5 液晶相转变理论

阐明各向同性流体向自发有序向列相的转变，即 I ⟶ N 转变，已经发展出以下四种基本理论：①Onsager 理论，对于各向异性粒子自由能进行密度展开；②Flory 格子理论，将刚性棒状溶质分子（占多个格点）进入格点的概率加以估算；③Maier-Saupe（梅尔-绍珀）平均场理论，按照在向列相环境中，介晶基元（或溶质）经历的平均力矩势函数加以推导；④de Gennes-Landau（德让纳-朗道）理论，是由 de Gennes 将 Landau 的分子场理论引入 I ⟶ N 转变。高分子液晶相理论最新发展与上述每一种理论都有关，因此下面按时间倒序来简单介绍这些理论。

5.5.1 de Gennes-Landau 分子场理论

德让纳将朗道分子场理论应用于液晶相转变[24]，假设吉布斯自由能密度 g（P，T，S）是序参量 S 的解析函数。若 S 很小，将自由能密度 $g_{nem} \equiv g - g_{iso}$ 的向列相分量按幂级数展开可得：

$$g_{nem} = \frac{1}{3} A S^2 - \frac{2}{27} B S^3 + \frac{1}{9} C S^4 \qquad (5.16)$$

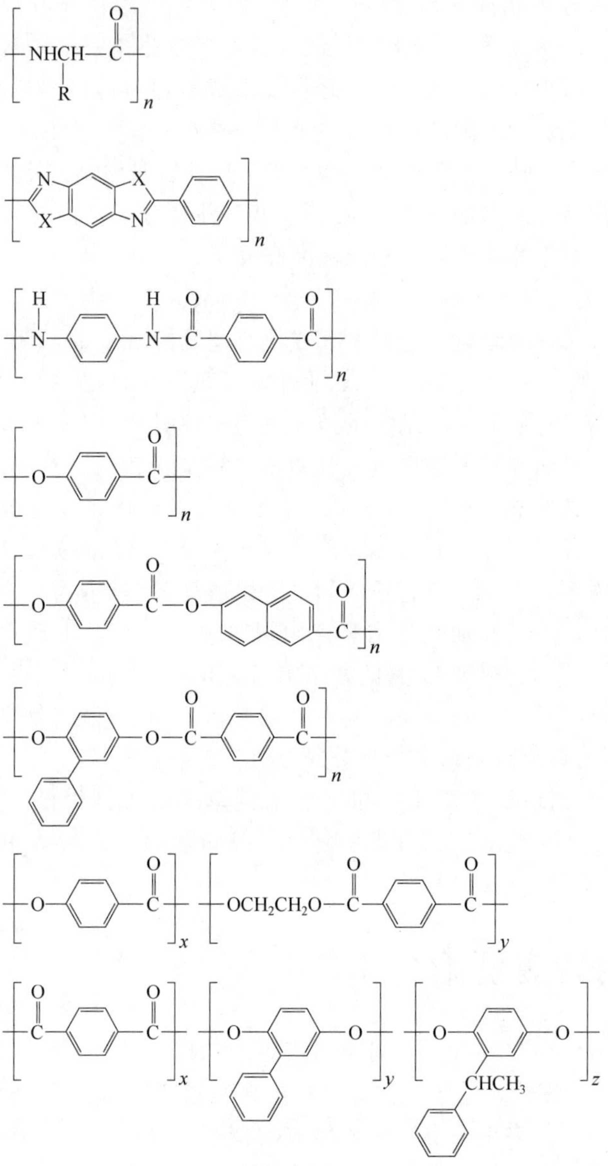

图 5.27 几种 LCP 的化学结构式

式中，系数 A、B 和 C 是 P 和 T 的广义函数。式（5.16）预测了 A 为 0 时 T^* 附近的相转变。假设 A 有如下形式：

$$A = A'(T - T^*) \tag{5.17}$$

T_c 为不连续的一级相转变温度，T^* 为二级相转变温度，且 T_c 比 T^* 略高。由于 S 为奇次幂，所以 I⟶N 转变为一级相转变。I⟶N 相转变时的 T_c 与图 5.25 中所述的 T_{cl} 一致，该参数和序参量 S_c 可通过对 S 求 g 的最小值得到，即令 $\dfrac{\partial g}{\partial S} = 0$，则：

$$T = T^* + \frac{1}{27}\frac{B^2}{A'C} \quad S_c = \frac{B}{3C} \tag{5.18}$$

由图 5.25 粗实线可知，随着温度的降低，S 从 0 突跃至特定值 S_c。若考虑外场 F 对各向异性分子极化率 $\Delta\chi$ 的影响，则应将 $-\dfrac{1}{2}(N\Delta\chi)SF^2$ 加入 g 的表达式[24,26]。由图 5.25 虚线可知，外界条件使 T_{cl} 向高温移动。

德让纳将通用朗道理论拓展至 MLC 临界现象，并成功应用于描述 PLC 所构成的弹性网络[66]。朗道公式还可描述传统非液晶网络中的取向现象。特别是应力场 σ 带来的力学形变与外电磁场的影响类似，也影响着 g 及相应 T_c 和 S_c。对于小的单轴延伸比，$\lambda = e - 1$，其中 e 为应变，考虑到增加项，式（5.16）可改写为如下形式：

$$g = g_{iso} + g_{nem} - USe + \frac{1}{2}\mu e^2 - \sigma e \tag{5.19}$$

式中，$-USe$ 为应变与向列相有序性的耦合；μ 为模量。显然，U 和 μ 依赖于交联密度，且这些附加项有着重要意义。即使没有外应力场作用，即 $\sigma = 0$，在自由能极小值对应的应变 $e_{min} = US/\mu$ 的情况下，向列态的交联网络宏观尺寸也可发生自发的改变。由该 g（e_{min}）求得的相转变温度有所升高，即 $T_c' = T_c + U^2/(2\mu A)$。由图 5.25 虚线可知，弹性 PLC 网络比未交联网络更易出现 I$\longrightarrow$N 转变，且 T_c' 随应力增大而提高。由图 5.25 细线可知，在临界应力 σ_{crit} 之上将温度降至临界温度 T_{crit}，网络可从各向同性连续过渡到液晶相，这与小分子液晶在电磁场下的行为迥然不同。然而，应力场与液晶的各向异性排除体积之间的耦合比电磁场与分子各向异性极化率 $\Delta\chi$ 之间的耦合更强。因此，力学应变对 PLC 弹性网络影响很大，而对 MLC 的影响甚微。在清亮点附近应力场驱动的预转变现象已有报道，如在 $T > T_{cl}$ 的情况下，在接近向列相时，其双折射得到增强[82]。根据式（5.17）对 A 的定义，T 接近 T_{cl} 时场诱导的双折射变化值为 $\Delta n_r \propto \chi F^2/A$，即 g_{nem} 对温度依赖性主要来源于 $\Delta n_r \propto A^{-1} \sim (T - T^*)^{-1}$。

对于 PLC 网络的这些观察，让我们再次关注传统的橡胶弹性网络的古老问题，这类网络是由异戊二烯、丁二烯和硅氧烷等非液晶基元单体组成的，第 1 章对此已进行过经典的处理。这些问题是：在普通链段之间，是否有明显的取向关联（即排除体积效应）？在传统弹性网络中，链段取向与应力场之间是否存在耦合（即"类向列型相互作用"）？最近的理论工作表明，若考虑这类材料中类向列型相互作用，可解释应力-应变实验数据与橡胶弹性的经典计算结果之间的偏差[83]。这些理念也揭示了"各向同性"高分子熔体的应力弛豫机理[84]。

5.5.2 Maier-Saupe 平均场理论

Maier-Saupe 平均场理论[85] 假设一个简单的平均转矩势，这个平均转矩源于相邻液晶分子间相互作用的平均值。该扭矩势的平均场为：

$$V(\beta) = -\omega S P_2(\cos\beta) \tag{5.20}$$

此扭矩势满足无极向列相液晶的对称条件，具有简单的角依赖性 $P_2(\cos\beta)$，随取向序参数 S 的增大而变得更重要，并可由耦合常数 ω 量化。上式中，β 为液晶分子 l 轴与指向矢 $\boldsymbol{n}$ 之间的极角；ω 为衡量向列相平均场对液晶影响强度的一个物理量。由于 $V(\beta)$ 在各向同性液体中消失，其中 $S = 0$，因此 $V(\beta)$ 是 S 的函数，可表征普通液体中的各向异性相互作用，序参量的自洽场定义为：

$$S = \frac{\int_0^1 P_2(\cos\beta) \exp\left[\dfrac{V(\beta)}{k_B T}\right] \mathrm{d}(\cos\beta)}{\int_0^1 \exp\left[-\dfrac{V(\beta)}{k_B T}\right] \mathrm{d}(\cos\beta)} \tag{5.21}$$

由于式（5.21）的两边都与 S 相关，通过数值求解就可得出序参量与温度之间的关系，如图 5.25 中粗实线所示。配分函数的传统统计力学计算表明，一级相变温度为 T_c 或 T_{cl}。在 I $\longrightarrow$ N 转变时，$S_c = 0.43$，$T_c = 0.22\omega/k_B$。

Warner 等[66] 利用这一理论进行研究，发现在 SCPLC 中存在多种类型的向列相，图 5.23 所示的这些向列相液晶态取决于平均场下侧链液晶基元和主链骨架的耦合常数 ω_{core} 和 $\omega_{backbone}$ 的相对大小和符号。除了 SCLCP，Maier-Saupe 平均场理论只是作为下面将介绍的弗洛里格子理论中无热排斥体积相互作用的一个补充。然而，值得强调的是，虽然 ω 定义为各向异性吸引作用，如色散力，但是 Gelbart[86] 和 Cotter[87] 指出：在考虑棒状液晶的排除体积带来的各向异性空间里，平均各向同性吸引作用也同样满足 $V(\beta)$ 方程。也就是说，将形状各向异性考虑到分子间平均相互作用中，纯各向同性吸引力也可产生明显的各向异性平均扭矩势。这种局部有效的各向异性来自于排除体积的影响，也可能是具有半柔性主链结构的线形热致 LCP 的物理基础。

5.5.3 弗洛里格子模型

Flory 格子模型于 1956 年[88] 就已经引入高分子液晶领域，虽随后十余年受尽冷落，但目前已经十分热门。此模型处理由溶剂和刚性棒组成的溶致液晶体系十分理想；然而，最近认为，处理半柔性线形高分子和热致单体液晶，要按上下文加以修正。Flory 模型的关键是推导出配分函数 Z，对应于将 n_p 个棒状溶质粒子置于 n_0 个格子中，其中每个棒状粒子由 x 个链段组成，剩余的 $n_s = n_0 - x n_p$ 个格点由溶剂粒子填满。Z 函数由两部分相乘而得，分别为组合部分 Z_c 和取向部分 Z_0：

$$Z_c = \left(\frac{1}{n_p!}\right) \prod_{j=1}^{n_p} \nu_j \tag{5.22}$$

$$Z_0 = \prod_y (n_p \sin\beta_y / n_{py})^{n_{py}} \approx \left(\frac{\bar{y}}{x}\right)^{2n_p} \tag{5.23}$$

在 Z_c 函数中，ν_j 表示放置第 j 个溶质棒状粒子的概率。在函数 $y = x\sin\beta_y$ 中，β_y 是棒状分子与局部指向矢之间的倾斜角。将整个棒置于离散格子中，分解为若干个子棒溶质，变量 y 可看作倾斜轴 β_y 上子棒溶质的个数。ν_j 和 Z_c 随着 y 的增大而增大，且当完全取向（即 $y=1$）时，达到其极大值。Z_0 是格子中 n_p 个粒子形成各向同性构型的极大值，n_{py} 是沿倾斜 y 轴的粒子数目，显然 Z_c 与 Z_0 的变化趋势是相反的。该模型中，粒子长度除以格子宽度是棒状溶质的长径比，即 $x = L/d$。当 x 很小和/或 n_p 棒状溶质浓度很小时，Z_0 起主导作用，且完全无序，即 $y = x$ 时系统处于最稳定状态。当 x 和/或 n_p 很大时，Z_c 足以补偿 Z_0 的损失，从而产生自由能为 $-\ln Z$ 的体系，其中，部分有序的溶质和溶剂混合物更稳定。达到临界体积分数 ϕ_1 时形成液晶相，ϕ_1 与溶质几何形状 x 之间的关系如下：

$$\phi_1 \approx \frac{8}{x}\left(1 - \frac{2}{x}\right) \tag{5.24}$$

对大多数溶致 LCP，根据式（5.24）● 所求得的理论预测值与实验值一致[88]。对于多分散（x 值有一定的分布）棒状体系，此理论的一个推论是可得出分级的概率[89]：在两相区域中，较长的棒优先进入各向异性液晶区，而同时较短的棒则优先进入各向同性区。该理论还加以扩展，以适用于预测由棒状分子、无规线团分子和溶剂组成的三元混合体系[90]，发现与实验结果一致[91]，即棒和线团分子两类高分子为强不相容体系。此外，该理论对半柔性高分子也适用。

在结束本节之前，简略地考虑研究 MLC 所作的努力。结合 Maier-Saupe 平均场理论中的各向异性相互吸引作用，可将弗洛里格子理论应用于 MLC 体系[92]。在作者看来，引入本征型各向异性吸引相互作用是格子模型本身处理吸引相互作用的需要，只有最近邻格子间的相互作用是独立求和的。因此，各向异性相互作用只在加入格点的各向异性后才能体现出来。然而，如果格子总和中除了最近邻的相互作用外，还包括次近邻、次次近邻等相互作用，则各向同性位点相互作用自然会产生各向异性引力。假设两个溶质所占位置之间的相互作用大小与溶质所占位置和溶剂所占位置之间的相互作用大小不同，则在长程格子统计中，一对连续被占格点——棒状分子所产生的全部相互作用为二者夹角的函数，这一现象很容易在图 5.28 的二维方形格子中得到说明。

图 5.28（a）仅考虑最近邻相互作用，在角度 γ 范围内没有最近邻格点被占据。图 5.28（b）和图 5.28（c）则分别考虑了次近邻和次次近邻相互作用，即阴影部分的被占据格点。当 γ 增加至 γ' 时，次次近邻相互作用数目从图 5.28（c）中的 14 降至图 5.28（d）中的 11，表明相互吸引作用具有角度依赖性。这种考虑排除体积且不依赖于棒状高分子自身所占据格点的各向异性的方法，与 Cotter 和 Gelbart 为 MLC 建模的方式类似[86,87]。

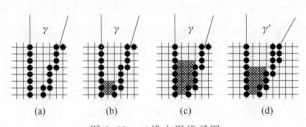

图 5.28　二维方形格子图

5.5.4　Onsager 位力展开模型

Onsager 位力展开模型[93] 是第一个正确解释无热变化时 I→N 相转变的模型，它受启发于棒状烟草花叶病毒（TMV）粒子溶液中的溶致液晶态。20 世纪 20 年代被认作液晶的其他各向异性形状的胶体粒子就是这种现象的典型例子，包括无机 V_2O_5 颗粒[94]、聚四氟乙烯"晶须"的液晶分散体[95] 和无机纳米粒子[50] 等。在 Onsager 模型中，体积 V 中 n_p 个棒状高分子的亥姆赫兹自由能可写成：

$$\frac{\Delta F}{n_p kT} \approx \frac{\mu^\circ}{kT} + \ln\left(\frac{n_p}{V}\right) - 1 + \int f(\Omega)\ln\left[4\pi f(\Omega)\right]\mathrm{d}\Omega + \rho B_2 + \cdots \tag{5.25}$$

● 原文为式（5.14）。——译者注

式中，分布函数 $f(\Omega)$ 表示方向 Ω 上棒状高分子出现的概率。第二维里系数 B_2 可由二重积分的形式给出：

$$B_2 = -\frac{1}{2}\iint B(\Omega,\ \Omega') f(\Omega) f(\Omega') \, \mathrm{d}\Omega \, \mathrm{d}\Omega' \qquad (5.26)$$

Onsager 指出 $f(\beta)$ 近似于 $f(\Omega)$，且 $f(\beta)$ 由下式求得：

$$f(\beta) = \frac{\alpha}{4\pi\sinh\alpha}\cosh(\alpha\cos\beta) \qquad (5.27)$$

式中，$\mathrm{d}\Omega = 2\pi\sin\beta\mathrm{d}\beta$；$\alpha$ 是由最小化 $\Delta F/(n_{\mathrm{p}}kT)$ 决定的变分参数；Onsager 近似得出了一对圆柱体的排斥体积，可写为：

$$-B(\Omega,\ \Omega') \approx 2dL^2 \, |\sin\gamma| \qquad (5.28)$$

式中，L 为长度；d 为半径；γ 为相对取向。Onsager 还通过令向列相和各向同性相与浓度相关的渗透压和化学势各自相等，进而计算出两相共存条件：

$$\Pi_{\mathrm{I}}(c_{\mathrm{I}}) = \Pi_{\mathrm{N}}(c_{\mathrm{N}}) \qquad \mu_{\mathrm{I}}(c_{\mathrm{I}}) = \mu_{\mathrm{I}}(c_{\mathrm{N}}) \qquad (5.29)$$

表 5.1 列出了不同试函数 $f(\Omega)$ 计算得到的液晶化时的各种参数，包括 c_{I} 与长径比 x 的积、系统为向列相时的浓度 $x_{c_{\mathrm{N}}}$ 和临界序参量 S_{crit}。

表 5.1　采用不同试函数 $f(\Omega)$ 计算得到的液晶化时的临界参数

$x_{c_{\mathrm{I}}}$	$x_{c_{\mathrm{N}}}$	S_{crit}	$f(\Omega)$
3.340	4.486	0.848	Onsager 试函数
3.450	5.120	0.910	高斯函数
3.290	4.191	0.792	数值插入

临界浓度和序参量对棒状分子的取向分布特性具有明显的敏感性。Onsager 的描述很容易被高分子学界忽略，对于形成液晶所需的棒状分子的密度，从第二位力系数的截距来计算被认为是不切实际的。平移自由度和取向自由度的去耦法增大了位力展开模型的适用浓度，并减小了相适用的长径比 x[96]。使用这种解耦方法，可简单地将棒状高分子的柔性引入模型中。弗洛里和 Matheson[97] 认为格子中存在棒状高分子的柔性现象，这与 Khokhlov 和 Semenov[98] 对 Onsager 模型的处理一致。Onsager 将链的相关长度定义为 R_x，当 $L/R_x \ll 1$ 时，链为刚性棒状。DuPre 和 Yang 模拟了柔性 L/R_x 对 c_{I} 和 c_{N} 的依赖关系[99]。如图 5.29 所示，随着柔性 L/R_x 的增加，形成液晶态的高分子浓度也随之增大。通过引入额外的 L/R_x 参数，得到与高分子柔性吻合得很好的相关实验结果[99]。在 Khokhlov、Semenov[98] 和 Odijk[100] 引入柔性概念后，Vroege 和 Lekkerkerker 对 Onsager 的开创性工作重新产生了兴趣，并对该领域进行了全面论述[101]。

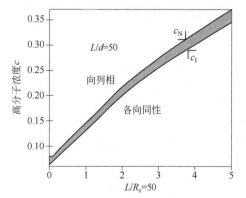

图 5.29　高分子浓度 c_{I} 和 c_{N} 相界区随柔性 L/R_x 的变化关系；暗区为两相区[99]

5.5.5　流变学

当流体存在各向异性时，第 3 章所描述的现象将变得更加复杂。用溶致多肽类 LCP 的黏弹性行为来说明这种复杂性，这类 LCP 体系由棒状 α 螺旋高分子和螺旋状溶剂组成。由第 3 章可知，当 $c < c_I$ 时出现传统的黏度与剪切速率的关系。然而，由图 5.30 可知，当多肽浓度 c 超过形成液晶所需浓度时，即 $c > c_N$ 时，在任一剪切速率下，黏度随着高分子浓度的增加而减小。从表面上看，当刚性棒状高分子加入溶液时，体系表观黏度 η 与棒浓度 ϕ 呈强相关性❶。在 I⟶N 转变前，η 随着 ϕ 的增加而迅速增大；体系黏度在 $\phi_I < \phi < \phi_N$ 的两相区达最大值；而当 $\phi > \phi_N$ 时，η 则随之减小。基于分子动力学的流变本构方程，Doi[102] 成功描述了这些现象，并包含了棒状溶质的取向作用。该模型中，$\phi_I = 8\phi^*/9$，且 $\phi_N = \phi^*$。约化的稳态黏度 η/η^* 与约化浓度 ϕ/ϕ^* 和棒状分子序参量 S 相关：

$$\frac{\eta}{\eta^*} = \left(\frac{\phi}{\phi^*}\right)^3 \frac{(1-S)^4 \; (1+S)^2 \; (1+2S) \; (1+3S/2)}{(1+S/2)^2} \qquad (5.30)$$

而 S 又与各向异性相中棒状分子的密度有关：

$$S = \begin{cases} 0 & \phi < \phi^* \\ \dfrac{1}{4} + \dfrac{3}{4} \left[1 - 8\phi^*/(9\phi)\right]^{\frac{1}{2}} & \phi > 8\phi^*/9 \end{cases} \qquad (5.31)$$

从图 5.31（a）中可以看出，式（5.30）的曲线表明 η/η^* 在各向同性区时增大，而在各向异性液晶区时减小。插图 5.31（b）为两相区中所估算的黏弹性行为，此时 $8\phi^*/9 < \phi < \phi^*$，且各向同性相和各向异性相共存。用泰勒公式可以计算两种互不相容流体的混合曲线：

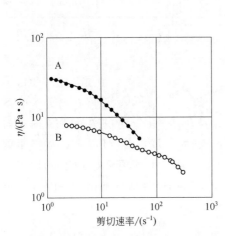

图 5.30　不同 PBLG（聚苄基-L-谷氨酸盐）浓度下剪切速率对 PBLG 溶液黏度的影响：（A）$c < c_I$（各向同性溶液）；（B）$c > c_N$（液晶溶液）[104]

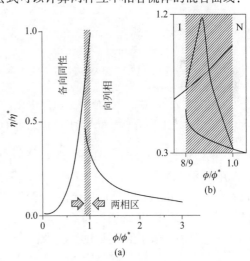

图 5.31　（a）由 Doi 公式［式（5.20）］预测的刚性棒约化黏度与约化浓度的关系曲线；（b）根据两种互不相容流体的经典混合行为，其约化黏度在两相区 ❷（$c_I < c < c_N$）达到极大值[103]

---

❶　为了与原始文献保持一致，采用棒的长径比将数量浓度 c 转化为体积分数 $\phi = (\pi/4)cd^2 L$。（原注上列分数中等式括号中为 p，已改正为 π。——校者注）

❷　原文为 $c_I > c < c_N$。——译者注

$$\frac{\eta}{\eta_0}=1+f\left[\frac{5\eta_1/\eta_0+2}{2(\eta_1/\eta_0+1)}\right] \tag{5.32}$$

式中，f 表示混合物中各向异性相所占比例；η_0 和 η_1 分别为主体相和客体相的黏度。当 $f<0.5$ 时，各向同性相和各向异性相的 Doi 约化黏度值分别对应于 η_0 和 η_1；假设 f 在两相区为约化体积分数的线性函数，即从 ϕ_I 到 ϕ_N 时 f 由 0 变为 1.0，则 $f>0.5$ 时各向同性相和各向异性相的 Doi 约化黏度值正好互换。因此，泰勒公式所预测的 η/η^* 最大值出现在两相区域，这与实验结果是相符的[103]。

Larson 及其同事仔细研究了多肽类溶致液晶的流变行为[104]。如图 5.30 所示，各向同性溶液和各向异性液晶的 η 均与剪切速率有关。此外，第一和第二法向应力的差值 N_1 和 N_2 均表现得非同寻常，如图 5.32 中的 N_2 为剪切速率的简谐函数。实验结果与 Doi 扩展理论在定性方面相符。由于 Doi 理论适用于单畴样品，即宏观均匀的指向场，因此在充满磁偏（disclination-ridden）的液晶相中有必要对畴取向进行平均化。在最近的理论工作中，Marrucci 明确指出在低剪切速率下向列相流体发生"翻滚运动"，即指向矢方向的旋转运动，并且产生多畴织构[105]。在高剪切速率下则出现均一指向矢的单畴液晶。该理论与实验所观察到的阶跃应变下瞬态应力响应的阻尼振荡相符[106]。

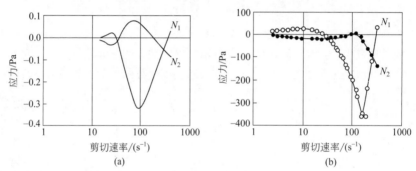

图 5.32　PBLG 液晶相❶ $(c>c_N)$ 中剪切速率对第一和第二法向应力差（N_1 和 N_2）的影响：计算值（a）和实验值（b）。计算值为基于 Doi 扩展理论的无量纲值[104]

这里，通过带状结构形成的现象，即由剪切引起的指向矢场的"蛇行"畸变来结束对 LCP 流变学的讨论[107]。解释此现象似乎需要引入两个指向矢场正交变形[108]，即简单剪切和正交于剪切方向的 Frank 弹性。尽管机理尚未完全弄清，但该现象对 LCP 的加工尤为重要。在溶致 LCP 纺成的单纤维丝中观察到带状织构的周期性取向畸变，它对纤维最终力学性能的影响将在后文中进行讨论。

5.5.6　弹性

刚性棒状液晶之间的相互作用主要是排除体积作用，弹性对自由能的贡献本质上是熵的贡献。弹性系数 k_{ii} 与 $\phi^2(L/d)^2$ 和序参量相关的因子成正比；弯曲系数 k_{33} 比展曲系数 k_{11} 更重要，且为扭曲系数 k_{22} 的三倍[109]。另一方面，半柔性高分子的链轮廓可能随着指向矢方向发生局部扭曲畸变，表明 k_{ii} 之间存在不同的关系。例如，k_{33} 应该与 ϕ 成

---

❶　原文为 $c<c_N$。——译者注

线性关系，且与链长 L 无关。Meyer 认为 k_{ii} 与 L/d 和 ϕ 成线性关系。对于长链，$k_{11} > k_{33}$；而展曲 k_{11} 主要由链末端的熵值决定[110]。Lee 和 Meyer 利用多肽类溶致液晶来研究刚性和半柔性液晶高分子之间的区别[111]。结果表明随着分子量的增加，多肽类高分子逐渐由 $L/d < R_x$ 的刚性行为转变为 $L/d > R_x$ 的半柔性行为；他们观察到，链轮廓的弯曲形变对 LCP 的黏弹性能影响甚大，并证明了采用几何参数构建 LCP 弹性行为模型的有效性。

5.5.7 固态形态和性质

通俗来讲，固态 LCP 的形态特征源自液晶熔体和溶液所表现出的高分子组织形式。典型的例子是如图 5.33 所示的纤维的多级形态。在达到这一层次的微观水平之前，传统柔性高分子和 LCP 的纤维形态特征是相似的。在柔性高分子中，分子水平上存在两相形态，即折叠链晶体与无规链共存，如图 5.33 右下图所示（参见第 4 章）。在 LCP 中，如图 5.33 左下图所示，刚性高分子链在完全伸直链晶体中持续整个长度，本质上是沿着纤维长度方向连续排列。虽然形态相近，但传统高分子和 LCP 的物理性能却相差甚大。通过比较折叠链聚乙烯纤维（fcPE）和伸直链聚乙烯纤维（ecPE）的最大拉伸模量，有助于理解这种差异。ecPE 可通过聚乙烯凝胶纺丝法[112] 或固体挤出法制备而成[113]。fcPE 的平均模量约为 80GPa，可由无定形部分（约 6GPa）和晶体部分（约 300GPa）的贡献加和得到。ecPE 的平均拉伸模量实验值为 200GPa，理论最大值为 320GPa[114]。据报道，溶致半柔性聚酰胺模量约为 185GPa，刚性更强的聚苯并二噁唑聚（PBO）的模量则高达 365GPa。

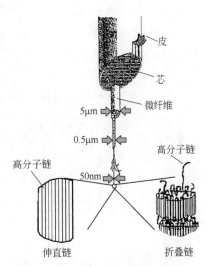

图 5.33　不同纤维呈现的多级形态[11]。刚性线形高分子经液晶纺丝得到完全伸直链结构，分子链平行纤维轴方向排列（左插图）；传统的柔性高分子则为半结晶折叠链结构（右插图）

在溶致液晶高分子纺丝而制成的纤维中，由于存在高阶形态缺陷，如前面提到的周期性取向扭曲畸变，导致最终的物理性能仍然存在限制[115]。在此背景下，还需要进行大量的实验和理论工作，通过控制 LCP 加工工艺参数调控复杂剪切场下的向错织构和指向矢结构。在自然界中，这些困难似乎被巧妙地解决了，如蜘蛛通过液晶纺丝纺出了几乎无缺陷的纤维[116]。因此，人们正在努力分析纺丝过程，如纺丝机喷丝头拉伸几何形状及其相关的剪切场，进行模仿蜘蛛纺丝研究。

在半柔性 LCP 的熔体和溶液中，流变诱导的应力场可能与高分子的构象变化耦合。为了解决在固态 LCP 中观察到的多级"皮-芯"形貌的起源，需要进行更复杂的研究。另一个重要问题是流场中缺陷结构的演化[117]。毋庸置疑，这些超分子结构对高性能 LCP 的最终物理性能起决定性作用。事实上，由于缺乏对 LCP 加工的深入理解，严重限制了这类材料的应用[11,118]。目前单体的成本也是一个重要的影响因素。然而，高分子科学界普遍认为，LCP 的各向异性对其特殊应用，如共混物、自增强复合材料、加工助剂方面占据重要地位，也充满挑战。

致谢

作者关于液晶的研究主要得到了美国国家科学基金会材料研究部的支持。

（王晶　廖永贵　解孝林　译）

参考文献

[1] M. Baron and R. F. T. Stepto, *Pure Appl. Chem.*, **74** (2002), 493; M. Baron, *Pure Appl. Chem.*, **73** (2001), 845.

[2] D. A. Dunmur, A. Fukuda, and G. R. Luckhurst (eds.), *Liquid Crystals：Nematics* (INSPEC，London，2001).

[3] S. Kumar (ed.), *Liquid Crystals：Experimental Study of Physical Properties and Phase Transitions* (Cambridge University Press，Cambridge，2000).

[4] R. G. Larson, *The Structure and Rheology of Complex Fluids* (Oxford University Press，Oxford，1999).

[5] P. J. Collings and M. Hird, *Introduction to Liquid Crystals，Chemistry and Physics* (Taylor and Francis，Bristol，1997).

[6] D. Acierno and A. A. Collyer, *Rheology and Processing of Liquid Crystal Polymers* (Chapman & Hall，London，1996).

[7] N. A. Plate (ed.), *Liquid Crystalline Polymers* (Plenum Press，New York，1993).

[8] A. A. Collyer (ed.), *Liquid Crystal Polymers：From Structures to Applications* (Elsevier Applied Science Publishers，London，1992).

[9] A. M. Donald and A. H. Windle, *Liquid Crystalline Polymers* (Cambridge University Press，Cambridge，1991).

[10] A. Ciferri (ed.), *Liquid Crystallinity in Polymers* (Cambridge University Press，Cambridge，1991).

[11] E. T. Samulski, *Liquid Crystalline Polymers* (National Academy Press，Washington，1990).

[12] R. A. Weiss and C. K. Ober (eds.), *Liquid Crystalline Polymers* (American Chemical Society，New York，1990).

[13] C. B. McArdle (ed.), *Side Chain Liquid Crystal Polymers* (Blackie and Son，London，1989).

[14] G. Vertogen and W. H. deJeu, *Thermotropic Liquid Crystals，Fundamentals* (Springer-Verlag，Berlin，1988).

[15] G. W. Gray (ed.), *Thermotropic Liquid Crystals* (John Wiley & Sons，New York，1987).

[16] L. L. Chapoy (ed.), *Recent Advances in Liquid Crystalline Polymers* (Elsevier Applied Science Publishers，Amsterdam，1985).

[17] A. Blumstein (ed.), *Polymeric Liquid Crystals* (Plenum Press, New York, 1985).

[18] *Polymer Liquid Crystals*, Faraday Discussion of the Chemical Society No. 79 (Royal Chemical Society, London, 1985).

[19] M. Gordon (ed.), *Liquid Crystal Polymers*, vols. Ⅰ, Ⅱ, and Ⅲ (Springer-Verlag, Berlin, 1984).

[20] A. Ciferri, W. R. Krigbaum, and R. B. Meyer (eds.), *Polymer Liquid Crystals* (Academic Press, London, 1982).

[21] H. Kelker and R. Hatz, *Handbook of Liquid Crystals* (Verlag Chemie, Berlin, 1980).

[22] A. Blumstein (ed.), *Liquid Crystalline Order in Polymers* (Academic Press, New York, 1978).

[23] S. Chandrasekhar, *Liquid Crystals* (Cambridge University Press, Cambridge, 1977); 2nd edition (1992).

[24] P. G. de Gennes, *The Physics of Liquid Crystals* (Oxford University Press, Oxford, 1974); 2nd edition (1993).

[25] E. B. Priestly, P. J. Wojtowicz, and P. Sheng (eds.), *Introduction to Liquid Crystals* (Plenum Press, New York, 1974).

[26] M. J. Stephen and J. P. Straley, *Rev. Mod. Phys.*, **46** (1974), 617.

[27] D. Vorländer, *Z. Phys. Chem.*, **449** (1927), 126.

[28] G. W. Gray and J. W. Goodby, *Smectic Liquid Crystals: Textures and Structures* (Leonard Hill, London, 1984).

[29] M. J. Freiser, *Phys. Rev. Lett.*, **24** (1970), 1041.

[30] T. Niori, *et al.*, *J. Mater. Chem.* **6** (1996), 1231; D. R. Link, *et al.*, *Science*, **278** (1997), 1924; G. Heppke, *et al.*, *Phys. Rev. E*, **60** (1999), 5575.

[31] R. H. Hurt and Z-Y. Chen, *Phys. Today*, **53** (2000), 39.

[32] E. Nishikawa and E. T. Samulski, *Liq. Cryst.*, **27** (2000), 1463.

[33] R. Cai and E. T. Samulski, *Liq. Cryst.*, **9** (1991), 617.

[34] H. Shi, S. H. Chen, M. E. DeRosa, T. J. Bunning, and W. W. Adams, *Liq. Cryst.*, **20** (1996), 277.

[35] D. Demus and H. Zasehke, *Flüssige Kristalle in Tabellen* (VETS Deutscher Verlag für Grundstoffindustrie, Leipzig, 1984)

[36] X. Wen and R. B. Meyer, *Phys. Rev. Lett.*, **59** (1987), 1325.

[37] I. C. Lewis and C. A. Kovac, *Mol. Cryst. Liq. Cryst.*, **51** (1979), 173.

[38] E. T. Samulski, *Israel J. Chem.*, **23** (1983), 329.

[39] X. H. Cheng, *et al.*, *Langmuir*, **18** (2002), 6521.

[40] C. A. Vieth, E. T. Samulski, and N. S. Murthy, *Liq. Cryst.*, **19** (1995), 557.

[41] T. J. Dingemans and E. T. Samulski, in preparation (2003).

[42] D. Chandler, J. D. Weeks, and H. C. Anderson, *Science*, **220** (1983), 787.

[43] B. K. Vainshtein, *Diffraction of X-rays by Chain Molecules* (Elsevier, Amsterdam,

1966).

[44] R. Oldenbourg, X. Wen, R. B. Meyer, and D. L. D. Caspar, *Phys. Rev. Lett.*, **61** (1988), 1851.

[45] S. N. Murthy, J. R. Knox, and E. T. Samulski, *J. Chem. Phys.*, **65** (1978), 4835.

[46] E. T. Samulski, *NMR in Orientationally Ordered Liquids*, edited by C. A. de Lange and E. Burnell (Kluwer, Dordrecht, 2003), chapter 13, p. 285.

[47] D. J. Photinos, B. J. Poliks, E. T. Samulski, A. F. Terzis, and H. Toriumi, *Molec. Phys.*, **72** (1991), 333.

[48] C. Viney and C. M. Daniels, *Molec. Cryst. Liq. Cryst.*, **196** (1991), 133 and references therein.

[49] B. A. Wood and E. L. Thomas, *Nature*, **324** (1986), 655.

[50] F. Kim, S. Kwan, J. Akana, and P. Yang, *J. Am. Chem. Soc.*, **123** (2001), 4360.

[51] I. Chuang, R. Durrer, N. Turok, and B. Yurke, *Science*, **251** (1991), 1336.

[52] A. C. Neville and S. Caveney, *Biol. Rev.*, **44** (1969), 531.

[53] N. A. Clark and S. T. Lagerwall, *Appl. Phys. Lett.*, **36** (1980), 899; B. O. Myrvold, *Molec. Cryst. Liq. Cryst.*, **202** (1991), 123.

[54] J. Naciri, S. Pfeifer, and R. Shashidhar, *Liq. Cryst.*, **10** (1991), 585.

[55] D. J. Photinos and E. T. Samulski, *Science*, **270** (1995), 783.

[56] A. F. Terzis, D. J. Photinos, and E. T. Samulski, *J. Chem. Phys.*, **107** (1997), 4061.

[57] P. N. Prasael and D. J. Williams, *Introduction to Nonlinear Optical Effects in Molecules and Polymers* (John Wiley & Sons, Inc., New York 1991); see also G. R. Mohlman and C. P. J. M. van der Vorst, in *Side Chain Liquid Crystal Polymers* (Blackie and Son, London, 1989), chapter 12.

[58] I-C. Koo and S-T. Wu, *Optics and Nonlinear Optics of Liquid Crystals* (World Scientific, Singapore, 1993).

[59] W. Brostow, *Polymer*, **31** (1990), 979.

[60] P. Davidson and A. M. Levelut, *Liq. Cryst.*, **11** (1992), 469.

[61] C. K. Ober, J. Jin, and R. W. Lenz, in *Liquid Crystal Polymers*, vol. I, edited by M. Gordon (Springer-Verlag, Berlin, 1984) p. 104.

[62] H. Toriumi, H. Furuya, and A. Abe, *Polym. J.*, **17** (1985), 895.

[63] J. Watanabe and M. Hayashi, *Macromolecules*, **22** (1989), 4083.

[64] R. B. Blumstein and E. M. Stickles, *Molec. Cryst. Liq. Cryst.*, **82** (1982), 151.

[65] P. Davidson, L. Noirez, J. P. Cotton, and P. Keller, *Liq. Cryst.*, **10** (1991), 111 and references therein.

[66] M. Warner, in *Side Chain Liquid Crystal Polymers*, edited by C. B. McArdle (Blackie and Son, London, 1989) chapter 2.

[67] H.-W. Schmidt, *Angew. Chem. Adv. Mater.*, **101** (1989), 964.

[68] R. Zentel, *Angew. Chem. Int. Ed. Engl. Adv. Mater.*, **28** (1989), 1407.

[69] G. R. Mitchell, F. J. Davis, and A. Ashman, *Polymer*, **28** (1987), 639.

[70] J. H. Wendorff, *Angew. Chem. Int. Ed. Engl.*, **30** (1991), 405.

[71] W. Meier and H. Finkelmann, *Makromol. Chem. Rapid Commun.*, **11** (1990), 599.

[72] H. Finkelmann, *Angew. Chem. Int. Ed. Engl.*, **27** (1988), 987.

[73] M. Warner and S. Kutter, *Phys. Rev. E*, **65** (2002), 51 707.

[74] P. A. Bermel and M. Warner, *Phys. Rev. E*, **65** (2002), 56 614.

[75] A. Skoulios, *Adv. Liq. Cryst.*, **1** (1975), 169.

[76] J. Yang and G. Wegner, *Macromolecules*, **25** (1992), 1786; see also B. M. Discher, *et al.*, *Science*, **284** (1999), 1143.

[77] S. T. Milner, *Science*, **251** (1991), 905.

[78] D. G. Martin and S. I. Stupp, *Macromolecules*, **21** (1988), 1222; see also J.-I. Jin, in *Liquid Crystalline Polymers*, edited by R. A. Weiss and C. K. Ober (American Chemical Society, New York, 1990), chapter 3; J. Economy, R. D. Johnson, J. R. Lyerla, and A. Mutilebach, in *Liquid Crystalline Polymers*, edited by R. A. Weiss and C. K. Ober (American Chemical Society, New York, 1990), chapter 10.

[79] General discussion in *Faraday Discuss. Chem. Soc.*, **79** (1985), 89.

[80] R. Cai, J. Preston, and E. T. Samulski, *Macromolecules*, **25** (1992), 563; S. Stompel, *et al.*, *High Perform. Polym.*, **9** (1997), 229.

[81] T. J. Dingemans, Ph. D. Dissertation, University of North Carolina, Chapel Hill (1999).

[82] W. Gleim and H. Finkelmann, in *Side Chain Liquid Crystal Polymers*, edited by C. B. McArdle (Blackie and Son, London, 1989), chapter 10.

[83] M. Warner and X. J. Wang, *Macromolecules*, **24** (1991), 4932 and references therein.

[84] M. Doi, D. Pearson, J. Kornfeld, and G. Fuller, *Macromolecules*, **22** (1989), 1488.

[85] W. Maier and A. Saupe, *Z. Naturf.*, **A13** (1958), 564; *Z. Naturf.*, **A14** (1959), 1909; *Z. Naturf.*, **A15** (1960), 282.

[86] W. M. Gelbart, *J. Phys. Chem.*, **86** (1982), 4298.

[87] M. A. Cotter, *Phil. Trans. R. Soc.*, *London*, *A*, **309** (1983), 127.

[88] P. J. Flory, *Proc. R. Soc.*, *London*, *A*, **234** (1956), 73.

[89] P. J. Flory and R. S. Frost, *Macromolecules*, **11** (1978), 1126.

[90] P. J. Flory, *Macromolecules*, **15** (1982), 1286.

[91] S. M. Aharoni, *Polymer*, **21** (1980), 21; E. Bianchi, A. Ciferri, and A. Tealdi, *Macromolecules*, **15** (1982), 1268.

[92] P. J. Flory and G. Ronca, *Molec. Cryst. Liq. Cryst.*, **54** (1979), 311.

[93] L. Onsager, *Ann. N. Y. Acad. Sci.*, **51** (1949), 627.

[94] H. Zocher, *Anorg. Chem.*, **186** (1925), 75.

[95] T. Folda, H. Hoffman, H. Canzy, and P. Smith, *Nature*, **333** (1988), 55.

[96] S.-D. Lee, *J. Chem. Phys.*, **87** (1987), 4972.

[97] R. R. Matheson and P. J. Flory, *Macromolecules*, **14** (1981), 954; P. J. Flory, *Macromolecules*, **11** (1978), 1141.

[98] A. R. Khokhlov and A. N. Semenov, *Physica*, **108A** (1981), 546; *Macromolecules* **17** (1984), 2678; A. R. Khokhlov, *Phys. Lett.*, **68A** (1978), 135.

[99] D. B. DuPre and S.-J. Yang, *J. Chem Phys.*, **94** (1991), 7466.

[100] T. Odijk, *Macromolecules*, **19** (1986), 2313.

[101] G. J. Vroege and H. N. W. Lekkerkerker, *Rep. Prog. Phys.*, **55** (1992), 1241.

[102] M. Doi, *J. Polym. Sci.*: *Polym. Phys. Ed.*, **19** (1981), 229.

[103] E. T. Samulski, *Phys. Today*, **35** (1982), 40; private communication to P. J. Flory (July 2, 1982).

[104] J. J. Magda, S.-G. Baek, K. L. DeVries, and R. G. Larson, *Macromolecules*, **24** (1991), 4460 and [4].

[105] G. Marrucci, *Macromolecules*, **24** (1991), 4176; G. Marrucci and P. L. Maffettone, *Macromolecules*, **22** (1989), 4076.

[106] J. Mewis and P. Moldenaars, *Molec. Cryst. Liq. Cryst.*, **153** (1987), 291.

[107] C. Viney and A. H. Windle, *Polymer*, **27** (1986), 1325; P. Navard and A. E. Zachariades, *J. Polym. Sci. Pt B*: *Polym. Phys.*, **25** (1987), 1089.

[108] P. L. Maffettone, N. Grizzuti, and G. Marrucci, *Liq. Cryst.*, **4** (1989), 385.

[109] S.-D. Lee and R. B. Meyer, *J. Chem. Phys.*, **84** (1986), 3443.

[110] R. B. Meyer, in *Polymer Liquid Crystals*, edited by A. Ciferri, W. R. Krigbaum, and R. B. Meyer (Academic Press, New York 1982), chapter 6.

[111] S.-D. Lee and R. B. Meyer, *Phys. Rev. Lett.*, **61** (1988), 2217.

[112] A. J. Pennings, C. J. H. Schouteten, and A. M. Kiel, *J. Polym. Sci.*, **C38** (1972), 167.

[113] T. Kanamoto, A. Tsuruta, K. Tanaka, M. Takeda, and R. Porter, *Polym. J.*, **15** (1983), 327.

[114] W. W. Adams and R. K. Eby, *Mater. Res. Soc. Bull.*, **22** (1987).

[115] M. G. Northolt and D. J. Sikkema, *Adv. Polym. Sci.*, **98** (1990), 115.

[116] K. Kerkam, C. Viney, D. Kaplan, and S. Lombardi, *Nature*, **349** (1991), 596.

[117] M. G. Forest, Q. Wang, and H. Zhou, *Physica D*, **152** (2001), 288.

[118] J. Economy, *Angew. Chem. Int. Ed. Engl.*, **29** (1990), 1256.

第二部分
表征技术

第 6 章　分子波谱在高分子表征中的应用

Jack L. Koenig

凯斯西储大学高分子科学与工程学院，美国俄亥俄州克利夫兰 44106

6.1　引言

为了研究高分子结构及其相互作用，分子波谱技术提供了直接的方法，其对高分子化学和技术产生了深远的影响。随着商品化光谱仪器的广泛应用，高分子表征问题也变得更为便捷。此外，新兴光谱技术仍在不断发展，进一步增强了分子光谱在测定合成高分子结构中的作用。

大多数高分子是材料的复杂混合物，其中分子尺寸（即分子量）、化学成分、末端基团和分子链结构可能有所不同。因此，这种多组分特点使合成高分子、生物大分子在分子表征方面均面临着重大挑战。目前，还没有单一的光谱或分析技术能够完全确定其结构和分布情况。

合成高分子的分子结构决定于化学组成及其在分子链中的分布、官能度及官能基团的分布（如嵌段分布、无规分布和共混方式）、链长及其分布。此外，假若单体具有区域化学（regiochemical）（如头-头、尾-尾和头-尾方式）和立构化学（stereochemical）（如全同立构、间同立构和无规立构）的选择性，那么单体嵌入链的性质将控制高分子的主链结构。目前，已合成了环状、接枝、树状以及交联等不同拓扑结构的高分子，并得到应用，也需要对其进行分子表征。

本章旨在讨论分子波谱方法和技术，并应用于测定高分子重复单元的化学结构，还可以测定源于化学缺陷及其分布的微观结构。目前，绝大多数的波谱技术都已用于高分子的表征和特定高分子的鉴定，但本章仅讨论振动光谱（即红外和拉曼）、核谱（即核磁共振）和质谱等主要方法。

6.2　振动光谱技术

振动光谱包括红外光谱（IR）和拉曼光谱（Raman），是最通用和最强大的分析工具之一，在提高其灵敏度和选择性方面已经取得了相当大的成功。

分子振动光谱分为红外或拉曼两类，均源于两个或多个相邻键的不同振动相互作用产生的振动模式。这些吸收（IR）或散射（Raman）模式，不仅提供了诸如化学性质（如键类型和官能团）和分子构象（如反式和左右式）等特征信息，而且还提供了化学键（即分子内相互作用）和分子间相互作用（即分子间效应）的信息。

振动光谱技术的优点是无损、快速和易于使用，利用光纤技术还可以实现远程测量。振动光谱提供了一些方法，可以确定高分子化学结构，其优点在于这些方法适用于所有的高分子，而与体系中的相态或有序态无关。在大多数情况下，从原材料到中间产物、再到最终产品，这些任何类型或形状的高分子样品，其完整分析都可以"按原样"进行。

6.2.1 红外光谱和拉曼光谱的选择原则

红外光谱的选择原则是基于偶极矩 μ_k 的变化，其表达式为：

$$\mu_k = -\partial V/\partial E_k \tag{6.1}$$

而拉曼光谱的选择原则是基于极化率 α_{jk} 的变化，其表达式为：

$$\alpha_{jk} = -\partial^2 V/(\partial E_j \partial E_k) \tag{6.2}$$

式中，V 是势能，E 是外加电场。势能相对于电场和振动的展开式如下：

$$V = V_0 + \frac{1}{2} \sum_p \omega_p^2 + Q_p^2 \cdots \tag{6.3}$$

$$-\sum_k \left(\mu_k + \sum_p \frac{\partial \mu_k}{\partial Q_p} Q_p + \frac{1}{2} \sum_{p,r} \frac{\partial^2 \mu_k}{\partial Q_p \partial Q_r} Q_p Q_r + \cdots \right) E_k \tag{6.4}$$

$$-\sum_{i,k} \left(\alpha_k + \sum_p \frac{\partial \alpha_{ik}}{\partial Q_p} Q_p + \frac{1}{2} \sum_{p,r} \frac{\partial^2 \alpha_k}{\partial Q_p \partial Q_r} Q_p Q_r + \cdots \right) E_j E_k \tag{6.5}$$

式中，Q_p 是给定分子的 p 阶简正振动模式；ω_p 是 p 阶模式的振动角频率。当外加电场为 E_k 时，$\partial \mu_k / \partial Q_p$ 项导致光的吸收或发射，并伴随着一种量子的振动跃迁，而 $\partial \alpha_{ik} / \partial Q_p$ 项则引起拉曼散射。

若仅考虑外加电场的一阶导数，忽略偶极矩的高阶导数，则振动位移为：

$$\delta Q_p = \frac{1}{\omega_p^2} \sum_k \frac{\partial \mu_k}{\partial Q_p} E_k \tag{6.6}$$

由于振动位移，分子被极化，即：

$$\delta_i \mu_i = \sum_p \frac{\partial \mu_i}{\partial Q_p} \delta Q_p \tag{6.7}$$

若 $\delta_i \mu_i$ 的值越大，则第 i 个模式的红外吸光强度越大。类似地，对于拉曼光谱，偏振的变化决定了拉曼谱线的强度。

6.2.2 振动光谱的特征基团频率

作为独立的研究对象，基于从头计算来解释振动光谱是一项枯燥而主观的工作，但将实验观察到的分子光谱与已编入手册的分子光谱直接比较，发现振动频率与分子中的化学基团之间存在惊人的相关性，这有助于利用谱图来推测分子结构[1]。人们在总结经验时，发现某些化学基团与所在的分子本身无关，其吸收或散射频率都几乎相同，这种吸收或色散频率称为"基团频率"，为鉴别该化学基团是否存在提供了一种快速、明确的方法。尽管实验观察到的频率有微小的变化，但通常只在很小的频率范围内变化，因此许多化学基团都可以被识别。

有人试图证明这些经验性观察的正确性。在一级近似的前提下，双原子分子的频率为：

$$\nu = \frac{1}{2\pi} \left(\frac{k}{\mu} \right)^{1/2} \tag{6.8}$$

式中，ν 为振动频率；k 为化学键的力常数；μ 为原子对的折合质量。主要变量是力常数。假设双原子基团是"解耦"的，即二者与分子的其余部分无简谐相互作用，则振动频率的决定因素是力常数，它是化学键"刚度"的度量。

例如，让我们来考虑由一个轻原子（如氢原子）对一个较重的原子（如碳原子）构成的振动，即C—H键的伸缩振动。在这种情况下，主要的位移运动是氢原子的"拉伸"，也就是相对于碳原子来回运动，而碳原子的运动被限制在较小的位移范围。由于C—H键与C—C键、C—O键等其他键之间的能量差异很大，运动很大程度上局限于C—H键，因此在这些情况下，可以观察到C—H键的"特征基团频率"。

当所涉及的原子具有相近的质量时，可以观察到类似的基团频率，但是振动对分子其余部分的耦合非常弱。该情况也常出现在多重键，如$>C=O$和$C≡N$的伸缩模式。

当化学键的环境非常相似时，如与分子的其余部分不耦合，在一级近似条件下，可认为力常数非常接近，导致经验观察的频率值都在一个狭窄区域内，即为特征频率。

从分子力学的角度，对"基团频率"进行严格的解释是十分困难的。然而，已形成的共识是：处于相似环境的化学基团都具有相近的振动频率；键的长度、极性、取向和强度（如刚度）上的微小差异，都可能导致实验频率的微小差异。直接影响基团频率发生小位移的因素还包括原子质量、振动耦合、共振、诱导效应、场效应、共轭、氢键和键角应变等参数。

相近的基团频率与分子内相邻基团的相互作用，有时会产生混合振动。在这种情况下，这种振动耦合导致各自原有频率的偏移。

由于分子振动受分子间相互作用的影响，混合物中的吸收谱带相对于纯物质会发生较大变化。通常地，诸如氢键等分子间相互作用是非常弱的，升高温度就能破坏这种作用。因此振动光谱会因温度的变化而改变。随着温度的升高，纯水的振动光谱强度增加，吸收振动峰向低波长处移动，谱带变窄。随着温度的升高，形成氢键的羟基数目减少，而"自由"羟基的吸收谱带增加。

6.3 红外光谱

在高分子表征实验室中，红外光谱传统上是最常用的物理方法之一，对于有机和无机两种体系，均采用它来表征其结构和进行鉴定。利用纯净物的标准红外光谱，能够实现样品的定量分析，最小检测限可达皮克级。此外，红外光谱最吸引人的优点是，一旦方法经过校准，仅进行单次光谱实验就能够实现多组分的快速分析。

由于X—H伸缩振动峰的位置对分子的缔合程度非常敏感，因此红外光谱被广泛用于研究氢键。游离的X—H伸缩振动产生一个相对尖锐的吸收峰，然而，在形成氢键X—H⋯Y（其中Y是受体原子）后，其吸收峰向低波数移动，也变得更宽。这种吸收峰向低波数移动，是由氢键的形成导致X—H键变长引起的。因此，氢键越强将导致更长的X—H键，吸收峰向更低的波数移动。此外，X—H基团的吸收峰位置，与基于晶体学数据确定的X—H⋯Y氢键的键长存在紧密关系，即吸收峰的频率越低，氢键的键长越短，也就是氢键越强，X—H键越长[2]。由此，红外光谱可用于测定氢键含量与组成和温度的关系。

6.3.1　红外光谱仪

红外光谱仪结构紧凑，坚固耐用，价格相对便宜。为了操作仪器或解析谱图，工作人员无需高度训练。红外光谱可以进行气体、液体、均相或非均相固体样品的分析。无机填料的存在（除完全吸收的炭黑外）可以与高分子基体组分一起检测。因此，红外光谱方法不仅适用于实验室，而且还用于工厂的在线或离线过程控制。同时，还可以进行实地研究，将红外光谱仪搬移到实际现场测定，如法医取证检定等。由于测试分析过程中不需要试剂或其他消耗品（如电极），红外光谱测试的操作成本低。

红外光谱最早是用色散（即棱镜或光栅）单色仪记录的，但自 1970 年以来，傅里叶变换红外光谱仪（FTIR）能够在较短时间内收集高质量的吸收光谱，提高了信噪比和波数精度。色散 IR 和 FTIR 的主要区别是后者使用干涉仪，而非单色仪。因此 FTIR 可用于同时分析整个频率的光谱。FTIR 光谱仪还可以在不到 1s 的时间内分析一个样品，而色散 IR 则需要 10～15min。FTIR 光谱仪的关键部件是迈克耳孙干涉仪，其工作原理是对入射光的振幅分割产生双光束以实现干涉。商品 FTIR 光谱仪有各种不同的尺寸和价格。

目前主要有六种不同的 FTIR 光谱仪：传统的实验室光谱仪、便携式光谱仪、显微影像光谱仪、近红外光谱仪（NIR）、质谱联用光谱仪、动态成像光谱仪。传统的实验室光谱仪广泛应用于高分子合成实验室，特别是通过测量二向色性比确定分子的取向。便携式光谱仪允许在现场（如法医取证）和工厂内进行测量。简而言之，就是把仪器带到样品所在地，而不是把样品带到实验室。显微影像光谱仪能够从小区域或小样本中提取化学信息实现显微分析。近红外光谱仪具有特殊的用途，因为它取样更容易，适用于较厚的样品测试。FTIR 光谱仪可以连接到液相色谱仪（LC）、气相色谱仪（GC）以及热重分析仪（TGA）等系统上作为检测器，从而得到 LC-FTIR、GC-FTIR 和 TGA-FTIR 联用光谱仪，用于分析色谱（或热）分离的样品成分。FTIR 动态成像光谱仪利用聚焦阵列探测器（FPAs）快速获取高分子的扩散、降解和溶解的信息。

无论高分子种类、性质和形态如何，FTIR 已成为高分子非接触和无损评估、分析的最重要的分析工具之一。对于极性高分子的强吸光性质，FTIR 要求极薄（～$10\mu m$）的薄膜样品，以便在透光模式下测量的吸光度在线性区域（<1），实现精确定量分析。然而，有许多样品处理的新技术，例如红外显微镜技术、漫反射傅里叶变换红外（DR-FTIR）和光声光谱技术（PAS），它们的出现进一步扩展了 FTIR 的应用。

6.3.2　红外采样方法

红外光谱仪的取样技术依赖于许多参数，包括样品的几何形状（薄膜或块样）、辐照入射角（法向或低入射角）和样品的相对透明度，后者取决于样品的光学常数。所采用的方法如图 6.1 所示，这些技术包括透射方式（薄膜厚度 $3\sim50\mu m$）、反射吸收（样品位于金属或其他光滑表面的反射基板上）、漫反射（用于高度散射样品的测量，如填料填充高分子）和外部反射（用于具有镜面状表面的样品测量）。衰减全反射（ATR）适用于高吸收率的样品，是通过临界入射角来改变入射角的。

6.3.3 光谱鉴定法的基础

当红外光谱数据库中有参照化合物的光谱时，红外光谱是鉴定未知化合物最简单、最快速的方法之一。红外鉴定的基本原理是，红外光谱提供了一个与分子"指纹"相对应的频率谱图。当在红外光谱数据库中搜索到未知分子的光谱时，就可以识别出一个独特的频率谱图。目前，分子的鉴定与识别是由计算机算法来进行的。一般来说，这些计算机算法主要是通过比较未知光谱图和数据库中的光谱图，实现分子的识别与鉴定。识别是通过未知化合物的光谱与计算数据库中和已知化合物的红外光谱的匹配分数来进行的。由于参考光谱和未知光谱中噪声的影响，永远不会做到完全匹配，因此，光谱学工作者把数据库中类似结构分子的其他光谱按计算的匹配分数进行排序，然后基于未知样品相对于高匹配度化学物质的特性，最后做出识别、鉴定。拉曼光谱可以像红外光谱一样，使用数据库中的拉曼光谱进行识别和鉴定。

6.3.4 高分子构象测定

由于红外光谱对化学基团的旋转具有高灵敏度，因此 FTIR 最重要的应用之一是测定高分子链的构象。图 6.2 为聚对苯二甲酸乙二醇酯（PET）链中乙二醇单元的反式结构和左右式结构的红外光谱图。根据这些光谱图可以研究结晶、退火和加工条件对 PET 构象组成的影响。

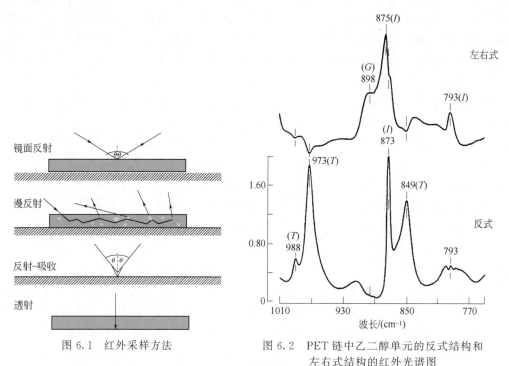

图 6.1　红外采样方法

图 6.2　PET 链中乙二醇单元的反式结构和左右式结构的红外光谱图

6.3.5 高分子组成和结构的 IR 定量分析

FTIR 提供了高分子的化学结构信息，不仅适用于定性鉴定，还可用于定量分析。如果能在共聚物的复合光谱中找到各组分的吸收峰，那么利用 FTIR 光谱图对共聚物的组成进行定量分析并不是一项困难的任务。传统的高分子定量分析使用单一分光光度法，在某些离散波长上测量其中一种成分的光吸收，但是另一种成分此处并不吸收。然而，对于具有大量结构单元和光谱重叠的共聚物，使用这种传统方法进行定量分析会变得更加困难。使用多元统计方法，红外光谱的定量分析得到了极大的改进。这些方法包括经典的最小二乘法（CLS）、逆最小二乘法（ILS）、偏最小二乘法（PLS）和主成分回归法（PCR）。一般来说，这些方法的数学稳定性高，得到的分析信息可靠（表 6.1）。最优线性多元标定方法的选择取决于标定数据的范围[3]。

表 6.1　校准

可提供的谱图	组分数量	方法
全套谱图	已知	普通最小二乘法
浓度已知混合物的谱图	已知	经典最小二乘法
仅一种组分浓度已知的谱图	未知	偏最小二乘法与主成分回归

6.3.6　高分子体系取向的 IR 测量

在高分子加工过程中，高分子链或链段的优先排列会导致的分子取向，对于高分子的宏观物理性质有重要影响。为了测量这种诱导取向，已经发展了 FTIR 光谱方法。该方法确定出取向分布函数 $f(\theta)$，在单轴拉伸样品中，该函数关联了与拉伸方向呈某一夹角方向上链单元的数目。

分子偶极跃迁矩（是一种分子矢量）与分子振动相关，它与 IR 电场矢量之间的相互作用，就引起了红外吸收。当电场矢量与偶极跃迁矩平行时，吸收最大；在垂直方向时，吸收为零。用偏振光测量有方向性的吸收 $A_\perp$ 和吸收 $A_\parallel$，这里的平行和垂直是指偏振光束相对于参考轴的方向。对于形变研究，参考轴对应于拉伸方向。

二向色比可以认为是分子中链段取向的特征参数。对于分子轴方向与分光计取样面平行的高分子，二向色比 R 定义为：

$$R = \frac{A_\parallel}{A_\perp} \tag{6.9}$$

式中，$A_\parallel$ 为平行于链轴的吸光度；$A_\perp$ 为垂直于链轴的吸光度。对于高度取向的样品，二向色比可能趋近于无穷大或零，这取决于传递力矩矢量相对于分子链轴的排列情况。如果已知固有极化，可以通过二向色比测量来确定链段的排列[4]。一般来说，$A_\parallel$ 和 $A_\perp$ 是通过使用先平行、后垂直于拉伸方向排列的偏光片依次确定的。对于取向水平较低的样品，二向色比接近于 1。这种情况下，最好是测量两者的差值 $A_\parallel - A_\perp$，因为它的测量会更加敏感。如与 X 射线衍射相比，使用 IR 测量取向的一个优点是，非晶态和晶态链的排列都可以通过 IR 来确定，而 X 射线只能测量结晶相。

利用现代红外光谱技术可以快速获得高分子的红外光谱，因此可以研究高分子在拉伸过程中的形变行为[5]。图 6.3 为 CH_2 摇摆振动频带在 $726 \sim 736 cm^{-1}$ 和 $710 \sim 726 cm^{-1}$ 之间的二向色比和应力随应变和时间变化的函数。$726 \sim 736 cm^{-1}$ 的 CH_2 频带具有平行于 a 晶体轴的跃迁矩，而 $710 \sim 726 cm^{-1}$ 的 CH_2 频带具有垂直于 a 晶体轴的跃迁矩。在拉伸之前，$730cm^{-1}$ 频条带呈现平行二向色性，说明 a 晶体轴的初始取向是沿拉伸方向。对于小应变，其初始取向度略有增加。随着拉伸细颈过程的开始，二向色比显示 b 晶体轴开始向拉伸方向产生小幅旋转，而 a 轴则出现相反的运动。当应变对应于 $1\sim3$ 倍的拉伸比时，a 轴和 b 轴向垂直于拉伸方向旋转。

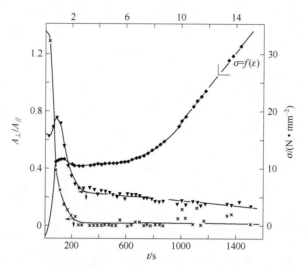

图 6.3　基于聚乙烯中 CH_2 在 $730cm^{-1}$ （×），$720cm^{-1}$ （▼）摇摆振动的二向色比和应力随应变和时间变化的函数，其中应力-应变图 （■） 源于文献 （K. Holland-Mortiz, K. van Werden, *Makromol. Chem.*，1981，182，651）

6.3.7　红外显微光谱成像

要检测小样本或大样本的小区域，通常需要显微镜。利用显微镜观察微样品或较大样品的一个区域，并与 FTIR 光谱仪联用进行光谱测量时，就实现了红外显微光谱成像。显微镜、分光计和计算机的联用是一种新的"超学科"，命名为分子光谱成像（MSI）。MSI 方法可以对小样品进行微量分析，也可以对大样品进行空间分辨测量。通过适当的软件来分析、组装和显示图像，MSI 为材料的表征带来了新的可能性。

振动光谱与显微镜的联用可以对小样品或微观异质样品进行化学鉴定。此外，振动成像技术可以确定这些样品的空间分布，在化学对比度和特异性方面具有独特的能力。红外显微光谱可以通过透射法观察薄的透明样品，也可以通过反射方法观察厚的样品，因此具有广泛的样品适用范围。

分子微光谱是一种理想的平台，对于异质分散样品，可以确定相定位和细微特征。可以使用颜色（不同的频率）、形状（几何尺寸）和对比度（强度）来检测和测量形态学研究对象。

6.3.8　傅里叶红外显微成像

传统的中红外光谱仪使用一个标准的 FTIR 工作台，并配有一个反射光学设备（如卡塞格伦物镜和聚光镜）的显微镜，将红外光聚焦到样品上，收集透射光并传送到检测器，如图 6.4 所示[6]。

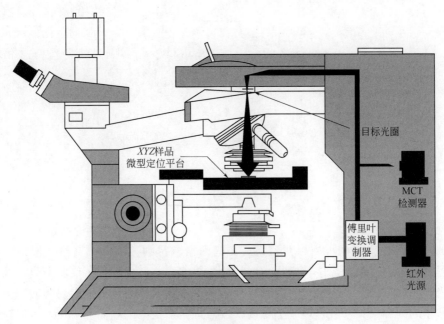

图 6.4　红外显微镜的光学示意图

图中标注：目标光圈、MCT 检测器、傅里叶变换调制器、红外光源、XYZ样品微型定位平台

可变孔径用于选择待测样品的特定区域。为了生成红外图像，将孔径设置为所需尺寸的样品区域采集光谱；用计算机控制的平台将样品在 x 和 y 的方向上逐级平移，然后收集前后相继的光谱，在特定波长下按强度（或某些高阶函数）对 x-y 作图。这个过程很耗时，特别是当孔径很小的时候，需要长时间的信号平均以获得足够的信噪比。即使是一个小的 10×10 图谱，收集数据也需要几个小时。

传统显微镜空间分辨率的最终极限是由探测光（约 $\lambda/2$）的衍射决定的；然而，在实际应用中，由于数据处理量不足和各种光学像差，红外显微镜获得的最大空间分辨率约为 2λ。对于中红外光，其分辨率为 $5 \sim 20 \mu m$。

6.3.9　焦平面阵列探测器 FTIR 成像

目前，人们普遍认为，利用焦平面阵列（FPA）来检测 FTIR 光谱仪的辐射[7,8]，可以得到最有前途的 FTIR 微光谱仪。使用焦平面阵列探测器是并行测量信号的一个实例。FPA 系统由在单个基板上的一个矩形阵列探测器组成，很像摄像机中的 CCD 芯片。来自样品的所有信息由所有探测器同时并行收集。因为由 N 个分辨率单元组成的测量系统，可以对每个单元进行 N 次采样，从而将信号提高了 N 倍，因此多通道检测的这种优势显著减少了数据的采集时间。这就需要一个能以大于 $25MB \cdot s^{-1}$ 的速率实时捕获数据的计算机系统支持，还必须能够处理和管理大于 250MB 的单个文件。

与逐点检测样本区域不同的是，该技术呈现"快照"的特点，同时从所有区域收集信息组成图像，因此这种技术被称为"FTIR 成像"。与逐点检测实验相比，FTIR 成像数据采集时间至少减少了两个数量级。如图 6.5 所示，FTIR 成像显微光谱仪的一个重要配置，是将一个步进扫描光谱仪和 FPA 安装在显微镜附件上[9]，这样光谱仪与 FPA 之间的电同步板就完成了耦合。

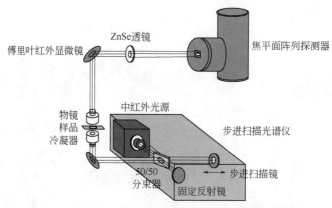

图 6.5　FTIR 成像光谱仪系统示意图

FPA 探测器由大量的小型探测器组成，呈网格状排列。因此，网格（像素）中的每个检测器都能够同时从视场中特定样本区域收集数据。与其他 FTIR 仪器类似，整个视场由单一光源照明。因此，为提供空间特异性，利用多通道检测单元同时对大面积区域进行成像。基于阵列和采集参数，在几分钟内，按照近衍射极限的空间分辨率，可以获得数千个中等分辨率的光谱。

FPA 的材料组成决定了可探测的红外光谱频率范围。有多种类型的探测器可供选择，从通常用于近红外的锑化铟（InSb）、中红外的碲镉汞化合物（HgCdTe，MCT）到更奇异的砷化硅（Si：As）[10] 和未冷却的钡锶钛（BST）[11]。最受欢迎的是使用 MCT FPAs[12] 进行的中红外成像，因为它能够提供分子指纹区信息。

原则上，使用 FPA 探测器的 FTIR 微光谱成像系统与传统的 FTIR 显微光谱仪[13] 相比，其测量方法相同。采集样品和背景干涉图文件，进行傅里叶变换并进行比值处理，以计算吸收光谱。当成像系统使用 FPA 时，每个单元同时生成与样品单独位置对应的干涉图和光谱。因此，配置有 FPA 的 FTIR 成像可用于研究高分子的动态过程，如扩散、溶解、降解和相分离。

6.3.10　近红外光谱显微镜

近场显微镜利用亚波长的辐射源，通常由一个在窄端为亚波长大小孔径的锥形光管组成。由于尖端必须在孔径（即亚微米）范围内接近样品，因此需要精确的 z 轴控制。此外，通过孔径的传输效率非常低（对于 $\lambda/10$ 仅为 10^{-7}），因此需要一个强光源，如激光或同步加速器产生的红外。

利用红外显微镜研制的近红外成像仪器包括：一个可调谐的红外光源，产生超快脉冲，FWHM 带宽为 $150cm^{-1}$；一个基于 IR-FPA 的光谱仪，可以并行检测整个脉冲带宽，分辨率为 $8cm^{-1}$；以及一个单模氟玻璃纤维探针，支持从 $2200cm^{-1}$ 到 $4500cm^{-1}$ 的传输[14,15]。在没有拓扑学原因造成的伪像时，该仪器在 $2900cm^{-1}$ 处的空间分辨率为 $\lambda/8$。该技术的最初应用主要用于测量有机薄膜化学成分的横向变化，如研究聚苯乙烯（PS）/聚丙烯酸酯（PEA）共混物涂层的降解和腐蚀模型[16]。

将可调谐的 CO_2 激光器与原子力显微镜（AFM）相结合，可以组装一个无孔近场成像系统[17]。该技术可以实现高达 $\lambda/100$ 的空间分辨率和高通量检测。然而，CO_2 激光器的可调谐范围仅限于红外线谱区域，这对范围之外的红外发色体（$2300cm^{-1}$）来说不是特别有用。

6.4 拉曼光谱

拉曼光谱是红外光谱的一种补充技术。红外光谱和拉曼光谱都源于分子的能级振动。两种振动方法信息量的差异在于选择规则的差异。简而言之，红外吸收来自振动模式引起键偶极矩的变化，因此对极性键最敏感。拉曼吸收是由化学键的"诱导"极性变化引起的，对非极性键最敏感。就高分子而言，对于主链上的取代基（如 C—H、C ═O 和 C—OH 等），红外吸收很敏感；而拉曼吸收对 C—C 主链本身敏感。从这个方面来说，红外光谱和拉曼光谱是互补的，但某些振动模式是共享的，即在红外光谱和拉曼光谱中，它们出现在相同的频率。

当一个样品受到强烈的单色光（如激光）照射时，就会产生拉曼效应，导致一小部分散射辐射，呈现出与样品的振动跃迁相对应的位移频率，其中能量低于源能量的谱线，是由基态分子产生的；而较高频率处稍弱的谱线，是由激发态分子产生的。这些新的谱线是光被样品非弹性散射的结果，分别称为斯托克斯谱线和反斯托克斯谱线。弹性光子碰撞导致瑞利散射，并表现为散射光中更强的非位移分量。

在普通拉曼散射中，分子被激发到虚轨道，即对应与入射光电场产生的电子云畸变相关的量子能级，并不对应分子的真实本征态（振动或电子能级），而是分子所有本征态的总和。

拉曼散射被认为是由入射光在分子中诱导偶极子对散射光的再辐照，并通过分子振动进行调制的过程。在各向同性介质中，分子的正常拉曼散射偶极子只是入射光的电场分量 E 作用于分子的偶极子。

当一束光入射到一个分子上时，它要么被吸收，要么被散射。散射可以是弹性的，也可以是非弹性的。入射光的电场在分子中诱发产生偶极矩 P，即：

$$P = \alpha E \tag{6.10}$$

式中，E 是电场；α 是分子的极化率。因为电场通过分子时会振荡，所以分子中的感应偶极矩也会振荡。

6.4.1 拉曼仪器和采样

拉曼光谱是由光电系统检测散射频移光的强度而得到的。探测器的信号经放大并转换成频率函数图。由于拉曼光谱是一种散射技术，而不是吸收光谱技术，因此不需要特殊的采样技术。所有的流体和固体材料都可以用散射法测量，而不需要样品制备。对于样品池，石英可用作光纤探头测量的光学材料。

拉曼光谱仪的结构主要由激光器、样品、色散元件、探测器和计算机五部分组成。将一束单色激光束聚焦在样品上，经样品散射的光会聚在单色仪进口狭缝上并被分散。色散元件区分不同频率的强弹性光散射（即瑞利散射）和弱非弹性光散射（即拉曼散射）。受光学表面（如光栅）缺陷的限制，典型的单通道单色仪提供 $10^{-6} \sim 10^{-5}$ 的杂散光抑制，作为进入光谱仪瑞利光的一部分。为了获得足够的杂散光抑制，通常需要双通道和三通道单色仪。如图 6.6 所示，理想的拉曼光谱仪由一个高色散、低杂散光的单通道单色仪和一个多通道探测器组成。

在新一代拉曼光谱仪中，经常使用多色谱仪或摄谱仪和多通道探测器，以代替上述的单色仪和光电倍增管。由于使用一组探测器，其中多通道探测器的每个单元的灵敏度与单个光电倍增管相当，因此整个光谱是同时采集的。假设所有入射到探测器上的光都得到正确定位，每个探测器上都有单个波长入射，因此记录一个频谱所需的时间将显著减少。此外，对光谱的同步检测提高了不同拉曼波段测量强度的准确性，避免了解释激光波动导致背景意外变化的错误。此外，多通道探测器为研究光敏感系统和时间分辨实验提供了新的可能性。然而，当使用多通道探测器时，在某个时间只能观测到有限的波长范围。这个范围由探测器的尺寸、光谱仪的位置（或波长）和探测器上光栅的线性色散决定。

6.4.2 拉曼光谱采样

拉曼光谱中使用的采样技术如图 6.7 所示，使用拉曼光谱可以毫无困难地检测任何状态的样品。由于激光束是窄的、平行的、单向的，因此可以根据样品的实际情况，通过多种方式对其进行操作。

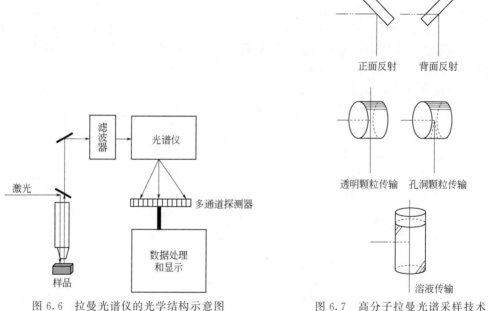

图 6.6　拉曼光谱仪的光学结构示意图　　　图 6.7　高分子拉曼光谱采样技术

对于液体样品，在激光束中垂直放置一个底部平坦的玻璃或石英圆柱形器皿。对于固体样品，所使用的具体方法取决于样品的透明度。对于透明的颗粒或样品，采用直角散射；对于半透明样品，在样品颗粒上钻孔是有帮助的；粉末样品可采用样品架的前表面反射进行分析，在样品架金属块的背面上打一个孔，固定样品支架与横梁倾斜 90°。高分子的注塑件、管道、管材、吹膜、铸片和单丝可直接进行检测。拉曼取样的优点之一是可以使用玻璃容器，如果需要也可以密封。

拉曼光谱还可以检测包裹在高分子内的样品，制药工业利用拉曼检测的这个优点，可以分析药丸混合物中分布在赋形剂中的活性成分。直接分析凝胶胶囊中的样品也是可能的。对于法医现场取证而言，无需打开证据袋就可以检查毒品。糖和人工甜味剂等样品可以在纸包中进行识别。

6.4.3 拉曼强度

拉曼光谱测量的是弱非弹性散射，它是入射光与分子振动水平相互作用所产生的。拉曼信号的强度与散射基团的浓度成正比，可用如下方程描述：

$$I_s \sim I_0 \nu_s^4 c \tag{6.11}$$

式中，I_0 为入射激光的强度；ν_s 为散射光频率；c 为散射基团的浓度。

拉曼散射是一个双光子过程，从每个激发光子辐照样品所散射的光子数量来看，本质上效率很低。典型的非共振拉曼截面为每分子 10^{-30} cm^2，这意味着常规仪器的信噪比通常低于 10^4。拉曼散射信号通常小于入射光的 10^{-6}，对于特定的样品，其信号强度与下列因素成正比：①单位体积的粒子数；②激光均匀辐照样品的总体积；③单位面积的激发激光辐照强度；④样品的拉曼散射截面面积。

拉曼光谱中谱线强度具有如下关系：

$$I_{\text{Raman}} \sim \sigma_\nu I_{\text{laser}} \nu_{\text{laser}} (\nu_{\text{laser}} - \nu_{\text{vib}}) \tag{6.12}$$

式中，σ_ν 为某一特定振动的拉曼散射截面；I_{laser} 为激光功率；ν_{laser} 为激光波数；ν_{vib} 为振动跃迁波数；$\nu_{\text{laser}} - \nu_{\text{vib}}$ 为拉曼谱带绝对波数。因为 $\nu_{\text{laser}} \gg \nu_{\text{vib}}$，因此 $\nu_{\text{laser}} - \nu_{\text{vib}}$ 经常被近似认为等于 ν_{laser}[4]。

拉曼散射的横截面一般较小，导致大多数样品的信号非常微弱。由于拉曼光谱是一种有效的发射现象，因此背景的影响没有那么严重。只要频带形状和频率稳定，谱线强度没有理论上的限制，可以有效地减除。因此，在拉曼实验中，信号强度越大越有利。

与吸收光谱法不同，拉曼光谱法是一种单光束光谱法。因此，峰的强度不仅与分析物的浓度成正比，而且与激发源的强度成正比。

样品峰（ISP）的实验强度为：

$$I_{\text{SP}} = R(\nu) [1/A(\nu)] \nu^4 I_0 J(\nu) C_{\text{SP}} \tag{6.13}$$

式中，C 为浓度；$R(\nu)$ 为光谱仪的总体响应；$A(\nu)$ 为介质吸收；ν 为散射光频率；I_0 为激发光强度；$J(\nu)$ 为摩尔散射参数。对于定量拉曼测量，使用谱线强度比。

6.4.4 荧光干扰

如果激发光被样品部分吸收，它可以重新发射荧光。样品的荧光一直是阻碍拉曼光谱广泛应用的因素。荧光干扰有时会覆盖较弱的拉曼信号，使结果变得无效。由于荧光依赖于电子激发态，而且很少有样品的发色团能被较长波长的光激发，因此当使用较长波长的激光时，通常问题不大。正是由于这个原因，近红外波段的激光器在商品拉曼仪器中被普遍使用，但缺点是拉曼强度也会随着激发波长增加而降低。目前，用于色散仪器的 785nm 半导体激光器和用于 FT-Raman 的 1064nm Nd：YAG 激光器是最佳选择。

6.4.5 拉曼显微镜及成像

由于诸如拉曼显微镜等技术的不断发展，拉曼光谱学的应用范围也不断扩大，使得对极小的样品研究成为可能。此外，利用这些技术还可以分析非均质样品的表面，并获得非常高的空间分辨率，亦可使用光纤扫描整个表面。在某些应用中，也可以使用特殊的干涉滤光片或全息陷波滤光片作为色散光谱仪的替代品，前提是它能抑制荧光，否则会干扰测量。

在传统的显微拉曼光谱中，整个视场被均匀照亮而进行观测。与此不同，共聚焦装置使用可调节的针孔，该针孔放置在显微镜物镜的背像平面中，以阻挡来自外部聚焦平面的光。共聚焦孔径的设计用于在衍射极限内不同焦点的体积单元收集拉曼散射信号。因此可以从样品中一个小的体积单元的拉曼信号中选择、去除所有来自非焦平面的信号。通过这种方式，可以通过调整针孔和采样体积来获得深度剖面的信息。当需要进行深度鉴别时，使用共聚焦拉曼光谱法可以获取各薄层的信息。

6.4.6 拉曼退偏振测量

在常规拉曼实验中，从垂直于入射光束的方向进行观察，入射光束是平面偏振的。"退偏振比"定义为平行和垂直于偏振入射光方向的散射光中两个偏振成分的强度比。如图 6.8 所示，入射光束的偏振垂直于传播和观测平面。

从几何学角度分析，退偏振比定义为强度比：

$$\rho = V_H / V_V \tag{6.14}$$

对于直角散射实验，V 表示垂直于散射面，H 表示在散射面内。另一种基于实验坐标系的表示法为：

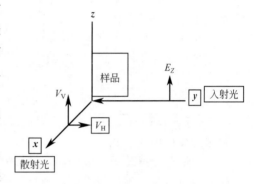

图 6.8　测量退偏振比的光学示意图

$$A(BC)D \tag{6.15}$$

式中，A 是入射方向；B 和 C 分别是入射光和散射光的偏振方向；D 是观察的拉曼散射的方向。通常地，入射光束沿 X 轴方向，散射光束沿 Z 轴方向，Y 轴垂直于散射平面。

从理论上讲，退偏振比的取值范围为 $0 \sim \frac{3}{4}$，取决于振动的性质和对称性。非对称振动的退偏振比为 $\frac{3}{4}$，对称振动的退偏振比为 $0 \sim \frac{3}{4}$，取决于极化率的变化和分子中化学键的对称性。准确的退偏振比值对于确定拉曼谱线的分配非常重要，并且与红外光谱的二向色比测量联用，就成为了测定高分子结构的强大工具。由于激光束的固有偏振和高度方向性，因此可便捷地进行偏振测量。拉曼偏振测量对测定高分子取向也很有价值，特别是用于纤维研究。

6.4.7 拉曼光谱在测定高分子化学结构和组成中的应用

拉曼光谱可以选择用于化学成分和结构分析，其基础在于：拉曼效应对某些非极性化学基团的高度特异性和敏感性。在高分子中，这些基团主要是同核的单重和多重 C—C

键，它们的信号在红外光谱中很弱或没有。拉曼光谱中基团特征频率已总结成册[18]。拉曼光谱可区分乙烯基化合物中的内键、外键、顺反异构和共轭结构。丁二烯和异戊二烯橡胶中的不饱和键可通过 C＝C 拉伸模式的强烈拉曼散射来确定。聚（1,4-丁二烯）的反式和顺式结构分别在 1664cm^{-1} 和 1650cm^{-1} 处存在散射峰。聚丁二烯的 1,2-乙烯基结构在 1639cm^{-1} 处存在散射峰，并且该散射与聚（1,4-丁二烯）结构的散射具有很好的分辨性。对于聚异戊二烯，情况略有不同。聚（1,4-异戊二烯）的顺式和反式结构还分不开，它们在 1662cm^{-1} 处都存在散射峰，但聚（3,4-异戊二烯）结构在 1641cm^{-1} 处存在散射峰，而聚（1,2-异戊二烯）结构在 1639cm^{-1} 处存在散射峰。

6.4.8 固态高分子链的构象

对于具有 C—C 主链的高分子，其拉曼光谱主要由 C—C 主链模式产生的强谱线为主。这些主链模式高度耦合，因此对构象很敏感，构象中的任何变化都能改变其耦合状态，并相应地改变频率。

当高分子具有螺旋对称性时，这种对称性以特定的方式改变了红外和拉曼光谱中观察到的振动模式，可用来测定高分子链的构象，如图 6.9 所示。因此，对于平面 2_1 和 3_1 螺旋，利用拉曼光谱和红外光谱选择规则的差异可以直接确定构象。对于螺距大于 3_1 的螺旋构象，选择规则不会改变，但频率会发生变化。

结构	对称性	光学活性								实例
	拉曼	p	p	d	d	p	d	0	0	
	红外	π	σ	π	σ	0	0	π	σ	
对称中心	D_{2h}					✓	✓	✓	✓	PE, PES
无规立构		✓	✓	✓	✓					PVF
间同立构										
螺旋＞3_1	D_n				✓	✓	✓	✓		PEO
螺旋 3_1	D_3				✓	✓				
螺旋 2_1	D_2	✓				✓				
平面	C_{2v}		✓	✓	✓	✓				
全同立构										聚丁烯
螺旋＞3_1	C_n	✓		✓		✓				
螺旋 3_1	C_3	✓	✓							PP
平面	C_2		✓	✓						

图 6.9 对称性高分子体系选择规则的差别

当高分子链盘绕成螺旋状时，几乎都能观察到红外和拉曼模式的特征变化。理论为这些观测提供了解释。所有单取代乙烯基螺旋高分子均具有 [p,π] 振动模式（称为 A 模式）和 [d,σ] 振动模式（称为 E 模式）。理论上，每个螺旋都有两种不同的 E 模式，但它们在频率上是简并的，不会单独出现。螺旋 A 和螺旋 E 的频率取决于螺旋角。因此，对于具有相同重复单元的高分子，不同的螺旋构象仅取决于能量因素，且相角差相同，因此构象差异将反映在 A 模式中。E 模式从一种螺旋形式转换为另一种形式，取决于能量的差异以及对应的不同螺旋角的差异。螺旋模式要比构象的变化稍为敏感一点。一般来说，无论螺旋的类型如何，所观察到的光谱都具有相同的频率（特征模式），而螺旋形式变化导致不同频率的模式，后一种模式有助于表征高分子在固体中的螺旋构象。

高分子溶液的拉曼光谱研究有重大意义，主要是为了建立溶液中的结构及其与其他溶液性质之间的关系。在许多情况下，高分子构象在溶解或熔化时会发生变化，或者随着溶液 pH、离子强度或含盐量的变化而改变。拉曼光谱法的首选溶剂是水，除了 $1650 cm^{-1}$ 和 $3600 cm^{-1}$ 区域外，水的散射非常弱。因此拉曼光谱对于研究生物分子（包括糖类、蛋白质和核酸）的二级和三级结构非常有用。对于合成高分子，这种拉曼光谱的特有结果虽然不那么引人注目，但仍有所启迪。

6.5　核磁共振波谱学

要确认未知化合物结构，核磁共振（NMR）波谱学或许是最强大的单种技术。此外，NMR 还可以用来确定高分子链段运动的类型和频率。相对较短的测量时间、自动化操作的仪器设备，都有助于拓展其用途和工业应用。

理解材料的结构与性能关系需要分析其结构和宏观性能。通过核磁共振参数对局部结构的依赖关系，NMR 可以对这种分析做出贡献，核磁共振波谱已成为材料表征中最重要的分析技术之一。在高分子领域，它的用途尤其广泛，从单体表征到聚合动力学和机理，再到直接观测高分子材料的化学结构[19]。NMR 为高分子提供了大量的结构信息，包括主链微观结构（如构象、几何异构化和空间距离等）、共聚单体组成和序列、端基和侧基分析、支化和交联、异常结构（如环状和异构化结构）、键合、区域匹配连接（regio-enchainment）和立构规整度。

核磁共振光谱的一个优点是，通过固体或溶液核磁共振方法，可以应用于几乎所有的高分子相态。但是，这两种方法的技术和分辨率是截然不同的。如水的质子 NMR 波谱尖锐而狭窄、带宽为 1Hz；而冰的质子 NMR 波谱非常宽、带宽为 20kHz。固体和液体 NMR 之间的差异源于相互作用的运动平均化[20,21]。在液态和溶液中原子核的快速各向同性运动，使局部相互作用场平均化而变为零，称为非相干平均，导致窄的线宽。

各向异性相互作用，例如两极、四极相互作用以及化学位移各向异性，均被分子运动平均为零，有效地阻止了光谱共振峰变宽。在溶液 NMR 中，由于高分子的低频运动，各向异性效应不能被完全平均导致谱峰较宽。然而，在固体中，这种效果被高度放大，由于没有足够的运动来平均各向异性相互作用，最终整个谱线的大部分非常宽。此外，非相干平均（即分子运动）不会使核磁共振谱线变窄，因此必须使用相干平均技术，如偶极解耦和魔角旋转（MAS），以产生窄而锐的信号峰[22]。

NMR 测定通常不需要精细的样品制备，特别是固态 NMR。核磁共振的巨大用途在于其独特的选择性，这是因为根据化学位移可以区分不同的化学位点。事实上，要表征高分子的分子结构，溶液态核磁共振波谱已经发展成为不可或缺的方法。目前，人们甚至可以确定蛋白质的完整三维结构。

遗憾的是，NMR 也存在低灵敏度等诸多限制。通常情况下，要观测核磁共振信号，每种类型的自旋需要 $10^{16} \sim 10^{17}$ 个自旋核，这相当于溶液中的毫摩尔浓度。通过增加扫描次数来平均信号，可以提高灵敏度，但噪声与扫描次数的平方根成正比，因此将信噪比提高两倍就需要四倍的采集时间。此外，灵敏度极限还取决于体系的稳定性、对小干扰信号的抑制程度及其他因素。

6.5.1 NMR 波谱学的基础

当将一个样品置于强磁场中，某些原子核（如氢原子的核）的自旋运动（角动量）会产生两个能级或两个自旋态。由于能级间的差值是分子内化学键本性的一种灵敏的函数，利用 NMR 得到特征的化学位移和选择性标量耦合行为。偶极相互作用的存在造成能级对分子内结构也十分敏感，通常认为这些相互作用是需要加以消除的麻烦；但是，最新的发展表明，为了确定三维结构，这些偶极相互作用是重要组成部分。

现代核磁共振光谱法使用脉冲傅里叶方法。在这种方法中，将一个精心设计的射频能量脉冲，调谐到称为 Larmor 频率（ω）的核磁共振特征频率。射频脉冲施加给样品后，样品发出一个非常弱的信号，称为自由感应衰变信号（FID）。这个 FID 信号出现在相同的 Larmor 共振频率，但其振幅近似于指数衰减。根据一些实验参数，FID 的时间常数可能在毫秒到秒之间。

NMR 实验的准确性主要取决于量化结构所用峰的相对饱和度。从传统意义上来讲，当选择定量核磁共振测量的实验条件时，应当力争最高精度。但是，这又导致了射频脉冲之间的延迟非常长。为了给采样延迟一个恒定的强度比，需要对渐进式饱和进行研究。为了使准确度接近 100%，采样延迟增加，这会导致分析时间延长 10 倍之多。

随着 20 世纪 80 年代傅里叶变换方法的出现，具有更大动态接收范围的核磁共振光谱仪成为可能。这样，即使样品在质子化溶剂中稀释 1∶10000，依然可能得到高质量的信号峰。

在 NMR 测试中，检测的极限取决于各种参数。该信号的大小对应于检测池内的质子数，因此在分析物浓度恒定时，随着检测池体积的增大而增加。随着磁场强度的提高，信噪比可按照场强的 3/2 次方的幂函数形式而增大，因此采用现代高场超导磁体可获得最佳性能。

6.5.2 NMR 测定分子组成

NMR 对高分子科学家之所以有用，主要是因为每个自旋核对局部磁场均有所反应，这种现象可由如下公式表示：

$$B_i = B_0 + B_H + B_e + B_S + B_J \tag{6.16}$$

式中，B_i 为第 i 个核位置处的局部磁场强度；B_0 为外加磁场强度；B_H 是对磁场不均匀性的修正；B_e 是围绕第 i 个原子核的电子运动引起的场扰动；B_S 是与第 i 个原子核周围其他原子核的磁偶极矩直接相互作用所引起的扰动；B_J 是在中间的化学键中的电子与周围原子核的间接相互作用所引起的扰动。若采用匀场优良的磁体，与化学位移、偶极耦合和 J 耦合等其他效应相比，不均匀性的效应可以忽略不计。

高分子的化学组成是利用测量化学位移来确定的，围绕原子核的电子所产生的效应称为化学位移，因为这些电子通过调整其轨道对磁场的响应，从而减小原子核所在位置的磁场。B_e 的绝对值与磁场强度成线性关系，因此科学家通常将化学位移指定为与磁场强度的比值。化学位移导致每个原子核的 Larmor 频率发生微小变化，这取决于电子在其轨道上与原子核的平均距离。之所以称为化学位移，是因为价电子的轨道依赖于它们与其他原子共同形成的化学键。

Larmor 方程如下：

$$\omega = \gamma B_{eff} \tag{6.17}$$

此式描述了磁核的 Larmor 进动（共振）频率（ω）、原子核的旋磁比（γ）和核周围的有效磁场强度（B_{eff}）之间的关系。有趣的是 B_0 场，即原子核所在的局部场，它不同于磁体单独产生的场。这种差异是由附近的原子核和电子的相关磁场引起的，这些磁场对围绕在目标原子核周围的总磁场有贡献。周围的电子与引起抗磁效应的磁场有关，它们的效应是对施加磁场的明显屏蔽。因此，在已知磁场中放置具有特定同位素（具有特定的旋磁比）的特定核，根据其化学环境，可以产生不同的共振频率，因此可以观察到一个给定分子的共振频率频谱，这正是核磁共振波谱学的基础。

现存数据库已经包含成千上万的化学位移数据，特别是对高分子分析有用的 ^{1}H、^{13}C 和 ^{19}F 核，以及关于这些单核化学环境的位移信息。这些数据为计算机辅助结构测定提供了良好的基础[23]。^{13}C NMR 谱图数据库主要适用以下三种应用：①预测任何分子结构的核磁共振参数；②对现有归属的验证（包括将每个 NMR 信号同时归属到已知结构的相应碳原子）；③与一种 ^{13}C NMR 谱图对应的一个或多个分子结构的确定。

6.5.3 高分子构象的测定

NMR 不仅对分子的组成敏感，而且对分子局部的几何结构也敏感。NMR 作为一种针对局部的测量方法，对长程有序并不敏感，所以对研究局部结构很有用。构象环境对 NMR 谱图的影响，长期以来一直被称为 "γ-左右式效应"（γ-gauche effect）。

高分子中与构象相关的化学位移变化主要反映两类效应：γ-左右式效应和相邻左右式效应。在每个键的三种构象的模型中，存在两个磁矩，可区分的 γ 位置：反式位置和左右式位置。在高分子构象中，用左右式位置取代反式会导致高场化学位移。位移的大小取决于所涉及碳原子的类型和数量，以及取代基的相对取向。

6.5.4 结构确定所需耦合常数 J 的测量

相邻的核偶极矩也会影响参与第 i 个原子核化学键的价电子轨道，这些变化再次改变了局部磁场环境，这种效应称为标量耦合或 J 耦合。它与化学位移不同，且与磁场强度无关。J 耦合不依赖于键的方向，在固体和液体中的作用方式相同。同样，它的作用是分裂 FID 光谱，化学位移的大小取决于相邻的偶极矩和介入电子的轨道。

核自旋-自旋耦合（J）是由电子在一个涉及成键轨道自旋极化的过程中介导的，J 值是 S 特性和成键轨道极化率二者的函数。耦合常数 $J(I\text{-}S)$ 的符号依赖于不同构型的相对能量，其中核自旋 I 和自旋 J（每个的自旋都为 $\frac{1}{2}$）可以排列为相同方向（↑↑或↓↓），也可为相反方向（↑↓或↓↑）。当自旋相反时，构型是稳定的（即发生屏蔽），$J(I\text{-}S)$ 的符号为正；而当构型不稳定时，$J(I\text{-}S)$ 的符号为负。一般来说，一维核磁共振谱（1D NMR）不能提供耦合常数符号的信息，因此直接确定 $J(I\text{-}S)$ 的符号不是一个简单的过程。J 耦合理论复杂，但耦合与原子间轨道重叠程度有关，J 值大小取决于化学键中轨道重叠的程度。长期以来，J 耦合被用来获得共价键的信息。如图 6.10 所示，J 耦合可以用来区分全同立构和间同立构两对异构体，其中全同立构产生 AB 四重峰，间同立构[1]只产生单峰。

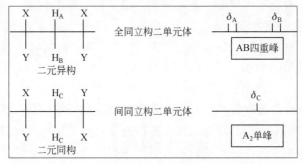

图 6.10 J 耦合对 NMR 立构规整度的影响

6.5.5 ^{13}C NMR 的波谱

^{13}C NMR 谱不仅提供了与 ^{1}H NMR 谱互补的结构信息，而且 ^{13}C 的化学位移范围约为 ^{1}H 的 20 倍，从而减少了复杂混合物 ^{1}H NMR 谱的重叠问题。此外，通过 ^{1}H 解耦去除了所有标量耦合，从而将每个非等价碳的光谱简化为单一的谱线。对于生物高分子体系的研究，特别有利的是没有水的共振，能够有效抑制溶剂的信号。由于 ^{13}C 原子核比 ^{1}H 原子核的 T_1 值更长，这就要求使用更长的循环延迟，而 ^{13}C NMR 谱可以在合理的时间内获得，无需使用缩短 T_1 的方法，如添加顺磁弛豫剂。

尽管利用核 Overhauser 效应（NOE）等技术能够增强 ^{13}C NMR 信号，但是，对于典型的高分子混合物，^{13}C 核的低自然丰度（约 1.1%）和低旋磁比（约 25% ^{1}H）导致光谱灵敏度低，需要更长的采集时间。

通过冷却 NMR 射频检测器和前置放大器，可以显著提高 NMR 信噪比。噪声系数近似与热力学温度的平方根成正比，因此将线圈和前置放大器从室温冷却到约 20K，热噪声可降低到约 1/4。在每次扫描中获得相应的信噪比增益，或者对于相同的信噪比，可以将采集时间减少约 16 倍。对于高分子测试，使用低温探针能够提高 ^{13}C 核的灵敏度，并且在合适的采集时间下获得良好的信噪比。二维核磁共振谱（2D NMR）实验，如 ^{13}C DEPT 和 ^{1}H-^{13}C HSQC，就变得更容易了，也便于谱图归属。但 ^{13}C 核的 T_1 弛豫时间长的问题仍然存在，如羰基会降低信号强度，因此定量化可能存在问题。然而，对高分子研究而言，其中所有样品是在全同条件下测量，那样的量化并不必要，因为所得出的是总的响应结果，可以得出解释。

6.5.6 固态 NMR 波谱

在固态 NMR 中，不存在溶液 NMR 中的快速各向同性的分子运动，而是各向异性的

---

[1] 原文为全同立构。——译者注

相互作用，如化学位移各向异性（CSA）、偶极和四极耦合导致了共振波谱变宽。一方面，这些各向异性相互作用显著影响了不同位点的分辨率；另一方面，它们的特征又为科学家提供了有价值的结构和动态信息。

自从交叉极化[13]C NMR 这项开创性工作问世以来，固体 NMR 得到飞速发展，现在已广泛地应用于各种高分子体系的结构和动力学研究。固体 NMR 能够保持高分辨率和高灵敏度，很大程度上归功于核间距、各向异性、扭转角、原子取向、自旋扩散、分子动力学和交换过程等研究技术的发展。

典型有机固体的静态[13]C NMR 谱图只是一个没有特征的宽峰，面临的挑战是：在保证高的化学位移分辨率的前提下，保留各向异性相互作用、偶极耦合固有的结构和动态信息。

考虑一下分子运动的角度依赖性，这种分子运动必然导致偶极耦合的平均；测定这种偶极耦合的减少可以识别特定的动态过程。在溶液中发现了这样的极端情况，由于偶极耦合和其他各向异性相互作用，分子的快速各向同性翻转导致线宽平均为零。为了获得高分辨率，必须找到一种方法来模拟平均化过程。首先，注意到各向异性相互作用，如一对原子核的偶极耦合、CSA 和一阶四极相互作用，都具有方向依赖性，可以用一个二阶张量来表示。对于这种相互作用，不需要各向同性运动，样品围绕与外部磁场成倾角 54.7°（这就是所谓的魔角，MAS）的轴进行物理旋转即可。可以理解为样品围绕单个轴的旋转使垂直于旋转轴的分量平均为零，只有平行于旋转轴的分量平均保持非零。因此，在粉末样品中，对于绕轴旋转的任何方向都将产生平行于旋转轴的"平均方向"。在魔角旋转（MAS）下，该平行分量的各向异性频率在任何情况下均等于零。即使在微晶的取向方向，各向异性展宽平均为零。MAS 应用的一个熟悉的例子是[13]C NMR，其中[1]H-^{13}C 交叉极化与 MAS 相结合，CP MAS NMR 经常用于各类研究。在高能质子解耦的应用中，CSA 的各向异性展宽占主导地位，静态线的形状分解为中心带和旋转边带，其线宽较窄且与 ω_R 无关。

6.5.7 异核偶极耦合

固体样品的直接自旋-自旋耦合十分明显，因为它是由第 i 个原子核周围的局部场被其相邻核的偶极矩改变而产生的，所以被称为偶极耦合。这是一个矢量相互作用，所以化学键的相对方向很重要。在室温及更低温度的固体中，相邻原子核的相对位置移动不大，于是偶极耦合效应的定义很明确。因此，它产生的谱线与化学位移产生的谱线相似，但分裂与磁场强度无关，取决于邻键的偶极矩、邻键之间的距离以及化学键取向。

两个核之间的偶极耦合用偶极耦合常数 D 表示：

$$D = \left(\frac{\mu_0}{4\pi}\gamma_I\gamma_s\right)r^3 \tag{6.18}$$

式中，r 为核间距。D 依赖于两个核磁旋比的乘积，因此两个[1]H 核的偶极耦合常数大约是同间距的两个[13]C 核的 16 倍。如 CH_2 基团中[1]H-[1]H 的 $r = 0.18nm$，偶极耦合常数 D 约为 20kHz，大约是通常化学位移范围（15×10^{-6}）的两倍，比表征溶液态光谱的贯穿键 J 耦合（through-bond J couplings）大得多。

贯穿空间的偶极耦合和贯穿键的 J 耦合之间的主要区别在于：前者是各向异性相互

作用，而不是各向同性相互作用。这意味着：一对核之间的偶极耦合依赖于核间矢量方向对静态磁场 B_0 方向取向。具体来说，偶极耦合与 $3\cos\theta-1$ 成正比，其中 θ 是核间矢量与 B_0 方向的夹角。粉末样品有一个均匀的方向分布，因此 NMR 由许多叠加线组成，对应于不同的偶极耦合，这种粉末光谱被称为各向异性展宽。

高分子的固态 ^{13}C NMR 分析始于异核偶极耦合的检验。异核偶极耦合产生于两个不同核自旋的核磁矩之间的相互作用。按照惯例，核自旋中用 I 表示丰量自旋，如质子的自旋，用 S 表示稀量自旋，如 ^{13}C 或 ^{15}N 核自旋。在外部磁场中，自旋 I 的取向与外场平行（自旋向上，↑）或反平行（自旋向下，↓），利用 Zeeman 相互作用来描述自旋 I 的能量：

$$E_{Zeeman} = -h\gamma B_0 m_I \tag{6.19}$$

式中，γ 为旋磁比；B_0 为外磁场；m_I 为核自旋量子数（对于 $-\dfrac{1}{2}$ 的自旋核，等于 $+\dfrac{1}{2}$ 或 $-\dfrac{1}{2}$）。

与此类似，自旋 S 会与 B_0 平行或反平行。由于每个自旋代表一个小磁场的核磁矩，当两个自旋在合理的距离时（10Å），S 自旋将受到 I 自旋产生的磁场，反之亦然。根据 I 自旋方向不同，由 I 自旋产生的磁场将增强或减弱 S 自旋受到的外部磁场，从而增强或减弱自旋 S 位置的有效局部磁场，从而改变其共振频率。自旋 I 对自旋 S 所处磁场的影响程度可用异核偶极耦合的强度来表征，用哈密顿量（Hamiltonian）表示如下：

$$H_{IS} = -d(3\cos^2\theta - 1)I_z S_z \tag{6.20}$$

式中，参数 d 是偶极耦合常数；角 θ 描述了核间矢量相对于外磁场的方向。由于两个核自旋之间耦合的大小依赖于核间的距离，偶极耦合是一种贯穿空间的相互作用。相反，J 耦合需要化学键的存在，它通过这些化学键中的电子转移，被限制在分子的原子核中。然而，贯穿空间的偶极耦合也发生在不同分子的原子核之间。因此这两种耦合机理在信息内容上是互补的。

异核偶极耦合哈密顿量的三个特征为：

① 耦合的大小与旋磁比的乘积成正比。这在直观上似乎是合理的，因为原子核的磁矩与 γ 成正比，而原子核的磁矩越大，产生的磁场就越强，这反过来又增加了偶极耦合相互作用的强度。

② 偶极耦合与核间距离的立方成反比，因此，当核移得更远时，相互作用迅速减弱。

③ 偶极耦合与取向有关，偶极哈密顿量中的 $3\cos^2\theta - 1$ 项就证明了这一点。因此，对于两个由固定距离分开的自旋核 I 和 S，I-S 核间矢量的偶极相互作用在某些方向将比其他方向的大。

偶极耦合的方向依赖性限制了其在液态核磁共振光谱中的作用。分子在溶液的重新取向时间比偶极耦合演化要快得多，从而使异核偶极耦合哈密顿量中的 $3\cos^2\theta - 1$ 项平均为零。然而，在随机取向微晶组成的固体样品中，核间矢量随时间保持不变，每个微晶产生的共振频率取决于外部场的取向。在多晶粉末样品中，微晶在所有可能的方向取向，异核偶极耦合导致谱带变宽。在特定频率上的强度反映了在该频率共振的微晶数量。值得注意的是，还存在一个相对于 B_0 的（I-S）矢量方向。在这个方向上，微晶的共振频率不受异核偶极耦合的影响，对应于所谓的魔角 $54.74°$（$3\cos^2\theta-1=0$）。

因为 ^{1}H-^{13}C 偶极耦合源于由 ^{13}C 自旋主导的相互作用，这种异核耦合导致固态光谱变宽。典型的 ^{1}H-^{13}C 耦合常数约为 30kHz，对应的距离大约为 1Å。然而，有两种方法可消除相互作用，从而得到更窄的谱线。一种是利用偶极耦合为零的特点，使核间矢量沿着与磁场成魔角的方向取向，这种方法就是所谓的魔角旋转（MAS）的技术。第二种方法是利用质子自旋来消除 ^{1}H 核对 ^{13}C NMR 的影响，使其对 ^{13}C 核的影响随时间平均为零，这就是类似于溶液 NMR 的固态自旋解耦技术。在液相核磁共振波谱中，多脉冲技术逐渐取代了连续波解耦技术，然而这些技术在固态 NMR 中通常不那么有效。

6.5.8 化学位移的各向异性

化学位移的起源可理解为 B_0 对原子核周围电子的影响。当外部磁场作用于一个原子时，因为它们也有磁矩，不仅原子核自旋受到扰动，而且周围的电子也会受到影响。外部磁场诱导电子的循环电流反过来产生小磁场，通常比 B_0 小 10^6 倍，它增强或降低原子核受到的外部磁场，因此，正如它的共振频率一样，原子核受到的有效磁场也会改变。

化学位移的取向依赖性（或称各向异性）是非常显著的。对于非 sp^3 杂化的 ^{13}C 原子，CSA 可达 $120\times10^{-6}\sim140\times10^{-6}$，这是由于分子中的原子很少具有球对称的电子分布，相反电子密度可以认为是一个椭球，沿着化学键或非键 p 轨道拉长。电子密度对原子核共振频率的影响程度取决于电子云相对于 B_0 的方向，因此也取决于分子的取向，如羰基碳原子的共振频率可能相差超过 120×10^{-6}，这取决于 C＝O 基团相对于外场的取向。当电子云最窄的部分沿 B_0 轴方向取向时，^{13}C 核共振频率的化学位移最大，这就是去屏蔽效应；而当电子云最宽的部分沿 B_0 轴方向取向时，化学位移最小。这两个化学位移分别称为 σ^{11} 和 σ^{33}，属于 CSA 的三个主值中的两个，第三个值（σ^{22}）是垂直于 σ^{11} 和 σ^{33} 轴的分子取向所产生的位移。为了阐明核自旋的 CSA，这三个主值，再加上椭球的取向（通常由三个欧拉角表示），就是全部必需的信息。

对于粉末样品而言，大量随机取向的微晶保证了所有可能的分子取向都被采样，从而形成了粉末图案。C＝O 信号的左、右边缘分别对应于化学位移 σ^{11} 和 σ^{33}，并且最大强度位置对应于 σ^{22}，一般地，$\sigma^{11}>\sigma^{22}>\sigma^{33}$。CSA 信号变宽是自旋和外磁场之间相互作用的结果，因此，就像处理异核偶极耦合一样，还没有一种简单的方法，在不影响检测信号所需的自旋自由旋进前提下，通过射频脉冲来消除这种相互作用。

然而，液态核磁共振波谱为如何消除 CSA 的影响提供了思路。在液体中，分子在整个方向范围都可以随机而快速地采样；因此，即使是非常不对称的电子分布，在核磁共振时间尺度上也会呈现球形，可以将化学位移哈密顿函数 H_{cs} 分为各向同性项和各向异性项。

对于一个快速翻转的分子，可以在椭球体所有可能的方向采样，使方向相关项平均为零，只留下化学位移的各向同性成分 $\sigma_{iso}\gamma B_0 I_z$，这些在溶液 NMR 中能够观察到。然而，在固态样品上施加一种随机的、类似液体的运动在机械上是实现不了的，因为它需要以目前无法达到的速度绕多个轴运动。通过使样品围绕一个独特的精心选择的轴旋转，才可以消除化学位移哈密顿量的各向异性项。

6.5.9　磁共振成像

在均匀外部磁场影响下，不同分子环境中的磁性核的共振频率发生差异，被核磁共振波谱加以测量。该方法依赖于磁场的均匀性，因此不同的频率可以归因于特定核的分子环境的不同。改变样品中特定核的共振频率，NMR 可以用于获取它们空间分布的信息，在 1973 年有两篇论文[24,25]独立对此加以报道。施加一个或多个磁场梯度，使外部磁场的强度以可控的方式沿某些轴变化。利用不同共振信号的振幅在样品中产生原子核的局部密度，这种方法称为磁共振成像（MRI）。一维成像是沿着磁场梯度轴生成特定原子核（通常是质子）的密度分布图[26]。

为寻找适合于材料研究的梯度磁场，其中一种方法是利用大型强超导磁体的边缘或杂散场梯度。该磁场梯度足以在固体系统中扩散共振频率，并且共振线宽且具有高空间分辨率，这种 MRI 技术被称为杂散场成像（STRAFI）[27]。原子核激发后的弛豫速率，在很大程度上取决于分子的迁移率。在水中质子的流动性很强，与周围环境的相互作用耗散能量的效果不佳，因此弛豫时间很长，导致 NMR 谱线变窄。当质子迁移率较低时，如高分子或分子量高的其他固体中的质子，弛豫更有效，信号变得更宽。一种以时间常数 T_2 为特征的自旋弛豫机制，即横向弛豫或自旋-自旋弛豫，对核的迁移率特别敏感。因此测量它们的自旋-自旋弛豫时间是评估原子核迁移率的一个好方法。当施加多个自旋回波脉冲序列时，可以测量质子在不同部位的 T_2 值。T_2 随着质子迁移率降低而减小，信号也逐渐变弱。因此，自旋回波脉冲序列可用于监测一些现象，诸如交联反应等过程中质子迁移率的逐渐下降。利用 MRI 可以获得质子 T_2 值的分布图，并将其归因于不同交联程度引起的空间变化。

核磁共振成像是一项定量测量技术，可以测量浓度和分子迁移率作为时间的函数，更重要的是作为涂层位置（即深度）的函数，可以获得大约 $9\mu m$ 的像素分辨率。MRI 能够确定分子迁移率和浓度随涂层深度变化，因此在涂层研究领域具有巨大的潜力。

6.5.10　高分子共混物

高分子共混物具有重要的工业价值。在热力学上，高分子共混物的相容性主要依赖于混合，由于混合熵对混合自由能的贡献可忽略不计，因此大多数高分子-高分子之间的相容性是由特殊的分子间相互作用引起的。目前，多种分析技术被用于研究高分子共混物的相容性和相行为，如热机械分析、显微镜、光散射和光谱技术，其中 FTIR 光谱和固体核磁共振是研究共混物分子间特殊相互作用的有力工具。固体核磁共振可以在链段尺度上研究高分子共混物的均匀性。借助 CP MAS 波谱中碳核共振的[13]C 化学位移和/或谱线形状，可以识别共混物中碳核的化学环境，因此共混物中碳核共振的变化通常反映了共混物各组分的分子间相互作用；而在 FTIR 方法中，通过相互作用的光谱振动的相对变化，也可以获得分子间相互作用的信息。

6.6　质谱

利用质谱仪可以测量质荷比 m/z（m 是质量，z 是电荷），其本质是量子化的。电荷 z 只能是元电荷（即电子电荷）的整数倍，而质量 m 是基于分子、官能团、元素、同位素和元素组成来量子化的。一个电离的原子或分子可以用它的 m/z 来表征。在单位质量分辨率下，根据残基质量可以区分 20 种常见氨基酸中的 18 种，其中亮氨酸和异亮氨酸具有相同的元素组成，因此在质量上实际是相同的。

每一种核素都有不同的分子质量亏损，即准确分子质量与标称分子质量之间的差距：^{12}C 分子质量为 $12.00000Da$，^{1}H 分子质量为 $1.00725Da$，^{16}O 分子质量为 $15.9949Da$，因此分子质量分析源于毫道尔顿量级（millidalton level）的高分辨率。每种不同的元素组成都有不同的分子质量，根据足够精确的分子质量测量，分子的化学式可以被唯一确定，然而单从分子质量测定元素组成的分子质量上限约为 300Da。

质谱具有灵敏度高、动态范围广、专一性强和选择性好等优点，已成为测定有机、无机、高分子材料结构不可缺少的工具。在过去十多年中，基质辅助激光解吸/电离（MALDI）、电喷雾电离（ESI）耦合质谱法，已发展并完善成为表征高分子的高效实验工具。伴随着检测配置、实验功能〔如扫描技术和数据依赖实验（data-dependent experiments）〕、强大的数据分析和软件应用（如自动数据分析和数据库搜索）等功能的增强，质谱技术的灵活性也得到了显著提高。

6.6.1 结构质谱

质谱的常规结构测定方法包括鉴定高分子，典型的做法是通过测定分子质量，从而确定初级结构。

质谱与数据库搜索技术联用，已经成为分析高分子复杂混合物的有力工具。某一种混合物的化学复杂性，可以由不同元素组成（$C_c H_h O_o N_n S_s \cdots$）的各种组分的数目加以衡量。

质谱只考虑不同的元素组成，无法区分那些同分异构体，即元素组成相同但化学键排列不同的分子。如果混合物的动态范围，即最高丰度组分与最低丰度组分的比率小于 10000 左右，那么就可以将最复杂体系中存在的组分加以区别。对于 1000Da 以下的复杂混合组分，MALDI MS 和 ESI MS 具有很高的分辨率，非常适合用于鉴别，因为质谱峰的数量超过需要鉴别的组分的数量并不太多。

采用一维正离子电喷雾-傅里叶变换-离子回旋共振质谱（ESI FT-ICR-MS），无需事先的色谱分离，能够分辨超过 11000 种单电荷离子，其中约 8000 种由不同元素组成，剩余的 3000 种是组成相同、含 ^{13}C 或 ^{34}S 的分子，而不含 ^{12}C 或 ^{32}S[28]。这一结果为单步分析最复杂的化学混合物创造了新的纪录，也为类似复杂混合物，如生物、环境分析建立了标准。

质谱可以与传统的多维分离技术相结合，显著提高实验方法的选择性和特异性，用于日益复杂的高分子的分析应用。

6.6.2 MALDI 技术

基于 MALDI 质谱法，分析合成高分子的结构和组成发展迅速。MALDI 技术需要将分析物嵌入一种可吸收激光波长的基体中，能量从基体转移到分析物，分析物在气相中解吸、电离，产生的离子可以在飞行时间（TOF）质谱仪中进行分析，这是脉冲电离技术的自然选择。

采用 MALDI-TOF-MS，可以检测分子质量超过 10^6Da 的合成高分子。这种最先进的、配备有时滞聚焦和反射模块的 MALDI 质谱仪，可执行分子质量高达 36kDa 分子的化学成分测定和端基鉴定。MALDI 质谱的优势在于质谱简单，主要来自单电荷准分子离子，且样品对污染的耐受性较高。

TOF MS 主要有两个优点：一是分析质量范围仅受探测器、离子传输和电离过程的限制；二是与四极质谱仪相比，所有的离子信号都是同时记录的，无需扫描，TOF 分析仪可以解决扫描速度/洗脱时间的问题，使其适用于分离与质谱联用。在过去的十年中，MALDI-TOF-MS 仪器的改进主要来自反射技术、时滞聚焦和傅里叶变换技术的使用，极大地提高了质量分辨率、灵敏度和质量测量的准确性。

6.6.3 电喷雾电离质谱

电喷雾电离（ESI）这一术语用来表示强电场将液体样品分散到气槽中，使其成为高带电液滴的精细喷雾过程。关于这些带电液滴的蒸发产生气相离子的机理，仍然还存在许多争议和争论。自第一次进行四极 ESI 质谱实验以来，该技术已成为分析中应用最广泛的技术之一。ESI 质谱仪器的发展也涉及 TOF 质谱分析仪。利用正交注入将连续离子束转换成脉冲模式，解决了连续 ESI 源与 TOF 耦合的困难。TOF 分析仪的使用使得 ESI-MS 与液相色谱的耦合更加有效，这主要得益于数据的快速获取和动态范围的改善。

ESI 是一种可以成功电离高分子的方法，几乎没有碎片。它的一个缺点是要求被分析的高分子能溶于可电喷涂的溶剂。ESI 比 MALDI 更少用于高分子表征的另一个原因是，它具有形成多重带电离子的趋势，从而使分子质量超过数千道尔顿的高分子分析变得复杂，多重带电离子同样使得 ESI 的量化变得复杂；ESI 的一个明显优势是，易于与液体分离方法相结合。

ESI 具有产生多重带电离子的独特能力，使用这种温和的电离技术，可将检测质量范围有限的分析仪扩展到更高的质量范围。遗憾的是，即使是分散性窄、分子量高的高分子，由于多次负载电荷也会产生非常复杂的质谱图。

6.6.4 分离技术

为了测定实际高分子体系的分子不均一性，需要将分离技术与光谱技术进行组合。高分子链通常要先进行分级，可以利用液相色谱、超临界流体色谱或温升洗脱分馏等分离技术。表征的这一步骤，将采用分子光谱技术完成，可以离线操作，也可以在分离技术中安装光谱检测器。

质谱与分离技术联用的应用价值已得到公认，这些方法已被证明是表征复杂高分子体系最强有力的方法[29]。

（赵亚军　周兴平　解孝林　译）

参考文献

[1] G. Socrates, *Infrared Characteristic Group Frequencies* (John Wiley & Sons, Chichester，1994).

[2] M. C. Etter, *Acc. Chem. Res.*, **23** (1990), 120.

[3] A. J. Berger, T-W. Koo, I. Itzkan, and M. S. Feld, *Anal. Chem.*, **70** (1998), 623.

[4] B. Jasse and J. L. Koenig, *J. Macromol. Sci. Rev. Macromol. Chem.*, **C17** (1997), 135.

[5] D. Lefebvre, B. Jasse, and L. Monnerie, *Polymer*, **22** (1981), 1616.

[6] R. G. Messerschmidt and M. A. Harthcock, *Infrared Microscopy: Theory and Applications* (Marcel Dekker, New York, 1998).

[7] E. N. Lewis, P. J. Treado, R. C. Reeder, G. M. Story, A. E. Dowrey, C. Marcott, and I. W. Levin, *Anal. Chem.*, **67** (1995), 3377.

[8] P. Colarusso, L. H. Kidder, I. W. Levin, J. C. Fraser, J. F. Arens, and E. N. Lewis, *Appl. Spectrosc.*, **52** (1998), 106A.

[9] B. Foster, *Am. Laboratory*, February (1997), 21.

[10] E. N. Lewis, L. H. Kidder, J. F. Arens, M. C. Peck, and I. W. Levin, *Appl. Spectrosc.*, **51** (1997), 563.

[11] A. S. Haka, I. W. Levin, and E. N. Lewis, *Appl. Spectrosc.*, **54** (2000), 753.

[12] L. H. Kidder, I. W. Levin, E. N. Lewis, V. D. Kleiman, and E. J. Heilweil, *Opt. Lett.*, **22** (1997), 742.

[13] C. M. Snively and J. L. Koenig, *Appl. Spectrosc.*, **53** (1999), 170.

[14] C. A. Michaels, L. J. Richter, R. R. Cavanagh, and S. J. Stranick, *Proc. SPIE*, **4098** (2000), 102.

[15] C. A. Michaels, *et al.*, *J. Appl. Phys.*, **88** (2000), 4832.

[16] S. J. Stranick, D. B. Chase, and C. A. Michaels, *Polym. Mater. Sci. Eng.*, 87 (2002), 172.

[17] B. Knoll and F. Keilmann, *Nature*, **399** (1999), 134.

[18] B. Schrader, *Raman/Infrared Atlas of Organic Compounds* (VCH Publishers, New York, 1989).

[19] F. A. Bovey, *Chain Structure and Conformation of Macromolecules* (Academic Press, New York, 1982).

[20] M. Mehring, *High Resolution NMR Spectroscopy in Solids* (Springer-Verlag, New York, 1983).

[21] C. A. Fyfe, *Solid State NMR for Chemists* (CFC Press, Guelph, 1984).

[22] H. W. Spiess, *Ann. Rev. Mater. Sci.*, **21** (1991), 131.

[23] SpecInfo *data base*, Chemical Concepts, STN, Karlsruhe, see W. Robien, CSEARCH, http://felix.orc.univie.ac/~wt/csearch_server_info.html; S. V. Trepalin, A. V. Yarkov, I. M. Doimatova, N. S. Zefirov, and S. A. E. Finch, *J. Chem. Inf. Comput. Sci.*, **35** (1995), 405; CNMR data base, Advanced Chemistry Development, Inc., 133 Richmond Street West, Suite 605 Toronto, Ontario, Canada MSH 2LS.

[24] P. Mansfield and P. K. Granell, *J. Phys. C*, **6** (1973), L422.

[25] P. C. Lauterbur, *Nature*, **242** (1973), 190.

[26] P. T. Callaghan, *Principles of Nuclear Magnetic Resonance Microscopy* (Clarendon Press, Oxford, 1991).

[27] P. J. McDonald and B. Newling, *Rep. Prog. Phys.*, **61** (1998), 1441.

[28] C. A. Hughey, R. P. Rodgers, and A. G. Marshall, *Anal. Chem.*, **74** (2002), 4145.

[29] R. Murgasova and D. M. Hercules, *Anal. Bioanal. Chem.*, **373** (2002), 481.

第 7 章　高分子的小角中子散射表征

George D. Wignall

橡树岭国家实验室（ORNL）凝聚态物质科学部，美国田纳西州橡树岭 37831-6393

7.1　引言

7.1.1　背景

　　中子散射起源于 1932 年，那一年查德威克发现了中子，随后第一个核反应堆于 20 世纪 40 年代初在芝加哥和橡树岭成功运行。中子散射技术正是从这里开始兴起，这项技术最初主要用于研究"硬"晶体材料。如 Shull、Wollan 和 Brockhouse 采用该技术，开创性地研究了铁、铬、钴和铱等材料，因此荣获了 1997 年诺贝尔物理学奖。随后还发展了极化分析方法[1]，确定磁性材料的结构。在过去的二十年里，这项技术已被高分子科学、化学、生物学等其他学科的科学家广泛使用，为科学家们提供了重要的结构信息[2]。因此，该技术主要应用于最实用和应用最广泛的"软"物质材料，如高分子[3] 和胶体[4]。这一发展可视为各门学科之间交叉愈来愈宽广这种趋势的实例，正如德让纳[5] 所指出：

　　"人类最初学会了加工坚硬的物体，如燧石、青铜、石头、砖块，甚至木头。但是不久之后，人们发现自己需要更精细、更柔韧的材料，如皮革、天然纤维、蜡、淀粉等。同样，20 世纪的物理学首先致力于硬质材料，如金属、半导体（这为现代通信开辟了道路），后来是陶瓷的研究。但最近的趋势是朝着软材料的方向发展，其中高分子、洗涤剂和液晶是我们身边最常见的软材料。"

　　大多数高分子和胶体体系，要么在其本身的分子结构中，要么在分散体系的水或含氢溶剂中，都含有大量的氢。因此它们特别适合应用氘标记❶技术。

　　自高分子学科创立以来，散射技术就一直用于研究大分子的空间排列信息，Bunn 使用 X 射线测定了聚乙烯的晶体结构[6]，采用 Bragg（布拉格）定律：

$$\lambda = 2D\sin\theta \tag{7.1}$$

　　式中，D 是晶面间距；λ 是波长；2θ 是散射角。对于入射光和散射光（中子、X 射线等）能量相等的弹性散射，散射强度 $I(Q)$ 是动量转换 Q 的函数，其中：

$$Q = 4\pi\lambda^{-1}\sin\theta \tag{7.2}$$

结合式（7.1）和式（7.2）可得：

$$D \approx 2\pi/Q \tag{7.3}$$

　　虽然式（7.1）的布拉格定律不适用于非晶材料，但实空间（r）中的结构和 Q 空间散射之间的傅里叶或逆傅里叶关系却依然成立，即式（7.3）适用于所有散射类型的一阶

---

　　❶　虽然氢的同位素氘在剑桥大学出版社的文献中常用符号 ^2H 表示，但在 SANS 的文献中则常用 ^2D 表示。本章作者在已发表的论文和本章之前的版本中，也遵守了 SANS 中的用法。

有序。因此，较小 Q 值的数据可探测系统中较大长度尺度结构，使用中子研究的长度尺度为～10～1000Å（即高分子"线团"的尺寸），这对高分子来说是非常重要的，因此需要利用长波长（5Å<λ<20Å）或"冷"中子❶来处理低 Q 值（≈10^{-3}～10^{-1}Å^{-1}），收集在小角度（θ<15°）下的数据。这些测量通常被称为小角散射，尽管 Q 值范围决定了研究物体的尺寸大小，但其他波长的辐射（如光、X 射线），也可在不同角度范围内提供类似的信息（见 7.1.4 节）。在详细介绍中子散射理论之前，对小角中子散射（SANS）的影响力列举几个实例，作为说明该技术所能提供的独特信息的引导，是很有意义的。

7.1.2　SANS 研究高分子整体和局部构象示例

　　SANS 已证明是评价高分子链构象最重要的工具之一。这是因为氢（^{1}H）和氘（^{2}D）对中子的散射不同，而物体的散射取决于粒子与环境之间散射能力的差异。因此，产生这种差异（即对比）的方法之一是对单根链[7,8]或部分分子聚集体进行氘代（"染色"或"同位素标记"），使它们在凝聚态下"可见"。SANS 和 ^{2}D 标记技术的结合已成功解决高分子堆砌方式及其尺寸测量中长期存在的诸多问题。

　　图 7.1 表示了一条典型的聚乙烯链，它是应用最广泛的商品高分子，假设有约 4000 个乙烯（C_2H_4）单元（或链节）通过共价键连接在一起，形成的总分子量 M～10^5，链的平均"尺寸"或"末端距"约为 350Å[9,10]，此链占有的体积约为（$4\pi/3$）350^3～10^8Å^3。与该链的固有体积（仅约为 2×10^5Å^3）相比，此分子占有的空间显然是与其他 500 条链共享的，且这些链充分缠结、交织在一起。由此可知，一个典型的链节原则上可以与同一链上的 4000 个链节中的每一个链节相互作用，也可以与其他 500 条链相互作用，其中每条链又包含 4000 个链节！

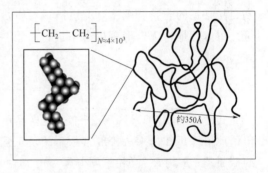

图 7.1　非晶（熔融）状态下聚乙烯分子结构示意图。该图显示了单根链如何与其他数百个分子共享同一空间并相互交织或缠结。对 M～10^5 的分子链平均末端距～350Å，每根分子链所占体积～2×10^8Å^3，实际占有体积～2×10^5Å^3，即～500 根分子链在同一体积内互相贯通

　　这种举例说明，计算链轨迹是相当困难的，因为这是一个真正难以解决的问题，即便有当今强大的计算能力也很难。在 20 世纪 40 年代，当工业化学家们开始合成这种大分子时，这个问题显得更为棘手。然而，众所周知，同一链上的链节之间存在相互作用，两个链节无法占据同一个位置，这种现象被称为排除体积效应，它迫使同一根链上的链节彼此回避，导致稀溶液中链尺寸的扩展。另外，通过对有机溶剂中高分子的研究，如环己烷中的聚苯乙烯，发现高分子链的尺寸还取决于链节与周围溶剂分子之间相互作用的符号和大小。在"良"溶剂中，链内排斥（或链节间的排除体积）会扩展高分子的尺寸，溶剂-溶质的相互作用也是如此。然而，在不良溶剂中，溶剂-溶质和溶质-溶质相互作用具有相

反的符号。当二者达到平衡时，链尺寸则既不依赖于链节-链节相互作用，也不依赖于溶剂-溶质相互作用，这种现象发生在"Θ 温度"（T_Θ），此时链的尺寸与一个无相互作用的高分子线团相当，不受排除体积效应的影响。

50 多年前，弗洛里[11] 就指出，一条典型的高分子链在固态中与众多其他链相互作用，这些链节-链节相互作用是来自同一条链，还是来自于不同的链，是无法知晓的，所以链不会因排除体积效应而膨胀。据此直观推断，应该消除排除体积效应，从而使高分子链采取无规行走的构型。用于描述高分子链整体尺寸的参数是回转半径（R_g），或所有散射元距重心的均方根距离：

$$R_g^2 = \frac{\sum_k f_k r_k^2}{\sum_k f_k} \tag{7.4}$$

求和遍及所有散射元 k，这些散射元是 SANS 中的原子核，并由每个原子的散射长度加权（见 7.2.2 节）。对于不受远程排除体积效应干扰的无规行走（高斯）构型，其 R_g 与步长（链节数）或分子量的平方根成正比，即 $R_g \sim M^{0.5}$，且整体尺寸与在理想溶剂（Θ 溶剂）中的一致。然而，直到 20 世纪 70 年代 SANS 技术应用之前，该理论一直未得到直接证据的支持。图 7.2 是含 5%（质量分数）氘代聚苯乙烯（PSD）的普通（[1]H-标记）聚苯乙烯在无定形凝聚态下进行的第一次 SANS 实验数据[12]，数据以 Zimm 图的形式表示[13]：

$$\frac{\mathrm{d}\Sigma^{-1}}{\mathrm{d}\Omega}(Q) = \frac{\mathrm{d}\Sigma^{-1}}{\mathrm{d}\Omega}(0)\left(1 + \frac{Q^2 R_g^2}{3} + \cdots\right) \tag{7.5}$$

式中，$\mathrm{d}\Sigma/\mathrm{d}\Omega(Q)$ 的分子部分是样品单位体积的散射截面积的微分 $\mathrm{d}\Sigma$，而 Ω 是立体角；此值等于扣掉乘法校准常数后的矫正强度 $I(Q)$（见 7.5.1 节）；$\mathrm{d}\Sigma/\mathrm{d}\Omega(0)$ 为 $Q=0$ 时的截面积，z 均 R_g 值和重均分子量分别由斜率和截距确定。外推截面得到 $\mathrm{d}\Sigma/\mathrm{d}\Omega(0) = (17.4 \pm 0.5)$ cm^{-1}，由此计算出标记链的聚合度 $N_D = 928 \pm 30$、分子量为 $(96.5 \pm 3) \times 10^3$，与渗透压法独立测定的结果一致[12]，回转半径 R_g 值很接近理想 Θ 溶剂中的测量值[3,12,14]，这一结果与其他 SANS 测量的结果[9,10,15] 一起验证了 $R_g \sim M^{0.5}$ 关系，符合 Flory 假设的比例关系，测定的典型误差范围仅为 $\pm 4\%$。

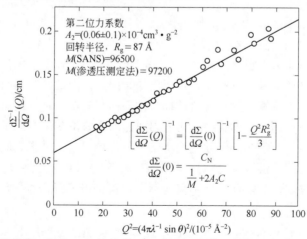

第二位力系数
$A_2 = (0.06 \pm 0.1) \times 10^{-4}$ cm$^3 \cdot$ g^{-2}
回转半径，$R_g = 87$ Å
M(SANS)=96500
M(渗透压测定法)=97200

$$\left[\frac{\mathrm{d}\Sigma}{\mathrm{d}\Omega}(Q)\right]^{-1} = \left[\frac{\mathrm{d}\Sigma}{\mathrm{d}\Omega}(0)\right]^{-1}\left[1 - \frac{Q^2 R_g^2}{3}\right]$$

$$\frac{\mathrm{d}\Sigma}{\mathrm{d}\Omega}(0) = \frac{C_N}{\frac{1}{M} + 2A_2 C}$$

纵轴：$\dfrac{\mathrm{d}\Sigma^{-1}}{\mathrm{d}\Omega}(Q)$/cm
横轴：$Q^2 = (4\pi\lambda^{-1}\sin\theta)^2/(10^{-5}$ Å$^{-2})$

图 7.2　含 5%（质量分数）氘代 PSD 的普通（[1]H-标记）聚苯乙烯样品的 $\mathrm{d}\Sigma/\mathrm{d}\Omega(Q)^{-1}$-$Q^2$ 关系图

虽然这些结果支持这个模型，但它们本身并不是决定性的，这是由于旋转半径是整个构型的平均值，因此完全不同的分子运动轨迹可以具有相同的 R_g。因此，与整体 R_g 不同的是，为了探测局部链构象，需将测量范围扩展到更高的 Q 值范围。如上所述，高 Q 值的 SANS 数据对系统中较短的尺度（$D \sim 2\pi/Q$）很敏感，Q 值越大，散射越来越由局部分子构象决定。因此，中等角度中子散射（IANS）的 Q 范围（约 $0.1 \text{Å}^{-1} < Q < 0.6 \text{Å}^{-1}$）对应于约 $10 \sim 50 \text{Å}$ 距离内链的局部构象。图 7.3 比较了无规立构（玻璃态）聚苯乙烯的 IANS 数据[12] 与符合高斯分布单链[16] 形状因子❶的 Debye 模型：

$$P(Q) = 2\left[R_g^2 Q^2 + \exp(-R_g^2 Q^2) - 1\right] / (R_g^4 Q^4) \tag{7.6}$$

以 $Q^2 d\Sigma/d\Omega(Q)$ 对 Q 作图，即通常所说的 Kratky 图，这种作图方法强调了高 Q 处的散射，有助于与模型进行比较。由图 7.3 可以看出，在 Kratky 图中，在高 Q 范围内，$d\Sigma/d\Omega(Q)$ 随 Q^{-2} 的变化曲线出现一个平台，该平台符合式（7.6）高斯线团的函数关系。出人意料的是，与实验数据相比较，Debye（德拜）模型[16] 比 Yoon 和 Flory 模型[17] 更好：前者是基于独立于局部链结构的一般假设，而后者是旋转异构态（RIS）计算得到的，这反映了链的局部结构信息（如共价键长度、角度等），并预测了 Kratky 图在高 Q 平台区域的斜率为正值。图 7.3 所示的数据为完全标记的（D8）氘代聚苯乙烯（PSD），尽管后续仅对主链标记的（D3）聚苯乙烯进行测量[18]，但结果表明 Kratky 图确实呈现出 RIS 模型预测的正斜率。如此看来，与德拜模型的一致可能是偶然的，这是由于该正斜率与全标记链的有限横向尺寸（约 4Å）所导致的负趋势相互抵消了。聚甲基丙烯酸甲酯（PMMA）的 IANS 数据表明，中等 Q 范围内的散射取决于链的立构规整性，与理论[15,19] 比较表明，无规立构、全同立构和间同立构材料的曲线形状可用 RIS 模型解释[20]。聚碳酸酯[21]、无定形聚乙烯[22] 和聚异丁烯[23] 的结果也都遵循 RIS 理论。

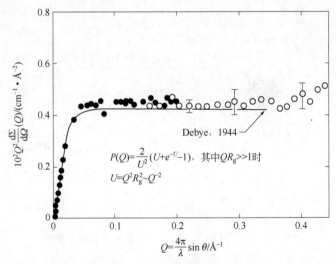

图 7.3 无规聚苯乙烯的 Kratky 图

---

❶ $P(Q)$ 用来描述单根高分子链的散射行为，即式（7.6）中的高斯链。然而，对于式（7.24）中的非高斯链、式（7.35）中的硬球和式（7.36）中的空心球，其形式也是一样的，均有 $P(0)=1$。

7.1.3 SANS 研究共聚物表面活性剂形成的胶体聚集体——胶束示例

超过某一临界点，二氧化碳形成超临界流体（SCF）。由于其无毒性，超临界流体在食品工业中得到广泛应用，如用于脱除咖啡中的咖啡碱和从鸡蛋中提取胆固醇、甘油三酯等"超清洁"工艺。同样，SCF 有望成为当前常用于聚合反应及其他工业领域的有机溶剂的环保替代品。众所周知，制造压力容器所用的许多材料具有高的中子透过率，SANS 技术已用于研究含氟高分子、聚硅氧烷等可溶于 CO_2 的高分子的热力学行为[24]，尤其适用于高压下物质结构的研究。然而，许多工业上重要的高分子，如聚苯乙烯（PS），在容易达到的高温（<100℃）和压力［<500bar（1bar＝0.1MPa）］下，并无法溶解于超临界二氧化碳，DeSimone 及其同事在体系中添加乳化剂实现了"溶解"[25]。这些表面活性剂一般是由"憎 CO_2"和"亲 CO_2"嵌段组成的两亲性双嵌段共聚物，即分子的各组分具有不同的溶解度，其功能与肥皂等清洁剂使油在水中的溶解方式大致相同，在油周围构筑一层水溶性的亲水外壳，如图 7.4 所示。

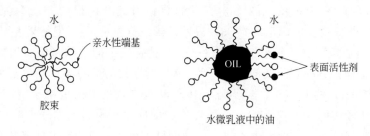

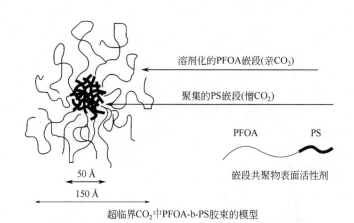

图 7.4　水和超临界二氧化碳中胶束聚集体示意图

SANS 已广泛用于研究这些分子在水中自组装成胶束、微胶乳等聚集体的方式[4,26,27]。在 SCF 中形成类似胶束的可能性争论了近十年[28,29]，之后，才由 SANS[30,31]、小角 X 射线散射（SAXS）[32] 及其他技术[33] 的实验结果所证实。这些胶束由憎 CO_2 核和亲 CO_2 的含氟高分子壳组成，图 7.4 是这种胶束聚集体在水和 CO_2 体系中的示意图。SANS 结果表明 PS 可以聚苯乙烯-聚（丙烯酸氟辛基酯）嵌段共聚物（PS-b-PFOA）[❶] 为稳定剂形成胶束，其中不溶于二氧化碳的 PS 处于胶束中心。因此，以 PS-b-PFOA 为表面活性剂，苯乙烯可在 CO_2 中进行聚合反应，收率大于 90%。

图 7.5 为两个嵌段的数均分子量 M_n 分别为 3700 和 16600 的 PS-b-PFOA 嵌段共聚物在 65℃、343bar 压力下形成的胶束，其截面比单分子的 $d\Sigma/d\Omega(0) \approx 0.5 \text{ cm}^{-1}$ 大得多，表明该粒子的分子量比孤立的单链高。$Q \approx 0.04 \text{Å}^{-1}$ 处的次极大值与粒子的球形和核壳形貌相关。

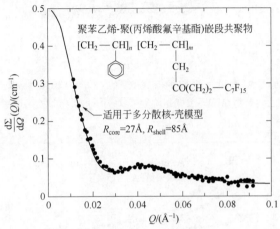

图 7.5　在超临界 CO_2 中嵌段共聚物胶束的 SANS 表征

假设体系没有取向相关性，使用与分析水相聚集体相同的方法[26,27,34]，SANS 数据可用内核半径（R_{core}）和外壳半径（R_{shell}）的粒子系统来建模[34,35]。对于稀溶液，粒子间的相互作用可以忽略[4]，使用几种不同形状的粒子进行拟合，其中最佳拟合是由一个具有舒尔茨分布的球形核-壳模型给出的，拟合参数包括多分散宽度 Z 和每个胶束中分子的聚集数 N_{agg}[35]。将独立校准的 SANS 和在相同实验条件下获得的小角度 X 射线散射（SAXS）数据进行比较，得到了几乎相同的核半径 R_{core} 和聚集数 N_{agg} 值。由于 SANS 和 SAXS 的对比因子是完全不同的（见下文）[31]，因此形成了一种有用的交叉检验方法。

如图 7.6 所示，当 PS 添加到聚苯乙烯-聚（丙烯酸氟辛基酯）嵌段共聚物（PS-b-PFOA）溶液时，PS 溶于胶束中，随着粒径和聚集数的增加，SANS 强度或散射截面 $d\Sigma/d\Omega(Q)$ 增大了一个数量级以上（见 7.3.1 节）。Londono 等[31] 也观察到，溶剂密度的增加导致了聚集体的分离，这表明存在临界胶束密度（CMD），对应于胶束聚集体消失时的溶剂密度[30]。图 7.7 中的 PVAc-b-PFOA 二嵌段共聚物实验也证实了该现象[35]。当压力从 165bar 上升至 344bar 时，散射的形状和绝对大小由单链曲线 [$d\Sigma/d\Omega(0) \approx 0.5 \text{cm}^{-1}$；$R_g \approx 50 \text{Å}$] 转变为胶束聚集体曲线 [$d\Sigma/d\Omega(0) \approx 14 \text{cm}^{-1}$；$R_g \approx 150 \text{Å}$]。当压力降低到 210～241bar 之间时，发生无规线团到聚集体的转变。这类似于在水介质中改变表面活性剂浓度所引起的效应，在临界胶束浓度下发生胶束-单链转变[27,34]。在 SCF 介质中，也观察到这种转变[31]，显示了其新颖独特的属性。因此，溶剂强度是 CO_2 密度的一个强相

---

❶　原文为聚苯乙烯-聚（丙烯酸氟辛基酯）共聚物（PS-PFOA）。——译者注

关函数，只需改变如图 7.7 所示的压力或温度，系统就可以从聚集状态变成分散状态[35]。这样产生并分散的胶束能够溶解憎 CO_2 的材料，是一种有重要应用价值的特性。

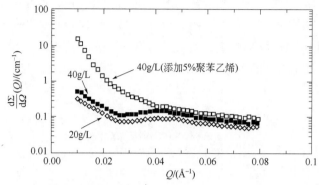

图 7.6　添加聚苯乙烯低聚物的聚苯乙烯（3700）-聚（丙烯酸氟辛基酯）（16600）嵌段共聚物在不同浓度超临界 CO_2 中的 $d\Sigma/d\Omega(Q)$-Q 关系图[24]

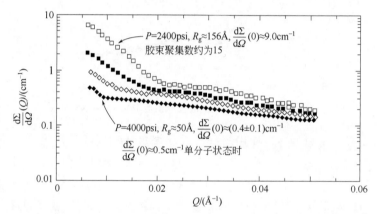

图 7.7　浓度为 60g/L 的聚醋酸乙烯-b-聚（丙烯酸氟辛基酯）嵌段共聚物在 CO_2 中的 $d\Sigma/d\Omega(Q)$-Q 关系图。在高压下，散射源于单分子；当压力降低时，低于临界 CO_2 密度时形成胶束[24]。1psi＝6894.757Pa

7.1.4　与其他低 Q 值散射技术相比，为什么中子散射是合适的？

如 7.1.1 节所述，低 Q 值数据对应大尺度（$D \sim 2\pi/Q$）结构。X 射线方法已广泛用于测定稀溶液中的链尺寸、结晶高分子中的层间距等[36]。如上所述，这种测量称为小角散射，尽管 Q 值范围（通常为 $10^{-3}\text{Å}^{-1} < Q < 10^{-1}\text{Å}^{-1}$）决定了研究对象的尺寸，且其他波长（如光、中子）的辐射可以在不同角度范围内提供类似信息。如波长为 $2000 \sim 6000\text{Å}$ 的光散射（LS）探测的 Q 范围（$\sim 2 \times 10^{-6}\text{Å}^{-1} < Q < 2 \times 10^{-3}\text{Å}^{-1}$）比 SAXS 小得多，即使角度范围可能相当大（高达 2θ 约 $160°$）。因此，根据式（7.3）计算，LS 探测的距离尺度最高可达约 $10\mu m$。自 20 世纪 40 年代以来，该技术已广泛用于测定高分子的分子量和整体尺寸，例如稀溶液中的分子尺寸[36]。

与此类似，SAXS 也可以提供这样的信息，尽管 SAXS 和 LS 都不能应用于凝聚态或浓溶液，因为很难区分链间和链内对结构的贡献，而这只能在零浓度的极限条件下进行。

然而，由于多个因素的共同影响，如本体穿透能力高、通过同位素标记（氘化）或适当选择溶剂（对比度变化）调控局部散射振幅的能力、最小的辐照损伤和对大多数元素的小吸收，SANS 已经消除了上述限制，因此这项技术已发展成为研究高分子的有力工具。通过高分子的 ^{2}D 标记，可以测量单链结构因子，从而可以测量凝聚态[3,9,10,13-15,19,22,23,37] 和浓溶液[38-40] 中高分子链的 R_g。为了使这些实验的信噪比最大化，人们开发了高浓度标记方法[41]。SANS 也被广泛应用于研究水[34,42,43] 和超临界介质[24,30,31,35] 中两亲性胶体聚集体的自组装。

原则上来说，SANS 在稀溶液中的测量提供了与 LS 或 SAXS 相同的信息，这使得通过高分子和溶剂之间的电子密度对比度来测量链的尺寸成为可能。然而，即使在这个限度内，SANS 也有明显的优势，因为该技术对灰尘颗粒不太敏感，因此可以获得更高的信噪比。LS 技术的对比度依赖于不同的折射率，而 X 射线技术取决于不同的电子密度。高分子与杂质之间的差异并不大，因此 LS 和 X 射线技术信噪比通常不如中子散射，后者可通过氘标记提高对比度[44]。

对于 LS，散射图样非常依赖于极化方向，但是，由于 X 射线的能量高得多，化学键合对 SAXS 的影响很小，辐射极化方向和分子取向之间的差异的影响可以忽略不计[45]。因此，对 LS 影响非常大的极化效应，在高分子的 SAXS 和 SANS 实验中可以忽略不计❶。

中子令人信服地证明了物质的波粒二象性，散射实验利用了中子波粒二象性的两个方面。通过德布罗意关系式计算 $\lambda = h/(mv_0)$，其中 h 是普朗克常数；m 是中子的质量；入射粒子速度 $v_0 \approx 750 \mathrm{ms}^{-1}$ 的典型"冷"中子的波长为 5.3Å，这与高分子之间最相邻间距的数量级相同。中子的寿命为 $(885.7 \pm 0.8)\mathrm{s}$[46]，由于 SANS 中子散射仪器的最大长度小于 10^2m（其他仪器更短），实验过程中的飞行时间通常远小于 1s，因此测试过程中发生中子衰变的概率可以忽略不计。

由 $E_0 = mv^2/2 = 0.003\mathrm{eV}$ 或 $4.7 \times 10^{-15}\mathrm{erg}$ 计算出动能 E_0[37]，这远低于 X 射线光子的能量（约 10keV）。如果散射过程中能量没有变化，则入射光束和散射光束的能量相等，这种散射称为弹性散射。如果能量被转移，入射光的能量（E_0）和散射光的能量（E）之间存在有限的能量差（$\Delta E \neq 0$），这可看作是由于原子核热运动引起的散射波长上的多普勒频移，这个过程称为非弹性散射过程。如果 ΔE 相对于入射能量很小（$\Delta E \ll E_0$），则称散射为准弹性散射。

入射粒子和分子之间的能量交换反映了所研究体系的动力学[3]。对 X 射线和中子来说，散射的角度依赖性很容易测量，但分子体系的振动和扩散能（~1meV）远低于入射 X 射线光子的能量，因此 X 射线散射的能量转移很难检测。相反，由中子散射产生的能量转移很容易检测，可以解释高分子系统的动力学过程。由此看来，中子是研究凝聚态的独特探针，因为中子同时具有适当的波长和能量，从而能够研究高分子等材料的结构和动力学[3,37]。

大多数高分子的中子散射测量都涉及小动量转移（$Q \rightarrow 0$）下的散射，如上所述，这种测量通常称为小角（而不是小 Q）中子散射，这些术语与长波长或"冷"中子（$\lambda >$

---

❶ 除了假设材料含有自旋不配对的元素（如 Fe、Mn、稀土等）外，理论上讲，中子自旋相互作用在材料中可发生极化效应。在实际应用中，高分子不含这些元素，所以 SANS 实验中可忽略极化效应。

5Å）相当。可以证明[47]，对于这样长的波长，$Q \to 0$ 意味着 $E \to E_0$，散射主要是弹性的，因为任何具有大能量转移散射的中子都不能满足小 Q 下能量和动量守恒的要求。

在约 $0.6\text{Å}^{-1} < Q < 15\text{Å}^{-1}$ 范围内的实验通常被称为广角中子散射（WANS）或广角 X 射线散射（WAXS），它们探测（$D \sim 2\pi/Q$）的距离尺寸为 $\sim 0.4\text{Å} < Q < 10\text{Å}$，并包含与晶胞尺寸相关的大多数信息。波长约为 1Å 的 WAXS 已成为测定高分子晶体结构的主要技术[6,48]。文献[48-50] 给出了晶胞尺寸[49] 和 WAXS 技术的细节，同时波长范围为 1Å $< \lambda < 3$Å 的 WANS 补充了这些晶体结构的测量[51,52]。

在非晶态下，分子间的相关性更加弥散，广角散射提供的信息不太精确。数据的傅里叶变换给出了一个径向分布函数（RDF），它是原子对相关函数 $g_{ij}(r)$ 的加权和，表示找到距离为 r 的原子态粒子 i 和 j 的概率。在高分子结晶区，$g_{ij}(r)$ 简化为一系列定义晶胞中原子间距离的 δ 函数。对于非晶材料，当 $r > 10$Å 时，RDF 通常没有特征，表明相邻链之间不存在长程有序[53]。

在高分子科学的大多数应用中，中子和 X 射线散射是主要的弹性散射例子，其中入射辐射和散射辐射具有相同的能量或波长。这些实验提供了高分子的时间平均结构和构象信息，构成了高分子研究的主要内容。然而，涉及非弹性过程的内容较少，这是由于散射能量的变化，入射辐射和散射辐射具有不同的波长。该技术为高分子动力学研究提供了有价值的信息[3,37,54-57]，尽管这种方法超出了本章的讨论范围。同样，读者可以参考现有的高分子结构研究综述，这些研究包括 X 射线[36,58-60] 和 LS 技术[61]。在过去的 20 年里，SANS 提供了大量关于高分子和胶体结构的新信息，如 7.1.2 节和 7.1.3 节所述。本章将试图说明它是如何补充和扩展其他散射技术的信息，同时强调中子散射和光子散射之间的相似之处和区别。本章的目的是帮助那些具有基础科学背景，但没有散射专业知识的潜在读者，在他们自己感兴趣的领域应用该技术获得新的信息。因此，在本章中，将以删去不必要的细节和降低数学严谨性的方式，对散射的物理原理加以介绍。

7.2 中子散射理论基础

7.2.1 能量和动量的传递

一束射线（中子、X 射线等）通过样品，与其中高分子或溶剂分子的原子核或电子相互作用，使其偏离初始方向，这就是本章所谓的散射。在实验中，部分入射中子发生散射，剩下的部分通过样品。散射中子的强度是散射角和/或能量的函数。

图 7.8 为波长 λ_0、速度 ν_0 的入射中子的矢量图，该中子以 2θ 的角度散射，最终波长为 λ，速度为 ν，样品获得的能量（以及中子损失的能量）为：

$$\Delta E = \frac{m}{2}(\nu^2 - \nu_0^2) = \frac{h}{2m}(k^2 - k_0^2) = h\omega \qquad (7.7)$$

式中，$\boldsymbol{k}_0$ 和 $\boldsymbol{k}$ 是初始和最终波矢量 $[k = 2\pi/\lambda$；$\overline{h} = h/(2\pi)]$。动量转移为：

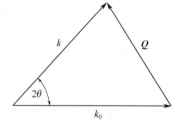

图 7.8 中子散射中动量转移 $\boldsymbol{Q}$、散射波矢量 $\boldsymbol{k}$ 和入射波矢量 $\boldsymbol{k}_0$ 之间的关系

$$\hbar\boldsymbol{Q}=\hbar(\boldsymbol{k}-\boldsymbol{k}_0) \tag{7.8}$$

$$\hbar|\boldsymbol{Q}|=\hbar[k^2-k_0^2-2kk_0\cos(2\theta)]^{1/2} \tag{7.9}$$

如上所述，如果 $\Delta E\neq0$，则该过程称为非弹性过程；而如果 $E=\hbar\omega=0$ 且 $\lambda=\lambda_0$，则散射称为弹性散射，且 $|\boldsymbol{Q}|=4\pi\lambda^{-1}\sin\theta$，如式（7.2）。

7.2.2 散射长度和截面

SANS、SAXS 和 LS 都涉及体系中不同元素散射波的干涉现象。如图 7.9 所示，当单位密度波函数[37] 描述的平面波与单个原子核相互作用时，散射波由下式给出：

$$\psi_1=-\frac{b}{r}\exp(ikr) \tag{7.10}$$

式中，b 具有长度量纲，称为散射长度，可以看作是给定原子核（同位素）的已知常数。散射单原子截面由下式[62-64] 给出：

$$\sigma=4\pi b^2 \tag{7.11}$$

从式（7.11）中可以看出，σ 具有面积量纲，b 通常约为 10^{-12} cm，散射截面的常用单位为 barn❶（1 barn$=10^{-24}$ cm$^2=10^{-28}$ m^2）。在一级近似下，散射截面可以看作是弹性散射过程中靶核对入射中子束的有效面积。式（7.11）中的散射截面通常被称为束缚原子截面，因为原子核被认为是固定在原点的。然而，当原子可以自由反冲时（如气态下），适用于这种情况的截面称为自由原子截面[3,37]。束缚原子截面通常与高分子研究相关，而高分子研究几乎都是在固体或液体状态下宏观尺寸样品上进行的。

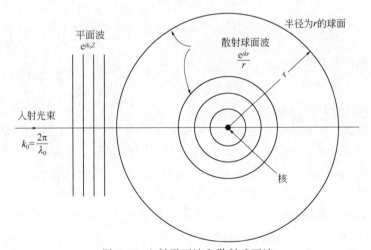

图 7.9 入射平面波和散射球面波

中子从单个原子核朝各向同性散射，而 LS 和 SAXS 的散射源于电子云，因此原子形状因子原则上与 Q 有关。然而，实际变化很小（$Q<0.1\text{Å}^{-1}$ 时，原子形状因子<1%），在 SAXS 和 LS 测试中通常可忽略[36]。经典电子的汤普森散射振幅为 $r_T=0.282\times10^{-12}$ cm[65]，因此原子的 X 射线散射长度 f 与原子数成正比，$f=r_T Z$，并随每个原子电

---

❶ barn 单位源于口语中"像谷仓一样大"的意思，于 1950 年由放射性标准、单位和常量联合委员会推荐，因为它在美国很常见，请参考下列图书第 9 页：The Atomic Nucleus，R. D. Evans，McGraw-Hill，New York，1955。

子数的增加而增大。对于中子，b 值因同位素的不同而不同（见下文）。如果原子核具有非零自旋，它可以与中子自旋相互作用，总截面（σ_{tot}）分为相干分量和非相干分量，如下所述。

7.2.3　相干和非相干截面

不同于 X 射线散射因子 f 随原子的原子序数 Z 增大而增大，在整个周期表中，b 值几乎没有明显的变化趋势。b 值会随同位素的不同而变化，且如果原子核具有非零自旋，将随同一同位素原子核的不同而变化。因为中子有自旋 $\frac{1}{2}$，它可以与自旋 I 的原子核相互作用，形成自旋为 $I\pm\frac{1}{2}$ 的两个复合核中的一个。这两个复合核的散射长度 b^{+} 和 b^{-} 不同，分别与自旋向上和自旋向下状态有关。对于给定的自旋态 J，取向数为 $2J+1$，因此，$I+\frac{1}{2}$ 和 $I-\frac{1}{2}$ 的复合自旋态的可能取向数分别为 $2(I+1)$ 和 $2I$，自旋态的总数是 $2(2I+1)$。由于每个自旋态的概率相等，统计权重为 $(I+1)/(2I+1)$ 和 $I/(2I+1)$，因此平均（相干）散射长度为：

$$\langle b\rangle=\frac{I+1}{2I+1}b^{+}+\frac{I}{2I+1}b^{-} \tag{7.12}$$

式中，尖括号代表自旋态总体上的热平均值。由此，可以通过以下方法定义每个同位素的相干截面：

$$\sigma_{\mathrm{coh}}=4\pi\langle b\rangle^{2} \tag{7.13}$$

总散射截面为：

$$\sigma_{\mathrm{tot}}=4\pi\langle b^{2}\rangle \tag{7.14}$$

两者之间的差为非相干截面 σ_{inc}，即：

$$\sigma_{\mathrm{inc}}=\sigma_{\mathrm{tot}}-\sigma_{\mathrm{coh}}=4\pi(\langle b^{2}\rangle-\langle b\rangle^{2}) \tag{7.15}$$

如果同位素没有自旋（如 ^{12}C），那么 $\langle b^{2}\rangle=\langle b\rangle^{2}$，因为 $\langle b\rangle=b$，且没有非相干散射。相干散射截面包含了系统中原子核空间相关性引起的干涉效应信息，即样品的结构，非相干横截面不包含干涉效应的信息，并形成各向同性（平坦）背景，在 SANS 结构研究中必须扣除该背景（见 7.5.4 节）。但是，散射的非相干成分的确包含单原子（特别是氢原子）运动的信息，这可以通过散射光束的能量分析进行研究[3,37,56]。

虽然高分子的中子散射中遇到的大多数原子主要是相干散射体（如碳和氧），但有一个特例，在有氢（^{1}H）的情况下，自旋向上和自旋向下的散射长度具有相反的符号（$b^{+}=1.080\times10^{-12}\,\mathrm{cm}$；$b^{-}=-4.737\times10^{-12}\,\mathrm{cm}$），且由于 $I=\frac{1}{2}$，可得到：

$$\sigma_{\mathrm{coh}}=1.76\times10^{-24}\,\mathrm{cm}^{2} \tag{7.16}$$

$$\sigma_{\mathrm{tot}}=81.5\times10^{-24}\,\mathrm{cm}^{2} \tag{7.17}$$

$$\sigma_{\mathrm{inc}}=79.7\times10^{-24}\,\mathrm{cm}^{2} \tag{7.18}$$

对于光子来说，没有与原子核非零自旋产生的非相干散射的严格的类比。发生在 X 射线中的康普顿散射与 SANS 中的非相干散射类似，它不包含干涉效应的信息，即样品的结构，并形成相干信号的背景。然而，作为一个很好的近似处理，背景信号在 $Q\rightarrow 0$ 的极限处近似为零，因而在 SAXS 研究中通常可忽略。表 7.1 给出了合成高分子、天然高分子和生物高分子中常见原子的散射截面和散射长度。

表 7.1　合成高分子、天然高分子和生物高分子中常见原子散射截面和散射长度

原子	原子核	b_{coh} $/(10^{-12} cm)$	$\sigma_{coh}=4\pi b^2$ $/(10^{-24} cm^2)$	σ_{inc} $/(10^{-24} cm^2)$	σ_{abs} $/(10^{-24} cm^2)$	$f_{X\text{-}ray}$ $/(10^{-12} cm)$
氢	^1H	-0.374	1.76	79.7	0.33[2]	0.28
氘	$^2D(^2H)$	0.667	5.59	2.01	0	0.28
碳	^{12}C	0.665	5.56	0	0	1.69
氮	^{14}N	0.930	11.1	0	1.88[2]	1.97
氧	^{16}O	0.580	4.23	0	0	2.25
氟	^{19}F	0.556	4.03	0	0	2.53
硅	^{28}Si	0.415	2.16	0	0.17[2]	3.94
氯	Cl[1]	0.958	11.53	5.9	33.6[2]	4.47

① 这些是天然存在元素的值，且为同位素混合物的平均值；尽管角度依赖性很小（$<1\%$，$Q<0.1Å^{-1}$），$f_{X\text{-}ray}$ 为 $\theta=0$ 时的值。

② 吸收截面值（σ_{abs}）是波长（λ）的函数，且为 $\lambda=1.8Å$ 时的值。由于 $\sigma_{abs}\sim\lambda$，其他波长的值可通过比例 $\lambda/1.8$ 缩放来估计。

这些截面指的是束缚质子，忽略了能量与中子交换所产生的非弹性效应。对于相干散射，这是散射波在大的相关体积上的干涉而产生的一种集体效应，因此忽略非弹性散射是合理的，特别是在低 Q 范围内，其回弹效应很小。然而，对于依赖于单原子非相关运动的非相干散射，非弹性效应对于长波长中子变得越来越重要，结果是 ^1H 的非相干散射截面以及样品透率是入射中子能量和样品温度的函数[66]。因此，^1H 非相干截面为 $\sigma_{inc}=79.7\times10^{-24} cm^2$，该值在文献中被广泛引用，但几乎从未应用于实际高分子体系。如当 λ 从 4.7Å 变化到 10Å，聚甲基丙烯酸甲酯的有效非相干截面 σ_{inc} 变化幅度为 30%[67]。

此外，由于扭转、旋转和振动产生的非弹性效应，^1H 非相干截面的有效值与质子所在的特定化学基团（甲基、羟基等）相关[68]。表 7.2 列出了各种液体和高分子中 ^1H 原子的总散射截面，这些值都是由非相干组分（σ_{inc}）决定的，是 λ 的函数，在 $\lambda\approx4.5Å$ 时接近 80barn[66,67]。注意，这些值都不对应于表 7.2 中的 σ_{tot}。

表 7.2　室温下不同液体和高分子中 ^1H 原子的总散射截面（σ_{tot}）

化合物	分子式	每个 ^1H 的截面，$\sigma_{tot}/(10^{-24} cm^2)$	
		$\lambda=9.0Å$[68]	$\lambda=4.75Å$[69]
甲醇	CH_3OH	137	
乙醇	CH_3CH_2OH	124	
异丙醇	$CH_3CHOHCH_3$	123	
正丁醇	$CH_3CH_2CH_2CH_2OH$	117	
正丙醇	$CH_3CH_2CH_2OH$	113	
乙二醇	$OHCH_2CH_2OH$	108	

化合物	分子式	每个 ^1H 的截面，$\sigma_{tot}/(10^{-24}cm^2)$	
		$\lambda=9.0\text{Å}$ [68]	$\lambda=4.75\text{Å}$ [69]
丙三醇	$HOCH_2CHOHCH_2OH$	100	
聚乙烯醇	$-(CH_2CHOH)_n-$	97	
聚甲基丙烯酸甲酯	$-(C_5O_2H_8)_n-$	115	92
聚乙烯	$-(CH_2CH_2)_n-$	113	89
水	H_2O	114	89

从表 7.1 可以看出，氘（^2D）和氢（^1H）的相干散射长度相差很大，后者实际上是负值。这是由散射波的相位变化引起的，并导致氘代高分子与链上具有氢原子高分子在散射能力（对比度）上有明显不同。在实验过程[37,66] 中，入射中子束（波长 λ）被一组原子核通过 2θ 角度散射到立体角 $d\Omega$（图 7.10），并且如前面对 SANS 和 SAXS 所述，通常假设散射（ΔE）的能量相对于入射能量 E_0 变化很小。散射相干分量包含不同原子核之间关联的信息[37,66]，从而反映了体系中原子的相对空间排列（即结构）。因此通过傅里叶变换，散射的角度或 Q 依赖性与结构的空间变化成反比关系［式（7.3）］。

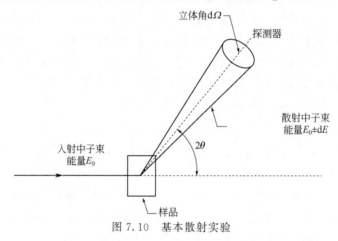

图 7.10　基本散射实验

原则上，非相干散射截面包含了同一原子核的关联信息，因此能得到单个原子位置随时间变化的信息（如振动、扩散等）。然而，提取这些信息需要对散射光束进行能量分析，这在绝大多数 SANS 实验中还未进行过。这些通常是通过对各种能量的散射中子进行积分来实现的，在实际中往往无法获得关于结构随时间变化的信息，并且散射截面的非相干分量形成了各向同性背景，而在 SANS 结构研究中必须扣除该背景。这个信号来自于自旋不为零的原子核（如氢，见 7.2.3 节）。由于多重散射效应，该背景与样品尺寸、透射率等因素相关，因此不能反映真实散射截面（见 7.5.2 节）。然而，它通常比相干信号弱，且可以通过经验方法精准地扣除[70]。

大多数对高分子进行的中子散射实验都属于 SANS 的范畴，它们来自于普通高分子基体（^1H-标记或质子化）中的一小部分氘化链。此类实验是主要相干弹性散射的例子，在 $Q=0$ 时达到峰值。它给出了关于时间平均结构的信息（如凝聚态的链构型、高分子相容性、相分离等）。同样地，对于 X 射线散射，能量的变化远小于入射能量，因此 SAXS 和 WAXS 是有效的弹性过程，它们提供了关于片层间距、稀溶液中的链结构、晶体结构等方面的补充信息[36,48,53]。

7.3　对比度和氘标记

7.3.1　高浓度标记

众所周知，LS 对杂质（尘土、灰尘等）特别敏感，样品必须经过仔细过滤[44]，这一点上文中已经指出。这一因素在很大程度上限制了 LS 方法研究稀溶液。同样地，SAXS 和 LS 均不能应用于凝聚态或浓溶液，这是因为这两种方法都难以区分分子链间和分子链内相互作用对结构的影响。因此，SANS 已经成为研究浓溶液[38−41] 和凝聚态高分子[3,9,10,13-15,19,22,23,37] 的首选技术。对于这样的实验，可以定义质子化重复结构单元（链节）的相干散射长度为：

$$a_H = \sum_k b_k \tag{7.19}$$

式中，总长度的计算包括 ^{1}H 标记单体单元中所有原子的贡献。对于 ^{2}D 标记单体单元的相干散射长度 a_D，也同样适用。如果将具有聚合度 N 和链节（单体）体积 V 的两种高分子混合在一起，在扣除气泡、催化剂残留物或密度波动（如晶体-非晶边界、热振动）产生的相干背景以及非相干信号（主要是 ^{1}H 原子）之后，^{1}H-和 ^{2}D-标记组分的体积分数分别为 φ_H 和 φ_D，则相干截面[37,66] 为：

$$\frac{d\Sigma}{d\Omega}(Q) = V^{-1} N \varphi_H \varphi_D (a_H - a_D)^2 P(Q) \tag{7.20}$$

根据式（7.20），对于所有的 φ_H 和 φ_D 值，相干散射与单链形状因子 $P(Q)$ 相关，该因子源于同一链上的单体对 $[P(0)=1]$。式（7.20）是在分子构型和相互作用与氘化无关的假设下推导出来的，一般来说这是一个合理的近似。同位素效应测量与干扰 SANS 实验的情况将在 7.5.1 节讨论。

由于截面对单位体积进行归一化，因此核截面具有面积量纲，单位体积内的微分散射截面 $d\Sigma(Q)/d\Omega$ 的量纲为长度的倒数，通常用 cm^{-1} 为单位表示。微分散射截面与 LS[15] 中的瑞利比相似，都包含了单链（分子内）构型的信息。相干散射由 $P(Q)$ 决定，各组分的摩尔分数可调节散射强度，当两种组分以 50∶50 混合时，混合物相干散射强度最大。因此，当标记水平高达 50％时，$P(Q)$ 可以从测得的相干强度中得到。虽然式（7.20）❶基本上与 1918 年冯·劳埃[71] 给出的无规二元合金的公式相同，但是该结果在最早的本体高分子和浓溶液 SANS 研究中均未得到认可。这些研究依赖于基于光散射和 X 射线散射相似的原理，其中要求零浓度限值以消除链间干扰。可以很容易地看出，对于 $\varphi_D \ll 1$，$\varphi_H \approx 1$，在 Guinier[57] 和 Zimm[13] 近似中，核截面与摩尔分数或浓度成正比。

7.3.2　对比度

参数 $(a_H - a_D)^2$ 与标记链和未标记链之间散射能力的差异有关，称为对比度因子。

---

❶ 原文为式（7.25）。——译者注

一般来说，入射到散射能力与位置无关的介质上时，只沿正方向散射（$\theta=0$）。对于每个散射角度 $\theta>0$ 的体积单元（S），都有另一个体积单元（S'）精确地呈相反相位（180°）的散射，如图 7.11 所示，其中 $PS-S'S=\lambda/2$。因此，除非在 S 处的散射能力不同于 S' 处的散射能力，即在样本中逐点波动，否则所有散射将被抵消。X 射线和光子与样品中的电子相互作用，由于电子密度的波动而发生散射。中子与电子不发生相互作用（除了不成对的自旋，这种作用是由稀土、过渡金属等元素的磁矩引起的）。一般来说，有机高分子和胶体不含这些元素，因此唯一的相互作用方式是核散射，这是由中子折射率或散射长度密度（SLD）的不同而引起的。由于每个原子核具有不同的散射振幅（见表 7.1），SLD可定义为给定体积 ΔV 中所有原子的相干散射长度之和除以 ΔV[37,72]，如某一特定高分子的 SLD 是由相干中子散射长度［式（7.19）］除以单体体积 V 所得。表 7.3 给出了常见高分子和溶剂的 SLD 的特征值。对于 X 射线或光，光子散射长度密度是电子密度乘以一个电子的汤普森散射因子，即 $r_T=0.282\times10^{-12}$ cm，如 7.2.2 节、7.3.3 节和 7.6.2.3 节所述。

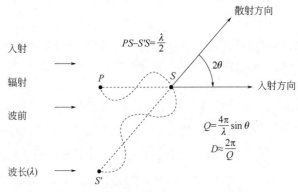

$$PS-S'S=\frac{\lambda}{2}$$

$$Q=\frac{4\pi}{\lambda}\sin\theta$$

$$D\approx\frac{2\pi}{Q}$$

图 7.11　对于通过角 $2\theta>0$ 散射辐射的每个点 S，都有另一个点 S'，该点散射的辐射正好与之相位相差 180°。因此，除非 S 处的散射能力与 S' 处的散射能力不同，即散射能力在样品中的逐点波动，否则所有散射将被抵消

具有均匀散射长度密度系统的相干散射截面为零，但同位素取代的方式可能引起涨落，进而产生与 $(a_H-a_D)^2$ 成正比的有限截面。为了得到可观测的 SAXS 对比度以用于提供 $P(Q)$ 的直接信息，需要改变链的电子密度。Hayashi 及其同事[73] 进行了类似的实验，他们用碘原子对聚苯乙烯链进行了统计标记，并采用这种方法通过 X 射线散射研究了浓溶液和本体高分子。在对碘标记的分子进行无限稀释后，该方法似乎给出了合理的结果，但这种标记依赖于链的化学性质。一般来说，与氘标记相比，它对构型的干扰更大。因此，氘标记结合 SANS 已被用于对绝大多数凝聚态高分子构型的研究。

表 7.3　不同高分子和溶剂的中子 SLDs

高分子或溶剂	密度[①]$\rho/(\text{g}\cdot\text{cm}^{-3})$（$T\approx23℃$）	中子散射长度密度 $\rho_n/(10^{10}\text{cm}^{-2})$
二硫化碳	1.63	1.24
水	1.0	-0.56
氘水		6.4
二甲苯	0.880	0.79

高分子或溶剂	密度[①]$\rho/(g \cdot cm^{-3})$（$T \approx 23℃$）	中子散射长度密度 $\rho_n/(10^{10} cm^{-2})$
二甲苯-d_{10}		6.04
甲苯	0.867	0.94
甲苯-d_8		5.66
聚苯	0.876	1.18
苯-d_6		5.4
聚丁二烯	0.89	0.41
聚乙烯	0.95	-0.34
聚乙烯-d_4	1.08	8.13
聚甲基丙烯酸甲酯	1.2	1.06
聚甲基丙烯酸甲酯-d_8		7.09
聚苯乙烯	1.05	1.41
聚苯乙烯-d_8		6.47

① SLD 值是在指定密度（ρ）下计算的，且随温度、立构规整度（如 PMMA）、结晶度（如聚乙烯）等的变化而略有变化。对于不同的密度，SLD 与 ρ 成比例，并可根据所示值进行标定。对于氘代材料，假设每单位体积的单体数量与氘代作用无关。

对比度变化法已广泛地应用于结构生物学，有时可以通过使散射的某一部分的散射能力与散射介质的散射能力相匹配，来消除涨落引起的散射。图 7.12 说明了这一原理，该图片是耶鲁大学 Engelman 教授拍摄的。两根试管均含有硼硅酸盐玻璃棉，并在其中嵌入两颗耐热玻璃珠，玻璃棉与玻璃珠的折射率不同。当光线照射到右侧的试管上时，尽管玻璃珠和玻璃棉都可以散射光，但只能看到玻璃棉，这是因为玻璃棉主导了散射。为了能观察到玻璃珠，左边的试管里装满了与玻璃棉折射率相同的溶剂。因此，玻璃棉的电子密度和散射能力与溶剂的电子密度和散射能力相匹配，从而消除了玻璃棉与溶剂间的散射分量，使玻璃棉对光透明。该原理同样适用于 SANS 实验，其方法是使用同位素溶剂混合物（如 H_2O/D_2O）来

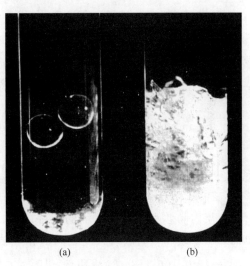

(a)　　　　　(b)

图 7.12　两根试管均含有两颗嵌在硼硅酸盐玻璃棉中的耐热玻璃珠：（a）溶剂的折射率与玻璃棉的折射率相匹配；（b）溶剂的折射率与玻璃棉或玻璃珠不同，玻璃棉主导了散射

调控介质的散射能力 SLD，如在核壳高分子胶乳研究中的应用[74-76]，将在 7.6.5 节介绍。

7.3.3　结晶高分子的 SANS 和 SAXS 对比度因子示例

图 7.13 为普通（质子化或 ^1H 标记的）聚乙烯（PEH）熔体淬火后的 SAXS 微分散射截面[22]。康普顿散射产生的背景在这个 Q 范围内几乎为零[50]，SAXS 信号源于密度的

波动[66,69]。在 $Q \approx 0.025 \text{Å}^{-1}$ 处的层间峰值与非晶区-晶区（薄片）之间电子密度差的平方成正比。$Q \rightarrow 0$ 处的上升趋势可能是由气泡空洞和其他大尺度结构引起的，如球晶。图 7.13 还显示了 PEH（实心圆）的 SANS 数据，其中一个小相干信号叠加在约 1cm^{-1} 的平坦（非相干）背景上。空心圆显示了通过添加 2% 的氘化 PED（$C_2 D_4$）而产生的额外相干散射截面，这与氘化链节和质子化链节之间的对比度差 $(a_H - a_D)^2$ 成正比。PEH（$C_2 H_4$）和 PED（$C_2 D_4$）的散射长度分别为 $-0.166 \times 10^{-12} \text{cm}^{-1}$ 和 $4.00 \times 10^{-12} \text{cm}$ [式 (7.19) 和表 7.1]，平均密度 $\rho \approx 0.94 \text{g} \cdot \text{cm}^{-3}$，链节体积为 $49.5 \times 10^{-24} \text{cm}^3$。由于 PED 和 PEH 具有相同的电子密度，因此不同的同位素间不存在 SAXS 对比度，且 PEH、PED 和部分标记的样品都具有相同的 SAXS 曲线。

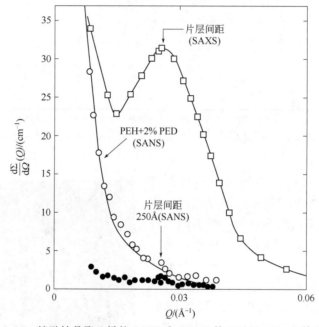

图 7.13　熔融结晶聚乙烯的 SAXS 和 SANS 的 $d\Sigma/d\Omega(Q)$-Q 关系图

PEH 样品（实心圆圈）与平坦非相干背景的偏离是由于样品密度的波动造成的。由于片层内晶体和非晶态区域的交替出现，仅能看到一个微弱的峰（$Q \sim 0.025 \text{Å}^{-1}$）。然而，由于碳和氢的散射长度之间的相互抵消（表 7.1），使得 PEH 的 SLD 非常小 [$a_H/\Delta V = (-0.166 \times 10^{-12})/(49.5 \times 10^{-24}) = -0.34 \times 10^{10} \text{cm}^{-2}$]，因此 PEH 的 SANS 相干信号非常弱。对于 PED，^{12}C 和 ^2D 的相干散射长度之间没有抵消（表 7.1），并且非相干背景比 PEH 的要小得多（表 7.1）。因此，除了与 SANS 和 SAXS 的 SLD 比值的平方成正比的比例因子外，PED 具有几乎相同的 SAXS 和 SANS 相干散射截面。由于 SAXS 和 SANS 的每单位体积的链节数相同，因此该项被抵消，X 射线和中子截面的比（R）为 $R = [16 r_T/(4.00 \times 10^{-12})]^2 \approx 1.27$，其中 $r_T = 0.282 \times 10^{-12} \text{cm}$ 是电子的 Thompson（汤普森）散射因子（见 7.2.2 节和 7.3.2 节），$4.00 \times 10^{-12} \text{cm}$ 是含有 16 个电子的 $C_2 D_4$ 单体的中子散射长度。因此，对于 PED（图 7.14）和其他两相材料，计算值（1.27）和测量值（1.31 ± 0.1）是一致的[77]。

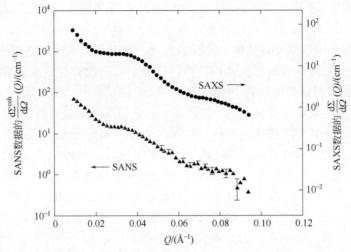

图 7.14　扣除非相干背景后氘化聚乙烯样品的 $d\Sigma/d\Omega(Q)$-Q 关系图

7.4　SANS 仪器

7.4.1　反应堆设施

在 20 世纪 70 年代，德国 Jülich 的 Forschungszentrum（前称 Kernforschungsanlage）以 FRJ2 反应堆为基础，建成了适合高分子研究的第一台仪器[78,79]，同时也开创了使用长波长中子和超长（>20m）仪器的先河。这是中子源低亮度的直接结果，比 X 射线源的亮度低几个数量级[78]。为了补偿亮度差异，有必要使用大样本面积（1~20cm²），这意味着仪器的整体尺寸也必须很大（>10m），以便在 5~2000Å 的范围内保持足够的分辨率。在 $T \approx 20$ K 下，通过含有少量液态氢的冷源将中子降低到较低的温度，FRJ2 SANS 也是第一个提高麦克斯韦能谱长波（$\lambda > 5$Å）或"冷中子"成分通量的仪器。这使得在 $\lambda \approx 10$Å 时的通量增益超过一个数量级，并且在这台仪器上对高分子进行了最初 SANS 实验。D11 设施建于 20 世纪 70 年代初，位于法国 Grenoble 的 Laue-Langevin 研究所（ILL）的高通量反应堆（HFR）上，融合了 FRJ2 仪器的许多特点，包括冷源和长（约 80m）尺寸[80]。FRJ2 和 HFR 均已升级[81,82]并扩展以跻身于世界上最富成果的 SANS 设施。

在撰写本章时，全球有 30 多个 SANS 仪器正在运行或在建造中，其中大多数是基于反应堆的。这一数字在很大程度上是因为 SANS 成功地应用于研究高分子和胶体结构，以及该技术能够提供独特信息（见 7.1.2 节和 7.1.3 节）。本节将简要概述一个典型的 SANS 仪器的操作，但在实践中，仪器设计、操作、校准等的细节是仪器科学家的工作，如果只是为了会使用这一技术，就不需要了解这些方面所有的知识。因此，SANS 使用的扩散已经远超出该领域公认专家的范围，本章所述的大部分工作都是由非 SANS 专业人士完成的，他们将这项技术应用到了自己感兴趣的领域。这是由于美国国内和国际设施的发展而得以实现的，它们定期向广大的外部用户提供技术援助和使用散射仪器的机会。

以反应堆为基础 SANS 设备的示意图见图 7.15，图中还给出 Q 和 2θ 典型的扫描范围。在反应堆的堆芯（core）产生裂变中子，它被阻滞剂（如 D_2O，H_2O）和反射体（如

Be，石墨）所包围，降低了中子的能量。典型的阻滞剂/反射体温度为 310K，产生麦克斯韦波长谱，峰值 $\lambda \approx 1 \text{Å}$（热中子）。由于系数 λ^{-4} 用于计算给定分辨率（$\Delta Q/Q$）的散射能力[79]，因此使用长波长和增加该区域的通量非常有利。这可以通过在束流管末端附近放置一个含有少量液体或氢超流体的冷源，将中子降到较低的温度。Maier-Leibnitz 和 Springer[83] 提出，可选择的制冷剂包括液态氘，FRJ-2[78,79] 和 ILL[80,81] 反应堆上的 SANS 相机首次将冷源和中子引导系统结合起来。它们通常涂有天然镍或同位素 ^{58}Ni，通过全内反射将中子束从冷源传输到样品，其方式类似于光纤传输光的方式。如图 7.15 所示，中子引导系统为插入速度选择器提供了一个调节空间，以控制中子束的波长（$5\text{Å}<\lambda<30\text{Å}$）和带宽（$\Delta\lambda/\lambda \approx 5\% \sim 30\%$）。除了固定的中子引导器外，大多数仪器都有可平移的导管截面和光圈，可以在中子束内外移动，以确定入射光束的准直度。随后在样品位置设置一个 $1 \sim 2\text{m}$ 的可使用空间，以容纳样品更换器、低温恒温器、熔炉等。因此，当所有可移动引导器从光束中移除时，源狭缝通常距离样品约 $10 \sim 20\text{m}$；当所有引导器换成光束以增加通过样品的通量时，此距离缩短为 $1 \sim 2\text{m}$。面积探测器一般为 $64\text{cm} \times 64\text{cm}$ 或 $100\text{cm} \times 100\text{cm}$ 比例计数器，通常安装在采样后飞行管轨道[84] 上，通过电机驱动托架进行定位，其长度约为 $10 \sim 20\text{m}$。与入射中子引导器一样，通常需要抽真空以减小空气带来的散射。如果仪器的总长度约为 $20 \sim 40\text{m}$，则空气会有强散射。

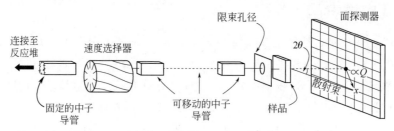

图 7.15　基于反应堆的 SANS 示意图。特征范围为 $10^{-3}\text{Å}^{-1}<Q<1\text{Å}^{-1}$ 和 $0.1° < 2\theta < 15°$

大多数面积探测器都是多线比例计数器[80,86]，其有效面积最高可达 1m^2，元件（单元）尺寸约为 $0.5 \sim 1\text{cm}^2$。为了平衡影响仪器分辨率的各种因素，需要选择与样本数量相同的量级[79]。一般情况下，探测器响应函数 $R(Q)$ 为高斯函数，半峰宽（FWHM）约为 $0.5 \sim 1\text{cm}$，探测器效率 ε 的空间变化一般通过水和钒等相干散射体测量，该散射体在 Q 范围内的强度与角度无关。因此，在一级近似下，测量信号的任何变化都归因于探测器的效率，并在数据分析软件中与仪器背景一起校正。通常情况下，二阶修正表明偏离真实的各向同性散射和通过活性气体不同区域的不等路径长度（例如 ^{3}He），都与波长和仪器有关[87]。

反应堆源也会产生明显的背景（如快中子、γ 射线），这也可以由区域探测器记录下来。通过赋予引导器一定的曲率，可以分离出这一分量，其反射效率不如冷中子（λ 约为 $5 \sim 30\text{Å}$）有效。另外，超反射镜也可使光束偏转，它是基于 Hayter 和 Mook[85] 对离散多层薄膜推导出的公式进行操作的，通过自然镍导涂层，反射的角度高达内部反射临界角的 $3 \sim 4$ 倍 $[\theta_c \approx 0.1\lambda \ (\text{Å})]$。

通常采用由 ^{6}Li、Cr、B 等中子吸收材料制成的狭缝（虹膜）来控制样品处的束流大小，其散射吸收比几乎为零。因此，可以保证中子束很好的准直性[47,78]，衍生散射与主束强度的比率非常小，通常在束终止器 $\sim 1\text{mm}$ 范围内强度 $\leq 10^{-5}$。另一方面，为了控制

SAXS 光束，具有高吸收的材料同样也具备强的散射能力，因为这两个参数都与原子序数紧密相关，而且 SAXS 的衍生散射通常更高。

7.4.2　超高分辨率 SANS

如上图 7.15 所示，"针孔" SANS 仪器的最大空间分辨率由最小 Q 值（Q_{min}）确定，通常约为 $10^{-3} Å^{-1}$，因此可以研究的最大空间尺寸约为 $10^3 Å$。最近的发展[88] 显示有希望突破这一限制，研究微结构尺寸范围达到 $10^3 \leqslant D \leqslant 10^5 Å$，并与 LS 技术有一定重合。这意味着分辨率极限对应非常低的 Q 值（$Q_{min} \approx 10^{-5} Å^{-1}$）或散射角（$2\theta \approx 1$ 弧秒），这种技术通常被称为超小角中子散射（USANS），相关仪器与针孔 SANS 有很大不同。USANS 相机是基于高度准直的中子束，符合布拉格反射，也称为双晶衍射仪（DCD），其主要元件是单色比色计和检偏器晶体，如图 7.16 所示。因此，第一个单色比色计晶体反射中子束，第二个检偏器晶体旋转以获得"摇摆曲线"，光束仅以相同的布拉格角反射到探测器中。当样品放在两个晶体之间时，它"展开"了高度准直的光束，从而拓宽了摇摆曲线，使测量样品的散射成为可能，这在有无样品的两个摇摆曲线差异中得到了体现。该信号可以测量到超小角度，仅受布拉格反射固有宽度的限制，因此在没有样品的情况下，摇摆曲线的宽度代表了最终分辨率，也是 DCD 的关键参数。由于在世界范围内学者们对结构分析领域的兴趣日益增长，因此目前已有一系列可供使用的 DCD 仪器[88-97]。

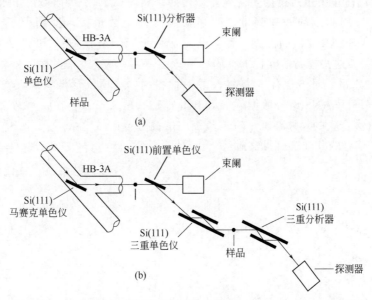

图 7.16　橡树岭国家实验室双晶体（Bonse-Hart）USANS 设施
(a) $4 \times 10^{-4} Å^{-1} \leqslant Q \leqslant 3.5 \times 10^{-3} Å^{-1}$；(b) $3.5 \times 10^{-5} Å^{-1} \leqslant Q \leqslant 3.5 \times 10^{-3} Å^{-1}$

在 USANS 技术刚起步时，基于 Bonse-Hart 原理，超小角 X 射线散射（USAXS）仪器已高度成熟[98]。Bonse-Hart DCD 的基本元件是双通道刻槽单晶，其中 X 射线经过多次布拉格反射，将摇摆曲线的两翼强度降低了几个数量级，显著提高了 DCD 的灵敏度，而不降低峰值强度。因此，USAXS Bonse-Hart DCD 具有两个五反射通道刻槽晶体[99]，已在世界各地的许多同步加速器实验室中使用。典型 USAXS 仪器的摇摆曲线具有几个弧秒的半宽，宽度可以用给定角度（如 $2\theta=10$ 弧秒）的两翼强度（相对于峰值强度）来表征。USAXS 相机的两翼抑制系数 $I(2\theta=10)/I(0)$ 通常约为 10^{-5}。原则上，该技术在 USANS 的情况下应该同样有效，从而获得类似的分辨率。然而，在实际中，实验测量的带有多次反射晶体的中子 DCD 摇摆曲线并没有达到预期效果，并且在 $2\theta=10$ 弧秒的抑制因子比 X 射线高出两个数量级[90,92,99]。

最初 USANS 仪器[100]，如图 7.16（a），安装在橡树岭国家实验室高通量同位素反应堆（HFIR）水平光束线（HB-3A）上，该仪器带有两个单反射晶体，随后用两个三重反射晶体作为单色比色计和检偏器进行了升级[95]〔见图 7.16（b）〕。光束从平均波长 $(\lambda)=2.95\text{Å}$ 和水平面内角发散为 ±11 弧分的 Si（111）镶嵌晶体反射，通过 Si（111）预单色比色计将其减小到 ±2 弧秒。然后波束进入 Bonse-Hart DCD，图 7.17 中摇摆曲线对比表明，与最初的单重/单重组合相比，三重/三重组合在 $2\theta=10$ 弧秒时，将两翼强度降低了一个数量级〔见图 7.16（a）〕。然而，两翼抑制系数 $I(2\theta=10)/I(0)$ 约为 10^{-3}，比最好的 Bonse-Hart USAXS 仪器高出约两个数量级[98,99]。

随后，发现[95] 摇摆曲线的两翼强度受到刻槽晶体壁内传播的中子的影响，并从壁的背面进行布拉格反射。对于 X 射线而言，发生这种传播的概率非常小，这是由于 Si 有很强的吸收，它比中子的吸收高出大约四个数量级，这也解释了为什么这种效应并没有使 USAXS 曲线的两翼变宽。根据这些发现，刻槽晶体[95] 在长壁为 Cd 的吸收器中添加了额外的凹槽，以防止中子通过透明的硅晶体传播。从图 7.17 中可以看出，改进的三重/三重反弹准直的摇摆曲线的两翼强度，明显减小了两个数量级，抑制因子 $I(2\theta=10)/I(0)=10^{-5}$ 与 USAXS 仪器的性能一致。刻蚀去除表面缺陷可将灵敏度进一步提高一个数量级（图 7.17）。这些提高信噪比的措施，使该技术可研究尺寸达 $10\mu m$ 的粒子，达到与 LS 技术相同的水平。对于含有 20% 氘代线形材料的非均质线形低密度（支化）聚乙烯，其 USANS 和针孔-SANS 组合数据[95] 示于图 7.18（见 7.6.2.1 节）。最小 Q 值数据对应于由液-液相分离产生的尺寸在 $2\sim7\mu m$ 范围内的高分子区域[96]。关于 USANS 补充和扩展针孔 SANS 信息的其他实例见文献[88]。

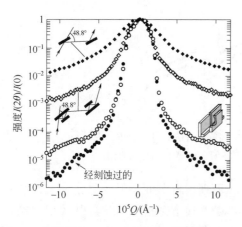

图 7.17 单反射和三重反射晶体的摇摆曲线。Cd 吸收器可防止中子在硅壁内传播，并提高灵敏度。刻蚀去除了表面缺陷，并进一步提高了信噪比[95]

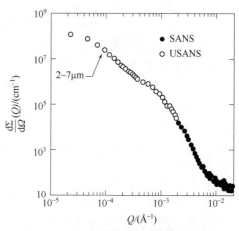

图 7.18 非均质线形低密度聚乙烯的 SANS 和 USANS 数据的叠加[95]

然而，Bonse-Hart 仪器不能进行二维图样的测量，并且数据会被狭缝干扰[95,96]（见 7.5.3 节）。Alefeld 等[101,102] 提出了一种使用聚焦环形镜（FTM）的替代设计方案，其优点是 FTM-SANS 仪器结构非常紧凑且计数率很高。此外，它还可以测量二维散射图样。如果可以克服镜面制造的技术问题和对毫米分辨率的高计数率探测器的需求，该仪器将有助于在新的范围内进行结构研究，即中子散射与 LS 在 $Q<10^{-3}\text{Å}^{-1}$ 附近时重叠。

7.5 实用性问题

7.5.1 同位素效应

如 7.3.1 节所述，氘标记高分子的 SANS 研究最初是基于如下假设[8]，即分子构型和相互作用与氘代无关，或者相同高分子中标记的链节与未标记的链节 Flory-Huggins 相互作用参数 χ_{HD} 为零。但是，后来发现同位素取代会影响高分子热力学，因为氘代和质子化聚乙烯的熔点相差约 6℃，因此其混合物在固态下会发生相分离（见 7.5.2 节），这归因于局部结晶效应[103]。此外，聚苯乙烯 PS 溶液的 Θ 温度（T_Θ）取决于高分子和溶剂的同位素组成[104]，PS/聚甲基乙烯醚共混物的临界温度取决于所使用的氘代 PS[105]。因此，同位素标记可能会影响相转变，Buckingham 和 Hentschel[106] 认为，这可能是由 ^{1}H-和 ^{2}D-标记链节的有限相互作用参数引起的（$\chi_{HD}\approx10^{-4}\sim10^{-3}$），并采用 SANS 测量了一系列同位素混合物的 χ_{HD}[107-114]。对于两种同位素高分子（A 和 B）的共混物，其中一种用氘标记，扣除相干和非相干背景后的相干截面由下式给出[37,66]：

$$\frac{d\Sigma}{d\Omega}(Q)=V^{-1}(a_H-a_D)^2 S(Q) \tag{7.21}$$

式中，每个异构体链节体积 V 假定是相同的；$S(Q)$ 是结构因子，它包含了分子结构和热力学相互作用的信息。在平均场随机相位近似（RPA）中，$S(Q)$ 由文献 [115] 给出：

$$S^{-1}(Q)=[\varphi_A N_A P_A(Q,\ R_{gA})]^{-1}+[(1-\varphi_A)N_B P_B(Q,\ R_{gB})]^{-1}-2\chi_{HD}$$

$$\tag{7.22}$$

式中，φ_A 是高分子 A 的体积分数（$\varphi_B=1-\varphi_A$）；R_{gA}、R_{gB}、N_A、N_B、$P_A(Q)$ 和 $P_B(Q)$ 分别为两种高分子的回转半径、聚合度和单链形状因子。基于链节的高斯分布假设，链内函数 $P_A(Q)$ 和 $P_B(Q)$ 可用德拜函数 [式（7.6）] 表示。$\chi_{HD}=0$ 时，式（7.21）和式（7.22）简化为式（7.20）。

式（7.21）和式（7.22）可推广到化学性质不同（具有不相等链节体积 V_A 和 V_B）的高分子，并应用于高分子共混物（见 7.6.2.1 节）。然而，当这种方法应用于同位素混合物时，^{1}H-和 ^{2}D-标记的分子可视为不同的"物质"，但它们具有相同链节体积 V 和体积分数 $\varphi_A=\varphi_H$ 和 $\varphi_B=\varphi_D$。然后 χ_{HD} 作为唯一可调参数[107-109,112-114] 将 RPA [式（7.22）] 拟合到数据中。通过聚丁二烯[107,109]、聚苯乙烯[110]、聚丁烯[109]、聚乙烯[114] 和聚二甲基硅氧烷[111] 的测量结果证实，普遍存在的同位素效应归因于 C-^{1}H 和 C-^{2}D 键之间体积和极化率的微小差异[107,112]。表 7.4 列出了在 $0.2<\varphi_D<0.8$ 范围内同位素相互作用参数的特征值，其中 χ_{HD} 与浓度无关[114]。

表 7.4　不同高分子的典型同位素相互作用参数

高分子	$T/℃$	$10^4\chi_{HD}$	参考文献
聚苯乙烯	160	1.8	[108]
			[110]
		2.3	[110]
聚（1,4-丁二烯）	50	2.3 7.2	[107]
聚（1,2-丁二烯）(聚乙烯基乙烯)	47	6.8	[109]
聚（1,2-丁烯）(聚乙基乙烯)	47	8.8	[109]
聚二甲基硅氧烷	～296	17	[111]
聚乙烯	160	4.0	[114]

　　上述结果引出了一个重要问题，即同位素效应对 SANS 有何影响。如前所述，最初的高分子 SANS 实验依赖条件与 LS 类似，为了消除链间散射，需要零浓度的限制。在这种条件下，同位素效应对强度的影响微不足道，这可以通过式（7.21）和式（7.22）计算 $d\Sigma/d\Omega(0)$ 得到，7.1.2 节已讨论了含 5.0%（质量分数）PSD 的 PSH 样品，代入同位素相互作用参数 $\chi_{HD} \approx 1.8 \times 10^{-4}$，将使 $d\Sigma/d\Omega(0)$ 变为 17.5cm^{-1}，而在没有同位素效应的情况下，根据式（7.5）计算则变为 17.4cm^{-1}。链尺寸信息也可以从浓缩同位素混合物中获得，认识到这一点之后，许多实验都按这种条件进行，以提高散射强度。正是在这些条件下分离效应得到了体现。在室温下，许多研究体系的凝聚态都是固体，并且呈现液态同位素诱导的时间极为有限，如熔体加工过程之中。对于聚丁二烯，玻璃化温度低于 $-90℃$，同位素共混物在室温下为液态，这有助于达到平衡；因此，同位素效应在该体系中尤其显著。对于氘代（$N_D = 4600$）和质子化（$N_H = 960$）聚丁烯共混物，其散射截面随温度变化示于图 7.19[107]。可以发现，如果 ^{1}H-^{2}D 相互作用忽略不计，外推的零值 Q 散射截面比它应有的数值（约 100cm^{-1}）大得多。当分子量足够高时，甚至会发生相分离[113]，其他同位素共混物（如聚乙烯[114]）也是如此。因此，谨慎的做法是根据 χ_{HD}

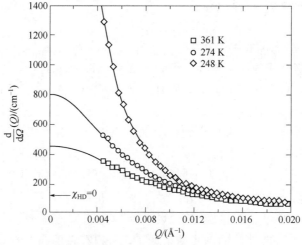

图 7.19　临界组分下 69%（体积分数）质子化和 31% 氘代 1,4-聚丁二烯共混物的 $d\Sigma/d\Omega(Q)$-Q 曲线。通过调整 χ_{HD}（译者注：原文为 λ_{HD}），得到均匀混合（RPA）的散射函数曲线[66]

的测量值（表 7.4）来评估后续的实验，并检验是否存在过度散射。最好的方法是在一个绝对标度上校准数据（见 7.5.2 节），并对实验值与理论强度加以比较。文献[69] 中给出了一些进行这种比较的实例。

7.5.2 绝对校准的重要性

下面的例子将强调强度数据在绝对标度上的重要性，通常都采用微分散射截面 $d\Sigma/d\Omega(Q)$ 形式进行研究，其单位为 cm^{-1}。如 7.3.1 节所述，LS 的等效量为瑞利比[15,66,69]，对于空间尺寸的测量（如确定高分子线团的 R_g），绝对单位的使用不是必需的，但由于散射技术有时容易受到误差的影响，因此它是检测误差有价值的诊断工具。

散射截面随尺寸的 6 次方变化[57]，所以对于是否选择了合适的结构模型来说，这是一个非常敏感的指标。如胶束溶液的散射结果可根据核-壳球形胶束模型，建立粒子结构（见 7.1.3 节）和相互作用之间的函数关系[4]。Hayter 指出，在任意强度尺度上，可以很好地模拟粒子形状，但散射强度的误差可能高达 3～4 个数量级[4]。因此，绝对校准可识别这些误差，而模型参数可能仅限于那些可再现观测到的截面数据的参数。

同样，对于 ^{1}H-和 ^{2}D-标记聚乙烯（PEH 和 PED）熔体结晶共混物，经过绝对校准的 SANS 实验表明，无序混合高分子的散射强度超出预期强度几个数量级，表明共混物中存在聚集现象[66,103]。对于含 6%（质量分数，$\varphi_D = 0.053$）PED 的 PEH 熔体，骤冷后 PED 的 SANS 微分散射截面图示于图 7.20。如 7.3.3 节所述，PEH（C_2H_4）和 PED（C_2D_4）的相干散射长度分别为 $a_H = -0.166 \times 10^{-12}$ cm 和 $a_D = 4 \times 10^{-12}$ cm，链节体积为 49.5×10^{-24} cm^3。因此，对微分散射截面 $[d\Sigma/d\Omega(0) = (28.0 \pm 2)$ cm$^{-1}]$ 通过式（7.20）进行外推，得到 $P(0) = 1$，所得出的聚合度（N）为 1600，与凝胶渗透色谱法[103] 测的值在同一数量级。然而，当同一样品从熔体中缓慢冷却时（图 7.21），外推散射截面和"表观"分子量均增加了一个数量级。显然，这些数据并不是来自于单分子散射，而且已经被证明，过剩的强度是由标记分子的聚集体或团簇引起的[66,103]，如果数据是任意单位，这一点就不清楚了。这种行为说明了上述观点，即强度对粒子或分子尺寸极为敏感，即使是近似的（± 25%）绝对校准也足以证明此类误差的存在。

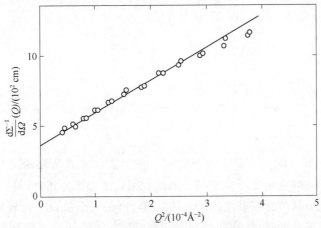

图 7.20　含 6%（质量分数）PED 的 PEH 熔体骤冷后的典型 Zimm 图。$M = 4.5 \times 10^4$（SANS）。$M = 6.0 \times 10^4$（GPC）。$R_g = 132$Å[69]

SANS 技术已十分成熟，令人惊讶的是，散射数据仍使用任意单位，这些单位与实验的时间尺度、样本尺寸（如厚度）相关。如 7.1.2 节所述，可通过乘以一个校准常数来实现绝对尺度的转换，绝对截面 $d\Sigma/d\Omega(Q)$ 定义[116] 为每秒散射的中子数除以入射到单位立体角的中子通量（中子 $cm^{-2} \cdot s^{-1}$）的比值，从而具有面积的量纲（cm^2）。在对单位样本体积进行归一化时，$d\Sigma/d\Omega(Q)$ 的单位为 cm^{-1}。根据上述定义，在距离样品 r 处，面积为 Δa 和计数效率 ε 的检测器元件中，截面与测量的计数率 $I(Q)$（计数 s^{-1}）之间的关系如下：

$$\frac{d\Sigma}{d\Omega}(Q) = \frac{I(Q)r^2}{\varepsilon I_0 \Delta a A t T} \tag{7.23}$$

式中，样品的面积为 A；厚度为 t；而体积为 At；样品所受的中子束强度为 I_0（计数 $s^{-1} \cdot cm^{-2}$）；测得的透射比 T 由 $T = \exp(-\mu t)$ 给出，其中 μ 是线性衰减系数，表示光束通过样品时的衰减程度。对于 SANS，假设所有散射中子的衰减因子都是相同的，且对于 $2\theta < 10°$ 而言，这种近似是合理的，并且同样适用于 $\cos(2\theta)$ 接近于 1 的小角度。因为时间维度在式（7.23）的分子和分母中都抵消了，因此绝对校准简化为测量常数 $K_N = \varepsilon I_0 \Delta a$，通过与已知截面的标准进行比较来确定，并在相同的散射几何结构中同时应用。通常情况下，如果采用入射束流强度检测器，可对相同数量的检测器计数，即相同数量的入射中子进行比较。各种校准测量已用于测量校准常数[117]，包括直接测量束流通量，通过测量主要的非相干散射材料（如钒或水）、^{1}H-和^{2}D-标记均聚物的单分散共混物（如 7.1.2 节所述）以及其他各种标准物进行校准。

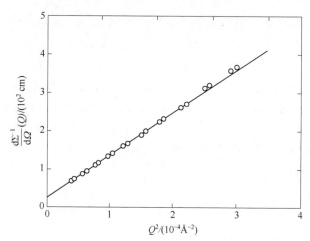

图 7.21 含 6%（质量分数）PED 的 PEH 熔体缓慢冷却（$1℃ \cdot min^{-1}$）后的典型 Zimm 图。$M = 6.93 \times 10^5$（SANS）。$M = 6.0 \times 10^4$（GPC）。$R_g = 368 \text{Å}$ [69]

文献[117] 已讨论了每种方法必须考虑的具体因素，尤其是使用钒时，多重散射和样品制备非常重要，此时实际上不存在相干散射截面，这是因为相对于核的自旋，平行散射和反平行散射的散射长度存在偶然抵消[118]。该标准的一个缺点是：散射截面很低，且是各向同性的（见下文），导致校准的运行时间相对较长。由于对 SANS 仪器的高需求导致束流时间分配非常有限，用户自然不愿意将很大一部分机时用于校准。因此，对于许多

SANS 仪器来说，提供强散射的预校准样一直是个需要决策的问题，让用户可以快速地校准来执行绝对标度，而不至于显著减少可用的束流时间。

据作者所知，这种预校准样方法是由 Schelten[119] 在 FRJ-2 SANS 仪器（见 7.4.1 节）中首创的，他利用钒校准了聚乙烯（Lupolen™）的各向同性散射。图 7.22 比较了 [1]H 标记的聚苯乙烯和聚乙烯的非角度依赖性、主要非相干性及较薄（约 1mm）钒样品校准的散射截面，这两个样品的信号都有一个数量级的提高，从而缩短了校准所需的时间。然而，即使质子化高分子具有更大的散射截面，这种各向同性散射体也不能在低 Q 值（长样品-检测器的距离 r）下使用，因为散射强度与 $1/r^2$ 成比例性地降低，并且标准化涉及短样品-检测器距离下的测试，然后通过平方反比定律对 r 值下测量的标定[119]。

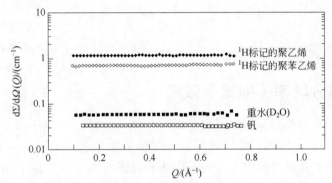

图 7.22　钒、重水（D_2O）、聚苯乙烯和聚乙烯的主要非相干散射及其与角度无关的散射截面

轻水（H_2O）的散射主要是非相干散射，因为其吸收截面很小（见表 7.1），该体系的优点是可提供更高的固有散射用于校准[120]，因此与钒相比，该体系对统计误差和人为因素的敏感性较低。其缺点是，对于厚度为 1～2mm 的样品，多重散射比钒（约 10%）高得多（＞30%），且无法得到相同的计算精度[117]，因为有相当一部分入射中子是非弹性散射的。这种效应很难建模[121,122]，而且检测器效率是波长的函数，建模过程中需要引入样品和仪器相关因素，这取决于给定检测器对非弹性散射中子的响应[123]。使用式（7.23）将得到表观截面，它是波长的函数，也与检测器有关[123]。此外，由于多重强散射，水或质子化高分子样品的强度与 tT 乘积不成正比，因此不可能定义一个真实的截面，这种材料（强度）属性与样品尺寸无关。散射是样品厚度的非线性函数，如图 7.23 所示，它显示了将式（7.23）应用于水样品产生的"截面"。对于厚度为 1cm 的样品，H_2O 的散射截面约为 1cm^{-1}，与之相比，图 7.22 显示 D_2O 的散射截面约为 0.06cm^{-1}。然而，由于强的多重散射，当 H_2O 厚度从 1mm 增加到 10mm 时，"表观"截面的变化率大于 1000%！尽管如此，这类样品仍可用于校准，只要将厚度减至最小（1mm），利用轻水样品本身的高信噪比，再根据给定仪器的基本标准进行校准[87,117,120-123]。

如 7.4.1 节所述，检测器效率 ε 的空间变化通常由非相干散射体进行测量，如水化或质子化高分子。图 7.22 和图 7.23 表明，尽管这些材料中的多重散射尚未完全清楚，但通过 ORNL 30-m SANS 仪器[84] 研究这些质子化材料，如 H_2O、聚甲基丙烯酸甲酯、聚苯乙烯，发现测量数据与角度无关。因此，大致来说，测量信号的变化与检测器效率成正比，并可被应用于数据分析软件，基于逐个单元法来校正这种效应。二阶校正表明各向同性散射的偏差、通过不同区域活性气体（如 ^{3}He）路径长度的差异，通常都与波长、仪器有关。针对特定仪器，Lindner 和同事们已讨论如何制定相关的调整措施[87]。

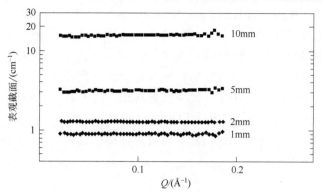

图 7.23　1mm、2mm、5mm 和 10mm 厚的水（H_2O）样品的表观截面

7.5.3　仪器分辨率（拖尾）效应

实验测得的散射数据与实际（理论）截面不同，这是因为它偏离了实际仪器中的点状几何结构。一般而言，SANS 的仪器对分辨率的影响要比 SAXS 小，这是因为大多数 SANS 实验是在点状几何结构中进行的，而在相当多的 X 射线实验中用到的长狭缝光源（如 Kratky 相机）的拖尾效应更大，尤其是在小角下[124-131]。类似地，USANS 实验通常使用长狭缝光源，以提高强度，且所得的大多数数据必须对拖尾效应进行校正[95,96]。造成这种拖尾的主要原因是入射光束和散射光束对长缝几何的大角度发散，因此，在 SAXS[129] 和 USANS[95,96] 实验中，经常对测量曲线进行去拖尾校正。在 SANS 实验中对分辨率效应的关注较少，很大程度上是因为点几何的修正通常更小。然而，这些校正并不总是可忽略不计的，特别是对于急剧变化的散射模式和较大的散射尺寸。

对于针孔 SANS（图 7.15），理想曲线的拖尾效应主要有三个原因：①中子束的有限角散度 $\Delta\theta/\theta$；②检测器的有限分辨率 $R(Q)$；③中子束的多色性，$\Delta\lambda/\lambda$。对于许多体系，散射与入射中子束的方位对称，即 $d\Sigma/d\Omega(Q)$ 仅是散射矢量 $|Q| = 4\pi\lambda^{-1}\sin\theta$ 大小的函数。在这种情况下，一旦确定了仪器参数，数值技术不仅给给定的理想散射曲线进行去拖尾化，还可以通过间接傅里叶变换（IFT）对观测图形进行去拖尾化，从而获得实际的 Q 相关性[123-128]。如果方位对称性的假设不能成立，则上述拖尾和去拖尾程序不适用。基于蒙特卡罗（MC）技术的替代程序已开发出来，通过解析法或数值法，可模拟给定理论散射图案实验的拖尾效应[124]。即使在各向异性系统中，这一过程也可预测分辨率效应，但不能对图案去拖尾化。结合 MC 和 IFT 方法，可以对分辨率效应需要校正的情况进行实际评估。这两种方法在典型的针孔 SANS 实验结果中得到了应用[124]，其中，对于散射尺寸<200Å 的实验，拖尾效应很小（<5%），并且在合理评估分辨率效应后，可准确地分辨高达～1000Å 的尺寸（见 7.6.5 节）。通过减小波长范围 $\Delta\lambda/\lambda$ 或角度扩展 $\Delta\theta/\theta$ 可减少拖尾效应，但测量强度是分辨率的函数，如 Schelten 指出 $\Delta Q/Q$ 减小 $\frac{1}{2}$ 可以使散射强度降低三个数量级以上[79]。

7.5.4 实验其他注意事项和潜在的人为因素

对于样品容器，有几种材料（如石英、单晶硅）对中子的吸收或散射很小。另一方面，对于 SAXS 而言，具有高吸收的材料（控制 SAXS 光束）也具有高散射能力，因为这两个参数都与原子序数强相关，并且 SAXS 的伴生散射通常更高。同样地，在 SAXS 相机中容纳样品要困难得多，因为大多数材料都有强的吸收能力，导致了光束的削弱。因此，中子的高穿透力使得在熔炉、冷冻器等设备中容纳样品相对容易，且仪器背景干扰更小。

对于单散射中子，强度 $I(Q)$ 与样品厚度（t）和透射率（$T = e^{-\mu t}$）成正比，并且在 $\mu t = 1$ 时达到最大值，其中 μ 是线性衰减系数。因此，H_2O 和质子化高分子（H-空白）的最佳样品厚度约为 1～2mm，D_2O 和 D-空白的最佳样品厚度约为 1cm。在 IANS 范围（约 $0.1\text{Å}^{-1} \leqslant Q \leqslant 0.6\text{Å}^{-1}$）的测量，对非相干背景特别敏感，这可以与相干信号的数量级相同。这是因为相干散射随角度快速下降，如式（7.6）中高分子线团的 Q^{-2} 或在 Porod 区域中的 Q^{-4} 的 Q 相关性（见 7.6.2.2 节）。从式（7.23）可以看出，单散射中子的相干强度 $I(Q)$ 与样品厚度（t）、透射率（T）和样品面积（A）成正比。因此，对不同尺寸（t，A）和透射率 T 的样品的测试可相对于相同体积归一化，以便给出一个（相干）截面，该截面具有与样品尺寸无关的（材料）特性。上述归一化过程是假设中子在被探测到之前只散射一次，对于高分子[132] 和其他材料[133] 的相干 SANS，这一过程已证明是一个合理的近似，其截面 $d\Sigma/d\Omega(0)$ 通常小于 10^3cm^{-1}。对于具有更高截面且具有大量相干-相干多重散射的样品，识别人为因素的影响及其最小化的常见方法是测量截面作为样品厚度函数，并将其外推至 $t = 0$。

如 7.5.2 节所述，对于非相干散射，含有氢原子（如 H_2O、质子化高分子等）的 1～2mm 厚样品会产生明显的多重散射。文献[19] 说明了估计扣除给定"样本"中的非相干背景，并由此分离出残余相干截面的困难，其中根据式（7.23）归一化后，由三个质子化 PMMA-H 空白产生的表观截面在样品厚度的特征范围（约 0.2～1.2mm）内的变化大于 50%。如图 7.23 所示，非相干散射样品（如水）的表观截面变化尤为显著。因此，对于 PMMA 和水，所测得的数据包含了多重散射（这与厚度或透射率不成比例），并且不能归一化为与样品尺寸无关的真实横截面。此外，如 7.2.3 节所述，束缚原子截面（表 7.1）不能用于计算背景，因为氢的非相干截面（$\sigma_{\text{inc}} = 79.7 \times 10^{-24}\text{cm}^2$）虽然在文献中被广泛引用，但几乎从未应用于真正的高分子体系。然而，非相干散射近似来看是独立于 Q 的（见图 7.22 和图 7.23），并且已经发展了扣除该背景的经验方法[70,73]。

7.6 散射技术对高分子的一些应用

7.6.1 半结晶高分子和链折叠

7.6.1.1 熔体结晶高分子

早在 20 世纪 50 年代，人们就知道从溶液中析出的高分子晶体为薄片或层状结构，其横向尺寸比晶体厚度（约 10^2Å）大几个数量级。此外，链轴垂直于横（宽）断面，因此，

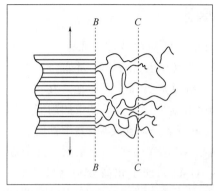

图 7.24 垂直于链轴的界面区域示意图

对于高分子量的链，其长度远大于晶体厚度。在熔体结晶高分子中也发现了尺寸相近的晶体，其链取向与溶液中生长的相同。因此，对于这两种类型的材料，分子必须穿过晶体并在片层表面多次折叠。支持层状晶体中链折叠概念的补充推理路线如图 7.24 所示，其中平面 B-B 位于晶体表面，C-C 位于各向同性非晶区域。源于晶体的链通量（即单位面积链的数量）由 $N_c = 1/(A_c)$ 给出，其中 A_c 是结晶状态下的横截面积。弗洛里[134] 估算了与平面 C-C 相交的链通量（N_a）为 $N_a = 1/(2A_a)$，其 A_a 是非晶态下链的横截面积。对于柔性高分子，$A_a/A_c \sim 1$，因此 $N_a/N_c \sim \frac{1}{2}$，晶体中大约一半的中子通量在进入非晶区之前必须耗散。这意味着在晶体表面一定有一个界面区域，并在那里发生耗散，其中一种方式是大量的链"来回折叠"，并重新进入初始微晶。

因此，人们普遍认为片层晶体是熔体和溶液生长的半结晶高分子形貌的主要组成部分，片层之间存在无定形材料。这些链与片层法线成 $0°\sim45°$ 角，其长度远大于片层厚度，因此相当一部分链必须回到同一晶体中。但是，分子链在片层中的排列方式一直存在广泛的争论，并存在关于分子链在片层表面折叠方式的多种模型。从紧密的"发夹"连接（链在相邻的晶格位置退出并重新进入晶体）到假设长环或"松散折叠"的模型，甚至是"接线板"模型，其中"快速"折叠的情况很少。电子显微术已被广泛用于研究层状结构，尽管这项技术不能提供有关分子链折返的详细信息。原则上来说，这些信息可以从高分子的中子散射中获得，其中一些链被氘标记，使它们在凝聚态下"可视化"（见 7.3.1 节）。

一般来说，SANS 实验表明，总的回转半径 R_g 在熔体结晶时基本保持不变，因此在熔体和结晶状态下都有 $M^{1/2}$ 的依赖关系[22,37,52,66]。这表明分子结晶时的质量元分布与熔体中的相似，所以，分子链在结晶时分布在多个片层中。这些测量是在低 Q 值（$10^{-3} \sim 10^{-1}\text{Å}^{-1}$）的小角度范围内进行的，因而对大尺度（$D \sim 2\pi/Q$）很敏感。因此，它们不包含分子链交错排列的信息（即穿过晶体片层的伸直链）。这可以从中等角度范围（$0.1\text{Å}^{-1} < Q < 0.6\text{Å}^{-1}$）的实验中获得，该范围对约 $10 \sim 50\text{Å}$ 距离上的链段相关性很敏感。科学家们已经对多个体系[22,135,136] 进行了实验测量，并将结果与模拟链轨迹的各种模型计算进行了比较[22,137-143]。图 7.25 为骤冷结晶聚乙烯的 IANS 数据，其散射函数 $F_n(Q)$ 定义为：

$$F_n(Q) = (n+1)Q^2 P(Q) = (n+1)Q^2 \frac{\mathrm{d}\Sigma/\mathrm{d}\Omega(Q)}{\mathrm{d}\Sigma/\mathrm{d}\Omega(0)} \tag{7.24}$$

$P(Q)$ 是包含 n 个键的单链形状因子❶。对于不同分子量和 ^2D 标记的样品，几个独立的测试结果之间具有很好的一致性，由此表明：虽然 ^1H-和 ^2D-标记链节之间有热力学差异，从而产生同位素效应，但中子散射的数据不会受到干扰（见 7.5.1 节）。

---

❶ 在非晶态［式（7.6）］和结晶态［式（7.24）］中，单链形式因子都使用相同的命名法 $P(Q)$，尽管后者不假定单链是高斯分布的。

图 7.25 将 IANS 数据与基于蒙特卡罗统计沿（110）平面相邻折叠概率（p_{ar}）函数模型计算结果进行比较。可以看出，$d\Sigma/d\Omega(Q)$ 近似地与 Q^{-2} 存在相关性，在 $Q^2 d\Sigma/d\Omega$ (Q)-Q 关系（Kratky）图中出现了一个平台。对于随机（$p_{ar}=0$）和相邻（$p_{ar}=1$）折返的极端情况，平台高度相差约 2 倍。Yoon 和弗洛里[138] 研究得出了 $p_{ar}<0.3$ 的结论，这与常规折叠情况不一致。另一种方法是，在中心簇模型（central-cluster model）[141,142]中，基于相邻折叠链数量的函数，计算得到相邻折叠概率更高，$p_{ar}\sim0.7$。后者还基于 SANS 和色谱技术测得的实验数据，绘制了与标记链分子量（M）的函数关系图。该过程将另一个不确定性（约 30%，取决于使用的 M 值）引入到 $F_n(Q)$ 的平台值中，使比较不那么精确。由式（7.24）可知，对于高分子量的材料 $[n>1000；n\approx(n+1)]$，$F(Q)$ 与 M 无关，因为 $d\Sigma/d\Omega(0)$ 与 n 成正比。因此，这个参数可以被抵消，从而使 $F(Q)$ 独立于 M，导致对 p_{ar} 的估计值更低。

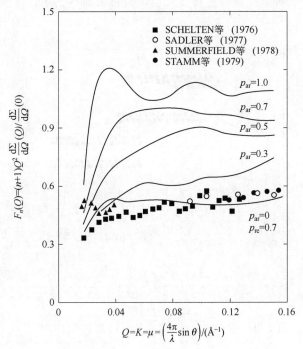

图 7.25　计算 PE（$n=2000$）的 $F_n(Q)$ 与规则（相邻）折叠概率（p_{ar}）的函数关系[66]

Sadler 总结了骤冷和缓慢冷却熔体结晶高分子的数据，估算出相邻折返的概率为～0.3～0.5。相邻序列中链的平均数量约为 $(1-p_{ar})^{-1}$，因此概率<0.5，与晶体平面中超过两个或三个链的常规不间断折叠行为不一致[143]。序列较长的相邻链将导致广角散射图案（$Q\sim0.1\text{Å}^{-1}$）的变化，而在熔体结晶聚乙烯中没有观察到这种特征[144,145]。然而，近邻折返是几乎不可能的这一事实，并不意味着折返是完全随机的。计算表明：大多数折叠相对较近，不相邻的折叠是在"近"处，而且链茎（stem）在晶面上的分离很少超过 3 个最邻近折叠[138,141,142]。

Hoffman 等[141,142] 指出，由于非晶区和结晶区之间的界面边界可能出现异常高的密度，弗洛里注意到了这种空间填充现象[134]。如果链与片层法线呈一定角度，或者晶区和非晶区之间的过渡不是突然的，则可以避免空间填充异常[146,147]。这些考虑支持晶体和无定形区域之间的边界并不尖锐的观点，并且界面区的宽度10~30Å，代表了晶体中的分子链在各向同性层间区域内被耗散和容纳的距离[134]。

7.6.1.2 溶液结晶材料

Sadler 和 Keller 指出[148,149]，溶液结晶聚乙烯的链回转半径比熔体结晶样品的小得多，并且与分子量无关。IANS 数据也与熔体结晶材料的数据有本质上的不同。如图 7.26 所示，Kratky 曲线在 $Q \sim (0.1 \sim 0.2) \text{Å}^{-1}$ 处出现峰值[143,148-151]。基于这些结果，提出了"超折叠"模型，其中链的折叠不限于单层，分子链在给定平面上进行了多次折叠后，继续在相邻层中折叠[148-150]。尽管该模型过高估计了测量的强度，在 Kratky 图中也产生了一个峰值[138,143,148,149]。为了得到与实验一致的结果，有必要将相邻的链排布"稀释"约 2~3 倍。"稀释"的一种方式是将链排成几层，但每层都不密集，以至于链在给定的生长平面上很少相邻[138]。

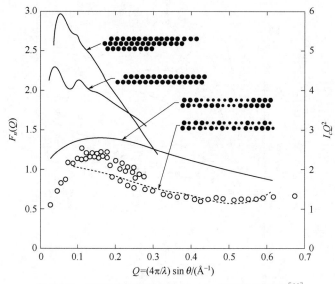

图 7.26 溶液结晶聚乙烯的 Kratky 图和模型计算[66]

此外，也有人假设[148,149,151]一个分子可以分布在多个（110）片上，但约 75% 的折叠与近邻的位点相连。图 7.26 给出了这些可能性，其中 $I_c(Q)$ 是无限细链茎的等效强度，$Q^2 I_c(Q)$ 与 $F_n(Q)$ 成正比。计算结果以示意图方式表示了沿链（c 轴）方向观察的聚乙烯晶格，粗黑点表示给定分子链在（110）平面折叠所占据的位点。尽管 IANS 数据对于给定链序列或链茎稀释方式的独特指纹特征不够敏感，但具有近似的"再隔一个（next-but-one）"折返模型可很好地拟合数据，直至 $Q \sim 0.6 \text{Å}^{-1}$。然而，一条典型的分子链在一个平面上规则折叠，反复多次而不中断，这种可能性为中子实验数据否决。在过去几十年里，这个模型在熔体结晶和溶液结晶材料中得到了广泛的支持。同样，无规构型的极端情况也被排除在外，大部分分子链通常在少数最邻近的位点上进行"近邻"折返形式的折叠，综述论文[37,134,143,150,152]对这些问题有更详细的讨论，读者可以参考。

7.6.2　高分子共混物和复合材料

7.6.2.1　均相高分子共混物

由于合成的新的高分子材料难以商业化，工业界越来越转向于对现有高分子的共混，以优化其最终使用性能。这类材料目前在高分子市场上占有越来越大的比例，因此这些材料是科学界和商业界都十分关注的主题。SANS 已发展成为研究其结构和相互作用的有效方法，并在分子水平上提供详细的热力学信息，使该领域研究发生了革命性变化。由于这些发展在材料科学中有着重要的应用，SANS 已被工业科学家[153,154] 广泛用于高分子-高分子体系的热力学研究。

在此之前，只能通过 LS（浊点法）在相分离的极限条件下，研究高分子-高分子体系的相行为，或者通过各种间接的热或力学光谱方法进行研究。这些方法可以研究宏观的相分离，但不能在分子水平上研究微相分离或共混行为。原则上，这些信息可以从 LS 或 SAXS 中获得[66]，尽管只有极少数散射体具有足够的电子密度对比度可以应用这些方法。氘标记与 SANS 的结合使这一领域发生了革命性的变化，而且这项技术在第一台仪器问世时就被应用于研究高分子的相容性[155-160]。从那时起，这类研究变得越来越多，由于篇幅的限制，无法对该领域诸多方面进行全面的描述。因此本节将举例说明该技术可为均相共混提供热力学信息。

在大多数情况下，不同化学性质的高分子之间是不相容的，尽管 SANS 证明了有几种高分子共混物在分子水平上形成了真正相容的混合物[155-159]。最初的应用是通过 LS 和 SAXS 测量高分子溶液的 R_g、M 和第二位力系数 A_2，然后基于 Zimm 分析拓展到高分子共混物[13,159]。理论上来讲，这种形式仅限于其中单一高分子被稀释的情况，而实际上已扩展到浓的均相共混物中，给出了弗洛里-哈金斯相互作用参数（χ），该参数与稀释体系的 A_2 有关[159,161]。

如上所述，一个重要的进展是 RPA 的应用[115]。对于两种高分子 A 和 B 的共混物，体积分数分别为 φ_A 和 φ_B（$=1-\varphi_A$），在链节体积（V_A 和 V_B）不相等的情况，基于式（7.21）和式（7.22）推出相干截面[159-162] 为：

$$\frac{\mathrm{d}\Sigma}{\mathrm{d}\Omega}(Q) = \left(\frac{a_A}{V_A} - \frac{a_B}{V_B}\right)^2 S(Q) \tag{7.25}$$

$$\frac{1}{S(Q)} = \frac{1}{N_A \varphi_A V_A P_A(Q, R_g)} + \frac{1}{N_B(1-\varphi_A)V_B P_B(Q, R_g)} - \frac{2\chi}{V_0} \tag{7.26}$$

式中，V_0 是参考体积［通常 $V_0 = (V_A V_B)^{1/2}$］；a_A 和 a_B 是高分子 A 和 B 的单体散射长度，其中一种通常被氘化以提高 SANS 对比度（如 $a_A \rightarrow a_{AD}$）。R_g 和 N 是两种高分子的旋转半径和聚合度，单链形状因子 $P(Q, R_g)$ 假定为德拜形式［式（7.6）］，具有非晶态链节的高斯分布。在稀释极限（$\varphi \rightarrow 0$）下，式（7.25）和式（7.26）可简化为早期 SANS 研究中高分子共混物使用的 Zimm 方程[159,161]。同样，对于某种高分子的同位素混合物，其中一种是氘标记的（$V_A \cong V_B \cong V$，$a_A \rightarrow a_D$，$a_B \rightarrow a_H$），式（7.25）简化为式（7.21），已用于研究同位素效应（见 7.5.1 节）和线形及支化高分子混合物的热力学（见下文）。

RPA 理论❶已成功地应用于估算各种高分子/高分子共混物的 $\chi(T,\varphi,N)$[158-176]，一些示例的描述如下。如图 7.27 就描述了 PMMA/聚环氧乙烷（PEO）共混物的相互作用参数[173,174]。与其他实验测定的相互作用参数一样，图 7.27 的结果与通过两种独立的研究方法得到的 χ 相吻合，并证实其数值不仅很小，而且与浓度有关。对于低浓度 PMMA，χ 的符号发生改变，表明熵的贡献占主导地位，而不是焓。

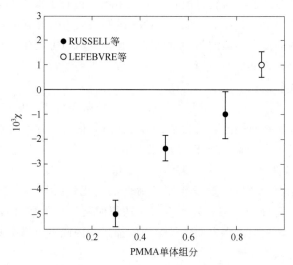

图 7.27　PEO-PMMA 相互作用参数与 PMMA 单体组分（H+D）的关系[66]

一些研究旨在阐明平均场近似对高分子共混物的局限性。对于小散射波矢量（$Q \rightarrow 0$），式（7.25）和式（7.26）简化为众所周知的 Ornstein-Zernike 形式[115]：

$$\frac{\mathrm{d}\Sigma}{\mathrm{d}\Omega}(Q) = \frac{\mathrm{d}\Sigma}{\mathrm{d}\Omega}(0)/(1+Q^2\xi^2) \tag{7.27}$$

式中的组成-波动相关长度 ξ 由下式给出：

$$\xi_s \sim [\chi_s - \chi(T)]^{-v} \tag{7.28}$$

在平均场的界限内，$v = \dfrac{1}{2}$；在临界点附近（Ising 区），$v = 0.63$；χ_s 是在稳定的温度下链节-链节相互作用参数的大小。

Schwahn 等[175] 根据 PS/聚（甲基乙烯基醚）（PVME）共混物的 SANS 结果，首次报道了高分子共混物从平均场到非平均场的转变行为。随后，Bates 等[176] 在高于上临界溶液温度（$T_c = 38℃$）的条件下，使用聚异戊二烯/聚（乙烯-丙烯）共混物模型定量验证了上述结论，发现在大约高于上临界温度 30℃ 时，发生了从 $\gamma = 2v = 1$（平均场行为）到 $\gamma = 1.26$（非平均场行为）的转变。这些 SANS 交叉研究确定了平均场理论的局限性，该理论已被广泛用于研究高分子-高分子体系的热力学，并通过 SANS 研究了小分子溶剂（如环己烷中的聚苯乙烯）和超临界介质（如 CO_2 中的聚二甲基硅氧烷）中这些类似的交

---

❶　RPA 形式中使用了几种不同的命名体系，如在文献[160,161]中，V 被定义为高分子链节的比体积，而不是实际链节的体积（如聚苯乙烯的 V_{seg} 约为 $164 \times 10^{-24} cm^3$）。相同高分子的比体积（$N_A V_{seg}$）是 $100 cm^3$（其中 $N_A = 6.022 \times 10^{23}$ 是阿伏伽德罗常量），但是，除了命名法外，方程本质上是相同的。

叉现象，如 7.6.4 节所述。

SANS 已被广泛用于表征各种线形链和支化链聚烯烃共混物的相容性[96,169,177-192]，如高密度聚乙烯（HDPE）、低密度聚乙烯（LDPE）和线形低密度聚乙烯（LLDPE）。HDPE 的支链很少，但 LDPE 既包含长支链（每 100 个主链碳原子中约有 0.3 个），也包含短支链（每 100 个主链碳原子中有 1~3 个）。LLDPE 是由乙烯与 α-烯烃（如己烯、辛烯等）催化共聚而成，其支链含量随催化剂类型和共聚单体浓度不同而变化，支链长度均匀且较短。SANS 表明，对于分子量约为 10^5 的 HDPE/LDPE 共混物，在适当考虑 ^{1}H/^{2}D 同位素效应后，熔体的所有成分都是均匀的[182,184]。同样，当支链含量较低（每 100 个主链碳原子中少于三个支链）时，HDPE/LLDPE 共混物在熔融状态下表现出均一性。然而，当支链含量较高（每 100 个主链碳原子中超过 7 个支链）时，共混物会发生相分离[188]。图 7.28 是聚乙烯类（$M\sim10^5$）模型共混物的 Zimm 图，其中一种是氘标记的，它是高分子间支链含量差异的函数[188]，图中直线的负截距表明有相分离。

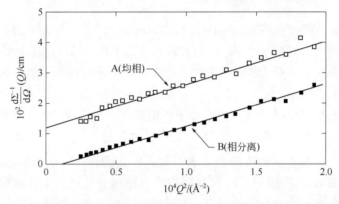

图 7.28　在 $T=130℃$下当组分支化度不同时模型聚乙烯的 Zimm 图[188]

在本实验中，采用氢化或氘化聚丁二烯来模拟 LLDPE，因为它们可以制备成单分散高分子（重均分子量与数均分子量之比 $M_w/M_n<1.1$），并且链内具有均匀的支链分布。因此，这些研究无论是对支链含量还是分子量而言，都不受多分散性效应的影响。然而，对于非均相型齐格勒-纳塔催化剂制备的 LLDPE，众所周知，催化剂的多位点性质通常导致链组成的较宽分布[193]。支链含量和分子量之间有很强的相关性，低分子量高分子链的支链最多[194,195]。因此，非均相的 LLDPE 可视为不同高分子的"混合物"，当组成分布足够宽时，多组分体系原则上可以发生相分离[177,195]。因此，SANS 实验[186] 表明，代表 LLPDE 的乙烯-己烯共聚物含有分散的少数相（minority phase）（体积分数$\sim10^{-2}$），表现为在低 Q 值时偏离中子散射截面的 Q^{-2} 变化 [图 7.29 （a）]。而茂金属催化剂制备的 LLDPE 具有更均匀的支链含量分布，在低动量转移极限（$Q<10^{-2}$Å^{-1}）的散射截面上不会出现上升，表明 LLDPE 在熔体状态下只形成单相 [见图 7.29 （b）][191]。这些发现支持先前关于组成多分散 LLDPE 的结论[186]，即分布中高度支化的高分子也可能发生相分离，尽管总体支链含量较低。当该组分不存在时，如茂金属催化剂制备的 LLPDE，体系在熔体状态中形成单相。

这些实验是使用分辨率上限约为 10^3Å 的针孔 SANS 光谱仪进行的，而显微镜观察的

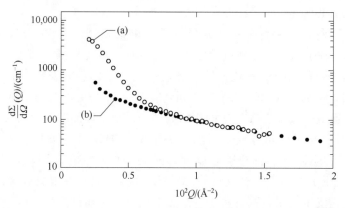

图 7.29 （a）组成为 20/80 的 HDPE-D/非均相型齐格勒-纳塔催化剂制备的 LLDPE 共混物和（b）组成为 25/75 的 HDPE-D/茂金属催化剂制备的 LLDPE 共混物的 $d\Sigma/d\Omega(Q)$ 图[191]

分散相尺寸在 μm 范围。使用 Bonse-Hart USANS 仪器[96,189]，可使空间分辨率提高约 30 倍，如 7.4.2 节所述，可观察 $2\sim7\mu m$ 的颗粒尺寸（见图 7.18）。这大大提高了对分散相体积分数的估算精度，表明 USANS 突破了针孔 SANS 的分辨率限制，填补了针孔 SANS 技术的不足。

　　如上所述，利用 SANS 测定各种大分子的相容性正在快速增多，其基础是 RPA[115]，而 RPA 反过来又要假设：高分子链尺寸在共混时保持不变，并维持无扰回转半径 R_g（Θ），如在熔体或 Θ 温度下的高分子溶液中的那样。然而，一些实验结果[161,174]表明，这种假设可能不具备普适性，且 R_g 可能随温度或浓度变化而发生收缩或膨胀。如 7.1.2 节所述，基于有机溶剂中高分子的研究，发现高分子链尺寸取决于其链节与周围溶剂分子相互作用的符号和大小。在良溶剂中，链内排斥或链节间的排除体积会增大高分子链尺寸，溶剂-溶质的相互作用也是如此。然而，在不良溶剂中，溶剂-溶质和溶质-溶质相互作用具有相反的符号，并且当它们平衡时，链尺寸与链节-链节和溶剂-溶质两种相互作用均无关。这种现象发生于 Θ 温度（T_Θ），在该温度下，R_g 对应于无相互作用高分子线团的尺寸，不受排除体积效应的扰动。高分子共混体可以看成高分子溶液的一个特例，只是采用高分子量的溶剂[196]，考虑到这一点，可以认为：RPA 严格地仅适用于 $\chi=0$ 的无相互作用高分子的"理想"共混物。据作者所知，Brereton 和 Vilgis[197] 首次提出，如果高分子溶剂的溶解能力变得极差或极好，RPA 可能会失效。随后，Melnichenko 等[162] 利用 SANS 证明：高分子相溶共混物中的大分子可以互为不良溶剂、Θ 溶剂和良溶剂，并构建了概念性相图，证实了 RPA 的有效范围。若超出该范围，高分子链将会收缩或膨胀到其无扰尺寸之外。然而，研究表明，对于 SANS 研究的大多数共混物，高分子在大多数相图上均保持无扰尺寸。

7.6.2.2　相分离的共混物和复合材料

　　Koberstein 处理了相分离体系的散射问题[198]，基于分子构型研究微区结构，并对高分子共混物、互穿高分子网络（IPN）和嵌段共聚物进行了此类实验[37,66,199-203]。Russell

等人对 PMMA/PEO 共混物进行研究，使用 SAXS 和 SANS 的组合来详细阐明相分离共混物的形貌，是一个具有指导意义的范例[173]。在非晶态（均相）时，可根据组成和温度的函数关系（图 7.27）来测量相互作用参数。当体系退火时，PEO 开始结晶而无规 PMMA 被排除在片层之外。如果相边界很清晰，则在高 Q 时，散射应遵循 Q^{-4} 依赖关系，这与 Porod 定律相对应（见下文）。该指数的偏差表明存在不清晰或扩散的界面，可以分析得出相边界的厚度[173]，图 7.30 为质子化 PEO 与氘化 PMMA 的半结晶共混物。有趣的是，研究结果表明，结晶区和非晶区之间的界面表现出不同的特征，这取决于所用的辐射种类。对于 SANS，界面看起来很清晰，厚度 E_{SANS} 约为 5Å；然而，对于 SAXS，观察到的是扩散界面（E_{SAXS} 约 20Å）。使用 Mandelkern 及其同事[152] 提出的高分子晶体表面的界面区域概念可以解释这些结果（见 7.6.1 节和第 4 章），图 7.31 给予了简要说明。沿着垂直于晶片的方向从晶区到非晶区，有序度降低，电子密度下降。当失去有序结构时（约 15Å），PMMA 开始与无定形 PEO 混合，在片层之间形成混合物。在中子散射长度密度（SLD）方面，情况有很大不同，因为 PEO 是质子化的，而 PMMA 是氘化的。因此 PEO 的 SLD 很小，这是因为氢原子和其他原子的散射长度相互抵消（见表 7.1）。当氘化 PMMA 与无定形 PEO 混合时，在约 5Å 的距离内，与（质子化）PEO 和（氘化）PMMA 混合物的 SLD 相比，SLD 大幅增加，而结晶 PEO 和无定形 PEO 之间的细微差别可忽略不计。因此，SAXS 和 SANS 测得的有效界面是不同的，如图 7.31 所示，这支持了如下观点：在 PEO 晶体表面存在一个界面区域，横跨有序度消失到 PMMA 被排除的距离。

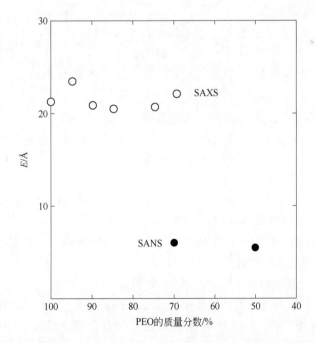

图 7.30　用 SAXS 和 SANS 测量的扩散相界厚度与成分的关系。当成分变化时，这些值保持不变，但是两者之间存在差异（约 15Å）[66]

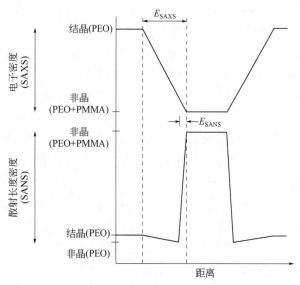

图 7.31 电子密度（上）和中子 SLD（下）作为垂直于晶片表面方向距离
函数的示意图。虚线之间的区域表示晶片与均匀非晶混合物之间的过渡区。
E_{SAXS} 和 E_{SANS} 是由 SAXS 和 SANS 测量的 PMMA-PEO 的界面厚度[66]

如 7.6.2.1 节所述，SANS 实验结果表明 HDPE/LDPE 共混物在熔体状态下是均一的，尽管两组分在缓慢冷却时可能会因熔点的差异而发生相分离[185,190]。在这些实验中，HDPE 被完全氘化，对于这种两相体系，有文献[185] 表明 Debye-Bueche（DB）模型[202] 是适用的，其散射截面为：

$$\frac{d\Sigma}{d\Omega}(Q) = \frac{8\pi a^3 \varphi_A \varphi_B (\rho_{nA} - \rho_{nB})^2}{(1 + Q^2 a^2)^2} \qquad (7.29)$$

式中，a 是表征空间尺寸的长度；φ_A 和 φ_B 是体积分数；ρ_{nA} 和 ρ_{nB} 是两相的 SLD[202]。

熔体缓慢冷却后共混比 50/50 的共混物数据的 DB 图，示于图 7.32。外推截面 [$d\Sigma/d\Omega(0) = 24.5 \times 10^3 \, cm^{-1}$] 比熔体的截面高一个数量级，表明各组分在冷却时经历了相分离[184]。相关长度（a）由斜率和截距的比值得出[69,185]，假设 ^{1}H- 和 ^{2}D- 标记高分子发生完全相分离，由式（7.29）得出 $d\Sigma/d\Omega(0) = 28.2 \times 10^3 \, cm^{-1}$[69,185]。由于这些数据是独立校准的，在强度尺度上无拟合因子，因此与 DB 模型计算的绝对截面吻合良好。

只要有足够的电子密度对比度，SAXS 也可以提供与 SANS 类似的信息，正如 Blundell[203] 对聚氨酯/聚甲基丙烯酸甲酯共混物所证明的那样。当 SAXS 的电子密度对比度不足时（如聚烯烃），可对其中一个相进行氘化来产生强的 SANS 对比度[199]。图 7.33 为聚苯乙烯-聚丁二烯互穿网络的 SANS 数据的 DB 图[200]。

假设各组分完全分离，采用测量的相关长度和 SLD（表 7.3），$d\Sigma/d\Omega(0)$ 可由上述式（7.29）计算出来。基于图 7.33 中样品的数据，其计算值为 $17.2 \times 10^3 \, cm^{-1}$ 和 $2.7 \times 10^3 \, cm^{-1}$，而实验测量值为 $21.6 \times 10^3 \, cm^{-1}$ 和 $2.0 \times 10^3 \, cm^{-1}$。考虑到截面对微区尺寸的强烈依赖性，这种差异并非不合理，这是绝对强度比较的一个普适特征。然而，这也说明了前面提出的观点：即使是近似的（±25%）绝对校准，也足以验证共混物各组分完全相

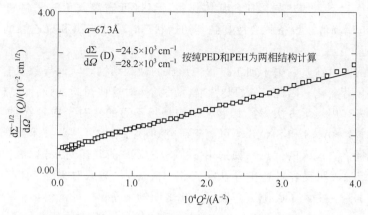

图 7.32　氘化 HDPE/质子化 LDPE 共混物熔体缓慢冷却相分离的 Debye-Bueche 图[184]

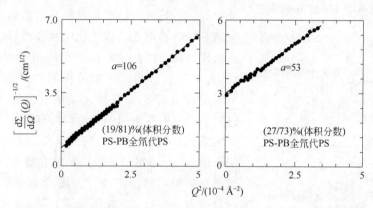

图 7.33　聚苯乙烯-聚丁二烯互穿网络相分离的 Debye-Bueche 图[66]

分离的假设。

若 $Qa \gg 1$，式（7.29）简化为 $\mathrm{d}\Sigma/\mathrm{d}\Omega \sim PQ^{-4}$：

$$P = 2\pi(\rho_{n1} - \rho_{n2})^2 S_V \tag{7.30}$$

式中，P 为 Porod 常数。如果数据以绝对单位校准[204]，则可用于计算比表面（即每单位样品体积的相间总表面积 S_V）。通过比较式（7.29）和式（7.30）：

$$S_V = 4\varphi_1\varphi_2/a \tag{7.31}$$

对于图 7.33 所示的数据，式（7.31）计算的比表面值范围为 $(58 \sim 150) \times 10^4 \mathrm{cm}^{-1}$[69,200] 或 $58 \sim 150\mathrm{m}^2 \cdot \mathrm{g} \cdot \mathrm{m}^{-1}$。（$\rho \approx 1.0\mathrm{g} \cdot \mathrm{cm}^{-3}$）

7.6.2.3　填充高分子和复合材料

涉及高分子的其他多相体系包括复合材料，是由高分子与填料颗粒混合而形成，其目的是改进力学或导电性质。典型的填料包括炭黑、黏土、二氧化硅和玻璃微珠或纤维，理解填料和高分子基体之间的相互作用有利于提高此类材料的性质。如，炭黑被用作增强填料广泛应用于汽车轮胎等方面，还可以与半结晶 PE 等绝缘材料复合，生产出应用于电气产品的导电复合材料。当炭黑含量在室温下高于逾渗阈值时，复合材料开始导电。然而，在更高的电流负载下，加热导致 PE 基体膨胀，当接近逾渗阈值时，材料的电阻变得很高[205]，导致电流降低，设备就会冷却到其初始状态，因此炭黑和聚乙烯的复合材料可用作自恢复保险丝[206]。

复合材料的电学性质取决于加工过程中形成的微观结构，从而导致复合材料的形貌和电学性能发生显著变化。因此，表征这些体系的结构对这些材料的设计非常重要，但由于炭黑吸收可见光，用光学方法表征其形态结构是行不通的。对于粒径在约 10~1000Å 范围内的复合材料，SANS 和 SAXS 均可用于研究其形态结构，这些技术结合起来比单独使用两种技术能提供更深入的信息。如采用 SAXS/SANS 的联用对炭黑/聚乙烯复合材料进行研究[205]，结果表明复合材料中存在第三相（孔隙），随后对 PE 基体进行氘标记，实现了孔隙率的测量，揭示了孔隙率与温度变化之间的关系。

包含所有三相贡献的SAXS数据

H-PE中炭黑的SANS数据单独给出了炭黑的结构

D-PE中炭黑的SANS数据单独给出了炭黑的结构

图 7.34 炭黑/聚乙烯复合材料的 SAXS 和 SANS 研究的对比度选择

图 7.34 比较了三相体系（高分子、炭黑和空隙）的 SAXS/SANS 以及氘标记联用研究，清楚地表明仅使用 SAXS 是无法解析孔隙形态结构的。然而，如果采用 SANS 检测正常质子化的复合材料，样品基本上是两相材料，因为 PE 和空隙的中子 SLD 几乎相同（见表 7.5）。然而，如果将炭黑与氘化聚乙烯共混，则炭黑-氘化聚乙烯基体之间的孔隙尤为明显。通过这些实验，可以使用 Wu 提出的理论来模拟复合材料中的微孔（裂纹）[207]，获取有关孔洞大小和数量的定量信息[206]。室温下，在炭黑含量为 30%~40% 的复合材料中，测量了特征浓度约为 2%（体积分数）的尺寸为~400~500Å 的孔隙。但是，在熔融转变过程中，这些孔隙的浓度显著降低到约 0.2%（体积分数），下降了一个数量级。这一结果是可以预料到的，表明当温度高于熔点时，PE 微区变大而孔隙变小。

表 7.5 各种高分子和炭黑/高分子复合材料的中子和 X 射线（光子）SLD

物质	密度 $\rho/(g \cdot cm^{-3})$	X 射线 SLD $\rho_x/(10^{10} cm^{-2})$	中子 SLD $\rho_n/(10^{10} cm^{-2})$
炭黑	1.92	16.2	6.4
孔隙	0.0	0.0	0.0
聚乙烯	0.95	9.12	−0.34
聚乙烯-d_4	1.08	9.12	8.13
聚异戊二烯	0.91	8.57	0.27
聚甲基乙烯基醚	1.05	9.74	0.36
聚苯乙烯	1.05	9.53	1.41
聚苯乙烯-d_8	1.13	9.53	6.47

7.6.3 嵌段共聚物

将两种或多种化学上可区别的高分子片段嵌接，就形成嵌段高分子，这些嵌段在热力学上可能是不相容的。通过自组装，分子尺度上的相分离（$10^1 \sim 10^3\,\text{Å}$）产生复杂的纳米结构。这些结构取决于两种效应的相互竞争，在高温 T 下，这些链是均匀混合的。当 T 降低时，由于组分之间的化学亲和力不同，不相容嵌段往往会发生相分离，尽管高分子嵌段之间的化学键将链内嵌段相分离限制在整个分子链 R_g 的范围内。近年来，多嵌段高分子中丰富多样的有序微结构引起了人们的广泛关注，已成为塑料和橡胶工业的重要组成部分。

将 A 型重复单元嵌段与 B 型单元嵌段首尾相连形成的二嵌段共聚物，具有最简单的分子结构。相行为由链节-链节相互作用参数、总聚合度（$N = N_A + N_B$）和组分 $f = N_A/N$ 决定。在平衡状态，嵌段共聚物将通过有序排列使得能量极小化。降低温度（即增加 χ）有利于减少 A-B 接触的数量。若聚合度（N）足够大，则可以通过局部组成排序来实现，如图 7.35 所示，在对称的情况下 $f = 0.5$，可观察到层状结构。

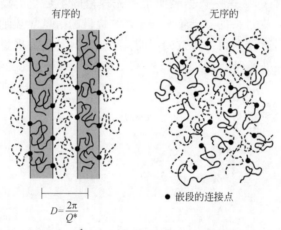

图 7.35 对称（$f = \dfrac{1}{2}$）二嵌段共聚物熔体的实际空间形态示意图

此外，如果 χ 或链长（N）足够小，熵因素将占主导地位，导致组成上无序相的形成。Leibler[208] 研究了有序相-无序相之间的转变，指出当 $\chi N \sim 10$ 时会发生有序-无序转变（ODT）。低于这个极限值，熔体是无序的，尽管两个嵌段之间的连通性导致了一个相关孔（correlation hole）[208]，这在小角散射测试中表现为一个对应于波动长度 $D \sim R_g$ 的峰值。超过该极限值，则体系是有序的，D 对应于层间距。第一个 ODT 理论[208,209] 是基于这样的假设：A-B 相互作用足够弱，使得线团在整个转变过程中都保持高斯分布，因此微区周期尺寸与聚合度的平方根（$D \sim N^{1/2}$）相关，这被称为弱分离极限；第二个极限状态出现在 $\chi N \gg 10$ 上，狭窄的界面将已形成的微区分开[210]，因为嵌段连接点位于相界面处，A 嵌段被排除在 B 相之外，反之亦然。与高斯线团相比，这些链段因受限而具有更为伸展的构型。由于不可压缩性约束下拉伸构型的熵减小，通过总界面面积的极小化来建立平衡。因此，微区周期与链长的相关性将比观察到的高斯线团具有更高指数，并预测其变化规律符合 $D \sim N^{2/3}$[210,211]。

通过小角散射对峰位置（$Q^* = 2\pi/D$）的测定，对于 ODT 各种理论所依赖的假设可以进行检验。无序区域峰的形状是相互作用参数的函数，Leibler[208] 提出 χ 可以通过理论与散射数据拟合来确定。与此类似，Q^* 随链长的变化可以用来检验所预示的标度行为，Bates 和 Hartney 已经完成此类实验[212]，他们证明：Leibler 理论对 1,2-1,4-聚丁二烯嵌段共聚物模型高分子的峰形给出了合理的阐明。同样还观察到：当降低温度（$\chi \sim T^{-1}$）使其产生相转变时，峰的位置发生系统移动，尽管该理论无法解释这种效应，它假设高斯统计适用，因此尺寸和峰（Q^*）的位置由聚合度（N）决定。由于峰移至较低的 Q 值，这表明当接近 ODT 时，链的尺寸发生拉伸（$D \sim Q^{-1}$），这与理论假设矛盾。Almdal 等采用聚（乙烯-丙烯）-聚（乙基乙烯）(PEP-PEE) 嵌段共聚物作为模型完成了实验，对于 ODT 附近伸展程度进行了量化[213]，用 SANS 测量了峰的位置与聚合度的关系。由于 $Q^* = 2\pi/D$，标度指数（δ）可以通过 Q^* 随 N 的变化（$Q^* \sim N^{-\delta}$）来测量。图 7.36 中的结果表明，在有序相和无序相中均观察到与高斯统计量（$\delta = 0.5$）的偏差。这与 ODT 接近峰位置的位移一致[212]，表明线团在无序状态下经历了高斯到拉伸线团的转变，后者 $\delta = 0.8 \pm 0.04$。这些数据表明了原先理论的不足[208]，并可作为新理论的基础[214-218]。研究表明，在过去的二十年里，SANS 提供的信息常常促进了理论与实验之间的密切互动。测量以前无法获得的参数的可能性促进了理论的发展，引领了新的实验（如图 7.36），反过来又促进了理论的改进。

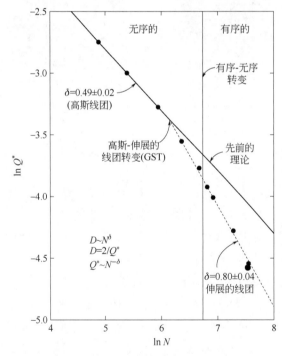

图 7.36　PEP-PEE 嵌段共聚物的高斯拉伸线团转变与聚合度的关系[213]

如上所述，典型 AB 型二嵌段共聚物的纳米结构取决于总聚合度（$N = N_A + N_B$）、组成 $f = N_A/N$ 和 Flory-Huggins 链节-链节相互作用参数 χ_{AB}。引入第三个不同的嵌段会导致以下问题：χ 参数的数量增加到三个（即 χ_{AB}、χ_{BC} 和 χ_{AC}），组成变量的数量增加 [即 f_A 和 f_B，$f_c=1-(f_A+f_B)$]，三个不同的嵌段序列成为可能（即 ABC、ACB 和 CAB）。有四种已知的平衡二嵌段形态（球形、圆柱形、片层状和螺旋周期网状结构[219]）。假设相的数目由一个简单的组合关系决定，那么线形 ABC 三嵌段共聚物将会呈现数百种不同的形态[219]。因此，在传统的线形和支链构型的二嵌段共聚物中引入化学上不同的特殊嵌段，可以得到无限可能性的有序嵌段共聚物相。对于设计特定形态感兴趣的研究者来说，这是一个艰巨的挑战；使用理论[220]、小角散射[221] 和其他实验技术，可以阐明和预测三嵌段和多嵌段形态，但这些研究才刚刚开始起步。

另一个例子是 Hashimoto 及同事[222,223] 关于 PI（聚异戊二烯）-DPS [聚（氘化苯乙烯）]-PVME 三嵌段共聚物相转变的研究，他们通过 SANS 和 SAXS 以及氘标记技术的联用，获得了一些额外的信息。如图 7.37 所示，SAXS 和 SANS 曲线的温度依赖性表现出一个重要特征，其中由散射矢量 Q_m 计算得到的 D-间隔是温度倒数的函数，其一阶极大值为 $D=2\pi/Q_m$。当 $T<140℃$ 时，SAXS 和 SANS 的 D 值具有相似的温度依赖性，而 $T>140℃$ 时，这两种技术的温度依赖性正好相反。此外，SAXS 曲线显示了 2 倍的间距，而 SANS 则不同。表 7.5 给出了各组分的中子和 X 射线 SLD。请注意 PI 和 PVME 的 SANS SLD 值近似相等，但远小于 DPS，而 DPS 和 PVME 的 SAXS SLD 值相近，但比 PI 大。因此，D 的强温度依赖性可以解释为：温度低于 140℃ 时，PI 嵌段的球形微区分散在 DPS 和 PVME 嵌段的混合基体中；相反，当 $T>140℃$ 时，PVME 嵌段在 DPS 和 PVME 嵌段的混合基质中发生微相分离，导致 PI 球和 PVME 球的共存。SAXS 和 SANS 在 $T>140℃$ 时的显著差异的合理解释是：SAXS 仅"看到" PI 球，而 SANS 同时"看到" PI 和 PVME 球。此外，PVME 球的微相分离是 PVME 嵌段与 PI 球锚定的 DPS 链相分离的结果[222,223]。因此，SANS 和 SAXS 提供的补充信息有助于表征结构和转变，这是两种技术单独使用时无法做到的，并且可能有助于实现将中子和 X 射线散射源定位于相同位点。

7.6.4　高分子稀溶液、亚浓溶液和浓溶液

高分子稀溶液（即低于高分子开始相互贯穿的交叠浓度）的 SANS 测量，提供了与 LS 光散射和 X 射线散射技术基本相同的信息，可以通过高分子和溶剂之间的电子密度对比来计算链尺寸。中子技术对尘埃粒子不太敏感[44]，高分子（或溶剂）的氘化提高了对比度，因此中子技术具有更高的信噪比。然而，SANS 的优势更重要的还是在高分子亚浓溶液和高分子浓溶液领域。这项技术提供了大量 LS 或 SAXS 之前无法获得的新信息，而分子间干扰效应限制了对高分子稀溶液的测量。在较高的浓度下，对部分高分子进行同位素标记可以克服 SANS 测试中的这些影响。正如与本体高分子的情况一样，这类测试技术在早期时要求被标记的组分必须处于稀溶液状态；但是，随后证明，可以在高浓度水平标度下进行测定[41,224-241]，以与本体高分子的情况一样提高实验的信噪比。

如前所述，高分子链在有机溶剂中的 R_g 取决于链节与周围溶剂分子相互作用的符号和大小。吸引和排斥相互作用在"Θ 温度"（T_Θ）下相互补偿，此时 $A_2=0$，R_g 对应于无扰高分子线团的尺寸。与此类似，随着高分子浓度增加，排除体积效应被屏蔽、逐渐减弱，并且在本体高分子的极限下，单链的构象可描述为无扰的无规行走，正如 Flory[11]

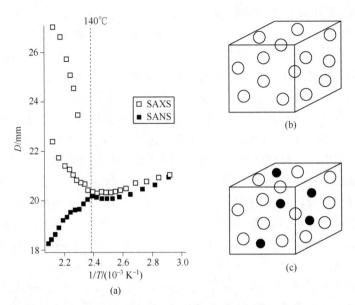

图 7.37 （a）基于 SAXS（□）和 SANS（■）一阶散射最大值计算的 PI-b-DPS-b-PVME 三嵌段共聚物微区间距 D 的温度依赖性，（b）$T<140℃$ 和（c）$T>140℃$ 下相结构示意模型。空心（○）和填充圆圈（●）分别表示 PI 嵌段和 PVME 嵌段形成的微区[255]

最初预测的那样，SANS 最早的应用之一是证实了他对（高分子）无定形凝聚态的这种预测（见 7.1.2 节）。

在不良溶剂中（$T<T_\Theta$，$A_2<0$），链节间的吸引作用将高分子链压缩成致密的小球，而在稀溶液中，分散的高分子链随着 $T \rightarrow T_c$ 而塌缩，其中 T_c 是临界相分离温度[234]。SANS 也被用于研究高分子亚浓溶液，根据德让纳的概念，在临界区域（$T \sim T_c$），高分子链无明显的相互贯穿，因此应该像在稀浓度区那样塌缩 [即 $R_g(T_c)<R_g(T_\Theta)$]。然而，在聚苯乙烯的环己烷（图 7.38）[236] 和丙酮溶液[235] 中，未观察到 R_g 像预测的那样降低。相反，在 T_c 附近浓度的不规律波动导致形成独特的强互穿分子微区，防止发生像预期那样的分子链塌缩。相同高分子的质子化和氘化共混物在溶剂中的相干截面由下式给出：

$$d\Sigma/d\Omega(Q,X)=I_s(Q，X)+I_t(Q,X) \tag{7.32}$$

$$I_s(Q,X)=(a_H-a_D)^2 X(1-X)N_V N^2 P(Q,R_g) \tag{7.33}$$

$$I_t(Q,X)=[a_H X+(1-X)a_D-a_s]^2 N_V N^2 S_t(Q) \tag{7.34}$$

式中，下标"s"和"t"对应于单链散射和总散射；X 是质子化高分子链的摩尔分数；N_V 和 N 是数量密度和聚合度。如前所述，a_H 和 a_D 是高分子链上 ^{1}H-和 ^{2}D-标记链节的散射长度，并且 a_s 是溶剂分子的散射长度，根据相同的比体积归一化。$P(Q，R_g)$ 是单链结构因子，包含了分子内 R_g 的信息，而总散射结构因子 $S_t(Q)$ 则同时体现了链节间的分子内和分子间相关性。

式（7.34）中的前置因子控制了"总"散射贡献。对于溶解在氘代丙酮中的 PS 同位素共混物，在 $X=0.214$ 时，前置因子为零[235,236]。同样，对于 CO_2 中的 PDMS，当溶剂密度为 $\rho_{CO_2}=0.95\text{g·cm}^{-3}$ 时，对于 $X=0.512$ 的同位素比，前置因子为零。这即是

"零平均对比度"条件，在这种条件下，溶剂的 SLD 与高分子的平均 SLD 相匹配（氘代和质子化高分子的总和）。因此，高分子的"总"散射消失，就像图 7.12 中的玻璃棉，当它的折射率与它所悬浮的溶剂的折射率相匹配时，不再"可见"。这时仅剩下个别同位素高分子与溶剂对比所产生的散射，如式（7.33）所述，从中可以直接得到分子内散射函数和 R_g。同位素比 X 使式（7.34）的前置因子为零，但是对于不存在同位素比 X 的体系（如氘化环己烷中的 PS），$d\Sigma/d\Omega$ 永远包含分子间总散射的贡献。为了求出 R_g，必须使这种散射极小化，并加以扣除。如果所有的高分子链都被质子化（$X=1$），则式（7.33）的前置因子为零，且有 $d\Sigma/d\Omega \sim S_t(Q)$。因此，由组成-涨落相关长度（$\xi$）可以表征浓度涨落的大小，并通过 Ornstein-Zernike 理论形式的推导［式（7.27）］来测量。

涨落在临界浓度下的氘化环己烷溶液中，PS 的 R_g 随温度的变化曲线如图 7.38。可以看出，与稀溶液中观察到的一样，高分子链随着 $T \rightarrow T_c$ 不会发生塌缩。相反，它们仍保持其无扰尺寸，这与 Muthukumar[237]、Raos 和 Alegra[238] 的理论预测吻合。在临界点附近，浓度涨落的幅度急剧增加，但能够使高分子链的尺寸稳定。这种机制十分有效，即使溶液从未离开不良溶剂区域，更无法到达 Θ 区域（如丙酮中的 PS），高分子链始终是"稳定"的，在宽的压力和温度范围内仍呈现出"Θ 尺寸"[236]。如图 7.38 所示，条件 $\xi(\Theta)=R_g(T_\Theta)/\sqrt{3}$ 可用于确定 Θ 温度。因此，如果已知高分子线团的无扰 R_g，当相关长度达到 $R_g/\sqrt{3}$ 时，就表明了 Θ 条件的出现，如图 7.38 所示，其中 PS 在环己烷中的 $T_\Theta \sim 40^\circ C$。这种关系对于超临界溶液（如 CO_2 中的 PDMS）特别有用，与有机溶剂相比，超临界溶液的 Θ 区域边界鲜为人知（见下文）。

如 7.1.3 节所述，除了研究乳化剂对 CO_2 不溶性高分子的增溶作用[25] 外，SANS 还用于研究 CO_2 可溶的高分子体系，如含氟高分子和 PDMS[24]。特别是 Melnichenko 等[239] 研究了 PDMS 的分子在 CO_2 中的尺寸，以验证 Kiran 和 Sen 的预测[240]，即 PDMS 在临界"Θ 压力"（P_Θ）下呈现出"理想"构型，不受排除体积效应的干扰，就像在 Θ 温度（T_Θ）下的高分子溶液那样。PDMS 在 CO_2 中的实验结果（图 7.39 和图 7.40）证实，在 P_Θ 约为 540bar 和 T_Θ 约为 55°C 下呈现出这些现象。

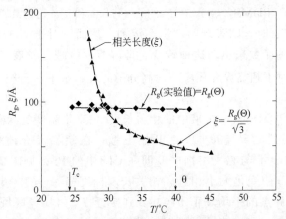

图 7.38 聚苯乙烯在环己烷中的亚浓溶液。
条件 $\xi(\Theta)=R_g(T_\Theta)/\sqrt{3}$ 可用来确定 Θ 温度[235]

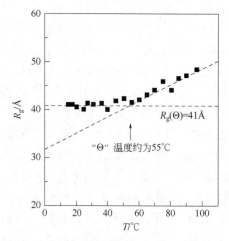
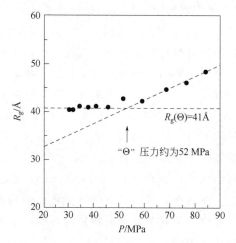

图 7.39　在高于 Θ 温度（T_Θ 约为 55℃）时，PDMS 在超临界 CO_2 中膨胀。在低于 T_Θ 时，浓度的波动可防止在有机溶剂（如环己烷；见图 7.38）中发生线团塌缩[239]

图 7.40　超临界 CO_2 中"Θ"压力的观测。在有机溶剂中（见图 7.38），高分子链在 T_Θ 以下不会塌缩[239]

　　对于 $P > P_\Theta$ 和 $T > T_\Theta$，该体系具有一个"良溶剂"区域。在该区域中，高分子链"溶胀"并超过了在凝聚（固体）态下测量的无扰 R_g。然而，对于 $T < T_\Theta$ 和 $P < P_\Theta$，高分子链不会像预期的那样发生塌缩（见图 7.39 和图 7.40）。相反，它们保持其无扰尺寸，与在有机溶剂中观察到的情况一致（见图 7.39）。因此溶剂质量的劣化，再次导致互穿高分子线团组成的微区形成。在 T_c 附近，高分子浓度涨落加剧导致最初稀释的高分子链聚集在一起，这些链具有无扰尺寸，就像在高浓度体系[233] 和凝聚体系中那样（见 7.1.2 节）。因此，在不良溶剂的区域中，通过浓度涨落的发散来稳定高分子尺寸是一个普适现象，这不仅在"经典"的高分子溶液中，如 CH 中的聚苯乙烯，而且在超临界流体（SCFs）中，都可以观察到，而且高分子在有机溶剂中的行为与在 CO_2 中的行为极为相似。然而，SCFs 的一个独特特性是，溶剂强度可随体系密度的变化而调整，从而有效调控溶解度。因此，对于 PDMS，CO_2 在 P 约为 447bar 和 T_Θ 约为 55℃下成为"Θ"溶剂；而在 $P > P_\Theta$ 和 $T > T_\Theta$ 时，则表现为"良"溶剂。然而，对于 CO_2 溶液，除了温度外，体系也可能通过压力的函数来驱动这种转变。理解溶解机理是发展 CO_2 基技术的必要条件，SANS 已证明，对于超临界介质中[24] 高分子的理解水平，已经与在凝聚态和有机溶剂中所提供的水平相同[3]。

　　在恒定密度下，PDMS-CO_2 溶液中的相关长度（ξ）是温度的函数，示于图 7.41。当温度趋于相出现分层的临界温度时，ξ 开始发散；在超临界介质中［即在 CO_2 中的 PDMS，见图 7.41（b）］与有机溶剂中［即在 CH 中的 PS，见图 7.41（a）］相比较，其浓度涨落幅度随温度的变化大小相近。相关长度标度律 $\xi \sim (T - T_c)^{-\upsilon}$ 中的指数 υ 是临界指数，从远离临界点的平均场值 $\upsilon = 1/2$ 到接近 T_c 的临界区域的 Ising 模型值 $\upsilon = 0.63$，在图 7.41 中（这 2 个 υ 值分别是拟合虚线和实线的斜率）出现了明显的交叉。当相关长度等于高分子的回转半径时发生交叉，因此重现了 PS 在 CH 溶液中所观察到交叉的主要特征[242,243]。

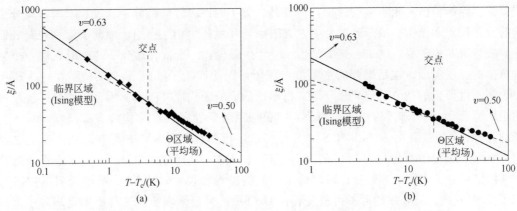

图 7.41　聚苯乙烯在环己烷中（a）和 PDMS 在超临界 CO_2（b）中的
相关长度 ξ 随 $T-T_c$ 的变化。斜率给出临界指数 ν 的值[239]

　　这些观测正好证明，将溶解于有机溶剂、超临界流体以及高分子共混体中的高分子相比较，随温度变化产生的行为具有某种内在的相似性，可以观测到类似的交叉现象（见 7.6.2.1 节）。使用标度变量 $\tau^* = (T-T_c)/(\Theta-T_c)$，即考虑到温度与 T_Θ 和 T_c 二者的差值，并对 Θ 温度下的相关长度进行归一化 $\xi(\Theta)$。图 7.42❶ 表明：在分子量（2500～400000）、Θ 温度（65℃＜T_Θ＜484℃）和临界温度（−40℃＜T_c＜160℃）如此宽变化范围内，将相关长度按 Θ 温度下的相关长度 $\xi(\Theta)$ 进行归一化，发现比值 $\xi/\xi(\Theta)$ 会塌缩到一条主曲线上。这些结果都表明了高分子在高分子、有机溶剂和超临界溶剂中的结构和热力学性质的普适性[162,244]。

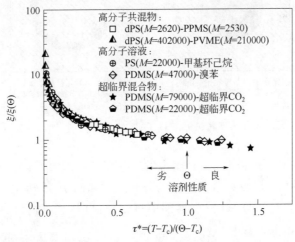

图 7.42　在高分子共混物、有机溶剂和超临界溶剂中高分子的主曲线[244]

7.6.5　高分子胶乳

　　胶乳是高分子最重要的存在形式之一，广泛用于涂料工业和工程应用。尽管对高分子

---

❶　原文为图 7.41。——译者注

胶乳的实际结构已有相当多的讨论，但胶乳高分子的许多性质都源于乳胶粒子内部高分子链的分子构象和结构。由于胶乳会通过其表面与环境产生相互作用，因此了解和控制表面性质就显得尤为重要。Grancio 和 Williams[245] 假设：一个富含高分子的球形核被一个富含单体的壳层包围，这是聚合的主要位点场所，因此产生了核-壳形态结构。在这个模型中，第一批形成的高分子构成核，第二批形成的高分子构成外壳，此模型一直是广泛争论的主题[37]。为了明确地解决这一纷争，需要探测胶乳粒子内部结构的表征技术。对于直径约为 10^3 Å 的胶乳粒子，LS 和 SAXS 都可以进行测量，而 SANS 可与对比度变化法联用，对聚合过程中特定位点产生的高分子链进行同位素标记。常规（^{1}H 标记）和氘代（^{2}D 标记）分子之间的散射对比可以确定它们的位置和尺寸，图 7.43 图解说明 SANS 证明了核-壳假设。胶乳核的形态可通过其在 D_2O 中的测量来表征，这与质子化高分子形成了强烈的对比。对于均匀粒子，中子散射截面为：

$$\frac{\mathrm{d}\Sigma}{\mathrm{d}\Omega}(Q) = (\rho_{\mathrm{m}} - \rho_{\mathrm{p}})^2 N_{\mathrm{p}} V_{\mathrm{p}}^2 P(Q) \tag{7.35}$$

式中，ρ_{m} 和 ρ_{p} 分别为介质和微粒的 SLD；N_{p} 为每单位体积中的粒子数；V_{p} 和 $P(Q)$ 分别为粒子的体积和形状因子 $[P(0)=1]$。对于半径 R 均一的实心球体，$P(Q)$ 由下式给出[250,251]：

$$P(Q) = \frac{9[\sin(QR) - QR\cos(QR)]^2}{(QR)^6} \tag{7.36}$$

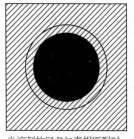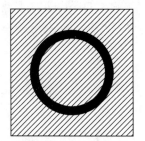

当溶剂的SLD与壳相匹配时，SANS通过球散射(Bessel)方程给出了核的尺寸

当溶剂的SLD与核相匹配时，SANS通过中空-球散射方程给出了壳的形貌

图 7.43　高分子胶乳粒子在 H_2O-D_2O 混合溶剂中的 SANS 研究

据 Grancio 和 Williams 报道[245]，聚合发生在胶乳粒子的壳层表面，因此，如果单体从质子化改为氘代原料，将形成氘代标记的外壳层。如图 7.43 所示，当 SANS 在与质子化核的 SLD 相匹配的 H_2O-D_2O 混合溶剂中测量样品时，散射将产生于一个中空球体，其形状因子[250,251] 由下式给出：

$$P(Q) = \frac{9[\sin(QR_{\mathrm{shell}}) - \sin(lQR_{\mathrm{shell}}) - QR_{\mathrm{shell}}\cos(QR_{\mathrm{shell}}) + lQR_{\mathrm{shell}}\cos(lQR_{\mathrm{shell}})]^2}{Q^6 R_{\mathrm{shell}}^6 (1-l)^6}$$

$$\tag{7.37}$$

式中，$l = R_{\mathrm{core}}/R_{\mathrm{shell}}$，$R_{\mathrm{core}}$ 和 R_{shell} 分别为外径和内径❶。当 $l=0$ 时，式（7.37）

---

❶　读者可能会注意到，尽管经常使用"对比度匹配"这个术语，但实际上是 SLD 的区配，因此对比度为零。

简化为固体球散射函数［式（7.36）］，此时 $R_{core}=R_{shell}=R$。因此，核-壳假设可以通过比较核和壳的 SANS 数据（见图 7.43），与模型预测［式（7.36）和式（7.37）］进行检验。

Fisher 等[74] 进行了这样的实验，研究表面聚合的 PMMA-D 或含 PSD 氘化壳层的 PMMA 胶乳。在含有 PMMA-PS 无规共聚物核上，再聚合部分氘代 PMMA 外壳，这个类似的实验也由 Wai 和 Gelman[75] 所完成。对于单分散乳胶粒，核和壳的散射都表现出明显的极大值和极小值，尽管在实际中，这些明显的特征被有限的实验分辨率所掩盖。如 7.5.3 节所述，使用 Glatter[125] 和 Moore[126] 的 IFT 方法进行去模糊化处理，以消除这些仪器的影响，得到了具有尖锐极小值的散射图案，与 SANS 和 LS 独立测定核的半径一致[74,75]。

除了仪器分辨率的影响，如果样品不是单分散的，相关数据也可以通过在粒子半径的有限范围内进行积分来得到。这种粒度分布可以用零阶对数分布（ZOLD）[74,75] 来描述。在这个分布中，半径为 R 粒子的出现频度（prevalence）是平均尺寸和标准差 σ 的函数。与固态球散射函数［式（7.36）］相比，图 7.44 为基于平均直径 $D=1008$Å 和 $\sigma=92$Å 的 ZOLD 测得的共聚物核的 SANS 数据。图 7.45 对核-壳结构高分子胶乳进行了比较。除了散射曲线的形状，如果粒子浓度和 SLD 是已知的，散射强度还提供了一个独立的检验模型。式（7.35）给出了零散射角下的绝对强度，其中 $P(0)=1$。对于胶乳核，V_p 为溶液中胶乳粒子的体积。对于胶乳壳，假设胶乳粒为核壳结构［式（7.37）］，为计算绝对强度，V_p 的取值为壳中标记高分子的体积。胶乳核和溶剂的 SLD 是匹配的，即核的对比度为零，测得的绝对强度和 R_g 值如图 7.44 和图 7.45 所示，其中胶乳粒尺寸由 LS 和透射电子显微镜（TEM）独立测定。得到的均聚物[74] 和共聚物[75] 核壳尺寸（R_g）和截面都与模型一致，且在实验误差范围内，说明绝对校准是非常重要的（见 7.5.2 节），也支持了单体欠供（monomer-syaved）条件下聚合的核壳假设。

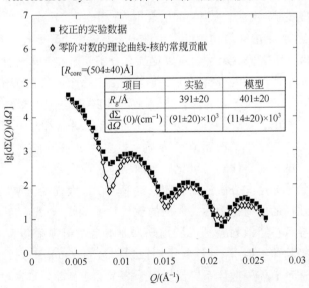

图 7.44　核为 PS-PMMA 的胶乳在 D_2O 中散射
函数的 SANS 数据与理论值的比较[66]

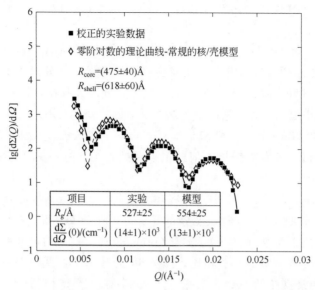

图7.45 胶乳 PS-PMMA-H 核与 PMMA-D3 壳层的 SANS 数据与
散射函数理论值的比较；核与组成为 25/75 的
D_2O/H_2O 混合溶剂的 SLD 是匹配的[66]

Goodwin 和 Ottewill 也对高分子胶乳进行了研究[246]，他们使用 SANS 来测量 PS 胶乳在其单体（苯乙烯）中的溶胀动力学。这些实验也使用了低体积分数的胶乳，使粒子-粒子之间的相互作用极小化。在较高的浓度下，采用结构因子 $S(Q)$ 来描述粒子的相互排列，并通过傅里叶变换得到胶乳-胶乳径向分布函数。Alexande 等[247] 和 Cebula 等[248] 开展了这方面的实验研究，并与理论模型进行了比较，给出了粒子间相互作用的信息。这些技术与各种各样的高分子、胶体和生化体系相关，Hayter[4,26,72]、Magid[27] 和 Chen[42,251] 对它们在胶束溶液结构中的应用进行了综述。

采用 SANS，借助于嵌段共聚物，可以得到高分子粒子在非水分散液中稳定作用的信息；若能将其中的一个嵌段长度进行氘代，那就可测定每个嵌段在颗粒内部或表面上的分散状态。Higgins 等[249] 进行上述实验，研究了 PS-PDMS 嵌段共聚物对 PMMA 和 PS 粒子非水分散液的稳定作用。最近 O'Reilly 等[252] 将感光耦合器的非晶态纳米粒子从其表面活性剂溶液中沉淀出来，然后分散在水介质中，采用 SANS 研究了其内部结构。在摄影胶片中，偶联剂（染料前驱体）与氧化显影剂反应生成成像染料，其产率取决于偶联剂的反应活性和分散状态。这些分散液的胶体稳定性，在很大程度上取决于其制备过程中使用的阴离子表面活性剂的电荷稳定性。典型的粒子尺寸为 $50\sim250$Å，在较高浓度下，粒子之间的相互作用导致一个散射特征峰的出现，而不是散射强度随着 Q 单调下降。对于这些数据，可以用平均球近似[4] 计算粒子间散射函数 $S(Q)$，得到粒子的聚集数、表面电荷和内外半径。这种胶体分散体系广泛应用于诸多工业产品，如医药、个人护理和农业制剂；此外，鉴于水溶液分散体系的对比度变化，该方法在许多实际体系中具有广泛的潜在应用。

7.7　未来方向

在撰写本章时，全世界已有 40 多个中子源作为用户设施在运行[253]。这些中子源有 36 个来自于反应堆设施，但其中三分之二是在 30 多年前投入使用的，因此其使用寿命越来越有限。在这些机构中，许多都在运行 SANS 设施，其中一些设施由于反应堆关闭而不再运行，而且这种趋势预计还将继续下去。一项前瞻性调查[254] 估计，在未来 20 年里，用于研究的中子束装机容量可能会大幅下降。幸运的是，基于反应堆的 SANS 可用性下降的预期，可能被两个相互竞争的因素所抵消。首先，全世界正在建造几个新的反应堆[255]，同时对现有的反应堆源进行升级，如 20 世纪 90 年代中期的 ILL、美国国家标准与技术研究所（1995～2002 年）和橡树岭国家实验室（2000～2005 年）。此外，在过去的 15 年里，各种基于加速器的 SANS 已开发出来，尤其是橡树岭正在建造的"下一代"散裂中子源[256]。同样，计划中的欧洲散裂源（ESS）[257] 将在很大程度上抵消甚至扭转 SANS 可用性可能下降的趋势。

与反应堆中子源不同，裂变中子源是在堆芯中产生的，堆芯周围存在阻滞剂（见 7.4.1 节），裂变过程涉及用高能质子轰击重金属靶（如 Ta、W 或 Hg），从而触发核内级联（intranuclear cascada），使这些核处于高激发态。这些质子通过"蒸发"核子而损失能量。在钨靶的情况下，每个质子产生约 15 个中子。质子通常被脉冲加速，因此中子的产生也发生在脉冲中，这也使得使用飞行时间（TOF）技术成为可能。短波长的中子比长波长的中子运动得更快，到达探测器的时间也更早，因此不需要使用速度选择器来对入射中子束进行单色化。TOF 方法的另一个好处是，探测器上任何一个给定点都对应着几个不同的 Q 值，由到达那里的中子的波长决定。因此，可以使用仪器的任何给定配置测量更大范围的 Q 值。因此，脉冲源 SANS 的动态范围比反应堆源的 Q 值更大[258]，尽管后者的动态范围可通过移动探测器"离轴"来增加[259]。

由于 SANS 主要是在反应堆中子源上进行的，并已在过去的几十年里得到了发展，计划用于新的或升级的反应堆中子源的仪器通量将小于或等于当前最先进的仪器，如 ILL 的 D22 仪器[260]。然而，脉冲设备的情况并非如此，因为它们还没有发挥其全部潜力，仍然可以通过 ESS、SNS 等获得几个数量级的增益。因此，与过去相比，脉冲源很可能对高分子 SANS 研究做出更大的贡献。

新的高通量源也将为高分子研究群体提供一个机会，可能设计出新的非平衡态的与时间相关的动态研究和剪切诱导现象[255]。加工是新材料和新技术进入市场的关键，形变导致的形态结构变化必须在实际条件下进行研究。人们已认识到分析接近实际加工条件的必要性[261]，新的高通量中子源为类似于工业条件下的结构研究提供了可能性。在这方面，中子具有独特的优势，因为中子可以穿透挤出机和流动装置。其他的测量方法应该也是可能的，如使用更高的通量来提高动力学测量的时间分辨率，如原位聚合反应动力学研究。我们同样可以想象，研究会逐步进入浓度更稀的体系、而且将常规使用体积更小（约 1mg）的样品，或者使用更小的束流尺寸（约 1mm）。

对于基于反应堆的仪器，也可以期望在 USANS 领域按照 7.4.2 节描述的方式做进一步的改进，并将 SANS 实验和 LS 技术联用。据作者所知，USANS 仪器尚未开发用于脉冲源设施，这对正在建设[256] 或计划中[257,262] 的新的高通量源将是一个挑战。

最后，有必要再次强调一下在"九十年代中子散射"专题讨论会上提出的下述观点：对 SANS 实验人员来说，最大的困难是如何保证高质量的样品。为了充分发挥 SANS 的作用，应对样品进行选择性的氘代。SANS 实验投资巨大，因此应该对样品的分子量 M、立构规整度等进行很好的表征。

考虑到设施的新建、升级及相关仪器设备将投入大量的资金，将其中的一小部分用于合成项目，可极大地提高高分子未来研究的整体竞争力和工作效率，如计划中的 ORNL 纳米材料科学中心，以助力当前仪器技术的发展[263]。

致谢

深切缅怀 John B. Hayter 博士，他是欧洲 ILL 和美国 ORNL 实验室 SANS 技术的先驱者之一。他担任先进中子源项目科学主任工作多年，在项目取消后不久，他提议对 HFIR 设施进行重大升级，这体现了他坚韧不拔的精神。事实上，这个项目现在已接近完成，包括两个新的世界级的 SANS 设施，他毕生致力的目标是将最先进仪器带给全世界中子用户群体，特别是美国科学家，这个项目就是对 John 的最好回报。作者感谢 D. M. Engelmann 和 T. Hashimoto 分别提供了图 7.12 和图 7.37，感谢众多合作者将个人和合作出版的数据分享给读者，特别是 M. M. Agamalian、R. G. Alamo、F. S. Bates、J. M. DeSimone、L. Mandelkern、D. W. Marr、Y. B. Melnichenko、T. P. Russell、J. Schelten、L. H. Sperling、M. P. Wai 和 W. L. Wu。本工作得到了美国能源部材料化学科学部高级能源项目（DEAC0500OR22725）的支持，该项目合同由 ORNL 签订、由 LLC 的 UTBattelle 管理。

（邱原　曹爽　解书艺　熊必金　解孝林　译）

参考文献

[1] R. M. Moon，*Physica B*，**267-268**（1999），1.

[2] T. E. Mason，*et al.*，*Mater. Res. Soc. Bull.*，December，**24**（1999），14.

[3] J. S. Higgins and H. Benoit，*Polymers and Neutron Scattering*（Clarendon Press，Oxford，1994）.

[4] J. B. Hayter and J. Penfold，*Coll. Polym. Sci.*，**261**（1983），1022.

[5] P. G. de Gennes，*Fragile Objects：Soft Matter，Hard Science，and the Thrill of Discovery*（Copernicus Books，Springer-Verlag，New York，1996），p. 89.

[6] C. W. Bunn，*Trans. Faraday Soc.*，**35**（1939），482.

[7] R. G. Kirste，*Jahresber. Sonderforschungsbereiches*，**41**（1970），547.

[8] G. D. Wignall，Memorandum PPR G19（Imperial Chemical Industries，Runcorn，1970），p. 1.

[9] J. Schelten，*et al.*，*Coll. Polym. Sci.*，**252**（1974），749.

[10] G. Lieser，E. W. Fischer，and K. Ibel，*J. Polym. Sci.*，**13**（1975），29.

[11] P. J. Flory, *J. Chem. Phys.*, **17** (1949), 303.

[12] G. D. Wignall, D. G. H. Ballard, and J. Schelten, *Eur. Polym. J.*, **20** (1974), 861.

[13] B. H. Zimm, *J. Chem. Phys.*, **16** (1948), 157.

[14] H. Benoit, *et al.*, *Nature*, **245** (1973), 23.

[15] R. G. Kirste, W. A. Kruse, and K. Ibel, *Polymer*, **16** (1975), 120.

[16] P. Debye, *J. Appl. Phys.*, **15** (1944), 338; P. J. Flory, *Principles of Polymer Chemistry* (Cornell University Press, Ithaca, New York, 1969), p. 295.

[17] D. Yoon and P. J. Flory, *Macromolecules*, **9** (1976), 294.

[18] M. Rawiso, R. Duplessix, and C. Picot, *Macromolecules*, **20** (1987), 630.

[19] J. M. O'Reilly, D. M. Teegarden, and G. D. Wignall, *Macromolecules*, **18** (1985), 2747.

[20] D. Y. Yoon and P. J. Flory, *Polymer*, **16** (1975), 645.

[21] D. Y. Yoon and P. J. Flory, *Polym. Bull.*, **4** (1981), 692; P. J. Flory, *Pure Appl. Chem.*, **56** (1984), 305.

[22] J. Schelten, *et al.*, *Polymer*, **27** (1976), 751.

[23] H. Hayashi, P. J. Flory, and G. D. Wignall, *Macromolecules*, **16** (1983), 1328.

[24] G. D. Wignall, *J. Condens. Matter*, **11** (1999), R157.

[25] J. M. DeSimone, *et al.*, *Science*, **257** (1992), 945.

[26] J. B. Hayter, *Physics of Amphiphiles, Micelles, Vesicles and Microemulsions*, edited by V. de Giorgio and M. Corti (North Holland, Amsterdam, 1985).

[27] L. J. Magid, *Coll. Surf.*, **19** (1986), 129.

[28] E. J. Beckman, *Science*, **271** (1996), 613.

[29] M. Rouhi, *Chem. Eng. News*, February, **5** (1996), 8.

[30] J. B. McClain, *et al.*, *Science*, **274** (1996), 2049.

[31] J. D. Londono, *et al.*, *J. Appl. Crystallogr.*❶, **30** (1997), 690.

[32] J. L. Fulton, *et al.*, *Langmuir*, **11** (1995), 4241.

[33] K. P. Johnston, *et al.*, *Science*, **271** (1996), 624.

[34] E. Caponetti and R. Triolo, *Adv. Coll. Interf. Sci.*, **32** (1990), 235.

[35] F. Triolo, *et al.*, *Langmuir*, **16** (2000), 416.

[36] P. Lindner and T. Zemb (eds.), *Neutron, X-Ray and Light Scattering* (Elsevier Publishers, New York, 1991).

[37] G. D. Wignall, in *Encyclopedia of Polymer Science and Engineering*, 2nd edition, Vol. 10, edited by M. Grayson and J. Kroschwitz (Wiley, New York, 1987), p. 112.

[38] J. P. Cotton, *et al.*, *Macromolecules*, **7** (1974), 863.

[39] J. P. Cotton, *et al.*, *J. Chem. Phys.*, **57** (1972), 290.

---

❶ 原文为"J. D. Londono, *et al.*, *Appl. Crystallogr.*, **30** (1997), 690."。——译者注

[40] M. Daoud, *et al.*, *Macromolecules*, 8 (1975), 804.

[41] J. S. King, *et al.*, *Macromolecules*, **18** (1985), 709.

[42] S. H. Chen, *Ann. Rev. Phys. Chem.*, **37** (1986), 351.

[43] E. Caponetti, *et al.*, *Langmuir*, **11** (1995), 2464.

[44] R. S. Stein, *Neutron Scattering in the Nineties*, IAEA, Vienna, CN-46, 335 (1985).

[45] J. S. Higgins and R. S. Stein, *J. Appl. Crystallogr.*, **11** (1978), 346.

[46] D. E. Groom, *et al.*, *Eur. Phys J.*, **C15** (2000), 1; see http://pdg.lbl.gov/.

[47] W. Schmatz, T. Springer, and J. Schelten, *J. Appl. Crystallogr.*, **7** (1974), 96.

[48] L. E. Alexander, *X-Ray Diffraction Methods in Polymer Science* (Krieger Publishing Co. Inc., London, 1969).

[49] J. Brandrup and E. H. Immergut (eds.), *Polymer Handbook* (Wiley Interscience, New York, 1975), ch. IV, p. 1.

[50] C. H. Macgillavry and G. D. Rieck (eds.), *International Tables for X-ray Crystallography* (Kynoch Press, Birmingham, 1968).

[51] A. Avitabile, *et al.*, *Polym. Lett. Ed.*, **13** (1975), 351.

[52] M. Stamm, *J. Polym. Sci.: Polym. Phys. Ed.*, **20** (1982), 235; M. Stamm, *et al.*, *Discuss. Faraday Soc.*, **68** (1979), 263.

[53] G. D. Wignall, in *Applied Fiber Science*, edited by F. W. Happey (Academic Press, London, 1978), p. 181.

[54] G. Allen and J. S. Higgins, *Rep. Prog. Phys.*, **36** (1973), 1073.

[55] K. Nicholson, *Contemp. Phys.*, **22** (1981), 451.

[56] J. S. Higgins and A. Maconnachie, in *Neutron Scattering*, edited by K. Skold and D. L. Price (Academic Press, New York, 1987), p. 287.

[57] A. Guinier and G. Fournet, *Small-Angle Scattering of X-Rays* (John Wiley, New York, 1955).

[58] O. Glatter and O. Kratky, *Small-Angle X-Ray Scattering* (Academic Press, London, 1982).

[59] R.-J. Roe, *Methods of X-Ray and Neutron Scattering in Polymer Science* (Oxford University Press, Oxford, 2000).

[60] B. J. Gabrys (ed.), *Applications of Neutron Scattering to Soft Condensed Matter* (Gordon and Breach Science Publishers, New York, 2000).

[61] M. G. Huglin, *Light Scattering from Polymer Solutions* (Academic Press, London, 1982).

[62] W. Marshall and S. W. Lovesey, *Theory of Thermal Neutron Scattering* (Clarendon Press, Oxford, 1971).

[63] G. E. Bacon, *Neutron Diffraction* (Clarendon Press, Oxford, 1971).

[64] G. D. Wignall, in *Scattering, Deformation and Fracture in Polymers*, edited by G. D. Wignall, B. Crist, T. P. Russell, and E. L. Thomas (Materials Research

Society, Pittsburgh, 1987), p. 27.

[65] R. W. James, *The Optical Principles of the Diffraction of X-rays* (Bell, London, 1958).

[66] G. D. Wignall, in *The Physical Properties of Polymers*, edited by J. E. Mark (ACS Books, Washington, 1993).

[67] A. Maconnachie, *Polymer*, **25** (1984), 1068.

[68] L. D. Coyne and W. Wu, *Polym. Commun.*, **30** (1989), 312.

[69] G. D. Wignall, *Polymer Properties Handbook*, edited by J. E. Mark (American Institute of Physics, New York, 1996), p. 299.

[70] W. S. Dubner, J. M. Schultz, and G. D. Wignall, *J. Appl. Crystallogr.*, **23** (1990), 469.

[71] M. Von Laue, *Ann. Phys.*, **56** (1918), 497.

[72] J. B. Hayter, in *Proceedings of Enrico Fermi School of Physics Course XC*, edited by V. Degiorgio and M. Corti (North Holland, Amsterdam, 1985), p. 59.

[73] H. Hayashi, F. Hamada, and A. Nakajima, *Macromolecules*, **9** (1976), 543.

[74] L. W. Fisher, *et al.*, *J. Coll. Interf. Sci.*, **123** (1988), 24.

[75] M. P. Wai, *et al.*, *Polymer*, **28** (1987), 918.

[76] G. D. Wignall, *et al.*, *Mol. Cryst. Liq. Cryst.*, **180A** (1990), 25.

[77] T. P. Russell, *et al.*, *J. Appl. Crystallogr.*, **21** (1988), 629.

[78] J. Schelten, *Kerntechik*, **14** (1972), 86.

[79] J. Schelten, in *Scattering Techniques Applied to Supramolecular and Nonequilibrium Systems*, edited by S. H. Chen, B. Chu, and R. Nossal (Plenum Press, New York,1981), p. 75.

[80] K. Ibel, *J. Appl. Crystallogr.*, **9** (1976), 196.

[81] P. Lindner, R. P. May, and P. A. Timmins, *Physica B*, **180-181** (1992), 967.

[82] *Neutronenstreuexperimente am FRJ 2 in Jülich* (1997). (English and German texts are available from the Forschungszentrum, Jülich.)

[83] H. Maier-Leibnitz and T. Springer, *Ann. Rev. Nucl. Sci.*, **16** (1966), 207.

[84] W. C. Koehler, *Physica B*, **137** (1986), 320.

[85] J. B. Hayter and H. Mook, *J. Appl. Crystallogr.*, **22** (1989), 35.

[86] R. K. Abele, *et al.*, *IEE Trans. Nucl. Sci.*, **NS-28** (1981), 811.

[87] P. Lindner, F. Leclercq, and P. Damay, *Physica B*, **291** (2000) 152.

[88] M. M. Agamalian, G. D. Wignall, and R. Triolo, *Neutron News*, **9** (2) (1998), 24.

[89] A. Miksovsky, *et al.*, *Phys. Stat. Sol.* (a), **130** (1992), 365.

[90] D. Schwahn, *et al.*, *Nucl. Instrum. Methods A*, **239** (1985), 229.

[91] A. Hempel and F. Eichhorn, *BENSC Experimental Report*, HM1-B525, 350 (1995).

[92] K. Aizawa and H. Tomimitsu, *Physica B*, **213-214** (1995), 884.

[93] T. Takahashi and M. Hashimoto, *Phys. Lett. A*, **200** (1995), 73.

[94] A. R. Drews, *et al.*, *Physica B*, **241-243** (1998), 189.

[95] M. M. Agamalian, G. D. Wignall, and R. Triolo, *J. Appl. Crystallogr.* [1], **30** (1997), 345.

[96] M. M. Agamalian, *et al.*, *Macromolecules*, **32** (1999), 3093.

[97] *Institut Laue-Langevin Annual Report for* 2000, (ILL, Geneva, 2000), p. 95.

[98] U. Bonse and M. Hart, *Appl. Phys. Lett.*, **7** (1965), 238.

[99] H. Matsuoka, *Chemtracts-Macromol. Chem.*, **4** (1993), 59.

[100] D. K. Christen, *et al.*, *Phys. Rev. B*, **15** (1977), 4506.

[101] B. Alefeld, D. Schwahn, and T. Springer, *Nucl. Instrum. Methods A*, **274** (1989), 210.

[102] B. Alefeld, *et al.*, *Physica B*, **236** (1989), 1052.

[103] J. Schelten, *et al.*, *Polymer*, **18** (1977), 111.

[104] C. Strazielle and H. Benoit, *Macromolecules*, **8** (1975), 203.

[105] H. Yang, G. Hadziioannou, and R. S. Stein, *J. Polym. Sci.: Polym. Phys. Ed.*, **21** (1983), 159.

[106] A. B. Buckingham and H. G. E. Hentschel, *J. Polym. Sci.: Polym. Phys. Ed.*, **18** (1984), 853.

[107] F. S. Bates, G. D. Wignall, and W. C. Koehler, *Phys. Rev. Lett.*, **55** (1985), 2425.

[108] F. S. Bates and G. D. Wignall, *Macromolecules*, **19** (1986), 932.

[109] F. S. Bates, *et al.*, *Macromolecules*, **21** (1988), 535; *Macromolecules* [2], **21** (1988), 1086.

[110] D. Schwahn, *et al.*, *J. Chem. Phys.*, **93** (1989), 8383.

[111] A. Lapp, C. Picot, and H. Benoit, *Macromolecules*, **18** (1985), 2437.

[112] F. S. Bates and G. D. Wignall, *Phys. Rev. Lett.*, **57** (1986), 1429.

[113] F. S. Bates, S. B. Dierker, and G. D. Wignall, *Macromolecules*, **19** (1986), 1938.

[114] J. D. Londono, *et al.*, *Macromolecules*, **27** (1994), 2864.

[115] P. G. de Gennes, in *Scaling Concepts in Polymer Physics* (Cornell University Press, Ithaca, New York, 1979), Chapter 5.

[116] V. F. Turchin, *Slow Neutrons* (Sivan Press, Jerusalem, 1965), p. 16.

[117] G. D. Wignall and F. S. Bates, *J. Appl. Crystallogr.*, **20** (1987), 28.

[118] G. E. Bacon, *Neutron Scattering* (Clarendon Press, Oxford, 1975), p. 48.

[119] J. Schelten, private communication (1973).

[120] B. Jacrot, *Rep. Prog. Phys.*, **39** (1976), 911; B. Jacrot and G. Zaccai, *Biopolymers*, **20**

---

[1] 原文为"Agamalian, G. D. Wignall, and R. Triolo, *J. Appl. Crystallogr.*, **30** (1997), 345."。——译者注

[2] 原文为"F. S. Bates, *et al.*, *Macromolecules*, **89** (1988), 535; *Macromolecules*, **21** (1988), 1086."。——译者注

(1981)，2413.

[121] J. R. D. Copley, *J. Appl. Crystallogr.*, **21** (1988)，639.

[122] W. Boyer and J. S. King, *J. Appl. Crystallogr.*, **21** (1988)，818.

[123] R. P. May, K. Ibel, and J. Haas, *J. Appl. Crystallogr.*, **15** (1982)，15.

[124] G. D. Wignall, D. K. Christen, and V. Ramakrishnan, *J. Appl. Crystallogr.*, **21** (1988)，438.

[125] O. Glatter, *J. Appl. Crystallogr.*, **10** (1977)，415.

[126] P. B. Moore, *J. Appl. Crystallogr.*, **13** (1980)，168.

[127] O. Glatter, *Small-Angle X-ray Scattering*, edited by O. Glatter and O. Kratky (Academic Press, London, 1982), p. 131.

[128] V. Ramakrishnan, *J. Appl. Crystallogr.*, **18** (1985)，42.

[129] P. W. Schmidt, *J. Appl. Crystallogr.*, **21** (1988)，602; *J. Appl. Crystallogr.*❶, **3** (1970)，137.

[130] G. D. Wignall, *J. Appl. Crystallogr.*, **24** (1991)，479.

[131] J. S. Pederson, D. Posselt, and K. Mortensen, *J. Appl. Crystallogr.*, **23** (1990)，321.

[132] P. S. Goyal, J. S. King, and G. C. Summerfield, *Polymer*, **24** (1983)，131.

[133] J. Schelten and W. Schmatz, *J. Appl. Crystallogr.*, **13** (1980)，385.

[134] P. J. Flory, *J. Am. Chem. Soc.*, **84** (1962)，2857.

[135] M. Stamm, *et al.*, *Discuss. Faraday Soc.*, **68** (1979)，263.

[136] C. G. Summerfield, J. S. King, and R. Ullman, *J. Appl. Crystallogr.*, **11** (1978)，548.

[137] D. Y. Yoon and P. J. Flory, *Polymer*, **18** (1977)，509.

[138] D. Y. Yoon and P. J. Flory, *Discuss. Faraday Soc.*, **68** (1979)，288.

[139] D. Y. Yoon and P. J. Flory, *Polym. Bull.*, **4** (1981)，693.

[140] P. J. Flory, *Pure and Appl. Chem.*, **56** (1984)，305.

[141] M. Guttman, *et al.*, *Discuss. Faraday Soc.*, **68** (1979)，297.

[142] J. D. Hoffman, *et al.*, *Discuss. Faraday Soc.*, **68** (1979)，177.

[143] D. M. Sadler, in *The Structure of Crystalline Polymers*, edited by I. Hall (Applied Science, New York, 1983), p. 125.

[144] G. D. Wignall, *et al.*, *J. Polym. Sci.*, **20** (1982)，245.

[145] M. Stamm, *J. Polym. Sci.：Polym. Phys. Ed.*, **20** (1982)，235.

[146] P. J. Flory, *et al.*, *Macromolecules*, **17** (1984)，862.

[147] D. Y. Yoon and P. J. Flory, *Macromolecules*, **17** (1984)，868.

[148] D. M. Sadler and A. Keller, *Science*, **19** (1979)，263.

[149] D. M. Sadler and A. Keller, *Macromolecules*, **10** (1977)，1128.

---

❶ 原文为"P. W. Schmidt, *J. Appl. Crystallogr.*, **3** (1988)，137; *J. Appl. Crystallogr.*, **21** (1970)，602."。——译者注

[150] G. D. Wignall, *Encyclopedia of Materials Science and Technology* (Elsevier Science Limited, Amsterdam, 2001), p. 8412.

[151] S. J. Spells and D. M. Sadler, *Polymer*, **25** (1984), 739; D. M. Sadler and S. J. Spells, *Polymer*, **25** (1984), 1219.

[152] L. Mandelkern, *Chemtracts-Macromol. Chem.*, **3** (1992), 347.

[153] D. J. Lohse, *et al.*, *Polym. News* **12** (1986), 8; T. C Chung (ed.), *New Advances in Polyolefins* (Plenum Press, New York, 1993), p. 175.

[154] S. K. Sinha, D. J. Lohse, and M. Y. Lin, *Physica B*, **213-214** (1995), 1.

[155] R. G. Kirste and B. R. Lehnen, *Makromol. Chem.*, **177** (1976), 1137; W. A. Kruse, *et al.*, *J. Makromol. Chem.*, **177** (1976), 1145.

[156] R. P. Kambour, *et al.*, *Polymer*, **21** (1980), 133.

[157] G. D. Wignall, H. R. Child, and F. Li-Aravena, *Polymer*, **21** (1980), 131.

[158] M. Warner, J. S. Higgins, and A. J. Carter, *Macromolecules*, **16** (1983), 1931.

[159] G. Hadziioannou and R. S. Stein, *Macromolecules*, **17** (1984), 567; R. S. Stein and G. Hadziioannou, *Macromolecules*, **17** (1984), 1059.

[160] D. Schwahn, *et al.*, *J. Chem. Phys.*, **87** (1987), 6078.

[161] R. M. Briber, B. J. Bauer, and B. Hammouda, *J. Chem. Phys.*, **101** (1994), 2592.

[162] Y. B. Melnichenko, G. D. Wignall, and D. Schwahn, *Phys. Rev. E*, **65** (2002), 061802.

[163] C. Herkt-Maetzky and J. Schelten, *Phys. Rev. Lett.*, **51** (1983), 896.

[164] J. S. Higgins and D. J. Walsh, *Polym. Eng. Sci.*, **24** (1984), 555; D. J. Walsh, J. S. Higgins, and C. Zhikuan, *Polym. Commun.*, **23** (1982), 336.

[165] M .G. Brereton, E. W. Fischer, and C. Herkt-Maetzky, *J. Chem. Phys*[❶]., **87** (1987), 6144.

[166] D. Schwahn, *et al.*, *J. Chem. Phys.*[❷], **87** (1987), 6078.

[167] C. C. Han, *et al.*, *Polymer*, **29** (1990), 2002.

[168] S. Sakurai, *et al.*, *Macromolecules*, **23** (1990), 451.

[169] D. J. Lohse, *Polym. Eng. Sci.*, **26** (1986), 1500.

[170] A. Maconnachie, *et al.*, *Macromolecules*, **17** (1985), 2645.

[171] J. Jelenic, *et al.*, *Makromol. Chem.*, **185** (1984), 129.

[172] H. Shibayama, *et al.*, *Macromolecules*, **18** (1985), 2179.

[173] T. P. Russell, H. Ito, and G. D. Wignall, *Macromolecules*, **20** (1987), 2213; *Macromolecules*, **21** (1988), 1703.

[174] J. M. R. Lefebvre, S. Porter, and G. D. Wignall, *Polym. Eng. Sci.*, **27**

---

❶ 原文为 "M .G. Brereton, E. W. Fischer, and C. Herkt-Maetzky, *J. Chem. Phys.*, **87** (1997), 6078."。——译者注

❷ 与文献160相同。——译者注

(1987)，433.

[175] D. Schwahn, K. Mortensen, and H. Yee-Madeira, *Phys. Rev. Lett.*, **58** (1987), 1544.

[176] F. S. Bates, *et al.*, *Phys. Rev. Lett.*, **65** (1990), 1893.

[177] A. Nesarikar and B. Crist, *J. Polym. Sci. B*, **B32** (1994), 641.

[178] D. J. Lohse, *Rubber Chem. Technol.*, **67** (1994), 367.

[179] W. W. Graessley, *et al.*, *Macromolecules*, **27** (1994), 3896.

[180] W. W. Graessley, *et al.*, *Macromolecules*, **26** (1993), 1137.

[181] K. Tashiro, *et al.*, *Macromolecules*, **28** (1995), 8484.

[182] J. D. Londono, *et al.*, *Macromolecules*, **27** (1994), 2864.

[183] R. Krishnamoorti, *et al.*, *Macromolecules*, **27** (1994), 3073.

[184] R. G. Alamo, *et al.*, *Macromolecules*, **27** (1994), 411.

[185] G. D. Wignall, *et al.*, *Macromolecules*, **28** (1995), 3156.

[186] G. D. Wignall, *et al.*, *Macromolecules*, **29** (1996), 5332.

[187] L. Mandelkern, *et al.*, *Trends Polym. Sci.*, **357** (1996), 377.

[188] R. G. Alamo, *et al.*, *Macromolecules*, **30** (1997), 561.

[189] M. M. Agamalian, *et al.*, *J. Appl. Crystallogr.*, **33** (2000), 843.

[190] G. D. Wignall, *et al.*, *Macromolecules*, **33** (2000), 551.

[191] G. D. Wignall, *et al.*, *Macromolecules*, **34** (2001), 8160.

[192] J. C. Nicholson, *et al.*, *Polymer*, **31** (1990), 2287; J. Rhee and B. Crist, *Macromolecules*, **24** (1991), 5665.

[193] E. Karbashewski, *et al.*, *J. Appl. Polym. Sci.* ❶, **44** (1992), 425.

[194] P. Schouteren, *et al.*, *Polymer*, **28** (1987), 2099.

[195] F. M. Mirabella and E. A. Ford, *J. Polym. Sci.: Polym. Phys. Ed.*, **25** (1987), 777.

[196] P. J. Flory, *J. Chem. Phys.*, **17** (1949), 303.

[197] M. G. Brereton and T. A. Vilgis, *J. Physique*, **50** (1989), 245.

[198] J. T. Koberstein, *J. Polym. Sci.: Polym. Phys. Ed.*, **20** (1982), 593.

[199] G. D. Wignall, H. R. Child, and R. J. Samuels, *Polymer*, **23** (1982), 957.

[200] A. M. Fernandez, L. H. Sperling, and G. D. Wignall, *Multicomponent Polymer Materials* (ACS, New York, 1985), p. 153.

[201] F. S. Bates, *et al.*, *Polymer*, **24** (1983), 519.

[202] P. Debye and A. M. Bueche, *J. Appl. Phys.*, **20** (1949), 518; P. Debye, H. R. Anderson, and H. Brumberger, *J. Appl. Phys.*, **28** (1957), 679.

[203] D. J. Blundell, *et al.*, *Polymer*, **15** (1974), 33.

[204] R. W. Hendricks, J. Schelten, and W. Schmatz, *Phil. Mag.*, **30** (1974), 819.

[205] G. D. Wignall, N. R. Farrar, and S. Morris, *J. Mater. Sci.*, **25** (1990), 69.

---

❶ 原文为"E. Karbashewski, *et al.*, *Appl. Polym. Sci.*, **44** (1992), 425."。——译者注

[206] D. W. Marr, *et al.*, *Macromolecules*, **30** (1997), 2120.

[207] W.-L. Wu, *Polymer*, **23** (1982), 1907.

[208] L. Leibler, *Macromolecules*, **13** (1980), 1602.

[209] G. H. Fredrickson and E. Helfand, *J. Chem. Phys.*, **87** (1987), 697.

[210] E. Helfand, *Macromolecules*, **8** (1975), 552; E. Helfand and Z. R. Wasserman, *Macromolecules*, **9** (1976), 879.

[211] A. N. Semenov, *Sov. Phys. JETP*, **61** (1985), 733.

[212] F. S. Bates and M. A. Hartney, *Macromolecules*, **18** (1985), 2478.

[213] K. Almdal, *et al.*, *Phys. Rev. Lett.*, **65** (1990), 1112.

[214] J. L. Barrat and G. H. Fredrickson, *J. Chem. Phys.*, **95** (1991), 1281.

[215] M. Malenkovitz and M. Muthukumar, *Macromolecules*, **24** (1991), 4199.

[216] H. Tang and K. F. Freed, *Bull. Am. Phys. Soc.*, **37** (1992), 367.

[217] M. Olvera de la Cruz, *Phys. Rev. Lett.*, **67** (1991), 85.

[218] A. M. Mayes, M. Olvera de la Cruz, and B. W. Swift, *Macromolecules*, **25** (1992), 944.

[219] F. S. Bates and G. H. Fredrickson, *Phys. Today*, **52** (1999), 32.

[220] F. Drolet and G. Fredrickson, *Phys. Rev. Lett.*, **83** (1999), 4137.

[221] C. Hardy, *et al.*, *Macromolecules*, **35** (2002), 3189.

[222] T. Koga, *et al.*, *Phys. Rev. E*, **60** (1999), R3501; *J. Chem. Phys.*, **110** (1999), 11076.

[223] K. Yamauchi, H. Hasegawa, and T. Hashimoto, *J. Appl. Crystallogr.*, in press.

[224] C. E. Williams, *et al.*, *J. Polym. Sci.: Polym. Lett. Ed.*, **17** (1979), 379.

[225] A. Z. Akcasu, *et al.*, *J. Polym. Sci.*, **18** (1980), 865.

[226] J. P. Cotton, B. Farnoux, and G. Jannink, *J. Chem. Phys.*, **57** (1972), 290; *Macromolecules*, **7** (1974), 863.

[227] B. Farnoux, *et al.*, *J. Physique Lett.*, **36** (1975), 35.

[228] M. Daoud, *et al.*, *Macromolecules*, **8** (1975), 805.

[229] J. P. Cotton, *et al.*, *J. Chem. Phys.*, **65** (1976), 1101.

[230] S. N. Jahshan and G. C. Summerfield, *J. Polym. Sci.: Polym. Phys. Ed.*, **18** (1980), 1859.

[231] G. C. Summerfield, *J. Polym. Sci.: Polym. Phys. Ed.*, **19** (1981), 1011.

[232] H. Benoit, J. Koberstein, and L. Leibler, *Makromol. Chem. Suppl.*, **4** (1981), 85.

[233] R. Ullman, H. Benoit, and J. S. King, *Macromolecules*, **19** (1986), 183.

[234] B. Chu, Q. Ying, and A. Grosberg, *Macromolecules*, **28** (1995), 180.

[235] Y. B. Melnichenko and G. D. Wignall, *Phys. Rev. Lett.*, **78** (1997), 686.

[236] Y. B. Melnichenko, et al., *Macromolecules*, **31** (1998), 8436.

[237] M. Muthukumar, *J. Chem. Phys.*, **85** (1986), 4722.

[238] G. Raos and G. Alegra, *J. Chem. Phys.*, **104** (1996), 1626.

[239] Y. B. Melnichenko, *et al.*, *Macromolecules*, **32** (1999), 5344.

[240] E. Kiran and Y. Sen, in *Supercritical Fluid and Engineering Science* (ACS, New York, 1993), p. 514.

[241] Y. B. Melnichenko, G. D. Wignall, and W. A. Van Hook, *Polym. Mater. Sci. Eng.*, **79** (1998), 311.

[242] Y. B. Melnichenko, *et al.*, *Europhys. Lett.*, **19** (1992), 355.

[243] Y. B. Melnichenko, *et al.*, *Phys. Rev. Lett.*, **79** (1997), 5266.

[244] Y. B. Melnichenko, G. D. Wignall, and D. Schwahn, *Fluid Phase Equilibria*, **212** (2003), 211.

[245] M. P. Grancio and D. J. Williams, *J. Polym. Sci. pt A-1*, **8** (1970), 2617.

[246] J. W. Goodwin, *et al.*, *J. Coll. Interf. Sci.* ❶, **78** (1980), 253.

[247] K. Alexander, *et al.*, *Coll. Surf.*, **7** (1983), 233.

[248] D. J. Cebula, *et al.*, *Coll. Polym. Sci.*, **261** (1983), 555; *Discuss. Faraday Soc.*, **76** (1983), 37.

[249] J. S. Higgins, J. V. Dawkins, and G. Taylor, *Polymer*, **21** (1980), 627.

[250] Lord Rayleigh, *Proc. R. Soc. London*, A, **84** (1911), 24.

[251] S. H. Chen and T. L. Lin, *Methods Exp. Phys.*, **23B** (1987), 489.

[252] J. M. O'Reilly, O. I. Thompson, and G. D. Wignall, *Coll. Surf.*, **A201** (2002), 47.

[253] T. Riste, *Neutron News*, **6** (4) (1995), 32.

[254] ESF-OECD Technical Report: "A Twenty Years Look Forward at Neutron Scattering Facilities," http//www. oecd. org/dsti/sti/s_t/ms/prod/scattering. htm (1998).

[255] G. D. Wignall, H. Benoît, T. Hashimoto, J. S. Higgins, S. King, T. P. Lodge, K. Mortensen, and A. J. Ryan, in *Scattering Methods for the Investigation of Polymers*, edited by J. Kahovec (Wiley-VCH, Weinheim, 2002), p. 185.

[256] http://www. sns. gov/.

[257] http://www. ess-europe. de/ess_js/index. html.

[258] P. Thiyagarajan, *et al.*, *J. Appl. Crystallogr.*, **30** (1997), 280.

[259] C. J. Glinka, *et al.*, *J. Appl. Crystallogr.*, **31** (1998), 430.

[260] http://www. ill. fr.

[261] Report of the European Science Foundation Workshop, *Scientific Prospects for Neutron Scattering with Present and Future Sources*, Autrans, France (1996).

[262] http://www. isis. rl. ac. uk/targetstation2/".

[263] http//www. ssd. ornl. gov/CNMS/workshops/.

---

❶ 原文为"J. W. Goodwin, *et al.*, *J. Coll. Polym. Sci.*, **78** (1980), 253; *J. Coll. Interf. Sci.*, **78** (1980), 253. "。——译者注

主题索引

动态光散射 dynamic light scattering 052,081

动态模量 dynamic modulus 091,093

动态稀释 dynamic dilution 138

对比度 contrast 180

对分布函数 pair distribution function 223,224

多重散射 multiple scattering 294,306,307

多级形态 hierarchical morphology 249

多肽 polypeptide 188,247

E

二向色比 dichroic ratio 261,262,268

二向色性 dichroism 228,259,262

二氧化硅 silica 033,037,319

F

法向应力 normal stress 118-120,248

法向应力差 normal-stress difference 118-120

反射吸收 reflection-absorbance 259

反铁电 antiferroelectric 216

范德瓦尔斯模型 van der Waals model 010

仿射形变 affine deformations 009,014,022

仿生 biomimicry 032

非弹性散射 inelastic scattering 265

非高斯效应 non-Gaussian effects 013,020

非平衡 non-equilibrium 153,161,162

非指数性 non-exponential 057

非中心对称 noncentrosymmetry 234

分子长轴 molecular long axis 214,216,226

分子间耦合 intermolecular coupling 071, 073,074,076,082

分子量分布 molecular weight distribution 017,108,111,113,117,118

分子取向 molecular orientation 227, 228,261

复数黏度 complex viscosity 122

G

高分子薄膜 polymer thin films 076, 077,230

高分子胶乳 polymer latexes 327,330

高分子溶液 polymer solutions 071,213, 235,270

高分子液晶 PLC (polymer liquid crystal) 213,214,226

高浓度标记 high-concentration labeling 289,295

高斯分布 Gaussian distribution 225, 226,285

高斯理论 Gaussian theories 005

高斯亚分子 Gaussian submolecule 090,092

高通量同位素反应堆 High Flux Isotope Reactor (HFIR) 302

各向异性相互作用 anisotropic interactions 243,245,270

工程塑料 engineering plastics 051,147,235

共混物 blends 037,072,073,134,249,264

共结晶 co-crystallization 160,161

构象 conformation 016

构象弛豫 conformational relaxation 110,132

构象转变 conformational transition 235

构型熵 configurational entropy 075

固态转变 solid-state transition 218

官能度 functionality 017,018

管道模型 tube model 131

光谱鉴定 spectral identification 260

光散射 light scattering 052,191,218, 265,277,288,295,323

光子带隙 photonic band 239

光子相关谱 photon correlation spectroscopy (PCS) 079

过冷 supercool 059,079

H

焓 enthalpy 145,146

核磁共振 nuclear magnetic resonance 228,229,270

核磁共振成像 magnetic resonance imaging 277

核-壳 core-shell 287,328

横截面 cross section 008,009,188,235, 267,292,309,310

红外光谱 infrared spectroscopy 265,268,269

化学位移各向异性 chemical shift anisotropy 270

环形结构 cyclics 020

回复 recoil 003,029,030,034

回旋镖形 boomerang 214

回转半径 radius of gyration 128,186, 237,238

J

基团频率 group frequencies 257,258

基质辅助激光解吸/电离 matrix-assisted laser desorption/ionization 278

极化 polarization 233,234

极化率 polarizability 226,227,229,230

极化率张量 polarizability tensor 227

极限性质 ultimate properties 022,200

计算机模拟 computer simulations 052

加工 processing 033,037

加热速率 heating rate 057,059,062

间隔链 spacer chain 236,237

间隔链奇偶性 spacer-chain parity 236

间接傅里叶变换 indirect Fourier transform （IFT） 308

剪切 shear 247,248,249

剪切应力 shear stress 109,111,120,121, 124,125

简单剪切流动 simple shear flow 108,118

交联 cross linking 017,067,108,136,150, 199,238,270

交联点官能度 functionality,cross links 017

交联动力学 junction dynamics 074

交联密度 cross-link density 006,007, 012,029,067,069,074,238,243,

胶束 micelle 240,286,287

焦平面阵列 focal plane arrays 263

焦锥织构 focal conic texture 220,221

校准 calibration 258

结构弛豫 structural relaxation 053,055

结构回复 structural recovery 060,062

结晶 crystallization 003,297,298,303, 305,309-312,317,319

结晶动力学 crystallization kinetics 143, 155,164,165,172,182,201

结晶度 level（degree）of crystallinity 005, 022,069,146,151,241,297,

结晶态 crystalline state 143,201,310

解缠结 disentanglement 135

介电弛豫 dielectric relaxation 067,070, 077-079,187,196

介电各向异性 dielectric anisotropy 229

介晶 mesogen 213,214,235

界面 interfaces 318,321

界面自由能 interfacial free energy 143, 145,146

近场显微镜 near-field microscopy 264

近晶相 smectic 221-223

径向分布函数 radial distribution function 025,290,330

局部链段运动 local segmental motion 051,070,071,074,076,079,081

聚氨酯 polyurethanes 006,159

聚倍半硅氧烷 POSS 035

聚苯乙烯 polystyrene 005,035,117, 118,122

聚苄基-L-谷氨酸　polybenzyl-l-glutamate
　　（PBLG）　247

聚丙二醇　poly(propylene glycol)　089

聚丙烯　polypropylene　037,066,080,146

聚丙烯酸甲酯　poly(methyl acrylate)　074

聚丙烯酸乙酯　poly(ethyl acrylate)　005

聚醋酸乙烯酯　poly(vinyl acetate)　055

聚丁二烯　polybutadiene　269,297,303

聚二甲基硅氧烷　poly (dimethylsiloxane)
　　005,016,070,130,147,303,314

聚集数　aggregation number　287,330

聚α-甲基苯乙烯　poly(α-methyl styrene)　074

聚甲基丙烯酸环己酯　poly(cyclohexyl
　　methacrylate)　084

聚甲基丙烯酸甲酯　poly(methyl methacrylate)
　　285,293,294,297,307

聚氯乙烯　poly(vinyl chloride)　127

聚氧化乙烯　poly(ethylene oxide)　026,146

聚乙烯　polyethylene　005,303-305

聚异丁烯　polyisobutylene　082,085,089,
　　091,285

聚异戊二烯　polyisoprene　089,095,121,
　　129,269,320

绝对标度　absolute scale　305

绝热压缩　adiabatic compression　004

K

卡塞格伦物镜　Cassegrain objective　262

康普顿散射　Compton scattering　292,297

抗磁化率　diamagnetic susceptibility　229

可重复加工　reprocessability　006

可回复柔量　recoverable compliance　079,
　　090,094,096,115

可回收性　recyclability　036

空间构型　spatial configuration　003

空穴体积　hole volume　067

扩散系数　diffusion coefficient　128-130

L

拉曼光谱　Raman spectroscopy　267-269

拉曼光谱采样　Raman sampling　266

拉曼散射　Raman scattering　257,265,267

拉伸比　draw ratio　200,201,239,262

拉伸性能　tensile properties　201

蓝相　blue phase　217

冷却速率　cooling rate　053-055,059

冷中子　cold neutrons　299,300

离模膨胀　die swell　118,124-126

离子回旋共振　ion cyclotron resonance　278

立构规整度　tacticity　069,075,270,273

立体化学　stereochemical　256

链缠结　chain entanglement　006

链尺寸　chain dimensions　126,130,283,
　　284

链刚性　chain stiffness　074

链构象　chain conformation　036,108,110

链取向　orientation,chains　013,310

裂变过程　spallation process　331

临界胶束密度　critical micellar density　287

零剪切黏度　zero-shear viscosity　115

六联苯　sexiphenyl　222

轮胎　tires　319

螺距　pitch　232,233,269

M

脉冲传播测量　pulse-propagation
　　measurements　013

漫反射　diffuse reflectance　259

毛细管流变仪　capillary rheometers　122

密度涨落　density fluctuations　078,079

模量　modulus　007,009,010

模型网络　model networks　017,021,
　　022,027

摩擦系数　friction coefficient　083,086

魔角旋转　magic-angle spinning　270,
　　274,276

伸长　elongation　004,008,012

生物弹性体　bioelastomer　031,032,037

手性相　chiral phases　217,232

受限结晶　constrained crystallizatiioin　159

舒尔茨分布　Schultz distribution　287

树枝状高分子　dendritic polymer　236

衰减全反射　attenuated total reflectance
　259

双峰分布网络　bimodal networks　020

双晶衍射仪　double-crystal diffractometer　301

双连续相　bicontinuous phases　034

双折射　birefringence　010,213,216,227,
　240,243

双轴近晶　biaxial smectic　215

双轴拉伸　biaxial extension　011,028

双轴向列　biaxial nematic　216

顺磁弛豫　paramagnetic relaxation　273

撕裂　tearing　029,033

四极分裂　quadrupolar splitting　229

四极相互作用　quadrupolar interactions
　228,229,270

随机相位近似　random-phase approximation
　（RPA）303

T

泰勒公式　Taylor formula　247,248

弹性蛋白　elastin　005,031,032

弹性假设　elasticity postulates　015

弹性散射　elastic scattering　265

弹性系数　elastic constants　231

弹性状态方程　equation of elastic state
　008,009,011

弹性自由能　free energy,elastic　010

炭黑　carbon black　035,259,319,320

探针动力学　probe dynamics　073

碳纤维　carbon fiber　216

碳质液晶相　carbonaceous mesophase　216

陶瓷　ceramics　013,033,034,282

特定溶剂效应　specific solvent effects　018

特征弛豫时间　characteristic relaxation
　time　115

特征剪切速率　characteristic shear rate　120

天然橡胶　natural rubber　003-006

填料　fillers　006,259,319

同二晶　isodimorphism　161

同位素效应　isotope effects　295,303

团聚　agglomeration　036

推迟谱　retardation spectrum　087,089,090

脱水收缩　syneresis　029

拓扑缺陷　topological defects　168

拓扑学　topology　264

W

外表皮　exocuticle　232

外消旋混合物　racemic mixture　232

弯曲　bend　231,248

网络结构　network structure　006,009,
　012-014

微量分析　microanalysis　262

微区结构　domain structure　156,157,316

唯象理论　phenomenological theory　214

温度依赖性　temperature dependence　052,
　055,062

纹影织构　schlieren texture　220,221

稳态剪切　steady-state shear　115,121

无扰尺寸　unperturbed dimensions　316

物理老化　physical aging　063,064,067

X

硒　elenium　052,085,089

稀释剂　diluents　131,135,138,146,147

稀释效应　dilution effects　131,133

线形高分子　linear polymer　069,070,114,
　123,126

相关长度　correlation length　213,314,
　318,325

相互作用参数　interaction parameters　303,304,313,314,317

相位角　phase angle　114

香蕉形　banana　214

向错　disclination　220,230,231,235

向列相-各向同性相转变　N-to-I transition　218

小角中子散射　small-angle neutron scattering（SANS）　283

形变　deformation　003-005

形变性　deformability　002

形态图　morphological map　192,193

形状因子　form factor　285,291,295,303

虚幻网络模型　phantom model　009

虚拟温度　fictive temperature　055,060,062

序参量　order parameter　223,225

序张量　order tensor　229

悬挂链　dangling chains　018,021

旋转相关时间　rotational correlation time　234

旋转异构态　rotational isomeric states　010,147,285

循环形变　cyclic deformations　029

Y

压力依赖性　pressure dependence　095

压塑性弹性体　baroplastic elastomer　006

压缩　compression　004

压缩永久形变　compression set　033

烟草花叶病毒　tobacco mosaic virus（TMV）　213,245

液晶　liquid crystal　138,179,180,214

液晶度　degree of liquid crystallinity　241

液晶高分子　LCP（liquid-crystal polymer）　075,138,213,214

液晶态　mesomorphic state　236,238,239

液晶网络　LC network　239,243

液态　liquid state　235,270,274-276

一级相变　first-order phase transition　144,218,239,244

异质同晶　isomorphism　160,161

应变硬化　strain hardening　198

应力弛豫模量　stress-relaxation modulus　112,127,128,134

荧光　fluorescence　013,267,268

硬段　hard segment　159

硬质材料　hard matter　282

有机硅酯　organosilicates　006

有序-无序转变　order-disorder transition（ODT）　321

原位生成填料　in situ filler generation　032

原子力显微镜　atomic force microscopy　013,264

约束参数　constraint parameter　009,010,025

约束结理论　constrained-junction theory　010

约束理论　constraint theories　010

约束链理论　constrained-chain theory　010

约束释放　constraint release　133

Z

杂散场成像　stray-field imaging　277

增塑剂　plasticizers　005,006,031,032,067

展曲系数　splay elastic constant　248

涨落　fluctuations　071-073,078

正电子湮没寿命谱　positronium annihilation lifetime spectroscopy（PALS）　067

指向矢　director　215,216,219

指向矢垂直排列　homeotropic alignment　221

滞后　hysteresis　030-033,057,059

中等角度中子散射　intermediate-angle neutron scattering（IANS）　285

中间相　interphase　240

中子　neutron　016,036,052,053

中子散射　neutron scattering　067,068,073,078,079,081,082,282,285,288